미중 패권경쟁 시기 동북아 해양전략

미중 패권경쟁 시기 동북아 해양전략

2023년 5월 10일 초판 인쇄
2023년 5월 15일 초판 발행

지은이 | 임경한 · 박남태 · 유병준 · 정재호 · 오순근
펴낸이 | 이찬규
펴낸곳 | 북코리아
등록번호 | 제03-01240호
주소 | 13209 경기도 성남시 중원구 사기막골로 45번길 14
우림2차 A동 1007호
전화 | 02-704-7840
팩스 | 02-704-7848
이메일 | ibookorea@naver.com
홈페이지 | www.북코리아.kr
ISBN 978-89-6324-068-8 (93390)

값 23,000원

미중 패권경쟁 시기 동북아 해양전략

임경한·박남태·유병준·정재호·오순근

북코리아

서문

2022년 2월 러시아-우크라이나 전쟁으로 촉발된 국제안보질서의 불안정성은 그 어느 때보다 심각한 현실을 보여준다. 전쟁으로 촉발된 글로벌 공급망(Global Supply Chain)의 붕괴는 한 국가, 그리고 특정 지역을 넘어 전 세계적으로 부정적인 영향을 불러왔다. 특히 러시아와 중국을 위시한 연대세력과 미국 및 주요 동맹 · 우방 간 신냉전(New Cold War)의 프레임과 같은 세 대결을 펼치는 모양새가 전개되고 있다.

그 가운데서도 눈여겨봐야 할 대결 양상은 단연 미국과 중국 간 벌어지는 이른바 G-2(Group of Two) 경쟁이다. "미국과 중국의 패권경쟁 시대가 도래되었다"는 것은 국제정치적 · 군사전략적 관점으로 세계정세를 분석하고 평가하는 학자들이 한결같이 강조하는 명제다. 우리는 최소한 안보와 경제적인 측면에서 이러한 세계적 추세를 거스를 수 없는 새로운 국제질서를 경험하고 있다.

미국과 중국은 글로벌 공급망이 지나가는 해상교통로 확보에 매진하고 있다. 과거 미국이 자연스럽게 누려왔던 해양패권의 자리를 중국이 도전하는 양상으로 볼 수 있다. 한편 동북아 주요 강국인 일본과 러시아 또한 미중 패권경쟁 시대에 자국의 이익을 위해 해양패권 경쟁에 합류하고 있다. 해양을 배경으로 하는 국가 간 경쟁과 협력의 갈

림길에서 저마다 보유한 해양력 수준만큼의 해양우세권을 확보하려는 움직임을 보여준다.

저자들이 뜻을 모아 2015년 출간한 첫 작품 『21세기 동북아 해양전략: 경쟁과 협력의 딜레마』에서는 주로 국가별 해양력의 변천사를 기술하고 21세기 해양전략을 평가 및 전망했다. 8년의 세월이 지나 2023년 현재의 시점에서 살펴보면 국제정세의 변화와 함께 동북아 국가들의 해양전략 또한 이에 편승하여 변화하고 있음을 알 수 있다. 특히 미중 패권경쟁의 시대가 개막되면서 미 · 중 · 일 · 러 각 국가들은 새로운 시대에 걸맞은 맞춤형 해양전략을 수립하고 있다.

이에 미중 패권경쟁 시기 주요 국가들의 해양 딜레마를 생각하며 다음 시리즈로서 『미중 패권경쟁 시기 동북아 해양전략』을 작성했다. 제1장에서 제4장까지는 미국, 중국, 일본, 러시아의 해양전략을 분석 및 정리했다. 특히 21세기 들어 급격하게 변화된 해양전략의 동인을 살펴보고, 미중 패권경쟁 시기를 맞이한 주요 국가들의 해양전략을 분석 및 전망했다. 제5장 전략의 형성은 해양전략에 관심이 있지만 군사전략에 대한 정확한 이해가 없어 해양전략을 논의하는 데 한계가 있는 독자들을 위해 마련했다.

언제일지 확증할 수 없지만 향후 세 번째 시리즈에서는 지정학, 과학기술, 그리고 전략문화 간 상호작용으로 바라본 동북아 해양전략에 대한 글을 쓰기로 해양인들에게 조심스럽게 약속드린다. 대한민국이 해양강국으로 우뚝 서는 그날을 기약하며!

2023년 바다를 바라보며

저자 일동

차례

Ⅱ부 중국의 해양전략

Ⅲ부 일본의 해양전략

Ⅳ부 러시아의 해양전략

V부 군사전략과 전략문화

I부

미국의 해양전략

1장
서론

탈냉전 이후 국제정치의 지정학적 무게중심이 대서양에서 아시아 · 태평양으로 이동했으며, 이러한 움직임은 또 인도 · 태평양으로 확장하는 양상을 보인다. 사상 초유의 9 · 11 테러가 발생한 이후 테러와의 전쟁으로 점철되었던 '9 · 11 시대'가 서서히 막을 내리고 국제질서의 변화는 점점 더 가속화하고 있다. 컬럼비아 대학의 이안 브레머(Ian Bremmer) 교수는 2011년에 '9 · 11 시대'가 끝을 맺었다고 선언했다. 그 대신 2008년 금융위기 이후 형성된 '탈(脫) 9 · 11 시대'는 정치와 경제가 극단적으로 중첩되는 시기이며, 세계 경제의 불황 속에서 강대국 간 권력 재편 경쟁이 전개되면서 국가들 간의 첨예한 이합집산이 본격화하는 모습을 보여주었다.

이러한 가운데 21세기가 시작되며 나타난 미국의 외교 · 안보 · 경제 정책은 냉전에서 탈냉전, 20세기에서 21세기로의 거대한 변화 속에서 9 · 11 테러와의 전쟁이라는 과도기를 거쳐 새로운 이행을 겪고 있는 것으로 관측된다. 미국 외교 · 안보 · 경제 정책의 근본적인 변환을 보면 구조 면에서는 양극에서 단극을 거쳐 새로운 다극화와 복합화로, 지역 면에서는 유럽과 중동 중심에서 아시아 · 태평양을 넘어 인도 · 태평양으로, 내용 면에서는 군사와 경제 중심의 하드파워에서 문화와 제도, 지구화 등이 복합된 소프트파워가 중요한 시대로 이동하는 모습이다. 여기에 더해 최근에는 4차 산업혁명 시대를 맞아 첨단산업의 기초가 되는 기술과 함께 글로벌 공급망(global supply chain)이 중요한 시대적 상황을 맞이하고 있다. 주목할 점은 이 모든 변환에서 세계의 패권국인 미국의 외교 · 안보 · 경제 정책의 중심이 인도 · 태평양 지역을 기반으로 진행되고 있다는 것이다.

이러한 배경에는 중동을 중심으로 전개되던 테러와의 전쟁이 더 이상 미국에 가장 중요한 안보 현안이 아니라는 현실적인 자각이 있었다. 실제로 오바마 행정부 시기 클린턴 전 국무장관은 앞으로 21세기 국제정치의 미래는 아프가니스탄이나 이라크가 아닌 아시아에 달려 있으며, 미국은 이 역사적 중심점(pivot point)의 한가운데에 서 있다고 밝혔다. 특히, 이라크와 아프가니스탄에서의 철군과 오사마 빈 라덴의 죽음으로 상징되는 알카에다 테러 세력의 약화는 미국이 중국의 부상을 새로운 위협으로 인식하는 계기가 되었다. 오바마 행정부에서 트럼프 행정부를 거치면서 미국은 중국을 명확하게 경쟁자(competitor)로 인식하기 시작했다. 또한 트럼프 행정부에 이어 바이든 행정부에서는 중국을 경쟁이자 위협(threat)으로 규정하고 있다. 미국이 21세기 외교 · 안보 · 경제 정책의 중심을 인도 · 태평양에 두려는 이유를 여기에서 찾을 수 있다.

이와 맥락을 같이하면서 최근 국제정치에서 가장 중요한 화두는 단연 미국의 인도 · 태평양 전략이다. 이는 오바마 행정부에서 추진한 아시아 중시 전략의 확장 편이라고 볼 수 있다.[1] 2011년 11월 인도네

---

1) 일반적으로 미국은 아시아 지역을 태평양과 한데 묶어 '아시아 · 태평양(Asia-Pacific)'이라는 명칭을 사용한다. 이 글에서 부가적인 설명 없이 사용하는 '아시아'는 '아시아 · 태평양'

시아 발리에서 열린 동아시아 정상회의(East Asia Summit)에서 미 오바마 대통령은 "21세기에 미국은 아시아에 올인(all-in)할 것"이라고 천명했으며, 오바마 대통령의 재선 이후에도 미국은 지속적으로 아시아 중시 전략을 추진했다. 이러한 미국의 의도를 실천하기 위해 2012년 1월에 발표한 미국의 신(新)국방전략지침(new defense strategic guidance)에서는 미국의 아시아 중시 전략을 지원하는 미군의 임무를 잘 반영하고 있다. 2017년 12월에는 트럼프 행정부에서 처음으로 발간한 미국의 『국가안보전략서(national security strategy, 2018)』에서 '자유롭고 개방된 인도 · 태평양(free and open Indo-Pacific)'이라는 용어를 공식적으로 사용하여 미국의 인도 · 태평양 시대를 선포했고, 2021년 출범한 바이든 행정부에서도 큰 변화 없이 인도 · 태평양 전략을 이어서 추진하고 있다.

주목할 점은 미국의 인도 · 태평양 전략이 주로 동아시아 해양(East Asian seas)을 배경으로 전개하면서 중국, 러시아 등 역내 강대국뿐만 아니라 미국의 동맹 및 우방국들의 해양안보 전략에도 상당한 영향을 미친다는 것이다.[2] 동아시아 국가들의 전략적 움직임이 분주한 이유다. 이러한 배경에서 미국의 인도 · 태평양 전략을 국제정치학적 관점에서 심도 있게 분석하고, 이론적 틀을 통해 미국의 전략 변화를 설명하는 것은 의미 있는 작업이라 하겠다. 국제정치학적 관점에서 미

을 포함하는 의미다.

2) 엄밀하게 구분하면 동아시아 해양과 아시아 · 태평양은 다른 해역이다. 아시아 · 태평양이 동아시아 해양을 포함하여 더 광범위하다. 미국의 해양전략을 아시아 · 태평양을 중심으로 설명할 수 있는 데 반해, 미국의 해양전략이 실제적인 영향을 미치는 범위는 동아시아 해양이며 그 주변 국가들의 해양전략이다. 따라서 이 글에서 사용하는 '동아시아 해양'은 미국의 입장에서 보면 '아시아 · 태평양'을 의미하는 것으로 보아도 크게 틀리지 않는 설명이 된다. 한편 '인도 · 태평양'의 범위는 인도양의 동쪽 부분이 일정 부분 포함된다고 볼 수 있다.

국의 인도 · 태평양 전략이 가져다줄 결과는 비교적 분명하다. 즉, 현실주의(realism) 시각을 반영한 동아시아 국가들의 경쟁적인 대결이다. 미국의 움직임은 이미 동아시아의 안보 현황을 더욱 복잡하게 만드는 요인으로 작용하고 있다. 특히 동아시아 해양에서 진행 중인 다양한 영토분쟁에 미국이 직접적으로 관여하기 시작하면서 '미국 대(對) 중국', 더 크게는 미국의 동맹 및 우호국과 연계한 '해양세력 대 대륙세력'의 경쟁 양상이 전개되고 있다. 이러한 현상은 현실주의 이론 중 안보 딜레마(security dilemma)의 핵심 개념으로 설명될 수 있다.

이 글이 주목하는 시기와 대상은 탈냉전 이후부터 2022년 현재까지 전개된 미국의 대전략과 군사전략의 변화인데, 그중에서도 특히 미 해군의 전략 변화와 전력 배치를 집중적으로 조명한다. 표면적으로 보면 미국이 안보전략을 위해 최근에서야 군사력 운용의 중심축을 아시아 · 태평양, 그리고 인도 · 태평양 지역으로 옮기는 것으로 보인다. 그러나 실제로는 탈냉전 이후부터 미국은 군사전력의 무게중심 이동을 꾸준하게 실행에 옮겼으며, 그 과정에서 해군력의 중요성이 가장 크게 부각되었다. 미 해군이 창설된 뒤 지금까지 걸어온 배경을 역으로 추적하여 해석함으로써 오늘날 인도 · 태평양 전략을 지원하는 미 해군의 전략을 설명할 것이다.

따라서 글을 전개하면서 미 해군의 탄생과 성장 과정을 간략하게 정리하고, 현재 미국이 추진하는 인도 · 태평양 전략의 배경 및 전개에 이르는 과정에 대해 구체적으로 살펴봄으로써 미 해군의 성장과 전략 변화 요인을 심층적으로 분석하고자 한다. 이러한 분석을 통해 미국의 인도 · 태평양 전략이 일시적인 현상이 아니라는 것을 설명하고, 앞으로 단기 및 중 · 장기 관점에서 동아시아 해양안보환경 변화에 어떠한 영향을 미치는가에 대해 전망할 것이다.

글의 구성은 크게 4장으로 구분된다.[3] 2장에서는 미국 해양력과 해양전략의 변천 과정을 설명할 것이다. 여기에서는 주로 미 해군의 역사와 함께 국제사회에서 미국의 위상을 지원하는 주요 수단으로서 해군력의 발전상을 다루게 된다. 200년이 넘는 역사를 가진 미 해군의 탄생부터 세계 최고 수준에 있는 오늘에 이르기까지 연대별로 굵직한 성장 과정을 조명하고, 미 해군이 특정 해역에 집중하게 된 배경을 설명할 것이다. 또한 미 해군의 발전 과정에 맞춰 미 해군을 중심으로 한 미국의 해양전략을 집중적으로 설명할 것이다. 여기에서는 미국의 해양전략 변천 과정을 시기적으로 구분하여 세부적으로 다루고자 한다.

3장에서는 미중 패권경쟁 시기 미국의 해양전략을 살펴본다. 이 장은 이 글의 핵심 내용으로서 탈냉전 이후 미국의 안보전략과 외교정책에 따른 미국의 해양전략 변화와 미 해군의 역할을 살펴볼 것이다. 특히 미국이 전략의 중심축을 인도 · 태평양으로 옮김에 따른 미 해군의 이동을 세부적으로 분석할 것이다. 특히 미국이 중국을 견제하기 위해 추진한 국가안보전략의 큰 그림에서 미 해군력의 역할을 확인하고자 한다. 이 과정에서 중국의 급격한 해군력 증강에 대비해 이

---

3) 이 글에서 정리한 내용은 저자가 지금까지 연구한 논문에서 일부 발췌하거나 수정 및 보완한 내용들이 다수 있다. "Containing China: Rising China and U.S. Grand Strategy in the East Asian Seas," 『아태연구』 19(1), 2012, pp. 287-322; "Global Access vs. Access Denial: U.S.-Chinese Naval Security Competition in the East Asian Seas," 『The Korean Journal of Security Affairs』 vol. 17, no. 1, 2012, pp. 43-64; 「미국의 아시아 올인(All-In)」, 『전략연구』 55, 2012, pp. 153-186; 「동아시아 해양의 국제정치: 미국의 아시아 중시 전략에 따른 동아시아 해양안보 환경 전망」, 『동북아연구』 28(2), 2013, pp. 43-74; 「일대일로와 인도 · 태평양 전략에 대한 인도와 호주의 대응」, 『동서연구』 30(4), 2018. pp. 5-32; 「중국의 일대일로 전략과 미국의 인도 · 태평양 전략 경쟁 하 주변국의 대응전략」, 『국제정치연구』 22(1), 2019, pp. 81-107; 「지정학 관점에서 본 미 · 중 경쟁과 림랜드 아세안의 가치」, 『동남아연구』 30(2), 2020, pp. 3-34; 「바이든 행정부의 외교 · 안보 전략과 한국에의 함의: 미국 해양전략과 도전과제를 중심으로」, 『국가전략』 27(4), 2021, pp. 65-93 등의 내용을 발췌 및 수정 · 보완했음을 밝혀둔다.

를 견제하는 미 해군의 전략적인 움직임을 살펴볼 것이다.

마지막 4장에서는 장차 전개될 안보환경 변화의 방향성을 전망하고, 인도 · 태평양 해역을 중심으로 펼쳐지게 될 미국의 해양전략을 평가하여 전망하고자 한다. 특히 미중 패권경쟁 시기를 맞아 미국이 당면한 과제는 무엇이며, 앞으로 미국이 추진하려는 해양전략의 방향성에 대해 고찰한다. 끝으로 미 해군의 이러한 움직임이 한국의 안보전략과 해양전략에 주는 함의를 찾을 것이다.

2장
21세기 미국의 해양력 변천사

오늘날의 미 해군은 언제든 최소한 항공모함 4척, 잠수함 30여 척을 포함하여 세계 어느 해역에서라도 당장 작전이 가능한 수준의 힘을 보유하고 있다. 2022년 현재, 미국이 보유하고 있는 290여 척의 전투함만으로도 여타 경쟁국들을 능가하는 수준인데, 19세기 말과 20세기 초 영국 해군의 소위 '2국 표준(two power standard)' 기준을 적용해볼 때 미 해군력은 이미 중국과 러시아의 해군력을 합친 수준을 넘어서 있다.[4] 전쟁 경험과 작전의 질적인 측면에서 미 해군의 수준은 명실상부 세계 최고라고 할 수 있다. 여기에다가 미 해군이 세계 곳곳에 보유하고 있는 수많은 해군기지는 미 해군력의 실제적인 운용 능력을 보장하기 때문에 역사상 그 어느 국가도 누리지 못한 힘을 확보하고 있

---

4) '2국 표준'이라는 것은 자국을 제외하고 차순위 2개 국가의 해군력을 합친 정도와 맞먹는 수준의 해군력을 가지는 것을 의미한다. 제프리 틸(Jeffrey Till) 교수의 분석에 따르면 주요 전투함을 비교했을 때 미 해군의 전투력은 중국과 러시아의 전투력을 합친 것을 조금 능가하는 수준이지만, 미 해군이 보유한 함정의 전체 톤수에서는 미 해군이 이미 13국 표준의 수준에 있다. 제프리 틸, 최종호 · 임경한 공역, 『아시아의 해군력 팽창: 군비경쟁의 서막인가?』, 해양전략연구소, 2013, pp. 241-242. 이러한 분석은 현재 미 해군의 질적인 측면을 고려할 때 2022년 현재 기준으로도 여전히 적용된다고 판단된다.

다고 볼 수 있다.[5]

조지 모델스키(George Modelski)와 윌리엄 톰슨(William Thompson)이 1988년에 저술한 『국제정치에서의 해양력(Seapower in Global Politics)』에서 설명하는 바에 따르면 적극적으로 국제정치에 참여하기 위한 국가의 조건으로 해양력이 필수다.[6] 역사적으로 15세기 말부터 포르투갈, 네덜란드, 영국, 미국 등을 세계 강국의 지위를 누린 나라들의 사례로 들고 있다. 그 가운데서도 이러한 주장을 뒷받침하는 완벽한 사례가 미 해군의 발전 과정이다. 지금의 미 해군이 존재하기까지의 과정을 역으로 추적해보면 흥미로운 사실을 발견할 수 있는데, 그중에서 가장 뚜렷한 특징은 미국 해양전략의 변화가 직접적으로 미 해군력의 증강을 이끌어왔다는 것이다. 이는 궁극적으로 미 해군의 발전이 곧 미국이라는 국가의 발전과 밀접하게 연관되어 있다는 사실을 의미하는 것이기도 하다. 21세기 세계 최강국으로 우뚝 선 미국을 있게 한 원동력이 바로 미 해군력이라고 해도 과언이 아닌 이유다.

지난 200년이 넘는 기간 동안 미 해군이 발전해온 과정을 통해 이와 같은 역사적인 사실을 명확히 할 필요가 있다. 따라서 이 장에서는 창설 후 지금까지 약 250년간 미 해군의 발전을 시기적으로 나누어 개략적으로 살펴본다. 다만 해양전략이 먼저냐 또는 해양력의 발전이 먼저냐 하는 문제에서는 그 순서를 구분하지 않기로 한다. 이는 또 다른

---

5) 이 글에서는 '해군력'과 '해양력'이 혼재되어 사용된다. 해군에 특화된 내용을 설명할 때는 의도적으로 해군력이라는 용어를 사용하지만, 이를 제외한 대부분의 경우에는 해양력을 사용한다. 정확한 의미를 구분하면 해양력이 해군력을 포함하는 개념이지만, 여기에서는 용어의 구분보다는 군사력이 갖는 의미를 더욱 부각시키기 위해 해군력을 해양력과 거의 동일시해서 사용하고 있다는 점을 미리 밝혀둔다.

6) George Modelski · William R. Thompson, *Seapower in Global Politics, 1494-1993* (Hong Kong: The Macmillan Press, 1988), pp. 11-18.

차원에서 논쟁의 대상이 되는 문제이기 때문이다. 이러한 의미에서 본다면 이 장은 미국이 해양력과 해양전략을 바탕으로 국제질서를 주도하는 세계 강대국으로 성장하게 되는 배경지식을 제공한다고 볼 수 있다.

1. 18~19세기 미국의 해양전략과 해양력

미 해군은 1775년 10월 13일 창설되었다. 지금은 상상하기 어렵지만 창설 이후 미 해군은 조직의 규모가 미미했고, 항해에 관한 전문지식이 부족했기 때문에 한 국가의 해군으로서 역할을 수행할 수 있는 준비가 전혀 되어있지 않았다. 1823년 미국의 먼로(James Monroe) 대통령은 미국에 대한 외국의 간섭을 배제하고, 또한 미국은 장차 유럽의 문제에 개입하지 않겠다는 독트린(doctrine)을 발표함으로써 미국의 외교정책에서 '고립주의(isolationism)'라는 개념을 공개적으로 천명하게 된다. 이는 당시 군사력이 약했던 미국의 고육지책(苦肉之策)이었지만, 고립주의는 이후 미국이 수행하게 되는 외교정책의 근간을 차지하게 된다. 하지만 점차 군사력에 대한 자신감을 갖게 되면서 미국은 조금씩 활발한 외교정책을 추진하려 했다.

먼로 독트린이 발표되고 난 뒤 미국은 서서히, 그러나 점진적으로 해군력을 강화해나갔다. 1860년대 남북전쟁이 종료된 후 미국이 보유하고 있던 해군함정은 약 700척에 이르렀고 총 톤수는 50만 톤, 그리고 포는 총 5천 문에 육박하는 수준이었다.[7] 그럼에도 미국은 국

7) E. B. Potter, *The Naval Academy* (New York: Galand Books, 1971), p. 338.

내의 정치 · 경제적 이유로 해군력을 지속적으로 증강할 수 없었다. 이러한 기류는 1890년대가 시작되기 전까지 계속되었다. 1889년 기준으로 미 해군보다 더 큰 해군을 보유하고 있는 국가가 전 세계적으로 11개국이나 되었다는 사실은 이를 잘 보여준다.[8] 아직 자국 내는 물론이고 국제적인 수준에서 미국의 힘을 보여줄 준비는 전혀 이뤄지지 않았지만, 해양력의 중요성을 인식한 미국의 지도자들을 중심으로 조금씩 그 변화의 바람이 불기 시작했다.

1890년 이전 미국인은 자국의 좌우가 태평양과 대서양이라는 두 대양으로 인해 당시 강대국인 유럽 국가들과 분리된 지리적 이점 때문에 해양에서 적극적으로 미국의 안보와 번영을 지킬 수 있는 해군력에 대한 필요성을 인식하지 못했다. 당시 미국이 가장 관심을 보인 것은 해양에서의 무역이었고, 해군은 이를 지원하는 소극적인 수준의 역할을 담당하고 있었다. 1880년대부터 대두된 증기선의 출현은 주요 강대국 해군들로 하여금 전 세계에서 정박 및 석탄 공급을 위한 군항 보유에 대한 필요성을 인식하게 했다. 특히 영국과 독일이 군함에 강력한 화포를 장착하면서 미국은 지리적 이점이 사라질 수 있다는 것에 대한 불안감을 가져야 했다. 이러한 분위기는 궁극적으로 미 해군으로 하여금 자체의 전략, 세력구조, 작전교리, 국가 임무의 본질에 대해 다시 생각하게 했다.[9]

이와 함께 미국의 해양전략 사상에 획기적인 변화를 가져다준 전략가들의 등장 또한 미 해군의 역할 변화를 이끌어낸 주요 동력이다. 알프레드 마한(Alfred T. Mahan)은 미국이 가지고 있는 지리적 이점

---

8) George W. Baer, 김주식 역, 『미 해군 100년사(*One Hundred Years of Sea Power*)』, 한국해양전략연구소, 2009, p. 13.

9) 위의 책, pp. 15-16.

이 방어적인 측면에서 매우 유용한 것이라고 지적하면서 미국이 공격적인 해양전략을 수행할 충분한 힘을 보유해야 한다고 강조했다. 마한이 주장한 거함거포주의는 이후에 백색함대(The Great White Fleet)를 통해 구현되었고, 미국은 백색함대를 통해 해외 주요 항구를 방문하면서 자국의 힘을 의도적으로 과시할 수 있었다. 당시 미국의 해군력 수준이 급상승할 수 있었던 이유를 마한의 해양전략 사상에 의한 결과물이라고 주장할 수 있다.

〈그림 1-1〉 알프레드 마한

1890년대에 들어서면서 미국은 적극적으로 해군력을 증강하기 시작했으며, 이는 오늘날 세계 최강인 미 해군의 초석을 세우는 계기가 되었다. 미국은 강력한 해군력 확보를 통해 영토 밖 해상에서의 위협에 대비할 수 있다는 마한의 주장을 실천해나갔다. 이 시기 마한의 사상을 높이 평가한 시어도어 루스벨트(Theodore Roosevelt) 해군 차관보가 큰 역할을 했다. 나중에 대통령이 되면서 세계적인 해군을 건설하려던 그의 노력은 국가 정책으로 나타나기 시작했고, 미국은 해군력 증강에 박차를 가했다. 미 해군장관 윌리엄 무디(William H. Moody)는 당시 독일의 해군력 증강을 경계하기 위해 더 많은 예산이 해군력 건설에 투입되어야 한다는 데 목소리를 높이면서 강한 해군력 건설을 위한 루스벨트의 의지를 실천하는 데 주력했다. 1903년 미 해군은 해군총괄계획(grand naval scheme)을 통해 장기함정 건조계획을 마련하고자 했다. 비록 최종 승인 단계에서 대통령 및 의회에 의해 승인이 거부되었지만, 세계 제2위의 해군력을 가지는 것에 대한 공감대는 충분히

공유할 수 있었던 시도였다.[10)]

루스벨트의 해군 정책이 정점에 달한 사건은 1907년 12월부터 1909년 2월까지 14개월 동안 흰색으로 칠해진 16척의 전함을 이끌고 성공적으로 세계를 일주한 미국 백색함대의 출현이라고 할 수 있다. 전투함대의 필요성을 인식한 루스벨트의 지시에 따라 미 해군은 유럽 각지에 흩어진 해군함정을 소환하여 1907년 대서양함대(Atlantic Fleet)를 창설했다. 당시 미국이 보유하고 있던 전함 16척 전부가 포함된 대서양함대는 세계에서 가장 강력한 전투함대로 평가받았다.[11)] 미 해군은 전함 16척을 태평양으로 불러들인 후 이를 이용해 태평양과 인도양, 그리고 수에즈 운하를 통해 대서양을 횡단했다.[12)] 또한 남아메리카를 돌고 서부 해안으로 거슬러 올라가 일본까지 세계 일주를 했다. 당시 전함 16척과 병원선 등 총 28척의 함정으로 구성된 백색함대는 전 세계에 미국의 힘을 과시하기에 충분했다.

이처럼 19세기 후반부터 탄력을 받은 미 해군의 증강은 20세기 초기에 가시적인 성과를 나타냈다. 무엇보다 이 시기부터 미국은 대서양에 집중했던 함대 배치 운용개념을 태평양으로 분산시킬 수도 있는 가능성을 보였다는 데 큰 의미가 있다. 사실 이 시기 미 해군은 국가이익을 보호하기 위해 해군 함대를 어떻게 배치해야 하는가에 대해 고

---

10) 미 해군의 강력한 후원자였던 루스벨트 대통령이 1909년 3월 대통령직에서 물러날 때 미국은 이미 세계 제1위권의 강력한 힘을 보유하고 있었고, 해군력 또한 1위와의 차이가 미세한 2위에 위치할 수 있었다. Henry J. Hendrix, 조학제 역, 『시어도어 루스벨트의 해군 외교: 미 해군과 미국 세기의 탄생(*Theodore Roosevelt's Naval Diplomacy: The U.S. Navy and the Birth of the American Century*)』, 한국해양전략연구소, 2010, p. 9.

11) George W. Baer, 앞의 책, pp. 74-75.

12) 당시 미 해군 군함들은 석탄을 연료로 사용했고, 12인치 주포를 1문 이상 탑재했으며, 11,500~16,000톤 내외였다. Kenneth Wimmel, *Theodore Roosevelt and the Great White Fleet* (Washington, D.C.: Brassey's, 1998), p. xi; "World Cruise of the Great White Fleet," *U.S. Naval Institute Proceedings*, no. 10, 1958, p. 89.

민했다. 미국은 대서양에서 독일의 해군력이 가파르게 증강하고 있는 현실을 인식했으며, 1905년 러일전쟁 이후 일본 해군력에 대한 위협을 직시하기 시작했다. 따라서 미 해군력을 대서양과 태평양에 적절히 배치할 필요성을 인식한 것이다. 비록 마한을 비롯한 몇몇 해양전략 사상가들은 미 해군이 대서양에 집중해야 한다는 것을 주장하긴 했지만, 결과적으로 루스벨트의 머릿속은 일찍이 태평양을 누비는 미 해군을 상상하고 있었다. 1세기 전 전체 항해 거리가 4만 6천 마일에 달하는 미 해군 백색함대의 세계 일주를 통해 미국은 이미 아시아로의 영향력 확대를 위한 준비를 마쳤다. 백색함대가 방문한 아시아 주요 국가들은 뉴질랜드, 호주, 필리핀, 일본, 중국, 스리랑카 등이다.

〈그림 1-2〉 미 해군 백색함대의 항해 모습(1907~1909)

2. 제1 · 2차 세계대전 시기 미국의 해양전략과 해양력

20세기에 접어들면서 두 번에 걸쳐 발발한 세계대전을 통해 미국은 세계의 문제에 관여했고, 결과적으로 역사상 그 어느 국가와도 비교하기 힘든 수준의 강력한 해군력을 보유할 수 있게 되었다. 많은 역사가들은 1917년 미국이 제1차 세계대전에 참전하면서부터 소위 '먼로주의'라고 불리는 고립주의적인 미국의 대외정책이 개입주의 정책으로 변했다고 주장한다. 이때 미 해군은 미국의 정책에 가장 크게 기여할 수 있었다. 제1차 세계대전 이후 미국이 세계 최강대국으로서의 지위를 갖게 된 것 또한 미국이 해군력을 운용하는 목적과 전력 변화를 통해 치밀하게 계산된 결과물로 볼 수 있을 것이다. 제1차 세계대전이 발발하고 난 뒤, 미국이 참전한 이후부터는 해군력의 운용 이유가 더 이상 바다에서의 통상을 보호하는 데 머물지 않게 되었고, 국가안보 담당이라는 핵심적인 역할을 수행해야 했다.

미 해군이 세계의 역사에 뛰어든 순간은 루시타니아(Lusitania)호가 결정지었다. 제1차 세계대전이 한창이던 1915년 5월 7일, 독일 잠수함의 공격으로 루시타니아호가 침몰하면서 미국인 128명이 사망한 것을 계기로 미국은 그동안의 고립주의를 깨고, 당시 강대국들이 즐비했던 유럽의 문제에 직접적으로 관여하게 된다. 전쟁 기간 중 미 해군이 수행한 가장 중요한 임무는 전쟁 병력과 물자를 수송하는 것이었다. 미 해군은 약 200만 명의 병력을 유럽으로 수송했는데, 단 한 명의 인원 손실도 없이 완벽한 작전을 수행한 것으로 알려졌다. 또한 제1차 세계대전 중 미국의 함정이 전투에 참여한 것은 대부분 독일 잠수함과 교전한 것으로 전쟁의 승패에 결정적인 영향을 미쳤다.

제1차 세계대전 이후 독일의 위협이 사라지자 미 해군은 서서히 태평양에 전함을 배치하기 시작했다. 미국은 제1차 세계대전에 참전하면서 이미 해군의 임무로 전시뿐만 아니라 전쟁 종료 후 미국의 전략적 독립을 확보하는 데 큰 관심을 두고 있었다. 그 일환으로 전쟁 종료 후 1919년부터 해군의 주요 전투부대를 나누는 것에 관한 논의가 진행되었다. 이는 2개의 동일한 전투함대를 편성하여 대서양과 태평양에 각각 배치하는 계획이었다. 그러나 이 계획은 오래가지 않았다. 논의 끝에 미 해군의 수뇌부가 단일 함대를 대서양에 배치하여 전쟁에 대비해야 한다는 데 의견을 모았기 때문이다. 이로 인해 대서양과 태평양에 대등한 규모의 두 함대를 두는 계획은 실현되지 못했고, 그 계획조차 2년 뒤인 1921년 백지화되었다.

그럼에도 미 해군이 시도했던 두 함대 분산 배치에 대한 해군력 운용 논의는 제2차 세계대전이 발발하기 전까지 20여 년간 계속해서 이어졌다. 두 함대가 어떻게 사용되어야 하고 어떤 목적을 위해 사용되어야 하는가, 그리고 그 규모는 어떻게 배분되어야 하는가에 관한 논쟁이었다.[13] 미국은 유럽에서의 영향력을 유지하기 위해 대서양에서 대규모의 해군력을 운용할 필요가 있었다. 다른 한편으로는 태평양 서부의 제해권을 확보하기 위해 태평양에서 강력한 함대를 운용하는 것이 필요했기 때문에 필리핀과 괌 및 하와이에 요새화된 기지들을 운용해야 했다.[14]

1930년에 이르자 미 해군은 본토 방어는 물론 잠재적 위협이 될 가능성이 커진 일본에 대한 대비책을 고심하게 되었다. 해군의 역할을 본토 방어 수준에 머물게 할 것인가에 관한 문제는 미국이 향후 보

13) George W. Baer, 앞의 책, p. 167.
14) 위의 책, pp. 167-168.

유하게 될 해군 함대 규모와 맞물려 활발한 논의 대상이 되었다. 당시 프랭클린 루스벨트(Franklin Roosevelt) 대통령에 의해 추진된 경제정책에서 해군함정을 다수 건조하는 이른바 '해군의 부흥(naval revival)'은 경제 부흥의 한 가지 수단인 동시에 고용 창출의 창구 역할을 수행하게 되면서 대규모로 늘어난 해군력을 운용하는 데 있어 장기적인 전략의 필요성이 대두되었다.[15] 한편 이러한 분위기에서 미 해군은 가장 강력한 전함 10여 척을 태평양함대로 이동시켜 일본에 대항하기 위한 준비 또한 차근차근 진행했다. 이는 '워싱턴 해군 군축조약' 및 '런던 해군 군축조약' 등 두 번에 걸쳐 시도된 해군 군축을 위한 노력에서 보인 일본의 호전성을 미국이 사전에 인식한 까닭이다.[16]

1939년 제2차 세계대전이 발발했다. 제2차 세계대전이 발발하기 전 미국은 전쟁에 직접 참가하기보다는 연합국에 대한 지원과 원조에 초점을 두고 있었다. 만약 전쟁이 일어난다면 대서양에서는 공격태세를 유지하는 반면 태평양에서는 방어에 집중할 것을 계획했다. 대서양에서는 일반적으로 해군이 지역적인 해양 통제, 즉 선단의 안전과 침공부대에 대한 지원을 추구하는 것이었고, 태평양에서는 해군이 해병대 및 육군과 함께 일본의 공격을 방어하는 것이었다.

그런 상황에서 1941년 12월 일본이 하와이에 주둔한 미 해군을 기습적으로 공격하면서 미국은 본격적으로 제2차 세계대전에 참전하게 되었다. 이 과정에서 미 해군은 일본의 강력한 수상함대, 해군 항

---

15) 일례로 1936년 루스벨트 대통령은 함정 건조를 '공공사업'으로 표현했고, 오래된 함정을 대체하는 함정 건조 사업을 위해 「국가산업회복법안(National Industrial Recovery Act)」을 제정해 적극적으로 지원했다. 위의 책, p. 237.

16) 1939년 기준으로 일본 해군은 전함 9척, 항공모함 5척, 순양함 39척, 구축함 84척, 어뢰정 38척, 잠수함 58척 등을 보유한 막강한 수준이었다. 윤석준, 『해양전략과 국가발전』, 한국해양전략연구소, 2010, p. 242.

공대 그리고 철저하게 요새화된 섬에 있던 수비대들을 상대해야 했고 그전까지 없었던 새로운 해군력 운용에 대한 경험을 습득했다.[17] 결과적으로 미 해군은 일본 해군과의 해전을 통해 태평양에서의 해군력 운용 능력을 향상시킬 수 있었고, 전후 지금까지 태평양에서의 미 해군력 배치 개념을 이어갈 수 있게 되었다. 제2차 세계대전은 당시까지 유럽 위주의 국가 전략을 추진해온 미국이 아시아에 대한 중요성을 유럽과 동일한 수준으로 취급하기 시작한 계기가 되었다.

전쟁이 끝나고 이제 미 해군에 대항할 만한 국가는 더 이상 존재하지 않았다. 이러한 상황은 전쟁 이후 '미국이 방대한 수준의 해군력을 왜 유지해야 하는가?'에 대한 질문이 자연스럽게 등장하게 만들었다. 장차 적이 될 가능성이 있는 국가는 지리적으로 멀리 떨어진 대륙에 있었고, 어떤 공격적인 함대도 보유하지 못하고 있는 상황이었다. 유럽의 강대국들이 전쟁의 상처를 치유하는 데는 꽤 오랜 시간이 걸릴 것이었기 때문에 미국은 당분간 잠재적 경쟁 상대에 대한 대비책을 마련할 필요가 없었다.

이런 이유로 이 시기 미 해군은 수행해야 할 임무와 대적해야 할 적에 대한 명확한 개념을 정립하지 못했다고 볼 수 있다. 미국은 전쟁이 끝나자마자 전쟁 중 비대해진 전력 중 육·해·공군 병력 수를 줄이는 것을 시행했다. 이 또한 전후 미국에 대항할 만한 국가가 없어진 상황에서 미군이 수행해야 할 임무와 적이 불명확해진 상황을 단적으로 보여주는 조치라고 하겠다. 해군의 경우 1945년 6월 30일 당시 현

---

17) 당시 일본에 맞서 미 해군 태평양함대를 지휘한 니미츠(Chester W. Nimitz) 제독이 제2차 세계대전 이후 미 해군이 태평양 지역에 관심을 증가시켜야 하는 근거를 직접 보여줬다는 점에 주목할 필요가 있다. 니미츠 제독이 사용한 해군력의 전술적인 측면에 관한 연구는 미 해군의 태평양전쟁사와 함께 지금까지 많이 논의되었기 때문에 여기에서 자세한 내용을 다루지는 않는다.

역으로 복무 중인 해군 장병 수는 338만 817명이었다. 그로부터 5년 후인 1950년 6월 말 미국이 한국전쟁에 참전했을 때, 현역으로 복무 중인 장병 수는 38만 1,538명에 불과했다.[18] 특히 1949년 불거진 일명 '제독들의 반란(revolt of the admirals)' 사건을 통해 알 수 있듯이, 당시 미 해군이 추진하려던 항공모함 건조계획이 대거 취소 또는 연기되는 등 해군전력 건설뿐만 아니라 해군의 역할 자체에 대한 회의적인 분위기가 일어나기도 했다.[19]

이러한 상황에서 미국은 자국의 영향력을 유지하기 위해 대서양과 태평양이라는 두 대양 모두에서 주도권을 잡고자 노력했고, 이는 곧 이 지역에서 미 해군이 해양통제권을 확보하여 그 영역을 확대해 나간다는 것을 의미했다. 그러나 해군은 군의 전체 예산 중 평균 30% 내외를 사용할 수 있었기 때문에 해군이 주장한 대로 전 세계적인 해군으로서 역할을 수행하는 데는 제한이 있을 수밖에 없었다. 따라서 이 시기 해군은 위협의 우선순위에 따라 전략적인 선택을 감행해야 했다. 위협의 최우선순위는 바로 앞으로 이어질 냉전 시기 라이벌 국가였던 소련이었다.[20]

---

18) George W. Baer, 앞의 책, p. 516.

19) 신문경, 「1949년 미(美) 제독들의 반란이 한국 해군에게 주는 시사점」, 『STRATEGE 21』 38, 2015, pp. 83-111.

20) 그러나 시간이 지남에 따라 주요 위협 대상은 소련에서 비국가 테러 행위자를 포함한 공동의 적으로 옮겨가는 특성을 보이는데, 이는 냉전 이후 미국이 소련과도 원활한 협력이 필요하다는 인식을 갖게 만드는 요인이 되었다. 여기에 대해서는 뒤에서 자세하게 설명하기로 한다.

3. 냉전(cold war) 시기 미국의 해양전략과 해양력

소련의 위협이 증대되면서 미국은 소련의 핵공격을 억제하기 위한 전력을 가질 필요가 있었다. 미국은 소련의 핵위협에 대비하기 위해 장거리폭격기(ALBM: Airborne Launched Ballistic Missile), 대륙간탄도미사일(ICBM: Inter Continental Ballistic Missile), 잠수함발사탄도미사일(SLBM: Submarine Launched Ballistic Missile)이라는 소위 '3축 체제(triad)'라고 일컫는 전략핵무기 투발수단을 보유하는 데 집중했다. 특히 미 해군은 잠수함발사탄도미사일 확보에 매진함으로써 핵 시대에서도 미국의 국가안보에 가장 중요한 군사력으로 존재할 수 있는 기반을 마련했다.[21] 은밀한 기동을 통해 소련에 보이지 않는 위협을 줄 수 있다는 측면에서 잠수함발사탄도미사일은 핵억제 전략의 핵심적인 역할을 수행할 수 있었다.

미국은 소련의 핵능력을 효과적으로 억제하는 동시에 소련의 경제적인 활동을 봉쇄할 수 있는 실질적인 수단으로 해양에서의 핵전력을 강화하는 데 주력했다. 이 시기 미국은 전략핵잠수함(ballistic missile submarines) 및 공격핵잠수함(attack submarines)에는 전략핵무기를 탑재했고, 항공모함(aircraft carriers), 구축함(destroyers), 순양함(cruisers), 호위함(frigates) 등에는 전술핵무기를 탑재했다. 특히 냉전 중·후반 시기 동안 미국은 유럽, 일본, 한국 등은 물론 전 세계에서 작전을 펼치는 함정과 잠수함 등에 수천 기의 전술핵무기를 탑재하여 소련의 핵위협으로부터 동맹국의 안보를 보장하기 위한 노력을 적극적으로 강구했다. 이른바 '핵우산(nuclear umbrella)' 정책이었다. 1975년 기준으로 미

---

21) 이춘근, 「미국의 해양전략과 동아시아」, 『21세기 해양갈등과 한국의 해양전략』, 한국해양전략연구소, 2006, p. 286.

국방부가 해상(afloat)에 전개한 핵탄두 수가 6,191기로 냉전 중 정점을 찍은 사실을 통해 미국이 소련의 핵전력 확장성에 대한 경계에 초점을 맞춘 것으로 해석할 수 있다.[22] 이러한 사실을 통해 궁극적으로 미국이 해상에서 소련을 압박하여 소련의 핵공격 시도를 억제하면서 대외적으로는 봉쇄의 효과를 달성하고자 한 것으로 설명할 수 있다. 〈표 1-1〉은 냉전 기간 중 미국이 해상에 전개한 핵전력 추이에 관한 현황을 보여준다.[23]

〈표 1-1〉 미국의 해상 전개(배치) 핵전력 현황(1953~1991)

시기	대서양 (Atlantic)	태평양 (Pacific)	지중해 (Mediterranean)	총계 (total)
1953	-	-	-	0
1954	-	-	-	91
1955	-	-	-	129
1956	-	-	-	292
1957	-	-	-	521
1958	-	-	-	757
1959	-	-	-	1,124
1960	-	-	-	1,516
1961	854	550	267	1,671
1962	745	811	269	1,825
1963	999	703	280	1,982
1964	1,384	1,035	292	2,711
1965	1,544	1,571	619	3,734
1966	1,650	1,792	453	3,895
1967	1,930	1,420	404	3,754

22) Robert Norris, and Hans M. Kristensen, "Declassified: US nuclear weapons at sea during the Cold War," *Bulletin of the Atomic Scientists*, vol. 72, no. 1, 2016.

23) U.S. Department of Defense, "Nuclear Weapons Afloat: End of Fiscal Years (1953-1991)." https://open.defense.gov/Portals/23/Documents/frddwg/weapons_afloat_unclass.pdf.

시기	대서양 (Atlantic)	태평양 (Pacific)	지중해 (Mediterranean)	총계 (total)
1968	1,956	1,709	425	4,090
1969	1,858	1,427	400	3,684
1970	2,012	1,403	411	3,826
1971	2,065	1,381	552	3,998
1972	2,500	1,758	596	4,854
1973	3,387	1,129	427	4,943
1974	4,165	1,292	403	5,860
1975	4,507	1,244	440	6,191
1976	4,506	1,089	433	6,028
1977	4,185	1,318	400	5,903
1978	4,177	1,191	402	5,770
1979	4,039	1,170	342	5,551
1980	3,961	968	278	5,207
1981	3,588	811	390	4,789
1982	4,038	881	528	5,447
1983	3,823	1,043	242	5,108
1984	3,950	1,213	376	5,539
1985	3,773	1,481	190	5,444
1986	3,291	1,853	349	5,493
1987	3,398	2,085	0	5,483
1988	3,573	1,949	0	5,522
1989	3,419	1,949	0	5,368
1990	3,827	1,889	0	5,716
1991	3,048	1,661	0	4,709

출처: U.S. Department of Defense, 2015.

소련의 핵공격을 억제하는 역할 외에도 미 해군은 공산 진영의 확장전략을 견제하는 핵심적인 역할을 수행했다. 제2차 세계대전과 한국전쟁 이후 더욱 격화된 미소 양대 진영의 이념 대결에서 미국은 소련을 위시한 공산 진영을 봉쇄(containment)하는 전략을 추진했다. 1970년대까지 미국은 공산권 봉쇄전략에 주력했다. 1970년대 말 미국의 국방정책이 지상에서 소련에 대응할 수 있는 준비를 추진함에 따라 해양전략으로부터 대륙 개입 체제로, 태평양으로부터 유럽 체제로, 양 대양에서 해군력 유지로부터 한 대양에서 해군력 강화로 방향을 바꾸게 되었다.[24] 1970년대 후반에는 미국 내에서 강압적이고 비용이 많이 발생하는 해군력 증강에 대한 회의적인 목소리가 점점 커지고 있었다. "왜 강력한 해군력이 필요한가?", 즉 "어느 정도 수준의 해군력을 갖춰야 하는가?"에 대한 끊임없는 설득 작업을 통해 미 해군은 스스로의 역할을 찾고 있었다.

그러한 가운데 1980년대 들어 전 세계적으로 해양에 대한 관심이 높아지면서 미국 내에서는 해양에서의 국가이익을 포함한 국가의 제반 안보를 지원하는 해양전략의 필요성이 대두되었다. 미 해군은 1986년 「해양전략(The Maritime Strategy)」이라는 보고서를 통해 냉전 기간 동안 평시작전은 물론 전쟁 및 분쟁에 대비한 전반적인 해양 사용에 대한 미국의 전략지침을 명확히 했다. 1982년부터 미 해군의 전략으로 비밀리에 검토된 이 보고서는 냉전 시기 소련이 대양해군으로 팽창하는 것을 막기 위해 힘의 우위에 의한 적극적인 억제전략을 추진하려는 미국의 의지를 그대로 담고 있다. 해양전략은 "전방전개, 세계적 차원, 동맹국과 함께 연합작전을 통해(Forward, Global, Allied and

24) George W. Baer, 앞의 책, pp. 778-779.

Joint)"라는 말로 요약되는데, 즉 소련의 해군력을 격파하고 소련 대륙 본토 종심을 공격한다는 냉전 시기 미국의 전략을 해군이 주도적으로 수행하는 것을 의미했다.[25)]

당시 해양전략의 주요 핵심 내용은 미국이 군사력을 전진 배치하고, 위기대응전략을 수립하여 전쟁 수행에 대비하는 3단계로 이뤄져 있다. 우선 평시 미 해군의 전진 배치는 전쟁을 억제하는 것은 물론, 지역적인 세력균형을 통해 국제적으로 안정적인 안보환경을 조성하는 것이었다. 이 과정에서 미국은 동맹국과 우방국을 중심으로 안보협력을 강화하면서 소련의 팽창 의도를 사전에 차단하는 데 주력했다. 미국이 1980년대 들어 외국 항구를 방문하거나 외국 해군과의 연합훈련을 증대시키는 등 활발한 협력 방안을 추진한 것은 이를 잘 보여주는 사례라고 할 수 있다.

다음으로 해양전략은 위기대응에 관한 내용을 강조하고 있다. 미국은 1946년부터 1982년까지 총 250회의 군사력을 사용했는데, 이 중 80% 정도의 위기에서 해군전력이 주요 대응수단으로 활용되었다.[26)] 미 해군이 주요 전력으로 사용될 수 있었던 이유로는 첫째, 해군의 전진 배치 태세와 신속한 기동력 때문에 억제력을 가질 수 있었고, 신속하게 즉각적으로 대체할 수 있었기 때문이다. 둘째, 해군전력은 전방전개를 통해 고도의 준비태세를 유지했고, 동맹 및 우방국들과 작전 기회를 증대시킬 수 있었기 때문이다. 셋째, 해군력은 외국 기지 사용이 용이했고, 군수지원을 통해 원거리에서도 작전이 가능했기 때문

25) Martin L. Lasater, "U.S. Maritime Strategy in the Western Pacific in the Asia Pacific in the 1990s," *Strategic Review*, vol. 18, no. 3, 1990, p. 19; 이춘근, 앞의 글, p. 287.

26) 합동군사대학교 해군대학, 『주변국 해양전략』, 합동군사대학교 해군대학, 2013, pp. 67-68.

이다. 넷째, 해군전력은 신뢰성 있는 억제에 필요한 다양한 능력을 갖추고 있었기 때문이다.[27] 다섯째, 해군전력은 가시적으로 또는 은밀히, 위협적으로 또는 비위협적으로 작전에 임할 수 있고, 쉽게 전개하고 철수할 수도 있어 효과적인 위기관리와 고조된 긴장을 통제할 수 있는 능력을 보유하고 있었기 때문이다. 이러한 특성을 바탕으로 미 해군은 평시 억제가 실패할 경우에 대비하여 소련과의 세계전쟁을 어떻게 수행할 것인가에 대한 위기대응 전략을 수립하고 있었다.

마지막으로 해양전략은 전쟁 수행을 위한 실질적인 전략을 보여준다. 소련과의 전쟁 수행을 위해 미국은 해군력의 핵심 전력을 운용하여 제1단계인 전쟁 억제 또는 전쟁으로의 전환 단계, 제2단계인 주도권 장악 단계, 제3단계인 전쟁 수행 단계로 구분된 성공적인 전쟁수행 전략을 운용하겠다는 것이었다. 특히 미국은 소련과의 전쟁 수행 단계에서 유리한 조건으로 전쟁을 종결시키기 위해 해군력을 공세적으로 운용하여 소련 함대를 완전하게 격파하겠다는 것이었다. 이와 함께 해상교통로를 장악하여 전 세계적으로 소련을 봉쇄함으로써 전쟁 전반의 주도권을 확보한다는 계획을 보여준다.

미 해군은 해양전략을 원활하게 추진하기 위해 필요한 함정 척수를 고려했고, 보고서를 통해 600척 수준의 해군함정 건조계획을 수립했다. 이는 소련에 우위를 점하기 위해 해양 통제가 가능한 수준의 해군전력을 보유하고자 한 이유에서다. 결과적으로 해군이 추진한 함정 600척 건조 목표를 달성하지 못했지만, 미국은 이러한 시도를 통해 그 어느 때보다 적극적인 해군력 건설 의도를 전 세계적으로 과시할 수

---

27) 실제 위기 시 입증된 능력은 전방전개의 지속성, 감시활동, 해군력 현시, 해군 함포 및 항공 강습, 상륙작전, 민간인 후송, 봉쇄 및 격리(quarantine), 소련과 타 세력의 개입방지 등이다. 위의 책, p. 67.

있었다. 미국은 소련과 대적하여 전 세계 자유무역 국가들의 해상교통로에 대한 안전을 보장하는 패권국 해군의 역할을 담당했고, 냉전 시기 소련에 대해 승리하는 데 결정적인 기여를 한 것으로 평가받는다. 이때 미 해군은 미국이 동맹국가들과 연합하여 대서양과 태평양에서 봉쇄전략을 수행하는 주력 역할을 했는데, 결과적으로 미국과 소련이 벌인 이념 대결을 종식시키는 데 큰 역할을 했다고 볼 수 있다.[28] 〈표 1-2〉는 제2차 세계대전 이후 미국의 해군력 현황을 보여준다.

〈표 1-2〉 전후 미국의 해군력 현황

(단위: 척)

구분	1945	1950	1960	1970	1975	1980	1985	1990
항공모함	98	15	23	19	15	13	13	14
수상함	832	161	281	233	16	178	202	214
잠수함	237	72	203	144	116	124	135	133
상륙함	1,256	91	113	97	64	63	61	63
지원함	3,295	279	282	250	40	84	114	148
계	5,718	618	812	743	496	462	529	575

출처: James L. George, *The U. S. Navy in the 1990s* (Annapolis, Maryland: Naval Institute Press, 1992), p. 16.

4. 21세기 미국의 해양전략과 해양력

21세기는 시기적인 구분으로 볼 때 2000년대를 의미하지만, 국제정치학적 시계로 보면 미소 냉전이 종식된 1990년 이후부터 시작되었다고 봐도 크게 틀리지 않을 것이다. 따라서 여기에서는 미 해군

28) 윤석준, 앞의 책, p. 272.

이 탈냉전 시기부터 수행한 전략적 움직임을 포함하여 고찰한다. 냉전이 끝나고 1990년대에 들어서면서 미 해군은 실질적으로 전쟁과 연관을 짓거나 직접적인 해양 위협에 대응하기 위한 해양전략을 본격적으로 발표했다. 대표적으로 걸프 전쟁과 '바다로부터(From the Sea)' 및 '바다로부터… 전방전개(Forward… From the Sea)', 9 · 11 테러로 인한 대테러 전쟁과 '시파워 21(Sea Power 21)', 그리고 마지막으로 전 지구적 해양 위협과 '1,000척 해군(A Thousand Ship Navy)' 및 '21세기 협력 전략(A Cooperative Strategy for 21st Century Sea Power)' 등이다. 이는 냉전이 끝난 상황에서 미국의 새로운 국가 전략을 지원하기 위한 해양 및 해군력 운용에 관한 전략이 미 해군에 필수적으로 요구되었던 까닭이다. 〈표 1-3〉은 시기별로 미국의 해양전략을 정리한 내용이다.

1991년 1월 17일부터 2월 28일까지 걸프전을 치른 미국은 전쟁을 통한 교훈에 기초한 해양전략을 수립했다. 냉전 이후 첫 번째 미 해군 전략은 1992년 발표된 '바다로부터' 해양전략이다. 이 문서는 미래 미 해군이 지상에서의 전투 수행을 지원하는 내용에 초점을 맞추

〈표 1-3〉 미 해군의 해양전략

연도	해양전략(명)	발간 책임자
1954.5	Transoceanic-navy	Samuel Huntington
1986.5	The Maritime Strategy	John Rayman
1992.9	… From the Sea	John Dalton
1994.10	Forward… From the Sea	
2002.10	Seapower 21	Vern E. Clark
2005.11	Thousand-ship Navy	Michael Mullen
2007.10	A Cooperative strategy for 21st Century Seapower	Gary Roughead
2015.3	A Cooperative strategy for 21st Century Seapower: Forward, Engaged, Ready	Jonathan Greenert

고 있다.[29] 여기에서는 해군 원정군(naval expeditionary force), 합동작전(joint operations) 등 해군의 임무에 대한 새로운 용어들이 등장했다. 특히 지휘 · 통제 · 감시(command, control, surveillance), 전장에서의 우위 확보(battlespace dominance), 힘의 투사(power projection), 힘의 유지(force sustainment) 등 해군의 새로운 임무를 추가한다고 주장하면서 육군과 공군력이 감축되는 시대에 해군 · 해병대의 적극적인 역할을 주문하고 있다.[30] 궁극적으로 바다로부터 해양전략의 핵심은 미국이 해군력을 적극적으로 활용하여 개입함으로써 지역 분쟁을 억제하고, 억제가 실패할 경우 승리를 위해 바다로부터 지상에 군사력을 직접 투사하여 영향력을 행사하는 개념이다.

미 해군은 1994년 '바다로부터' 해양전략을 보강하는 개념인 '바다로부터… 전방전개'라는 전략을 발표했다. 이 보고서는 전방전개를 통해 분쟁을 예방하고, 위기를 방지하는 가장 효과적인 수단으로서 해군의 역할을 강조하고 있다.[31] 문서에서는 이를 세부적으로 풀어서 설명하고 있는데, 그 주요 핵심 내용은 바다로부터 육지에 힘을 투사할 수 있는 해군, 해양 통제 및 해양 우위를 달성할 수 있는 해군, 전략 억제를 이룰 수 있는 해군, 전략적인 해양 수송을 담당하는 해군, 해양력 현시를 실현하는 해군이다.[32]

'바다로부터… 전방전개'를 통해 달라진 미국의 해양전략은 다음

29) U.S. Department of Navy, … *From the Sea: Preparing the Naval Service for the 21st Century* (Washington D.C.: Government Printing Office, 1992).

30) 이춘근, 앞의 글, pp. 289-290.

31) U.S. Department of the Navy, *Forward… From the Sea* (Washington D.C.: Government Printing Office, 1994).

32) 이춘근, 앞의 글, p. 291.

과 같다.[33] 첫째, 해양전략의 목표가 기존의 해양 통제에서 바다로부터 적 지상에 군사력을 투사하여 해군력의 영향력을 지상으로까지 확대시키는 것으로 변화된 것이다. 둘째, 바다에서의 전쟁에서 바다로부터의 전쟁으로 개념이 변화된 것인데, 이는 적 해안에 군사력을 투사하여 지상에 영향력을 미친다는 상위 개념을 지원한다. 셋째, 해양전략을 수행하는 수단으로서 해군 원정군이 강조되었고, 합동작전 및 연합작전의 중요성이 높아졌다는 것이다.

1990년대를 관통하는 미 해군의 전략은 명확하게 바다로부터 적절한 역할을 수행한다는 것을 의미했다. 당시 미 해군 고위 수뇌부를 포함해서 대부분 장교들이 이러한 미 해군의 임무를 잘 이해하고 있었다.[34] 또한 이러한 해양전략은 변화하는 안보환경에서 미 해군이 어떻게 작전을 수행하고, 어떻게 전력을 건설할 것인가에 대한 기본 방향을 제시했다. 궁극적으로 1990년대 미 해군이 추진한 계획은 당시 미 해군이 언제(anytime), 어디서나(anywhere) 미국의 주권을 가장 강력하게 대변한다는 것을 의미했다.[35] 이는 곧 냉전이 끝나고, 걸프전에 집중했던 미국의 해양전략 중심을 전 세계로 확대시킬 것을 예고한 것이라 볼 수 있다. 미 해군은 장차 진행될 해양전략의 방향을 시리즈로 발표하면서 21세기의 새로운 임무를 준비했다.[36]

---

33) 합동군사대학교, 앞의 책, pp. 89-90.

34) Edward A. Smith, "What '… From the Sea' Didn't Say," *Naval War College Review*, vol. 48, no. 1, 1995, pp. 9-33; William A. Owens, *High Seas: The Naval Passage to an Uncharted World* (Annapolis, MD: Naval Institute Press, 1995).

35) John B. Hattendorf, *U.S. Naval Strategy in the 1990s* (Newport, Rhode Island: Naval War College Press, 2006), pp. 13-19.

36) 미 해군이 연속해서 발표한 보고서 시리즈는 세 가지로, 다음과 같다. U.S. Commission on National Security/21st Century, *New World Coming: American Security in the 21st Century, Major Themes and Implications, Phase I Report on the Emerging Global Security*

본격적으로 21세기가 시작되면서 미국은 새로운 안보위협의 출현에 대응해야 했다. 그 위협의 대상은 테러리즘(terrorism)이었다. 2001년 발생한 9 · 11 테러 사건은 미국에 전례 없는 안보환경을 가져다주었다. 그동안 특정 국가를 상대로 전쟁을 준비해온 미국으로서는 새로운 적에 대한 대응 전략을 시급히 마련해야 했다. 전 지구적인 차원에서 대테러 전쟁을 수행해야 했던 미국은 단독작전이 아닌 합동작전 및 동맹 · 우방국과의 연합작전을 중시했다. 물론 미국 주도의 전 지구적 대테러 전쟁에서 해군력은 핵심적인 역할을 수행했다. 미국은 '시파워 21: 결정적 합동 군사력의 투사(Sea Power 21: Projecting Decisive Joint Capabilities)'라는 해양전략을 발표했다.[37] 21세기 미 해군은 우세에 있는 컴퓨터, 시스템의 통합, 산업 기반, 미국 국민의 개발능력 등을 동원해서 미 해군이 해상으로부터의 공격(sea strike), 해상에서의 방어(sea shield), 그리고 해상기지 구축(sea basing)에 필요한 역할을 수행할 것을 주문했다.[38] 〈그림 1-3〉은 미 해군에서 설명한 시파워 21의 핵심

Environment for the First Quarter of the 21st Century (Washington, D.C.: Government Printing Office, 1999); U.S. Commission on National Security/21st Century, *Seeking a National Strategy: A Concept for Preserving Security and Promoting Freedom, Phase II Report on a U.S. National Security Strategy for the 21st Century* (Washington, D.C.: Government Printing Office, 1999); U.S. Commission on National Security/21st Century, *Road Map for National Security: Imperative for Change, Phase III Report on a U.S. National Security Strategy for the 21st Century* (Washington, D.C.: Government Printing Office, 1999).

37) 2001년 발표된 해군 전략 계획 지침(Navy Strategic Planning Guidance) 또한 미국의 전체 군사전략을 지원하는 방향을 제시하고 있지만, 당시 QDR 2001 보고서에 나온 해군의 역할에 한정한다는 측면에서 21세기 미 해군의 전략을 전체적으로 보여주기는 어렵다. 이에 대한 자세한 내용은 Gregory V. Cox, *Naval Defense Planning for the 21st Century: Observations from QDR 2001* (Alexandria, VA.: CNA, 2001) 참조.

38) 해상으로부터의 공격(sea strike)은 미 해군이 직접적으로 적에 대한 공격을 개시하는 상황에서의 임무를 의미한다. 해상에서의 방어(sea shield) 개념은 전통적인 해군의 임무인 단위 부대, 함대 및 해상교통로를 보호하는 것이다. 해상기지 구축(sea basing)은 군사작전의 성공 요인인 작전적 기동 공간으로서의 바다를 효율적으로 운용하는 것을 의미한다. Vern

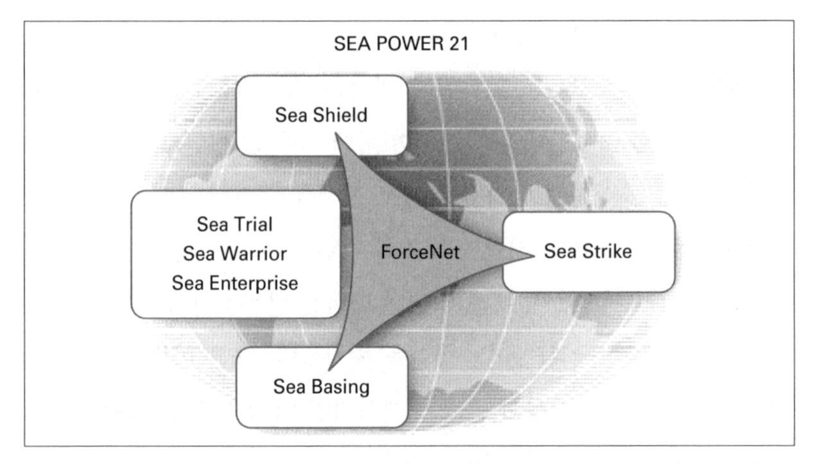

〈그림 1-3〉 시파워 21 핵심 개념

개념에 관한 설명이다.

21세기가 시작되면서 발간된 미 해군의 새로운 전략인 시파워 21 해양전략은 미 해군이 직면한 새로운 도전을 해결하기 위해 해군을 새롭게 편성 · 통합 · 변혁시키는 것을 강조하고 있다. 한편 이러한 해양전략의 목적은 전통적 위협인 지역 분쟁과 비전통적 위협인 테러리즘에 효과적으로 대처하기 위해 적극적이고 결정적인 합동군사력을 투사하는 것이다.[39] 이를 위한 전략의 개념은 정밀하고 지속적인 공격력 투사를 위한 해상타격, 세계적 수준의 방위 능력을 보장하는 해상방어, 그리고 합동작전의 군수지원을 보장하는 해상기지를 구축하는 것이다.[40]

Clark, "Sea Power 21: Projecting Decisive Joint Capabilities," *Naval Institute Proceedings*, vol. 128, no. 10, 2002, pp. 32-41.

39) Randall G. Bowdish, "Global Terrorism, Strategy, and Naval Forces," in Sam J. Tangredi (ed.) *Globalization and Maritime Power* (Washington, D.C.: National Defense University Press, 2002), p. 80.

40) 합동군사대학교, 앞의 책, p. 101.

2000년대 중반에 들어서고 나서도 미국은 여전히 전 지구적인 대 테러 전쟁을 주도하고 있었다. 달라진 것이 있다면 전 세계적으로 발생하는 재해 · 재난 사고 등에 대처하고, 해적행위 및 해상테러 등 해양에서의 범죄행위에 대응하며, 불법 이민 · 난민이나 해양오염 등 각종 불법행위에 주도적으로 맞서는 미 해군의 역할이 중요하게 대두되었다는 점이다.[41] 이러한 배경에서 '21세기 협력 전략(A Cooperative Strategy for 21st Century Sea Power)'이 미 해군, 해병대, 그리고 해안경비대에 의해 공동으로 발표되었다.[42] 이러한 해양전략은 세계화 시대를 맞이하여 전 세계의 안보가 점점 더 밀접하게 상호 연결되는 안보 현실을 반영하고 있다. 특히 해양에서의 안보를 위해 미국이 동맹 및 우방국들과 긴밀하게 협력하는 것을 골자로 하는데, 이는 멀린(Michael Mullin) 미 해군 참모총장이 주장한 1,000척 해군(A Thousand Ship Navy)의 개념을 그대로 적용한 것이다.

미 해군이 협력적인 해군 전략을 강조하는 이면에는 냉전 이후 각종 비군사적 위협 발생에 따른 인도주의 해군 작전의 중요성이 높아지면서 미국이 전 세계의 안정적인 안보환경을 주도할 수 있는 유일한 국가라는 인식이 있었기 때문이다. 아프리카 국가들을 중심으로 점점 더 확대되고 치열해지는 내전에 대응하기 위한 국제평화유지군의 해상수송 및 난민 철수, 2004년 인도네시아 부근을 강타한 쓰나미와 2005년 미국 남부 일부 지역을 폐허로 만든 카트리나 등의 자연재해는 미국이 다른 여러 국가와 연합하여 대응한 사례를 보여준다. 특히 2008년 무렵부터 소말리아 근해에 자주 출몰하는 해적에 대항하기

41) 윤석준, 앞의 책, p. 416; 합동군사대학교, 앞의 책, pp. 113-115.

42) U.S. Navy, U.S. Marine Corps, U.S. Coast Guard, *A Cooperative Strategy for 21st Century Seapower* (Washington, D.C.: Department of the Navy, 2007).

위한 다국적 해군 부대의 대해적작전(anti piracy operation) 등을 통해 협력적인 해군의 역할을 수행했다.

결과적으로 21세기 세계 최강의 해군력을 보유한 미 해군은 미국의 국가 가치와 이념인 자유시장경제체제, 민주주의 그리고 미국의 리더십 확장을 구현하고 전 세계 국가 해군과의 협력을 주도하는 역할을 수행하고 있다. 21세기 해양협력전략은 지금까지 미 해군만에 의한 해군의 역할을 제시하던 수준의 해양전략에서 벗어나 미 해군 역사상 최초로 해군 · 해병대 · 해안경비대 간 협력과 미국 및 우방국 정부, 비정부조직을 망라한 포괄적 협력을 위한 해양협력전략의 개념을 제시했다는 측면에서 긍정적인 평가가 가능했다. 미 해군이 단독으로 수행하기에는 해양에서의 위협이 과거에 비해 다양해지고 비대해졌다는 점 때문에 이에 대응하는 전력 또한 다양하게 고려되어야 한다는 주장이 자연스럽게 자리 잡게 된 것이다.

하지만 무엇보다 주목해야 할 사실은 다른 곳에 있다. 미국이 전 세계 국가들과의 협력을 강조하고 있는 이면에는 미 해군이 주도하는 방향으로 함께 갈 동맹 및 우방국들에 서서히 손을 내밀고 있었다는 것이다. 이 손을 잡고 함께 가는 국가와 다가올 새로운 위협에 공동으로 대응하겠다는 의도를 잘 알 수 있다. 다가올 공동의 위협 중 전 세계적으로 확대되고 있는 테러조직, 해적 및 쓰나미 등 비전통적인 해양안보 위협요인은 국가 간 협력이 매우 중요했기 때문이다. 그러는 한편으로 미국은 또 다른 고민을 시작하게 된다. 해양에서의 비전통적인 위협에 맞서는 것도 중요했지만, 미국의 패권적인 힘에 도전하는 국가의 등장으로 인해 큰 틀에서 해양전략을 새롭게 그려야 했다. 2010년 무렵부터 미국이 아시아로 뱃머리를 돌리는 것을 통해 미 해군은 전략의 최종 지향점에 대해 조금씩 그 윤곽을 드러내고 있었다.

미국은 전 세계 패권적인 지휘를 놓고 미국에 도전하는 중국을 직접적으로 겨냥하기 시작한 것이다.

3장
미중 패권경쟁 시기 미국의 해양전략

미 해군 임무에 대한 공식 규정은 "전쟁에서 이길 수 있는, 침략을 억제할 수 있는, 그리고 해양의 자유로운 사용을 보장할 수 있는 해군력을 유지 · 훈련 · 장비"하는 것이다.[43] 표면적으로 보면 전쟁 침략 같은 전통적인 위협에 대비하는 것이 우선적인 과제이지만, 21세기 들어 테러행위 같은 비전통적 위협 수위가 높아지고 빈번해지면서 미 해군 또한 임무의 우선순위를 조정하기에 이른다. 앞에서 살펴보았듯이 21세기에 접어들면서 비전통 위협에 대응하기 위해 해양을 중심으로 전 세계 국가들의 협력을 강조하는 것 또한 미 해군이 고려하는 임무의 우선순위가 변했기 때문이라고 볼 수 있다.

250년에 가까운 역사를 가진 미 해군이지만, 오늘날의 해군은 2001년 발생한 9 · 11 테러 이후 특히 더욱 급격한 속도로 변화하고 있는 양상이다. 9 · 11 테러는 미국의 안보전략 중심축이 국가 간 전쟁에 대비하고 경쟁국의 등장을 억제하는 전략에서 대테러 전쟁 수행

---

43) 미 해군 홈페이지에 있는 원문은 다음과 같다. "The mission of the Navy is to maintain, train and equip combat-ready Naval forces capable of winning wars, deterring aggression and maintaining freedom of the seas."

으로 변화하게 만든 사건이다. 미국이 새롭게 직면한 전 지구적인 테러 위협과 대량살상무기(weapons of mass destruction)의 확산은 지난 2세기 동안 이어져온 미국 해양전략의 근본적인 변화를 요구하기에 충분했다. 전통적으로 강조해온 전쟁 대비 외에도 전 지구적인 위협에 대해 전 세계 국가들이 협력하여 대처하는 데 주도적인 역할을 담당하게 된 것이다.

21세기가 시작되고 10여 년이 지난 시기부터 미 해군은 중국이라는 새로운 경쟁국의 등장으로 전통적인 위협에 대비하는 역할에 더욱 집중해야 할 상황을 맞이하게 된다. 1978년 개혁 · 개방정책 이후 중국의 경제발전이 급속도로 진행되는 과정에서 중국 정부는 해양에 눈을 돌리기 시작했다. 국제적인 무역량이 늘어나고, 해외로부터 수입하는 에너지양이 증가하면서 해상교통로의 중요성을 인식하기 시작한 것이다. 2000년대 들어 중국의 국력은 급성장하여 이제는 G-2(group of two)라는 말이 더 이상 새롭게 여겨지지 않을 만큼 강대국으로 성장했다.[44] 중국으로서는 이에 걸맞은 수준의 해양력을 보유해야 할 필요성을 자각하면서 동아시아 해양에서의 군사력 투사 능력을 강화하고 있다. 이와 같은 중국의 경제적 · 군사적 부상은 미국으로 하여금 아시아에 더 많은 관심을 기울일 것을 요구하기에 이르렀다. 즉, 중국의 부상은 미국이 아시아로 회귀하는 실질적인 이유다.

---

44) 미국 카터 행정부에서 국가안보보좌관을 지낸 즈비그뉴 브레진스키(Zbigniew Kazimierz Brzezinski)가 미국과 중국을 G-2로 명명한 2009년 이후 국제사회에서는 미국과 중국을 두 강대국으로 표현할 때 G-2라는 용어를 사용한다. 최초 이 용어가 언급될 때 중국을 미국 수준으로 볼 수 있는지에 대한 찬반 토론이 활발했지만, 10년이 더 지난 지금은 국제문제 전문가와 일반인 사이에서도 큰 거부감 없이 받아들여지고 있다. "Former Carter's adviser calls for a 'G-2' between U.S. and China," *The New York Times*, January 12, 2009; Niall Ferguson and Moritz Schularick, "'Chimerica' and the Global Asset Market Boom," *International Finance*, vol. 10, no. 3, 2007, pp. 215-239.

상기와 같은 상황을 인식하여 이 장에서는 21세기 미국의 해양전략을 두 가지 관점에서 분석할 것이다. 전 지구적인 위협이 출현함에 따른 전 세계적인 해양협력을 주도하는 미국의 해양전략이 그 한 가지다. 또 다른 관점으로는 아시아의 중요성을 인식하고, 중국의 부상에 대비하기 위한 미국의 해양전략을 자세히 살펴볼 것이다. 미중 패권경쟁 시기 미국의 해양전략을 구체적으로 확인한다는 점에서 실제로는 이 부분이 미국 해양전략에 관한 논의의 핵심 주제가 될 것이다. 논의의 결론은 앞에서 설명한 바와 같이 미국이 궁극적으로 아시아 중시 전략에 이어 인도 · 태평양 전략을 채택하게 되면서 전통적인 위협에 좀 더 치중하는 것으로 나타날 것이다. 이와 같은 접근방식은 미국의 해양전략을 포괄적으로 이해하는 데 도움이 될 것으로 믿는다.

한편 미국의 해양전략을 이해하기 위해서는 미국이 지금까지 채택해온 대전략(grand strategy)을 이해할 필요가 있다. 왜냐하면 미국의 해양전략은 미국이 추구하는 안보전략과 그 맥을 같이하기 때문이다. 따라서 이 장에서는 미국의 대전략에 대한 논의를 시작으로 미국의 해양전략을 살펴보기로 한다. 미국의 대전략 이행 과정에서 미국이 아시아 중시 전략과 인도 · 태평양 전략을 채택하게 된 배경에 대해 살펴볼 것이다. 오바마 행정부 시기 추진된 아시아 중시 전략과 트럼프 행정부와 바이든 행정부에서 본격화하고 있는 인도 · 태평양 전략은 중국을 견제하기 위한 목적이라는 측면에서 상당 부분 연속성을 가지고 이어지고 있다. 이에 미군이 실제로 운용하고 있는 군사전략과 전력운용 등에 관한 내용을 구체적으로 다룸으로써 미국의 아시아 중시 전략 및 인도 · 태평양 전략의 핵심 내용에 대한 이해를 돕기로 한다.

1. 미국의 대전략

통상적으로 '전략'이라는 용어는 "정치 · 군사적 목표를 달성하기 위해 가용한 자원을 효과적으로 운용하는 기술과 과학"이라고 정의되는데, 리델 하트(Liddell Hart)는 전략의 상위 개념으로 '대전략(grand strategy)'이라는 개념을 소개하면서 이를 "국가 목적 달성을 위해 국가가 가진 모든 자원을 분배하고 조정하는 국가 차원의 역할을 수행하는 것"으로 정의했다.[45] 즉, 대전략이란 국가의 목표를 달성하기 위해 국가가 가진 모든 군사적 · 비군사적 수단을 포함한 총체적인 능력을 발휘하는 것을 의미한다.

대전략은 3단계로 구체화되는데, 국가의 사활적인 안보 이익을 결정하고, 위협을 확인하며, 마지막으로 그 위협에 대응하기 위한 정치적 · 군사적 · 경제적 자원을 어떻게 분배할 것인가를 결정한다.[46] 따라서 국가의 대전략은 국가 목표로서 국가이익을 구체화하고, 대전략을 수행하는 수단으로서 정치력 · 군사력 · 경제력을 어떻게 통합하고 사용할 것인가에 대한 구체적인 계획을 의미한다. 그중에서도 군사적 수단을 어떻게 사용하여 외교정책을 지원할 것인가는 대전략 수립에서 핵심적인 고려사항이다.

미국의 저명한 국제정치학자인 로버트 아트(Robert J. Art)는 사활적인(vital) 국가이익, 매우 중요한(highly important) 국가이익, 중요한(important) 국가이익의 세 가지로 분류한 국가이익을 수행하는 미국의 대전략을 여덟 가지로 세분화하여 분석을 시도했다. 〈표 1-4〉에

---

45) 박창희, 『군사전략론: 국가대전략과 작전술의 원천』, 플래닛미디어, 2013, pp. 63-104.

46) John M. Collins, *Grand Strategy: Principles and Practices* (Maryland: Naval Institute Press, 1973), p. 14.

서 보듯이 미국의 대전략을 목적, 정치적 실현 가능성, 미국의 이익을 보호하는 범위, 비용, 군사적 배치의 본질, 단독적 또는 다국적인지의 여부 등으로 분석하여 패권전략(dominion), 지역 집단안보(regional collective security), 세계 집단안보(global collective security), 협력적 집단안보(cooperative security), 봉쇄정책(containment), 고립주의 전략(isolation), 국외균형전략(offshore balancing), 선택적 개입전략(selective engagement) 등으로 구분했다.[47)]

〈표 1-4〉 미국의 대전략 비교

전략	우선적 목표	실현 가능성	효과적 국익 보호	비용	전진 배치 여부	단독적/다국적
패권 전략	세계의 패권국인 미국의 이미지로 국제사회 재건설	불가능	불가능	매우 높음	필요	단독적
지역 집단안보	전쟁 방지	문제 많음	불가능	보통에서 높음	대부분 필요	다국적
세계 집단안보	전쟁 방지	불가능	불가능	보통에서 높음	대부분 필요	다국적
협력적 집단안보	전쟁 방지	불가능	불가능	보통에서 높음	대부분 필요	다국적
봉쇄정책	침략국이나 패전국에 대한 봉쇄정책 유지	가능	가능	보통에서 높음	대부분 필요	다국적
고립주의 전략	자유행동 유지, 전쟁의 회피	가능	불가능	낮음	불필요	단독적
국외 균형 전략	전쟁의 회피, 유라시아 패권자 출현 방지	가능	대부분 불가능	보통에서 높음	경우에 따라 필요/불필요	단독적/다국적
선택적 개입 전략	핵·생화학무기 확산 방지, 강대국 간 평화유지, 에너지안보 확보	가능	가능	보통에서 높음	필요	단독적/다국적

출처: 로버트 J. 아트(2005), p. 175.

47) 로버트 J. 아트, 김동신·이석중 역, 『미국의 대전략: 외교정책과 군사전략』, 나남출판, 2005.

〈표 1-4〉에서도 알 수 있듯이 봉쇄정책과 선택적 개입전략만이 미국의 입장에서 정치적으로 실현이 가능하며, 효과적으로 국가이익을 보장할 수 있다. 국가이익을 어떻게 정의하느냐에 따라 전략적 선택이 달라질 수 있지만, 주목할 만한 사항은 두 전략 모두에서 군사력의 전진 배치는 필요한 항목이라는 점이다. 따라서 미국이 선택적 개입전략 아래 전략의 우선순위를 유럽에서 아시아로 옮겨오게 되었든, 그렇지 않으면 봉쇄정책 기조 아래 아시아에서 급격한 경제적 성장에 발판을 두고 군사력을 강화하고 있는 중국을 봉쇄하기 위해서든 미국은 군사력을 아시아로 집중할 수밖에 없다는 설명이 가능하다. 미국이 아시아에서의 전략을 어떻게 결정짓는지에 관한 논의는 미국 군사력의 전진 배치를 포함한 군사전략의 방향을 확인할 수 있는 근거가 되기 때문이다.[48] 이는 미국의 전략을 설명하는 대부분의 연구보고서에서 미군의 군사력 배치와 운용에 관한 분석과 전망이 빠지지 않는 이유다.

48) 미국의 대전략에 관해서는 매우 광범위하고 다양하게 연구되었다. 그중에서도 배리 포젠(Barry R. Posen)과 앤드루 로스(Andrew L. Ross)는 신고립주의(neo-isolationism), 선택적 개입(selective engagement), 협력전략(cooperative strategy), 우세전략(primacy)을 분석적으로 비교하고 있다. 한편 카이 허(Kai He)는 아시아에서 패권 유지를 위한 미국의 전략을 분석하고 있다. 아시아에서 미국이 어떤 전략을 채택할 것인가에 대한 논의는 미국의 국가이익을 어떻게 정의하고, 미국의 국제적 위상을 어떻게 평가하는지에 따라 분석의 기준이 달라진다. 이는 이 책에서 다루는 주제의 범위를 벗어나기 때문에 이에 대한 세부적인 설명은 생략한다. Barry R. Posen, and Andrew L. Ross, "Competing Visions for U.S. Grand Strategy," *International Security*, vol. 21, no. 3, 1996-1997, pp. 5-53; Kai He, "The hegemon's choice between power and security: explaining U.S. policy toward Asia after the Cold War," *Review of International Studies*, no. 36, 2010, pp. 1121-1143.

2. 미국의 아시아 중시전략과 해양전략

1) 아시아 중시전략 채택 배경

2010년을 전후로 몇 년 동안 미국의 외교안보정책은 확연히 아시아 중심으로 재편되는 양상을 보였다. 21세기 초 테러공격을 겪은 후 대테러 전쟁의 일환으로 실시한 아프간 및 이라크 전쟁을 종료한 미국이 새로운 세기의 무대로 아시아를 선택한 것이다. 21세기 미국의 외교안보정책 변화에서 단연 두드러지는 현상은 아시아 지역에 대한 미국의 관심이 증가했다는 것이다. 이를 두고 '아시아로의 귀환(pivot to Asia)' 또는 '미국 외교안보정책의 재균형(rebalancing)' 등으로 표현하는데, 함축적으로 표현하면 이전에 외교안보정책의 균형을 유럽 지역에 맞췄던 미국이 이른바 아시아에 올인하는 정책을 새롭게 채택한 것으로 해석할 수도 있다.

이 당시 미국의 외교안보정책 기조는 이전 부시 행정부의 힘에 근거한 과도한 이상주의(idealism)로부터 오바마 행정부 하에서 더욱 실용적이고 현실주의적(realism)인 모습을 보여왔다. 9 · 11 테러는 그 전까지 유일한 초강대국의 지위를 누리던 미국에 엄청난 충격과 위기의식을 초래했다. 그 대응으로 이라크와 아프가니스탄을 중심으로 한 과도한 개입주의 양상을 보인 부시 행정부의 일방적인(unilateral) 패권전략은 국제사회의 비판을 불러오게 된다. 더불어 부동산 폭락으로 시작된 경제위기 속에서 당선된 오바마 행정부는 여전히 테러와의 전쟁을 중시하면서도 이를 위한 다자주의적(multilateral) 협력을 강조하는 외교전략의 수정을 꾀하기 시작했다.

이와 동시에 미국은 새로운 패권경쟁국의 부상에 더욱 초점을 맞추는 모습을 보였다. 이러한 미국의 외교정책 변화에 대해 일부 논자들은 더욱 과감한 축소전략으로 미국이 전 세계 패권 추구 대신 역외균형자(offshore balancer)로서의 역할을 추구해야 한다고 주장하기도 했다. 2008년 이후의 경제위기 속에서 미국이 패권의 상대적 쇠퇴 관리 혹은 쇠퇴 이후의 회복전략을 위한 축소(retrenchment)전략으로 가야 한다는 주장이다. 소위 '품위 있는 축소전략(graceful retrenchment)'으로 쇠퇴의 속도를 늦추고, 여러 지역에 대한 공약을 감소시키면서 지역별 세력균형을 유지하고, 동맹국에 대한 의존도를 높이고, 최대한 차기 패권국 지위에 구조적으로 관여하자는 것이었다.[49]

그러나 오히려 21세기 미국의 외교정책 변화에서 가장 두드러지는 현상은 아시아·태평양 지역에 대한 강조로 나타났다. 오바마 행정부 시기 미국의 지도자들은 미국이 대서양 국가임과 동시에 '태평양 국가(a Pacific power)'임을 천명하고 나섰다. 2011년 말 힐러리 클린턴 미 국무장관은 「포린폴리시(*Foreign Policy*)」 기고문을 통해 아시아의 성장 동력을 어떻게 활용하고 관여할 것인지가 앞으로 60년간 미국 외교의 근간이 될 것임을 강조했다.[50] 이를 위해 전진 배치 외교(forward-deployed diplomacy)를 아시아 외교의 지침으로 내세우며, 다음 여섯 가지 주요 행동을 약속했다.

① 양자 간 안보동맹 강화(주요 5개국: 일본, 한국, 호주, 필리핀, 태국)

---

49) Paul K. MacDonald, and Joseph M. Parent, "Graceful Decline?: The Surprising Success of Great Power Retrenchment," *International Security*, vol. 35, no. 4, 2011, pp. 7-44; Steven E. Lobell, "The Grand Strategy of Hegemonic Decline: Dilemmas of Strategy and Finance," *Security Studies*, vol. 10, no. 1, 2000, pp. 86-111 참조.

50) Hillary Clinton, "America's Pacific Century," *Foreign Policy*, October 11, 2011, foreignpolicy.com/2011/10/11/americas-pacific-century/.

② 중국을 포함한 신흥 국가와의 협력 강화

③ 지역 다자기구와의 교류 확대

④ 무역 및 투자 증대

⑤ 폭넓은(broad-based) 군사력 배치(military presence)

⑥ 민주주의와 인권 증대

오바마 대통령은 2012년 1월에 발표한 21세기 국방전략에서도 미국이 전 세계에 걸쳐 과도하게 투사된 군사력을 효율적으로 축소할 것을 천명하는 가운데 아시아 지역의 전략적 중요성이 오히려 더욱 증가했음을 강조하고, 이 지역 내에서 미국의 기존 군사적 역량을 유지함은 물론, 질적으로 강화하겠다고 공언했다.[51] 이는 미국이 자국의 경제적 번영과 안보에서 날로 증대되고 있는 아시아 지역의 전략적 · 군사적 중요성을 인식했기 때문이다.

미국이 아시아 중시전략을 채택하게 된 동인(動因)을 경제와 안보 면에서 비교적 분명하게 알 수 있다. 먼저, 경제적인 측면을 보면 국제사회에서 아시아의 위상이 지속적으로 올라가고 있었기 때문이다. 세계 총생산의 절반 이상을 생산해내며 세계 경제의 엔진 역할을 하고 있던 아시아는 미국의 경기 회복과 성장을 위해 필수적인 지역으로 부상하고 있었다.[52] 당시 전망에 따르면 2020년경 전 세계에서 아시아가 차지하는 경제적인 비율은 40%를 넘어설 것으로 예측되었고, 2012년 기준으로 아시아는 국내총생산 기준으로 2위 중국, 3위 일본,

---

51) U.S. Department of Defense, "Sustaining U.S. Global Leadership: Priorities For 21st Century Defense," January 2012, http://defense.gov/news/Defense_Strategic_Guidance.pdf.

52) 신성호 · 임경한, 「미국의 아시아 올인(All-in) 전략」, 『전략연구』 55, 2012, pp. 153-186.

12위 호주 그리고 15위 한국 등 세계 경제에 일정 부분 영향을 미치는 국가들이 대거 위치하는 곳이었다.[53] 특히 아시아는 지난 30년 동안 전 세계에서 교역량이 거의 2배가 증가할 만큼 급격한 경제성장을 해오고 있었다.[54] 또한 2011년 한 해 동안 미국의 아시아 지역으로의 수출량은 미국 전체 수출량의 60%를 차지했는데, 이는 지속적으로 증가할 것으로 전망되었다. 〈표 1-5〉는 지난 30년간 미국의 지역별 교역량 변화를 나타낸다.

여기에 더해 환태평양 파트너십이 체결된다면 아시아 지역에서 미국의 경제적 이해가 한층 더 증가할 것으로 전망되었다. 환태평양 파트너십은 호주, 브루나이, 캐나다, 칠레, 일본, 말레이시아, 멕시코, 뉴질랜드, 페루, 싱가포르, 베트남 등 주로 아시아에 위치하거나 아시

〈표 1-5〉 미국의 지역별 교역량 변화(1980~2010)

구분	수출(%)		수입(%)	
	1980	2010	1980	2010
유럽	44.1	37.0	48.8	37.4
아시아	15.9	33.3	16.9	31.4
북아메리카	15.3	12.9	16.5	17.4
중동	10.4	5.9	4.9	3.6
아프리카	6.0	3.3	4.7	3.0
중앙 · 남아메리카	4.5	3.8	4.9	3.7
독립국가연합	3.8	3.9	3.3	2.7

53) World Bank, "Gross Domestic Product 2012," http://databank.worldbank.org/data/down-load/GDP.pdf.

54) Mark E Manyin, et al., "Pivot to the Pacific? The Obama Administration's 'Rebalancing' Toward Asia," *CRS Report for Congress*, 2012, p. 26, http://fas. org/sgp/crs/natsec/R42448. pdf.

아를 경유하는 교역에 활발하게 참여하는 국가들이 대부분이다. 환태평양 파트너십 참가국들의 인구는 약 8억 명에 달하고, 미국은 이들 국가와 활발한 무역 활동을 펼치고 있다. 미국은 환태평양 파트너십을 강화하여 향후 아시아 지역을 포괄적인 자유무역지대로 확대 · 발전시키고자 하는 21세기 신통상정책을 추진하고 있는 것으로 평가된다.[55] 미국의 입장에서 아시아 국가들과의 경제적인 유대가 필수적으로 요구되기 때문이다. 〈그림 1-4〉는 2012년 기준으로 미국과 환태평양 국가 간 무역 현황을 보여준다.

사활적인 국가이익을 보호한다는 측면에서 보면 안보적 요인은 경제적 요인보다 더욱 중요하다. 〈그림 1-5〉에서 보듯이 2003년부터

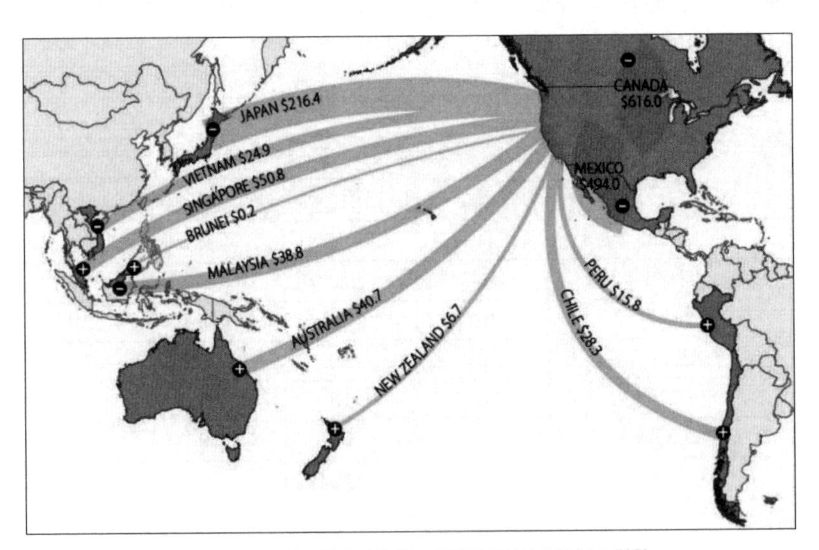

〈그림 1-4〉 미국-환태평양 국가 간 무역(상품/서비스) 현황

출처: Ian F. Fergusson et al., "The Trans-Pacific Partnership(TPP) Negotiations and Issues for Congress," CRS Report(2013), p. 1.

---

55) 2017년 트럼프 대통령이 취임하면서 미국의 환태평양 파트너십 가입이 최종 단계에서 취소되었지만, 2022년 현재 기준으로 바이든 대통령은 파트너십 가입을 서두르고 있다.

2012년까지 10년 동안 아시아 국가들의 국방예산 증가율은 175% 수준으로 다른 지역의 증가율을 압도하고 있었다.[56] 이와 같은 맥락에서 아시아가 국제안보질서의 핵심 지역으로 등장한 것은 미국이 아시아 중시전략을 채택하게 된 또 다른 이유였다. 특히 중국의 군사력이 급격하게 증강된 것이 미국의 발걸음을 아시아로 재촉한 직접적인 원인이 되었다고 볼 수 있다. 중국은 반접근/지역거부(A2/AD: Anti-Access/Area- Denial)라고 평가받는 군사전략 목표 아래 비약적으로 증가한 경제력을 바탕으로 10년 전과 비교해 약 3배 이상의 국방예산을 쏟아붓고 있었다.[57]

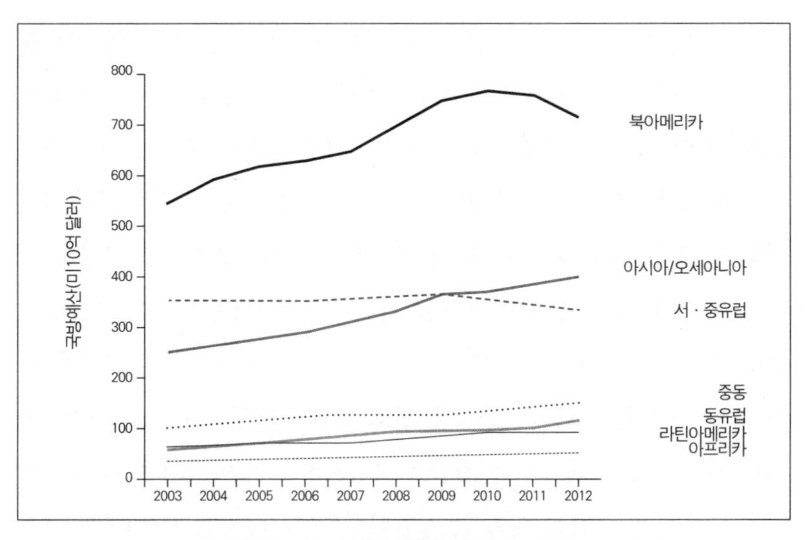

〈그림 1-5〉 지역별 국방예산(2003~2012)

출처: SIPRI, "Trends in World Military Expenditure"(2012), p. 4.

---

56) SIPRI(Stockholm International Peace Research Institute), "Trends in World Military Expenditure, 2012," p. 5, http://books.sipri.org/files/FS/SIPRIES1304.pdf.

57) 스톡홀름 국제평화연구소의 발표에 따르면, 2012년 기준으로 중국의 국방예산은 1,660억

이러한 중국의 행보를 지켜보던 미국은 중국의 군사력 운용 의도에 대한 확신이 없었다. 미국은 2010년 국가안보전략에서 중국을 주시할 것을 공식적으로 밝혔으며, 2014년 4개년 국방검토보고서(QDR: Quadrennial Defense Review)에서 중국의 행동과 의도에 의문을 제기한다고 기술하고 있다.[58] 이러한 경향은 신국방전략지침에서 중국의 등장이 미국의 경제와 안보에 영향을 주는 주요 요인이며, 중국의 군사력에 대한 분명한 의도를 확인할 수 있어야 한다는 것을 강조하면서 중국을 잠재적 적국으로 지적하기에 이르렀다. 따라서 미국의 아시아 중시전략은 중국의 군사력을 근거리에서 감시하고 대응함으로써 잠재적 위협 가능성을 상쇄시키고자 하는 노력의 일환으로 이해할 수 있다. 2012년 한 해 동안 미국의 국방장관, 해군성장관, 태평양함대사령관 등 고위급 인사가 연이어 중국을 방문하여 군사 교류를 진행한 것 또한 중국의 군사적 투명성을 제고하기 위한 것으로 해석할 수 있다.

2014년 3월 4일, 미 국방부는 2014 QDR을 공식 발표했다. 4년마다 발간되는 QDR을 통해 미 국방부가 향후 10년을 어떻게 전망하고, 그 준비를 위한 우선순위를 어디에 두고 있는지를 알 수 있다. 2014 QDR에서 반접근/지역거부 전략을 수행하는 중국의 위협을 다음과 같이 밝히고 있다. "중국은 반접근/지역거부 전략과 사이버 및 우주 전장 환경을 통제하는 기술을 보유함으로써 미국의 힘에 직접적으로 대응하는 방안을 계속 찾고 있다."[59] 〈표 1-6〉은 1990년대 이후

달러에 달한다.

58) The White House, "National Security Strategy," http://whitehouse.gov/sites/default/files/rss_viewer/national_security_strategy.pdf; U.S. Department of Defense, "Quadrennial Defense Review Report," http://defense.gov/qdr/qdr%20as%20%2029jan10%201600.PDF.

59) 원문은 다음과 같다. "China will continue seeking to counter U.S. strengths using anti-

발표된 NSS와 QDR에서 중국의 위협을 어떻게 평가하고, 중국에 대한 군사전략 방향이 무엇인지를 보여준다. 〈표 1-6〉에 나타난 바와 같이 중국에 대한 미국의 시각은 경제 및 안보의 협력자에서 중국을 주시하고(monitoring), 중국의 행동과 의도에 의문을 제기하는 수준으로 변해왔다. 한편 미국은 이러한 중국에 대응하기 위한 군사전략으로 동맹국과의 협력을 강조했다. 이러한 흐름을 반영하듯 2014 QDR에서도 중국의 반접근/지역거부 전략을 경계한다고 분명히 밝히고 있다.

〈표 1-6〉 NSS/NDR에 나타난 대중 위협평가 및 군사전략

구분		NSS 1995 QDR 1997	NSS 2002 QDR 2001	NSS 2006 QDR 2006	NSS 2010 QDR 2010
NSS	위협평가	Economic relations Security cooperation * 경제 협력	Cooperation Welcome peaceful China * 협력	Non-transparency military expansion * 불투명한 전력 팽창	Monitoring China * 중국 주시
QDR	위협평가	Potential threat Engagement * 잠재적 위협	Cooperation Welcome peaceful China * 중국의 평화적 성장 환영	Greatest potential military competitor * 군사적 경쟁자	Question about China's conduct and intentions * 중국 행동 및 의도에 의문
NSS	군사전략	Robust oversea presence Active Engage * 적극 개입	GWOT Collective security * 대테러전 및 집단 안보 중시	Conventional military competition * 군사적 경쟁자	Strengthening alliance in Asia * 아시아에서 동맹 강화
QDR	군사전략	Threat based strategy Sea supremacy * 해상 우위	Capability based strategy Pacific fleet tighten * 태평양함대 강화	Greater presence in the Pacific Ocean * 태평양 전개	Strengthening Pacific power Strengthening alliance in Asia * 태평양 전력 강화, 아시아에서 동맹 강화

access and area-denial(A2/AD) approaches and by employing other new cyber and space control technologies."

한편 자국이 가진 군사적 자신감으로 인해 중국은 센카쿠열도, 스프래틀리제도 등 동·남중국해 영토분쟁에 적극적으로 나서게 되었다. 특히 대만과의 문제는 미국이 동아시아에서 어떠한 역할을 수행할 것인가에 대한 지표로 활용될 만한 요소인데, 중국은 대만에 비해 압도적인 해군력을 보유함으로써 미국을 자극하고 있었다. 또한 동아시아 해양에서 중국의 부상으로 인해 무역과 항해를 위한 지역의 해상교통로(SLOCs)를 보장하는 것 역시 중요한 문제로 부각되고 있었다. 인도양과 남중국해를 지나는 해상교역량이 세계 전체의 절반 이상을 차지한다는 사실을 감안할 때, 이 지역 해상에서의 자유롭고 안전한 항해를 보장하는 것은 미국뿐만 아니라 전 세계의 이익이 걸린 문제이기 때문이다.

이러한 상황에서 중국과 갈등을 겪는 역내 미국의 동맹 및 우방국들의 러브콜이 이어짐에 따라 미국은 역내 안보질서 확립과 위상 제고를 위해 아시아에 관심을 집중시키게 되었다. 이를 통해 미국은 동맹 및 우방국들의 요구를 충족시켜줌으로써 정치·경제를 망라한 자국의 국가이익을 달성하고자 했다. 한편 이러한 안보 상황은 자연스럽게 미국 군사력의 재배치를 수반했고, 궁극적으로는 미국이 아시아에서의 군사력을 어떻게 운용할 것인가를 전망할 수 있는 근거를 제공해주었다.

2) 아시아 중시전략과 해양전략

아시아 중시전략을 채택하게 된 미국은 변화하는 국제안보환경에 따라 국가이익을 보장하기 위해 국방의 우선순위 조정을 가장 먼저 시행하게 된다. 2012년 1월 오바마 대통령이 직접 펜타곤을 방문한 자리에서 발표된 미국의 신국방전략지침은 이러한 노력이 반영된 최초의 산물이었다. 신국방전략지침에서는 미국이 2008년 금융위기로 인해 지속되는 재정적자 상황과 경제 불안정으로 국방예산 감축 압박과 함께 아프간 전쟁과 이라크 전쟁을 종료함에 따라 새로운 군사전략지침 설정에 대한 필요성을 인식하면서 미군의 주요 임무 10가지를 제시했다.[60)]

비록 신국방전략지침의 배경이 국방예산을 효과적으로 충분히 확보할 수 없다는 데 있었지만, 오바마 행정부는 국방예산이 줄어드는 가운데서도 국가이익을 보장하기 위한 군사훈련과 군사력 준비를 가장 완벽한 수준으로 유지할 것임을 거듭해서 강조했다.[61)] 신국방전략지침은 전반적인 수준에서 미국 군사력 운용의 획기적인 변화를 보여준 것이 아니라 당시 기준으로 미래의 전략 방향을 조정하는 성격을 가지고 있었다. 그러한 의미에서 미국의 아시아 중시전략을 직접적으로 지원하는 군사력의 역할과 운용을 예고하는 것이라고 볼 수 있다.

국방예산은 군사전략 수행 방향과 규모를 가늠할 수 있는 지표가 된다. 미국의 국방예산은 2011년 8월 제정된 「예산통제법」에 따라 재정적자의 이유로 이후에도 추가적인 감축이 불가피했다. 미국은 회계연도 기준으로 2012~2021년 기간 동안 총 4,869억 달러의 국방예산 삭감을 추진했으나, 이 또한 미국 및 세계 경제 여건을 고려하여 탄력

---

60) 10가지 임무는 다음과 같다. ① 대테러와 비정규전 대비, ② 침략 억제 및 격퇴, ③ 반접근/지역거부 환경하의 전력투사능력 구비, ④ 대량살상무기 확산 방지, ⑤ 사이버 및 우주 공간에서의 효율적인 작전 수행, ⑥ 안전하고 효과적인 핵억제력 유지, ⑦ 본토 방어 및 민간 조직에 대한 지원, ⑧ 주요 지역 안정화를 위한 전력 전개, ⑨ 안정화 작전 및 대반군 작전 수행, ⑩ 인도주의적 재해 · 재난 구호작전 수행.

61) Donna Miles, "Strategy Guidance Underscores Asia-Pacific Region," *American Forces Press Service*, 2012; Leon E. Panetta, "Defense Strategic Guidance Briefing from the Pentagon," http://defense.gov/landing/comment.aspx.

적으로 조정될 수 있는 여지가 있었다. 따라서 당시로서는 당분간 국방예산을 증액하는 것은 쉽지 않은 일이었다. 실제로 기본 예산(base budget) 기준으로 회계연도 2012년에 비해 2013년의 미 국방예산은 1% 정도 줄어든 5,254억 달러 수준에 머물렀다. 2013년 7월 미 하원이 2014년 국방예산으로 5,125억 달러를 승인했지만, 이 또한 정부가 요구한 수준에서 약 30억 달러 줄어든 수치다.[62] 신국방전략지침 발표 이후 미군의 운용 방향은 국방예산이 줄어드는 데 따른 운용병력 감축, 전쟁수행 전략 변화, 해외주둔 재배치라는 크게 세 가지 측면에서 분명한 특징을 나타내게 될 것으로 전망되었다.

첫째, 미군은 운용병력을 감축하고자 했다. 미 국방부는 군의 전체적인 규모를 축소하되 제한된 자원으로 다양한 임무를 수행할 수 있도록 준비했는데, 그 첫 번째 단계로 미군은 적정한 군사력 유지를 위해 현역 병력을 대규모로 감축할 것을 예고했다. 2012년 초 발표된 자료에 따르면, 2017년까지 지상군을 56만 2천 명에서 49만 명(-7만 2천 명) 수준으로 줄이는 것을 비롯하여 해군은 6,200명이 줄어든 31만 9,500명 수준으로, 공군은 4,200명이 줄어든 32만 8,600명 수준으로 각각 감축할 계획임을 밝혔다.[63] 2013년 6월에는 레이 오디에르노(Ray Odierno) 미 육군 참모총장이 향후 5년간 11개 여단을 줄임으로써 최대 8만 명까지 현역 병력을 감축하겠다고 발표했다.[64] 미군 운용병력

62) John Bennett, "House approves 2014 defense spending bill," *Military Times*, July 24, 2013.

63) U.S. Department of Defense, "Fiscal Year 2013 Budget Request," 2012, pp. 4-13. www.dcmo.defense.gov/publications/documents/FY2013_Budget_Request_Overview_Book.pdf

64) Erin Banco, "Army to Cut Its Forces by 80,000 in 5 Years," *The New York Times*, June 25, 2013.

감축계획에 나타난 특징적인 내용은 향후 지상에서의 군사작전 소요가 줄어들 것에 대비하여 지상군을 대폭 감소시키는 것이었다.

척 헤이글(Chuck Hagel) 전 미 국방장관은 불가피한 국방예산 감축이 가져올 두 가지 옵션으로 병력을 감축하는 것과 전력 현대화를 늦추는 방안을 제시했다.[65] 향후 10년간 줄어드는 국방예산 때문에 현역 군인 및 군무원 수를 감축하는 것은 불가피한 선택이라는 것이며, 전력을 개발하는 데 필요한 연구예산의 삭감 또한 고려하고 있다고 덧붙였다. 이러한 상황에서 헤이글 국방장관이 추진하고자 했던 미군의 전략적 선택(strategic choice)은 "적은 병력으로, 적은 지역에서, 적은 임무"를 수행하는 것이었다.[66] 국방예산에 대한 압박은 미군 운용병력의 감축에서 가장 먼저 시작되지만, 결과적으로는 뒤에서 살펴보게 될 전력의 변화와 해외주둔 병력의 재배치와도 밀접하게 연관된다는 점에서 미국의 대아시아 군사전략에서 가장 두드러지는 특징이라고 볼 수 있다.

둘째, 미군은 새로운 전쟁수행 전략을 준비하고자 했다. 신국방전략지침이 발표되고 난 뒤 미 국방부는 중국의 해군력 증강과 해양에서의 영향력 확대를 위한 팽창정책에 대항하는 전략으로서 공해전투(ASB: Air-Sea Battle) 및 합동작전접근개념(JOAC: Joint Operational Access Denial Concept)에 따른 군사력 운용계획을 발표했다. 공해전투는 전방지역으로 전개된 공군력과 해군력을 유기적이고 통합적으로 운용하는 것을 골자로 하고 있다. 반접근/지역거부 전략에 특화된 방안으로

65) Kate Irby, "Military considers cutting 25% of Army personnel, Marines to trim budget for sequester," *McClatchy Washington Bureau*, July 31, 2013.

66) Chris Lawrence, "Pay, benefits, troops reduction 'on the table' as Pentagon wrestles with budget cuts," *CNN*, July 31, 2013.

서 공해전투는 종심이 깊은 공격을 위해 공중과 해상에서의 네트워크를 확보하고, 잠재적인 적을 와해(disrupt) · 격파(destroy) · 격퇴(defeat)하는 개념이다.[67] 즉, 전장에서 상대의 네트워크와 주요 무기체계를 무력화하는 공격을 시행하는 동시에 미군의 전진기지를 분산시키고, 미사일방어체계를 통해 미군을 방어한다는 것이다.

공해전투 개념은 미군의 전력 운용과 적 위협을 격퇴하는 데 필요한 요구사항을 식별한다는 측면에서 합동작전접근개념을 지원하고 있었다. 합동작전접근개념은 미군이 미래 합동전력을 이용하여 작전적 목표를 어떻게 성취할 것인가에 대한 개괄적인 시행 방안이며, 잠재적인 적의 반접근/지역거부 위협을 극복하기 위해 필요한 능력에 대한 지침이었다. 이를 위해 필수적으로 요구되는 능력은 해군과 공군 전력을 이용하여 전쟁 발발 초기에 잠재적인 적의 저항 능력을 무력화시켜 장차 지상군의 작전 투입이 용이한 상황을 마련하는 것이었다. 따라서 미국이 동아시아 해양에서 추진하고 있는 군사력 배치 및 동맹 및 우방국들과의 연합훈련은 공해전투와 합동작전접근개념을 구현하고자 한 시도로 해석할 수 있다.[68]

셋째, 미군은 아시아 중심의 해외주둔 재배치를 추진하고 있었다. 전략적 중심을 아시아로 옮김에 따라 미군의 전체적인 무게중심을 아시아로 이동하는 것이며, 이는 오바마 행정부에서 지속적으로 강조하

67) Air-Sea Battle Office, "Air-Sea Battle: Service Collaboration to Address Anti-Access & Area Denial Challenges," http://defense.gov/pubs/ASB-ConceptImplementation-Summa-ry- May-2013.pdf; General Norton Schwartz and Admiral Jonathan Greener, "Air-sea Battle: Promoting Stability in an Era of Uncertainty," *The American Interest*, February 20, 2012; 김재엽, 「미국의 공해전투(Air-Sea Battle): 주요 내용과 시사점」, 『전략연구』 54, 2012, pp. 187-216.

68) 박영준, 「동아시아 해양안보의 현황과 다자간 해양협력방안」, 『제주평화연구원 정책포럼』 10, 2012, p. 8.

고 있는 태평양 국가를 실천하는 직접적인 예라고 할 수 있었다. 아시아로 군사력을 이동하는 미국은 아시아에서 "더욱 광범위하게 분산되고, 유연하고, 정치적으로 지속 가능한 배치를 추구"하겠다는 것을 천명했다.[69] 최근 미국의 국방장관들은 아시아 중시전략을 위해 이 지역에 최우선적으로 군사적 역량을 집중하겠다는 의도를 밝히고 있으며, 이를 위해 전 세계적인 수준에서 네트워크화된 분산을 시도하는 미군의 해외주둔 재배치는 국방부의 핵심 현안임을 계속해서 강조하고 있다. 이는 유사시 아시아에 미리 전개되어 있는 전력을 이용하여 미 본토에서 전개하는 것보다 훨씬 빠르게 대응할 수 있다는 판단에 따른 결과라고 볼 수 있다.

사실 미국의 아시아 중시전략은 갑작스럽게 시작되었다고 보기에는 무리가 있다. 미국은 아시아 중시전략을 밝힌 2012년 이전부터 병력을 유럽에서 아시아로 조금씩 옮기기 시작했다. 〈표 1-7〉은 이를 종합하여 보여주고 있는데, 1991년 기준으로 유럽에 28만 4,939명의 미군에 비해 아시아 · 태평양 지역에는 하와이와 괌을 포함해도 15만 6,020명에 그치는 수준의 병력을 유지했다. 그러나 2010년 말 기준으로 미국은 유럽에서 약 72%의 병력을 감축한 7만 9,940명을 유지하는 데 반해, 아시아 · 태평양 지역에는 1991년에 비해 29%만 감축한 11만 1,114명을 유지하고 있었다. 결과적으로 유럽과 아시아 주둔 미군 비율의 역전 현상을 초래함으로써 미국이 상대적으로 유럽보다 중국이 위치한 아시아 지역에 군사력을 강화하고 있다는 것을 보여주고 있으며, 당시에는 이러한 현상이 지속될 것임을 다수의 미군 지도부의 발언에서 잘 알 수 있다.

---

69) Tom Donilon, "America is Back in the Pacific and will Uphold the Rules," *The Financial Times*, November 27, 2011.

〈표 1-7〉 유럽 및 아시아 · 태평양 지역 미군 주둔 현황(1991 vs. 2010)

구분	1991		2010	
유럽	전체	해군/해병	전체	해군/해병
독일	203,423	421	54,431	597
영국	23,442	2,749	9,318	373
이탈리아	13,389	5,220	9,779	2,212
터키	6,342	129	1,485	21
스페인	6,166	3,604	1,345	890
해상 전력	19,758	19,758	253	253
기타	12,319	3,354	3,329	655
전체	284,939	35,235	79,940	5,001
동아시아 · 태평양	전체	해군/해병	전체	해군/해병
일본	44,566	27,933	35,329	20,107
한국	40,062	498	24,655	354
하와이	44,092	20,611	38,892	11,655
괌	7,147	4,694	3,030	952
호주	707	423	127	39
싱가포르	66	20	120	101
해상 전력	11,300	11,300	8,521	8,521
지원	7,960	5,497	440	371
전체	156,020	70,976	111,114	41,999

주: 1991년 9월 30일 및 2010년 12월 31일 기준(한국은 2008년 12월 기준).
출처: U. S. DoD Military Personnel Statistics.

특히, 미군의 해상 군사력(afloat forces), 즉 해군 및 해병대 전력 변화를 보면 미국이 유럽에 비해 아시아 · 태평양 지역에 훨씬 더 비중을 두고 있음을 알 수 있다. 해상세력 기준으로 미국은 유럽에서 약 98%를 감축하여 1991년 기준으로 2% 정도의 해상세력을 유지하고 있는 반면, 아시아 · 태평양 지역에서는 여전히 75% 이상의 해상세력을 배치하고 있었다. 다음 〈그림 1-6〉과 〈그림 1-7〉은 1991년과 2010년

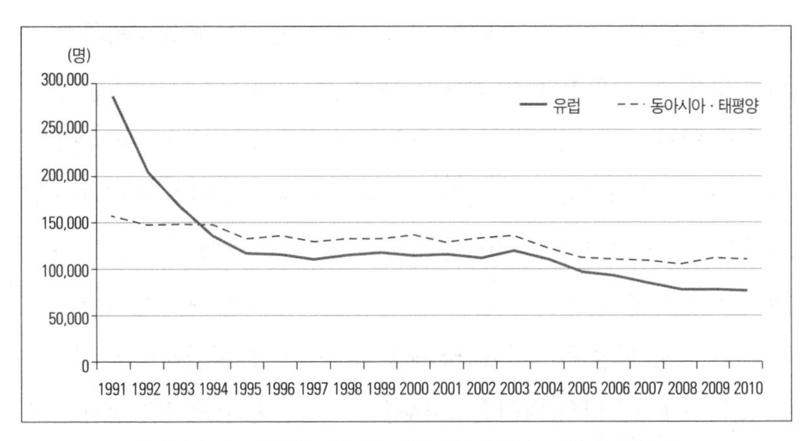

〈그림 1-6〉 유럽과 아시아 미군 주둔 군사력 현황(1991 vs. 2010)

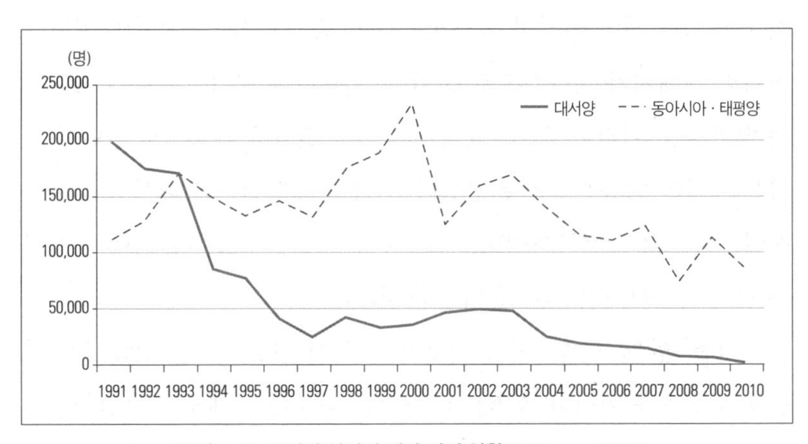

〈그림 1-7〉 유럽과 아시아 해상 전력 현황(1991 vs. 2010)

출처: U. S. DoD(2011).

기준으로 각 지역의 미 해외주둔군 수를 보여준다. 그림에서 나타난 것과 같이 미군은 과거 소련의 위협에 대비한 유럽 중심의 군사력 운용에서 중국의 위협에 대비하기 위한 아시아 · 태평양 지역에서의 군사력 운용으로 변화를 가져오게 된다. 특히 유럽과 아시아 지역 간 미국 군사력 배치의 역전 현상은 해군의 경우 그 편차가 두드러지게 나타남을 알 수 있다.

미국은 군사력을 아시아로 재배치하는 데 있어 해군 · 해병대 전력 운용에 공을 들였다. 미 해군은 태평양에서의 힘을 보여주는 움직임으로 냉전 이후 지속적으로 대서양 중심의 해군력 운용을 태평양 중심으로 재배치하고 있었다. 당시 계획으로는 2020년까지 해외에 전개하는 해군전력 비율을 60% 수준으로 끌어올리고, 항공모함 등 해군의 주요 전력을 아시아로 옮겨오는 것이었다. 또한 오바마 대통령은 2013년 국정 연설에서 아프간전쟁을 성공적으로 평가하면서 잔류하고 있는 6만 6천 명의 병력을 2014년까지 완전히 철군시킬 계획을 제시했는데, 이는 미군의 전체적인 주둔 계획의 변화를 의미했다.[70] 특히 이와 연계되어 아시아 동맹국들의 안보 상황을 고려한 미 해병대 전력의 재배치가 지속적으로 논의되었다. 비록 공식적으로 발표되지는 않았지만, 이러한 해군 · 해병대의 전력 변화를 바탕으로 판단할 수 있는 미국의 해양전략은 분명했다. 미국의 해양전략은 대서양에서 아시아(태평양)로의 재균형이며, 이는 중국이라는 새로운 위협이 부상하는 것을 억제하려는 의도에 기인한 결과다.

이를 좀 더 자세하게 살펴보자. 미국이 안보전략을 위해 군사력 운용 중심축을 아시아 지역으로 옮기는 과정에서 해군 · 해병대의 중요성이 크게 부각된 이유로는 다음과 같은 두 가지로 설명이 가능하다. 첫째, 중국의 군사력 증강, 그중에서도 해군력 증강에 대한 가장 효과적인 대응 수단으로서 지역 내에서 일정 수준의 해군력이 필요했다. 중국은 전통적으로 대륙국가로 평가되지만, 당시 자국의 경제발전을 위한 해양의 중요성을 인식하고 해양에서의 이익을 보호하기 위해 해군력을 강화시키고 있었다. 이는 곧 잠재적으로 아시아 지역 내에서

70) Jake Tapper, "Obama announces 34,000 troops to come home," *CNN International*, February 13, 2013

미국의 국가이익을 침해할 가능성이 있다는 것을 의미했다. 따라서 미국으로서는 중국의 해양 진출을 경계하기 위한 선제적인 방어 조치로서 해군력을 강화하여 해양에서의 우세를 유지하려 한 것이다.

미국은 이러한 목표 아래 중국의 해양 진출 증강을 억제하기 위해 아시아 · 태평양 지역으로의 부대 및 함정의 전진배치를 감행했다. 다음 〈표 1-8〉은 미 해군의 대륙별 해군력 비율을 정리한 것이다. 2007년 기준으로 미국은 전체 함정 279척 중 태평양에 151척(54.1%)을 운용하면서 냉전 이후 처음으로 대서양에서의 미 해군함정 운용 척수를 넘어섰다. 같은 해 대서양에서는 128척(46.9%)의 전력을 운용

〈표 1-8〉 대서양과 아시아 · 태평양 해군력 비율(1995~2007)

연도	전체 전투함정 수	대서양함대		태평양함대	
		전투함정 수	점유율	전투함정 수	점유율
1995	373	205	55.0	168	45.0
1996	356	192	53.9	164	46.1
1997	354	192	54.2	162	45.8
1998	333	183	55.0	150	45.0
1999	317	172	54.3	145	45.7
2000	318	174	54.7	144	45.3
2001	315	174	55.2	141	44.8
2002	313	168	53.7	145	46.3
2003	297	158	53.2	139	46.8
2004	291	153	52.6	138	47.4
2005	282	149	52.8	133	47.2
2006	281	149	53.0	132	47.0
2007	279	128	45.9	151	54.1

출처: Ronald O'Rourke, "China Naval Modernization: Implications for U. S. Navy apabilities — Background and Issues for Congress," p. 60.

했다.[71] 당시 미국은 항공모함 및 차세대 구축함 등 몇 가지 사업에 대한 취소 및 연기에도 불구하고 함정을 꾸준하게 증강시키고 있다. 스텔스 능력과 탄도탄 요격 능력을 가진 줌왈트급 구축함 건조와 알레이버크급 이지스함(DDG-51급)의 대공방어 능력 강화는 중국의 대함 유도탄, 잠수함발사탄도미사일 등의 위협에 대비한 것이다.[72] 잠수함의 경우, 국방예산의 압박 속에서도 8천 톤급 신형 잠수함인 버지니아(Virginia)급 공격형잠수함(SSN) 건조를 지속했다.

한편 2012년 6월 2일 싱가포르에서 열린 제11차 아시아 연례안보회의(샹그릴라 대화) 기조연설에서 리온 파네타(Leon Panetta) 미 국방장관은 전체 해군함정 가운데 아시아 · 태평양 지역에 전진 배치되는 함정의 비율을 당시 50% 수준(54.1%)에서 2020년까지 60%로 증대하기로 했다고 발표했다. 이와 더불어 미 항공모함 6척이 아시아 · 태평양 지역에서 상시 작전을 수행하고 군함 30척가량이 이 지역에 추가로 파견될 것으로 전망했다.[73] 이러한 기조에 따라 아시아에서의 전투력 투사 능력과 관련된 투자가 가장 우선시될 것임은 분명했다.

둘째, 미국의 해군력 강화는 아시아 지역 내 주요 행위자들과의 군사협력을 강화하여 중국의 반접근/지역거부 전략에 대항하기 위해서였다. 중국은 반접근/지역거부 전략을 추구하면서 자국의 군사력 운용 범위를 조금씩 확대하고 있었다. 미국은 특히 중국의 반접근/지역거부 전략을 주시하면서 미 해군의 전방 현시(forward naval presence)

---

71) Ronald O'Rourke, "China Naval Modernization: Implications for U.S. Navy Capabilities — Background and Issues for Congress," *CRS Report for Congress* (April 2008), p. 60.

72) Otto Kreisher, "Is the 313 Ship Fleet Realistic?" *U.S. Naval Institute Proceedings* (January 2008), http://www.usni.org/magazines/proceedings/20 08-01/313-ship-fleet-realistic.

73) Leon Panetta, "Remarks by Secretary Panetta at the Shangri-La Security Dialogue in Singapore," https://www.defense.gov/Multimedia/Photos/igphoto/2001172299/.

를 통한 역할과 준비를 강조했다. 전략서에서 미국은 중국을 기회(opportunities)이자 도전(challenges)으로 명시했다. 따라서 미국은 중국을 가까이에서 지켜보고자 하는 것이며, 이를 위해 아시아 · 태평양으로 접근하려고 했다. 이를 위해 미 해군은 2014년 기준으로 지역 내 97척의 함정을 배치한 것을 2020년 기준으로 120척 수준으로 늘리겠다는 계획을 분명히 밝혔다. 전략서의 제목에 '전방배치(forward)', '관여(engaged)', '준비(ready)'가 추가된 것은 중국을 겨냥한 미국의 의도를 잘 반영한 것이다.

또한 미국은 독자적으로 중국의 해양활동 확대를 견제 · 포위하거나 주변국과의 협력을 통해 중국의 해군력 확대를 저지할 필요성을 인식하게 되었다. 아시아 · 태평양 지역 대부분 국가는 일정 수준의 해군력을 운용하고 있기 때문에 미 해군과의 군사협력은 용이하며, 미국은 동맹 및 우방국들과의 협력을 통해 중국의 해양활동을 견제하려 한 것이다. 이와 같은 이유로 미국은 2000년 중반부터 전 세계적 네트워크를 연결할 수 있는 협력의 해양전략을 추구했다. 미국은 '1,000척 해군' 및 '21세기 해양력을 위한 협력 전략'을 통해 세계적인 테러행위 근절은 물론 지구적 차원의 각종 재앙에 대응하기 위해 전 세계 해군의 협조를 요청했다.[74]

2008년 '미국 국방전략(National Defense Strategy 2008)'에서 미국은 동맹국가들에 한정하지 않고 협력을 확대 및 강화할 것을 천명했다.[75] 이러한 미국의 움직임은 테러리즘과 대량살상무기의 확산을 방지하

74) U.S. Navy, "A Cooperative Strategy for 21st Century Seapower," October 2007, http://www.navy.mil/maritime/MaritimeStrategy.pdf.

75) U.S. Department of Defense, "U.S. National Defense Strategy 2008," June 2008, http://www.defense.gov/news/2008%20national%20defense%20strategy.pdf, p. 15.

기 위한 지구적인 노력의 일환이었지만, 그 속내를 자세히 들여다보면 미국이 지구적 이슈를 부각하여 동맹 및 우방국들과의 군사적 협력을 무엇보다 우선적인 과제로 추진하고 있었음을 알 수 있다. 미국은 동맹국인 일본, 한국, 호주, 필리핀, 태국과 준동맹국인 대만, 싱가포르를 비롯하여 베트남, 캄보디아, 말레이시아, 브루나이, 인도네시아, 방글라데시 등 ASEAN 및 동아시아 주요 국가들과의 군사협력을 통해 동아시아 해양에서의 영향력을 지속적으로 유지함으로써 중국의 해양 진출을 견제하려 했다.[76)]

한편, 미국의 더욱 적극적인 아시아 정책은 미국의 이해와 요구에 못지않게 아시아 국가들의 적극적인 미국 끌어안기(U.S. embracing)에 의해 진행되고 있었다. 중국의 부상과 최근의 강압적인(assertive) 행보는 미국보다 오히려 아시아 주변 국가들에 더욱 큰 우려와 위협을 느끼게 했다. 미국의 군사력 감축은 중국의 부상을 더욱 직접적으로 느끼고 있는 아시아 국가들로 하여금 이 지역에서 미국의 영향력과 군사적 기여의 축소에 대한 심각한 우려를 초래했다. 그 결과 과거 미국과의 군사적 연루(entrapment)를 걱정하던 많은 국가가 앞다투어 미국과의 군사적 협력을 강화하려는 노력을 보였다. 이는 아시아 국가들에 미국과의 군사적 협력에 의한 연루 못지않게 미국으로부터의 방기(abandonment)도 큰 우려가 되고 있음을 방증한다.[77)]

20여 년 전 미군 철수를 요구한 필리핀은 새로운 미군의 증파에 합의했고, 호주는 해병대 기지 건설을 합의했으며, 싱가포르는 미 해

---

76) Kyunghan Lim, "U.S.-Chinese Naval Security Competition Over the East Asian Seas Since the End of the Cold War," *Doctoral Dissertation* (Seoul: Seoul National University, 2012).

77) Richard Bush, "The Responses of China's Neighbors to the U.S. 'Pivot' to Asia," *The Brookings Institution*, January 31, 2012.

군의 새로운 연안전투함 배치를 허용하는 등 이러한 행보는 아시아 · 태평양 국가들의 실제적인 우려를 잘 드러내 보인 사례다. 또한 미국은 베트남 전쟁 당시 사용하던 기지를 포함하여 새로운 기지를 사용할 수 있게 되었다.[78] 2006년, 베트남 전쟁 이후 31년 만에 미국과 베트남은 전면적인 군사협력을 강화했고, 2011년에는 중국과의 남중국해 영토분쟁에 대비하여 위협을 느낀 베트남이 캄란(Cam Ranh) 등의 항만 시설에 대한 미 해군의 사용을 허가했다. 이 밖에도 미국은 싱가포르와 미 해군의 연안전투함 전진 배치에 합의했고, 인도네시아, 말레이시아, 브루나이 등과 접근기지 확보를 위한 논의를 지속했다.[79] 특히 일본과 호주는 미국의 동맹국으로서 더욱 적극적으로 미국과 협력을 추진하려 했다. 미국 · 일본 · 호주 3국은 일본 오키나와 주둔 해병대 병력 중 8천 명을 괌 및 호주 다윈(Darwin) 등으로 순환 배치하는데 합의한 것은 물론, 3국이 해양에서 합동 군사훈련을 실시함으로써 동맹관계 강화를 꾀하려 했다.

2015년 3월 미 해군은 해병대, 해안경비대와 함께 21세기 협력전략을 개정하여 발표했다.[80] 2007년 전략서에서 강조한 내용과 같이 전 세계 전방위적인 해양력의 역할을 다시 한번 언급했다. 당시 현실적으로 미국 정부의 국방예산 문제로 미 해군이 연안전투함 등 새로운 함정을 도입하는 것이 어려워지면서 2013년 목표로 정했던 306척

---

78) Travis Tritten, "Philippine government gives OK for U.S. to use old bases," *Stars and Stripes*, June 7, 2012.

79) Christian Le Mière, "America's Pivot to East Asia: The Naval Dimension," *Survival*, vol. 54, no. 3, 2012, pp. 81-94.

80) U.S. Navy, U.S. Marine Corps, U.S. Coast Guard, *A Cooperative Strategy for 21st Century Seapower: Forward, Engaged, Ready* (Washington, D.C.: Department of the Navy, 2015).

의 함대는 쉽지 않은 계획이 되었다.[81] 물론 미 해군은 새로 발간한 21세기 협력전략에서도 최소 300척 이상의 함정을 보유할 당위성을 거론하고 있었지만 이마저 장담하기 어려운 상황인 것은 분명했다. 이러한 상황에서 미국은 일본과 개량형 연안전투함의 공동 개발을 추진할 것을 밝힘으로써 동맹국을 통해 우회적으로 전력 증강을 위한 방법을 추진했다.[82] 이는 과거 '1,000척 해군'을 통해 글로벌 협력을 추진했던 미국이 새롭게 추진하고 있는 동맹전략의 모델이 될 수도 있었다. 또한 미국은 호주에 해병대원 2,500명을, 싱가포르에 연안전투함을 순환 배치하여 긴급 상황에 대한 전략적 대응 방안을 수립하고 있었다. 미국이 해양을 배경으로 중국을 압박하기 위해 점점 더 아시아 중심으로 접근하고 있었다.

여기에 더해 마틴 뎀프시(Martin E. Dempsey) 미 합참의장은 2014 QDR을 평가하면서 미군의 전략 목표를 국가 생존, 미국 영토 공격 예방, 세계 경제체제 보호, 동맹국 안보, 해외 미국 시민 보호, 보편적 가치 보호 및 확대 등으로 정리했다. 이러한 전략 목표 달성을 위해 미 합동참모본부가 수행할 12가지 임무를 명시했는데, 핵억제 및 전 세계 미군 주둔 등에 우선순위를 두고 있었다.[83] 이와 같이 미국은 북한의 미사일 및 핵 위협과 중국의 팽창적인 군사전략에 직접적으로 대응하기 위해 아시아에 군사력을 집중적으로 배치하려는 의도를 명

---

81) 2013년 1월 미 해군은 전력구조평가(Force Structure Assessment) 결과 306척의 함정이 필요하다고 의회에 제출했다. Ronald O'Rourke, "Navy Force Structure and Ship building Plans: Background and Issues for Congress," p. 1, www.fas.org/sgp/crs/weapons/ RL32665.pdf.

82) 김태훈, "국방예산 축소 美, 日과 연안전투함 공동 개발 추진", 「SBS 뉴스」, 2014년 3월 12일.

83) 12가지 임무는 안전하고 효과적인 핵억제, 미국 본토 방위, 적 격퇴, 전 세계 미군 주둔, 대(對)테러리즘, 대(對)대량살상무기, 적 목표 거부, 위기 대응, 군사적 개입 및 안보협력, 안정화 작전, 대민지원, 인도주의 구호작전이다.

확하게 밝히고 있었다. 미국이 아시아 중시전략을 추진하는 과정에서 가장 필수적인 요소로 동맹 및 우방국들과의 양자(bilateral) 및 다자(multilateral) 훈련이라고 명시한 것은 한국이 굳건한 한미동맹의 토대에서 적극적인 역할을 해주기를 바라는 의미로 봐야 한다. 〈그림 1-8〉은 당시 미국이 공개한 내용을 바탕으로 아시아·태평양에서의 미군 주둔 현황을 정리한 그림이다.

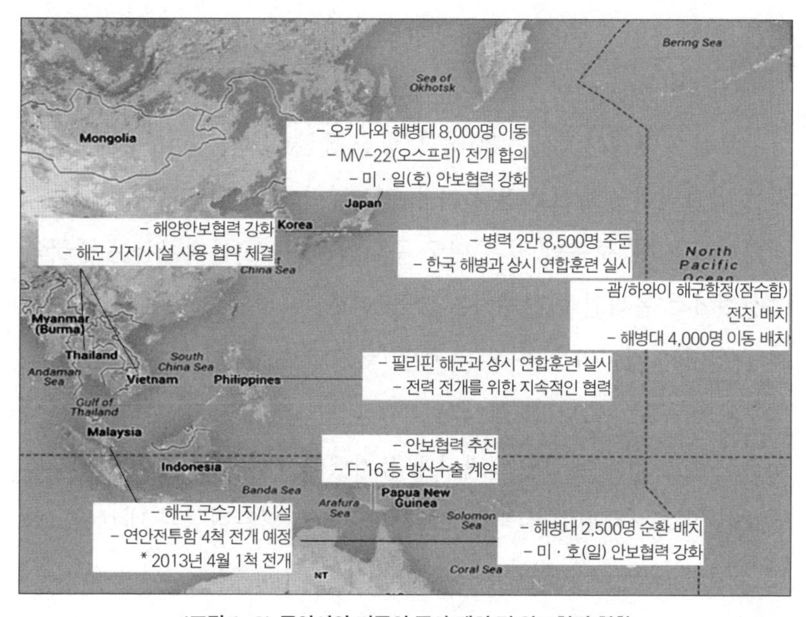

〈그림 1-8〉 동아시아 미군의 군사 배치 및 안보협력 현황

3) 인도·태평양 전략과 해양전략

인도·태평양 전략은 트럼프 대통령이 2017년 11월 일본 아베 총리와 만난 후 공동성명을 통해 급하게 발표되었다. 아베 총리는 본인이 구상하고 있던 미국, 호주, 인도 그리고 일본의 군사협력을 주장

했고, 트럼프 대통령이 이 제안을 전격적으로 수용하면서 미국 주도의 새로운 전략인 인도 · 태평양 전략이 탄생하게 되었다. 물론 그 이전부터 미국이 아시아 · 태평양을 포함하고 인도양까지 아우르는 외교 · 안보의 전략적 범위를 확장하려는 의도를 종종 나타내기는 했지만, 실질적으로 전략의 타이틀을 가지고 표명된 것은 처음이라는 측면에서 다소 치밀하게 준비되지 못한 측면도 있다. 그럼에도 미국은 인도 · 태평양 전략이라는 이름 아래 아시아 전역에서 미국의 영향력을 확대하기 위한 후속 조치를 단계적으로 발표하면서 인도 · 태평양 전략이 미국의 핵심적인 외교안보 기조로 자리 잡게 되었다.

트럼프 행정부에서는 2018년 '힘을 통한 평화(peace through power)'라는 안보전략을 발표하면서 자유롭고 열린 인도 · 태평양 전략을 공식화하게 된다. 주목할 점은 미국 주도의 현 질서에 대항하는 중국의 수정주의적 움직임을 견제하는 것을 인도 · 태평양 전략의 주요 목표로 밝혔다는 것이다.[84] 이후 미국은 『국가안보전략서』뿐만 아니라 국방부와 국무부 보고서를 통해 중국에 대한 군사 및 외교적인 대응에 직접적이고 강한 어조를 일관되게 유지했다. 대표적으로 2019년 6월 발표한 '인도 · 태평양 전략보고서: 준비태세, 파트너십과 네트워크화된 지역(Indo-Pacific Strategy Report: Preparedness, Partnerships, and Promoting a Networked Region)'과 2019년 11월 발표한 '인도 · 태평양: 공유 비전의 증진(A Free and Open Indo-Pacific: Advancing a Shared Vision)'을 들 수 있다.[85]

84) U.S. Department of Defense, *National Defense Strategy of the United States of America* (Washington, D.C.: DoD, 2018), p. 46.

85) U.S. Department of Defense, *Indo-Pacific Strategy Report: Preparedness, Partnerships, and Promoting a Networked Region* (Washington, D.C.: DoD, 2019); U.S. Department of State, *A Free and Open Indo-Pacific: Advancing a Shared Vision* (Washington, D.C.: DoS, 2019).

복수의 전략서에서 미국이 중국과의 전략적 경쟁을 추진하고 있다는 것을 공통적으로 언급하며 현 질서를 파괴하려는 중국의 의도에 대해 동맹 및 우방국들과 함께 적극적으로 대응할 것임을 명백하게 밝힌 것이다.

인도 · 태평양 전략을 통해 미국이 추구하고자 한 것은 2013년부터 시진핑 국가주석의 주도로 시작된 중국의 일대일로 구상(BRI: Belt and Road Initiative)에 대한 직접적인 대응책을 마련하는 한편, 인도 · 태평양 지역에 자체적인 역량을 집중하고 주변국들에 대한 책임분담(burden sharing)과 역할을 강조하는 것이었다.[86] 미국은 경제 및 군사적인 측면에서 아시아 · 태평양 지역의 중요성과 잠재적인 가치를 분명하게 인식하고 있으며, 장차 인도 · 태평양 지역이 미국의 대외적인 외교 · 안보 전략의 무대가 될 것임을 공식화한 것이다. 또한 미국은 중국의 해군력 팽창에 대한 경계인식을 반복적으로 표명하면서 역내 국가들에 대한 경제 및 정치적 영향력 확대는 물론, 미국과의 적극적인 군사협력을 유인하려는 움직임을 보였다. 특히 미국은 아시아에서 유럽으로 이어지는 해상교통로에 대한 중요성과 미래 가치를 잘 인식하고 있으며, 동 지역의 해상교통로를 보장하기 위한 미 해군 활동의 정당성을 확보하려 한 것이다. 이를 위해 미국은 태평양과 인도양의 연결고리에 대한 해상교통로 보호 목적으로 '항행의 자유 작전(FONOP: Freedom of Navigation Operations)'을 포함한 다양한 해군 활동을 지속 추진 중이다.

트럼프 행정부가 내세운 인도 · 태평양 전략이 가지는 의미를 몇 가지로 정리할 수 있다. 첫째, 미국은 아시아 · 태평양 지역의 중요성

---

86) 임경한(2019), 앞의 글, pp. 88-90.

과 잠재적인 가치를 명확하게 인식하고 있었다. 비록 명칭에서는 약간의 변경이 일어났지만, 미국이 언급한 일본, 호주, 인도 등 국가들을 연결해보면 오바마 행정부에 이어 여전히 아시아 · 태평양이 미국 전략의 중심무대인 것은 분명해 보인다. 미국은 아시아 · 태평양에서 군사 및 외교적으로 우월적인 영향력을 확보하는 것이 곧 인도 · 태평양 전략의 성공적인 결과를 담보한다고 판단한 것이다. 따라서 인도 · 태평양 전략을 통해 인도양이 미군의 주요 관심지역으로 추가되었지만, 당분간은 미군의 관심과 활동이 크게 확대되지 않은 채로 아시아 · 태평양에 집중될 가능성이 크다고 전망할 수 있다.

둘째, 미국은 중국의 해군력 팽창에 대한 경계를 공식화하면서 역내 국가들에 대한 경제 및 정치적 영향력을 확대하려 했다. 미국은 중국과 주변 분쟁 당사국 간 벌어지고 있는 남중국해(South China Sea) 영유권 분쟁에 관여하기 위해 중국이 남중국해에서 건설하고 있는 인공섬의 국제법적 지위를 강력하게 부정하고 있으며, 인공섬을 기점으로 한 군사력 팽창을 경계하고 있었다. 특히 미국은 중국과 영유권 분쟁을 하고 있는 국가들과의 군사협력을 강화하여 중국의 해군력 팽창을 억제하려 했다. 이를 위해 미국은 아시아 · 태평양 주변 국가들과 해군력을 활용한 연합훈련을 적극적으로 실시하는데, 이는 해양안보 협력을 강화하는 역할을 통해 역내에서 지속적으로 안보 리더십을 확보하려는 의도라고 볼 수 있다.[87)]

셋째, 미국은 아시아에서 유럽으로 이어지는 해상교통로에 대한 중요성과 미래 가치를 잘 인식하고 있었다. 중국은 수출입의 해양 수송 비중이 매우 높기 때문에 자연스럽게 해상교통로 확보를 매우 중

87) 송은희, 「인도 · 태평양 시대 '동아시아 지역주의' 가능성과 한계」, 『국가안보전략연구원 INSS 연구보고서』 14, 2018.

요시한다. 따라서 무엇보다 해상교통로를 보호할 수 있는 힘인 해군력 증강이 필수적으로 고려되는 것이다. 미국의 입장에서 보면 중국이 해상교통로 보호를 명분으로 해군력 활동을 확대하는 것을 견제할 필요가 있다는 의미다. 비록 트럼프 대통령이 당선 이후 곧바로 환태평양경제동반자협정 가입을 철회하면서 아시아 · 태평양 국가들과의 경제협력에 대해 유보적인 입장을 밝혔지만, 아시아 · 태평양에 더해 인도양으로까지 확대하여 해상교통로의 안정성을 확보하기 위한 군사훈련 및 해양안보 경계 순찰을 지속하고자 하는 의도를 보여주었다. 미국 입장에서는 중국이 인도를 통해 인도양으로 진출한다면 중국의 전방위적인 해양 진출을 더 이상 막을 수 없다고 판단했을 것으로 생각된다.

미국이 인도 · 태평양 전략을 통해 역내에서 군사적인 영향력을 확대하려는 목표를 추진한다는 측면에서 살펴보면 눈에 띄는 움직임이 나타났다. 미국은 인도 · 태평양 해역에서 항행의 자유 작전을 지속하고, 주변국들과 군사훈련을 강화하는 등 군사 안보 측면에서 꾸준히 중국을 견제하고 있다.[88] 미 해군은 오바마 행정부의 아시아 중시전략 시기부터 추진해오던 항행의 자유 작전을 트럼프 행정부 출범 이후에도 지속적으로 집행함으로써 남중국해에서 중국이 주장하는 영유권을 부정한다는 의도를 명확하게 표현하고 있다. 또한 항행의 자유 작전과는 별개로 미 해군 및 해안경비대 함정이 실시하는 대만해협 통과 작전을 실시하는데, 이는 대만의 안보를 보장하면서 중국에 강력한 메시지를 주려는 미 해군의 의지를 상징적으로 보여주는 작전이다.

---

88) Michael Beckley, "The Emerging Military Balance in East Asia: How China's Neighbor Can Check Chinese Naval Expansion," *International Security*, vol. 42, no. 3, 2007, pp. 78-119.

〈표 1-9〉는 오바마 행정부와 트럼프 행정부에서 실시한 항행의 자유 작전 현황에 대한 내용이다.

〈표 1-9〉 항행의 자유 작전 및 대만해협 통과 작전 사례(2012~2020)

구분	남중국해 항행의 자유 작전 횟수	대만해협 통과 작전 횟수
2012	5	9
2013	2	12
2014	3	4
2015	2	1
2016	3	12
2017	6	3
2018	5	3
2019	7	9
2020	8	13

출처: CRS Report 2021, p. 39.

트럼프 행정부가 추진한 인도 · 태평양 전략은 트럼프 대통령의 미국 우선주의(America first) 기조를 전적으로 반영하고 있었다. 미국이 인도 · 태평양 전략을 통해 앞으로 경제 및 군사 안보를 위한 주변국과의 외교에서 미국의 국가이익을 우선적으로 고려하겠다는 것을 공개적으로 표명하고 있었기 때문이다. 따라서 트럼프 행정부에서는 제반 대외정책의 방향성이 미국의 국가이익만을 최우선하는 쪽으로 전개되었다. 특히 미국이 중국과의 경쟁을 피하지 않고 적극적으로 대응하려는 모습은 인도 · 태평양 전략의 목표와 기본적인 궤를 같이했다고 볼 수 있다. 그중에서도 중국과의 안보전략 경쟁은 미국이 중국의 부상에 대한 견제를 더 이상 지체할 수 없다는 것을 잘 인식하고 있다는 것을 보여주었다. 미국 입장에서는 사실상 중국의 일대일로 구상에 대한 대응책이 필요했으며, 인도 · 태평양 전략을 통해 미국의 자체적인 역량을 역내로 집중하는 것에 더해 중국을 견제하기 위해 주변국들에 대한 책임분담과 역할을 적극적으로 강조할 수밖에 없는 상황에 직면한 것이다.

트럼프 대통령은 인도 · 태평양 전략을 통해 인도를 협력 당사국으로 끌어들이면서 다른 한편으로는 태평양과 인도양을 잇는 경제적 이익에 더 주목하고 있었다. 하지만 미국은 인도 · 태평양 전략을 추진하는 직접적인 동인으로 안보 문제를 고려하지 않을 수 없었다. 미국의 입장에서 보면 아시아 · 태평양 지역은 전 세계 안보 주도권을 잡기 위해 가장 우선적으로 요구되는 곳이다. 중국의 해양력 팽창에 따른 남중국해 영유권 분쟁은 시간이 갈수록 해결방법이 복잡해지고 있었다. 사실상 중국의 일대일로 전략에 대한 대응책이 필요했다. 중국을 견제하는 차원에서 자국에 유리한 방향으로 역내 동맹관계를 재편해야 했다. 이런 맥락에서 트럼프 대통령은 일본, 호주 등 미국의 전통적인 동맹국에 더해 인도의 부상을 유도해 4자 협력체제(quadrilateral cooperation)를 강화할 필요가 있었고, 이를 위해 기존 아시아 중시전략에서 인도를 포함한 인도 · 태평양 전략으로 확대했다고 볼 수 있다.

미국은 인도 · 태평양 전략의 구체적인 첫 단계로 2018년 5월 기존 태평양사령부의 명칭을 인도태평양사령부로 변경했다. 미국은 이미 경제적 번영과 안보 측면에서 아시아 · 태평양 지역의 전략적 중요성을 잘 인식하고 있었는데, 그 범위를 인도양까지 포함해 중국의 해양력 확장을 억제하고자 하는 것이다. 실제로 트럼프 대통령은 신형 함정을 추가로 건조하여 인도태평양사령부 예하에 배치함으로써 미국의 힘을 과시하고자 했다. 트럼프 대통령은 미국 안보전략의 핵심기조인 '힘을 통한 평화'를 달성하기 위해 강력한 해군력이 필요하다는 것을 잘 인식하고 있었다. 이에 따라 자신의 대선 공약 중 하나였던 신형 함정 추가 건조를 통해 당시 280여 척의 미 해군함정을 중 · 장기적으로 355척으로 확대하겠다는 계획을 기회가 있을 때마다 재확인하면서 의지를 표명했다.

이와 같은 미 해군의 적극적인 움직임에도 트럼프 행정부 외교안보전략의 세부 내용을 들여다보면 해결해야 할 과제 또한 만만치 않았다.[89] 먼저, 해군력 강화에 필요한 예산 문제였다. 트럼프 대통령이 약속한 355척의 해군력 확보를 위한 예산을 마련하는 것이 쉽지 않았기 때문이다. 또 다른 문제로 해군의 역할 및 임무를 재정립하고, 해군력 운용 방법을 새롭게 모색해야 한다는 점을 꼽을 수 있었다. 제임스 매티스(James Mattis) 미 국방장관이 하원군사위원회에서 당시 8개월 주기의 항공모함 해상 배치 주기를 90일 이내로 단축하는 방안을 고려한다고 밝힘에 따라 미 해군의 역할 및 임무, 그리고 운용의 변화를 고려해야 했다.

상기와 같이 미 해군력 운용 능력이 일정 수준으로 제한된다면, 인도 · 태평양 전략을 달성하기 위해 미국이 선택할 수 있는 방안은 두 가지였다. 첫 번째는 항공모함 같은 고비용의 전략적 자산을 축소하거나 함정을 아껴 사용하고 고쳐서 오래 운용하는 등 소극적인 방안을 자체적으로 마련하는 것이었다. 두 번째는 인도 · 태평양 전략 수행에 대한 부담을 동맹 및 우방국들과 분담하는 방법으로, 이는 더욱 적극적이고 협력적인 정책이 요구되었다. 트럼프 대통령이 국방예산을 증액하고, 신형 함정을 추가로 건조하겠다는 것을 공언한 상황에서 1번 선택지를 적극적으로 추진하는 것은 현실적으로 어려운 일이었다.

---

89) 미 해군이 당면한 실질적인 문제에 대한 세부적인 내용은 다음 장(4장)에서 자세하게 다루고 있다.

또한 전략적 경쟁자(strategic competitor)로 규정한 중국이 해양력을 증강하고 있는 상황에서 반대로 전력을 현 수준으로 유지하거나 축소하는 방안을 고려하기도 쉽지 않았다. 따라서 미국의 선택지는 자연스럽게 두 번째가 될 가능성이 컸다.

이에 따라 미국은 인도 · 태평양 전략을 성공적으로 수행하기 위해 역내 우방국들의 협력을 이끌어내야 했다. 이를 위해 미국은 2019년도 「국방수권법안(NDAA: National Defence Authorization Act)」을 통과시키면서 미국이 중국에 대해 남중국해에 대한 군사기지화를 중단할 때까지 림팩(Rimpac) 훈련 참가를 제한하도록 명시했는데, 이는 사실상 앞으로 림팩 훈련에 중국을 배제하겠다는 의도였다. 또한 이 법안에는 중국의 세력 확장을 견제할 수 있도록 대만 · 인도와의 군사적 협력관계를 강화하는 내용의 전략 수립을 요구하고 있었다. 당시까지도 인도 · 태평양 전략이 구체화되지 않은 상황에서 미국은 이미 역내 우방국들과 중국을 견제하기 위한 행보를 시작한 것이다.

특히 지정학적으로 림랜드(Rimland)로 분류할 수 있는 아세안에는 미국의 동맹 및 안보 파트너 국가들이 다수 포함되어 있기 때문에 미국 입장에서는 아세안을 통해 중국의 해양 진출을 가까이에서 압박할 수 있다고 믿었다.[90] 아세안 국가들에 영향력을 행사하기 위한 첫 번째 단계로 미국은 인도 · 태평양 전략을 추진하는 데 있어 일본, 호주, 인도 등 4자간 안보협력 네트워크 구축을 통한 군사협력을 반복해서 강조했다. 미국의 하와이에서부터 일본, 인도, 호주의 위치를 선으로

90) 지정학적 이점에 대한 머핸과 매킨더의 각각 다른 주장은 스파이크먼(Spykman)의 『평화의 지정학(*The Geography of the Peace*)』이라는 저서에서 통합적으로 잘 설명되었다. 그는 세계의 공간을 두고 대륙과 해양으로 이분법적인 구분을 시도했던 이전 지정학자들의 주장에 더해 대륙을 둘러싸면서 해양에 인접한 지역인 '림랜드(Rimland)'라는 개념을 추가하여 대륙과 해양을 잇는 주변지역의 지정학적 중요성을 역설했다.

연결하면 다이아몬드 형상이 되는데, 이른바 안보 다이아몬드(security diamond) 협력을 추진하겠다는 것이다. 미국 입장에서는 안보 다이아몬드 협력의 중심에 인도 · 태평양이 있고, 이 해양을 둘러싸고 있는 아세안 국가들의 입장이나 역할이 중국의 해양 진출을 억제하는 데 매우 중요하다고 인식한 것이다.

이런 인식을 반영하듯 미국은 아세안에 대해 공동 가치를 공유하는 핵심 파트너로 규정하고, 아세안과의 군사협력을 통해 역내 안보 기구의 역할과 위상을 강화하는 것을 추진 과제로 설정했다. 그 예로 2019년 1월 미 해군 필 데이비드슨 인도태평양사령관은 남중국해에서 중국이 모래 만리장성(great wall of sand)을 건설하고 있다고 언급하며, 미국이 아세안과 함께 상호운용성을 기반으로 한 해양동맹을 구축하여 대응할 것을 선언했다.[91] 그 구체적인 방안으로 남중국해 항행의 자유 작전 등에서 동맹 및 우방국들의 적극적인 동참을 요구하는 것이 우선적으로 고려되었다. 아세안과의 군사협력을 강화하면서 미군이 인도 · 태평양을 찾는 수가 지속적으로 증가했음을 별도로 설명할 필요가 없을 정도로 명확했다.

2021년 1월 출범한 바이든 행정부에서 발표한 국가안보전략 중간지침서(interim national security strategic guidance)에 따르면, 미국은 중국을 경제적 · 외교적 · 군사적 · 기술적 역량을 결합하여 안정적이고 개방적인 국제체제에 지속적으로 도전할 수 있는 유일한 경쟁국(only competitor)으로 명시하고 있다.[92] 바이든 행정부의 기본적인 대중국 인

91) 한국군사문제연구원, "「2019년 미국-필리핀 바리카탄 연합훈련」함의", 「국방일보」, 2019년 4월 26일자.

92) The White House, *Interim National Security Strategic Guidance* (Washington, D.C.: The White House, 2021), p. 8.

식이 경쟁적인 성격을 가진다는 평가가 설득력을 얻는 이유다. 이 같은 인식 아래 미 국방부 주관으로 대중국 전략 태스크포스를 통해 4개월여 동안 국가안보 차원에서 맞춤형 대중 정책을 검토했다.[93] 경제적인 측면에서 중국의 성장을 억제하는 한편 전 세계적으로 미국의 국가이익을 보장하기 위한 다양한 방안이 권고된 것으로 알려진다.[94] 특히 대중국 안보전략에 관해서는 인도 · 태평양 중심의 군사전략을 수립함으로써 중국의 해양 팽창정책에 적극적으로 대응하기 위해 해양에서 동맹 및 우방국들과의 공조 방안을 구체화한 것으로 예상된다.

이런 측면에서 예상해볼 때 바이든 행정부 하에서도 인도 · 태평양 전략의 기조 아래 미군의 작전 중점을 대중국 견제에 두는 정책은 지속될 것으로 보인다. 다만, 미국 단독이 아니라 동맹 및 우방국들의 역할을 그 어느 정부보다 더 강조하고 직접적인 책임을 지우는 방식으로 전개될 가능성이 크다. 일례로 '인도 · 태평양 조정관(Indo-Pacific coordinator)'이라는 보직은 바이든 행정부에서 새롭게 만들어진 자리인데, 바이든 대통령은 오바마 행정부 시절 동아태 차관보를 지낸 커트 캠벨(Kurt Campbell)을 임명했다.[95] 캠벨 조정관은 오바마 행정부에서 추진한 아시아 중시전략을 설계한 핵심 관계자이자 중국을 견제하는

---

93) Abhijnan Rej, "US Defense Department to Create Big Picture China Task Force," *The Diplomat*, February 13, 2021.

94) 세부 내용은 공개되지 않았지만, 군사 분야 외에도 4차 산업혁명 시대 최첨단 기술 경쟁에 관한 구체적인 대안을 마련한 것으로 보이며 반도체, 인공지능, 5G 네트워크, 배터리, 자율주행, 바이오 등 미래 산업의 주도권을 놓고 미국이 중국의 도전을 막기 위한 기술동맹 방안이 제시되었을 것으로 추측된다. Secretary of Defense Directive on China Task Force Recommendations, June 9, 2021. https://www.defense.gov/Newsroom/Releases/Release/Article/2651534/secretary-of-defense-directive-on-china-task-force-recommendations/.

95) David Brunnstrom, "Obama-era veteran Kurt Campbell to lead Biden's Asia policy," *Reuters*, January 12, 2021.

방법에 정통한 전문가로 평가된다. 아시아 문제에 대한 캠벨 조정관의 경험을 통해 민주주의 가치를 중심으로 동맹국들과 함께 국제적인 협력을 주도하는 미국의 모습이 적극적으로 드러날 수 있는 정책이 추진될 것으로 예상되는 대목이다.

〈표 1-10〉 역내 동맹국 및 인도에 대한 미국의 인식[96]

국가	역내 동맹국 및 인도에 대한 미국의 인식
일본	미 · 일 동맹은 인도 · 태평양 지역의 평화와 번영을 위한 주춧돌(cornerstone)과 같음 "The US-Japan Alliance is the cornerstone of peace and prosperity in the Indo-Pacific Region"
호주	호주는 자유롭고 열린 인도 · 태평양을 위한 국제적인 공헌을 하는 미국의 핵심 동맹 (critical ally)이자 파트너, 지도국임 "Australia is a critical ally, partner, and leader contributing to international efforts promoting a Free and Open Indo-Pacific"
필리핀	필리핀은 미국의 전략적 동맹 및 파트너(strategic treaty ally and partner)로서 군 주둔 협정 포함 양국 간 군사협력 강화 "The Republic of the Philippines remains a strategic treaty ally and partner"
태국	미 · 태 동맹은 'Joint Vision 2020'을 통해 공표된 것과 같이 태국의 민주주의 정부 수립 이후 확대 가능한 다양한 기회를 가지고 있음 "The US-Thai alliance has the opportunity to expand in substantial ways since a democratically elected government took seat in 2019, as outlined in the U.S.-Thai co-signed "Joint Vision 2020"
한국	한 · 미 동맹은 안정적인 안보환경 유지와 북한의 위협에 대항할 수 있는 핵심축 (linchpin)과 같음 "The United States and ROK alliance remains the linchpin in maintaining a stable, security environment and ready to address the North Korean regime's threats"
인도	(인도는 공식 동맹은 아니지만) 역사적으로, 그리고 21세기 주요 파트너로서의 관계를 형성하고 있음 "The current state of the U.S.-India relations presents a historic opportunity to deepen ties and solidify what I consider the 'defining partnership of the 21st century.'"

96) Philip S. Davidson, "Statement of Admiral Philip S. Davidson, U.S. Navy Commander, U.S. Indo-Pacific Command, Before the senate armed services committee on U.S. Indo-Pacific Command Posture," March 9, 2021.

미국이 군사적인 측면에서 인도 · 태평양 전략을 통해 달성하려는 목표는 매우 분명하다. 중국을 견제하는 한편으로 아세안을 비롯한 인도 · 태평양 역내 국가들을 주도(lead)하는 미국의 외교 · 안보 전략을 실천하는 것이다. 이러한 미국의 의도는 이른바 'make America lead again'을 달성하여 과거 미국 주도의 전 세계 관여(engagement) 정책을 다시 시작하겠다는 것으로 해석된다. 특히 동맹국을 중심으로 한 군사협력을 강화함으로써 역내 국가들에 대한 미국의 영향력을 높이고자 할 것이다. 이와 같은 맥락에서 전 인도태평양사령관 데이비드슨은 동맹국들의 적극적인 군사협력을 당부했고, 특별히 미국의 공식적인 동맹국은 아니지만 주요한 안보 협력국으로서 인도와의 협력이 중요하다는 것을 강조했다. 데이비드슨 사령관이 주요 국가들에 대한 역할을 언급한 내용을 정리하면 〈표 1-10〉과 같다.

미국 바이든 행정부가 출범한 지 1년이 지나고 있다. 바이든 대통령은 자유롭고 열린 인도 · 태평양(FOIP: Free and Open Indo-Pacific) 전략을 추진하기 위해 이전 그 어떤 대통령보다 동맹 및 우방국들과의 적극적인 협력을 주도하고 있다. 여기에서 주목해야 할 점은 크게 세 가지다. 첫째, 미국은 미중 패권의 승패가 해양에서 결정될 것이라는 인식에 기초하고 있다는 점이다. 미국이 발표하는 안보 관련 보고서에서 인도 · 태평양을 강조하는 이유다. 둘째, 미국이 중국을 견제하려는 의도와 목표를 숨기지 않고 공개한다는 점이다. 바이든 대통령뿐만 아니라 국가안보보좌관, 국무장관, 국방장관 등이 한목소리로 중국의 팽창적인 군사력 강화에 대한 우려와 대응을 주장하고 있다. 마지막으로, 미국이 선택한 대중 견제 방식이 직접적인 군사 대결보다는 제반 산업 분야에서 중국을 고립시키는 방식을 취하고 있다는 점이다. 미국이 주도하는 글로벌 공급망 재편 움직임이 이에 대한 명확한 근거를 제

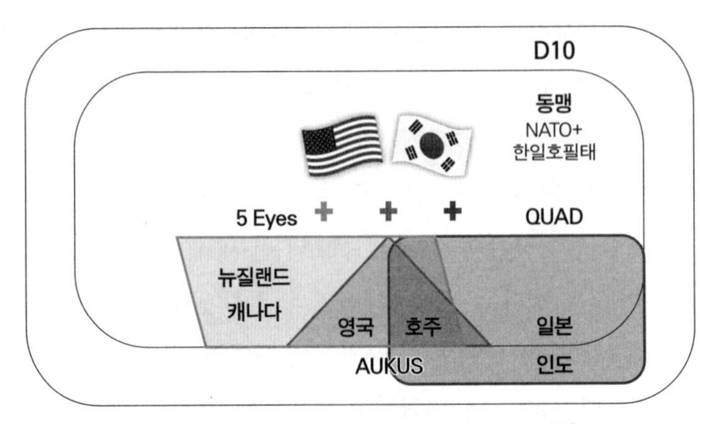

〈그림 1-9〉 미국의 동맹 인식과 한미동맹의 현 위치[97]

공하고 있다.

국가안보전략의 목표를 달성하기 위해 바이든 대통령이 강조한 것은 기본적으로 민주주의 가치를 실현하기 위해 주요 동맹과의 협력을 강화하는 방안이다. 이를 위해 미국은 우선적으로 민주주의와 동맹의 틀 속에서 정보동맹인 파이브아이즈(five eyes), 미 · 일 · 호 · 인 등 4자간 안보협력체인 쿼드(QUAD: Quadrilateral Security Dialogue), 그리고 미 · 영 · 호 등 3자간 안보협력체인 오커스(AUKUS: Australia, United Kingdom, and United States)를 적극적으로 주도하고 있다. 미국은 이들 주요 동맹국과 폐쇄적인 방식으로 긴밀한 정보를 교환하며 연합훈련을 실시하고, 원자력추진잠수함 등 전략무기 개발 연구를 공동으로 진행하고 있다. 〈그림 1-9〉는 미국의 동맹 인식과 한미동맹의 현 위치를 잘 보여준다. 현재 우리나라의 위치는 미국이 주도하는 통상적인 군사

97) 〈그림 1-9〉는 필자가 참여했던 국립외교원 정책연구보고서에서 발췌했으며, 그림을 통해 미국의 주요 동맹으로서 한국의 역할을 적극적으로 찾는 노력이 시급하다는 점을 강조하고자 했다. 국립외교원, 『미 바이든 행정부의 인도태평양 전략과 신남방정책의 연계협력 추진방향』, 선인, 2021, p. 267.

협력 관계로서의 동맹 수준에 머물고 있다. 주요 동맹이 누리는 한층 더 가까운 관계 및 체제로 발전해나가지 못하고 있는 모습이다. 앞으로 특히 해양 분야에 집중하여 한미동맹을 적극적으로 지원하기 위한 한국적 함의를 찾을 필요가 있는데, 이는 다음 장에서 논의하기로 한다.

4장
미국의 해양전략 평가와 전망

1. 미국의 해양전략 변화와 특성

1) 미국의 지정학적 인식의 변화

미국의 해양전략을 이해하기 위해서는 지정학적인 고려가 선행될 필요가 있다. 국제정치에서 지정학(geopolitics)은 "지리적 특성이 국가의 전략적 행위에 미치는 영향"으로 정의되며, 학술 및 정책적으로 매우 빈번하게 사용하는 개념이기 때문이다.[98] 〈그림 1-10〉과 같이 해양지도에서 보면 미중 경쟁 속 아세안(ASEAN)의 지리적인 중요성을 더욱 잘 확인할 수 있다. 미국이 추진하고 있는 인도 · 태평양 전략과 중국이 추진하고 있는 일대일로 전략의 무대가 상당 부분 중첩된다.

미중의 전략 경쟁이 만나는 곳에는 아세안이 자리한다. 아세안 10개국은 서태평양 해역에서부터 동중국해, 남중국해, 그리고 인도양에까지 분포되어 있다. 아세안을 차지할 수 있다는 것은 곧 중국부터 시작되는 인도, 아프리카, 유럽을 포함한 대륙을 감싸는 림랜드를 지

98) Colin Flint, *Introduction to Geopolitics* (New York, NY: Routledge, 2012).

배한다는 것과 같은 의미가 될 수 있다.[99] 이에 미중은 경제 및 군사 측면에서 아세안과의 협력을 강화함으로써 궁극적으로 림랜드를 차지하기 위한 지정학적 경쟁을 실제로 치열하게 전개하고 있다. 따라서 미국의 동아시아 해양안보전략의 방향성 또한 림랜드를 차지하기 위한 방안으로 적극 추진될 것임을 예상할 수 있다.

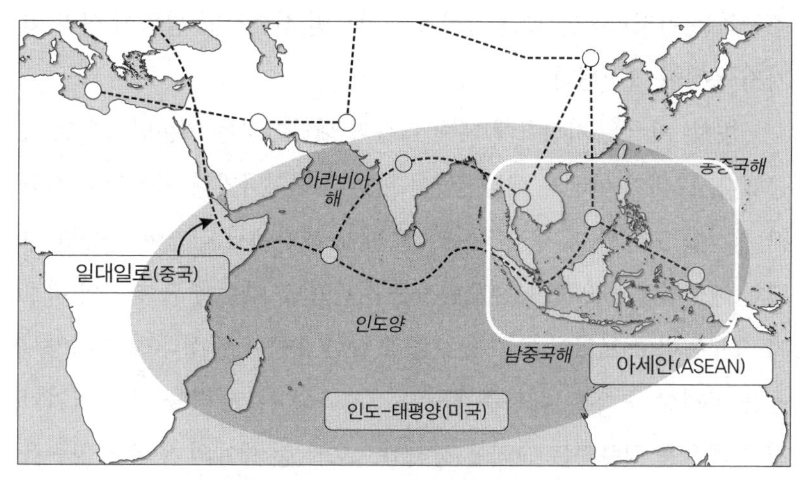

〈그림 1-10〉 인도 · 태평양 vs. 일대일로, 그리고 아세안

지정학은 관점에 따라 상대적인 개념이라는 점에서 유연한 특성을 보인다. 이런 이유에서 국가별로 지정학에 대한 접근 방식과 방향이 다를 수밖에 없는 현실이다. 따라서 한 국가의 지정학에 대한 관점은 주로 국가 지도자들의 인식에 의해 좌우된다. 국가가 추구할 수 있는 이익(interests)과 당면한 위협(threats) 사이의 균형에서 지정학적 관점을 결정짓는다고 볼 수 있다. 2022년 현재 바이든 행정부가 가진 지

99) 임경한(2020), 앞의 글, pp. 10-11.

정학적인 인식을 확인하기 위해서는 과거에서부터 지금까지의 변화 과정에 대한 고찰이 선행적으로 필요하다. 미국의 국가안보전략과 이를 추구하는 해양전략의 상관관계 또한 지정학적 인식에 근거하여 분석할 수 있기 때문이다. 또한 미국이 해양을 어떻게 인식했는지도 중요한 고려 요소가 될 수 있다. 미국의 해양전략은 해양력 개념 변화에 따라 시대별로 진화해왔다는 설명이 설득력을 얻는 이유다.[100)] 미국이 추구하는 지정학적인 접근 방식을 살펴보면 시대적인 변화에 따라 몇 가지 특징이 발견된다.

첫째, 미국은 지정학에 대해 대륙과 해양이라는 이분법적으로 접근했다. 19세기 미국의 해양전략가 마한은 해양국가인 미국의 지정학적 특성을 고려할 때 우선적으로 전 세계 해양에서 작전이 가능한 강력한 해군력이 필요하며, 해군함정을 지원할 수 있는 주요 항구의 확보가 요구된다고 보았다. 시·공간을 초월한 수준에서 상대방의 해양사용을 억제할 수 있는 해양통제(command of the sea) 능력을 가진 국가가 결국 해상을 경유하는 교역을 장악함으로써 전 세계의 부와 영향력을 가질 수 있다고 본 것이다.[101)] 이는 20세기 초 영국의 지정학자인 매킨더가 주장한 '핵심지역(pivot area)'이라는 대륙 중심적 사고와 접근 방식이 다르다고 볼 수 있다. 결과적으로 미국은 해양 중심 국가로 성장할 수 있었는데, 이른바 '이익 기반 지정학(geography of interests)'에 입각한 철저한 국가이익 추구 전략의 성공적인 결과라고 평가할 수 있다.

둘째, 미국은 제2차 세계대전 이후 21세기 전까지 소련의 위협

---

100) 정구연, 「미중 세력전이와 미국 해양전략의 변화: 회색지대갈등을 중심으로」, 『국가전략』 24(3), 2018, pp. 99-103.

101) Alfred T. Mahan, *The Influence of Sea Power Upon History, 1660-1783* (New York: Wang Hill, 1890).

에 대비하여 유럽 대륙에서의 영향력을 확대하는 전략을 추진했다. 당시 미국의 전략을 대소련 봉쇄(containment)로 보는데, 지정학적인 관점에서 위협 요인 상쇄를 위한 전략을 추구한 것이다. 미국은 소련을 봉쇄하기 위해 유럽 국가들과의 동맹을 강화했고, 미군의 주둔 또한 유럽을 중심으로 운영했다. 대표적으로 나토를 통한 동맹 정책과 소련의 대유럽 영향력 확대 저지를 위한 정책 등을 예로 들 수 있다. 이 시기 미국이 추진한 해양전략은 공산권 봉쇄전략을 위해 태평양으로부터 유럽 체제로, 2개 대양에서 해군력을 유지하던 전략에서 대서양 중심으로 해군력을 강화하는 방향으로 전개되었다. 소련의 해군력을 물리적으로 격파하고, 소련 대륙 중심을 공격한다는 냉전 시기 미국의 전략을 해군이 주도적으로 수행한다는 것을 의미했다. 미국이 이른바 '위협 기반 지정학(geography of threats)'의 개념 하에 안보전략을 추진했다고 평가할 수 있다.

셋째, 냉전 종식 이후 미국은 소련이라는 기존의 위협이 사라지면서 전 세계적인 차원에서 주둔군 재배치 작업을 진행했고, 특히 2001년 9 · 11 테러 사건 이후 미국은 비전통적인 위협 대비 차원에서라도 이전과는 다른 미군의 운영 방식을 고민해야 했다. 이 과정에서 해군력이 핵심전력으로 운영되었고, 효과적인 해양전략이 발표되었다. 특히 중국의 부상을 미국에 대한 도전으로 인식한 동시에 아시아 국가들의 경제적 영향력이 확대되는 상황에 따라 기존 유럽 쪽으로 기울였던 미국 안보전략의 무게중심 추를 아시아로 옮겨오기 시작했다. 최근에는 인도 · 태평양 해상교통로에 대한 영향력을 온전히 확보하는 것이 중국의 도전을 차단하는 동시에 미국의 국익에도 부합한다는 지정학적 인식 아래 '이익 및 위협 기반 지정학(geography of interests and threats)'의 복합적인 개념으로 볼 수 있다.

2) 미국 해양전략의 특성

미국은 국제정치환경에 맞춰 선제적으로 해양전략의 개념을 공표하고, 이를 추진하기 위해 미 해군의 장기적인 전력 발전과 작전 개념을 수립한다. 미중 패권경쟁 시기 미국 해양전략의 특성을 다섯 가지 측면에서 정리하면 다음과 같다.

첫째, 전력의 무게중심이 유럽에서 태평양으로 옮겨와 인도·태평양에 집중하는 양상이다. 기본적으로 미 해군은 미국의 전 세계 접근성을 보장하기 위한 수단으로서 운용된다. 전 세계 어느 해양이나 대륙으로 갈 수 있어야 한다는 것을 기본 원칙으로 여기기 때문이다. 이를 위해 해상교통로를 확보함으로써 전 세계의 무역을 장악하고, 궁극적으로는 경제적인 부를 달성하려는 전통적인 해양 중시 사상에 기반을 두고 있다고 볼 수 있다. 따라서 미국 입장에서는 중국이 추진하는 도련선(island chain) 전략과 반접근/지역거부 전략을 무력화시키는 것이 반드시 선행되어야 하며, 태평양 외곽 해역에서부터 동아시아 해양 즉, 중국 대륙과 인접한 남중국해와 동중국해로 서서히 접근하면서 중국의 해양 진출을 압박하려 한다.

21세기에 접어들면서 미국은 중국을 견제하기 위한 목적으로 아시아·태평양을 중심에 둔 해양전략을 추진했고, 이에 따른 해군전력 배치를 실행했다. 앞에서 살펴본 것처럼 2007년 미국의 유럽 대비 태평양함대의 해군함정 비율이 최초로 절반을 넘어서게 되었다. 2011년 오바마 행정부에서 아시아 재균형 정책을 공식적으로 언급하면서, 전력의 중점을 아시아·태평양으로 완전히 옮기게 되었다. 트럼프 및 바이든 행정부에서 추진한 인도·태평양 전략의 핵심은 인도양과 태평양을 아우르는 해양 영역에서 중국의 확장적인 해군력 증강 움직임을 견제하기 위한 목적으로 미국의 자체적인 노력에 더해 동맹 및 우방국들의 책임분담을 강조하는 것이라고 볼 수 있다. 이는 21세기 전세계 관여 정책을 추진하는 미국이 핵심지역으로 선정한 인도 · 태평양에서 미국을 지지하는 역내 국가들 간 커뮤니티 형성을 주도하려는 노력이라고도 볼 수 있다.[102] 이에 따라 2017년 트럼프 행정부에서는 QUAD를 중심으로 인도 · 태평양의 주요 국가들과 함께 중국을 포위하려는 안보전략을 추진했고, 바이든 행정부에서 2021년에만 두 차례에 걸쳐 QUAD 국가 정상들과 실질적인 전략적 협력방안을 논의했다.

둘째, 해양에서 수행하는 작전의 형태를 다영역작전(multi domain operations) 중심에서 전영역작전(all domain operations) 중심으로 변화시키고 있으며, 그 중심에는 미 해군이 자리하고 있다. 미국은 지상뿐만 아니라 우주, 공중, 해상, 사이버 · 전자기 등 6개 영역에서 교차 영역 간 시너지를 만들어내는 신개념의 다영역작전을 발전시키고 있다.[103] 다영역작전의 핵심은 크게 세 가지인데 먼저, 4차 산업혁명 시대에 맞춰 발달한 통신체계를 활용하여 육 · 해 · 공군 전력을 통합적으로 운용함으로써 중국에 대한 군사작전을 한 발 더 빠르게 수행하는 것이다. 이를 위해 미국은 자체적으로, 그리고 동맹국들의 5G 통신망 투자를 확대하는 한편 중국의 5G 통신망 기술 성장 속도를 늦추는 방안을 함께 추진하고 있다. 다음으로는 미중 간 발생 가능한 전쟁 시나리오 예측에 따라 중국 인근에서 전쟁을 수행할 경우를 대비해 해 · 공군의 작전개념에 더해 육군의 역할도 추가한다. 마지막으로, 미군은 다영역작전

102) 이상엽, 「美 인도태평양전략의 국제정치학적 해석」, 『Strategy 21』 22(1), 2019, pp. 5-32.

103) U.S. Army Training and Doctrine Command, "Multi-Domain Battle: Evolution of Combined Arms for the 21st Century, 2024-2040," October 2017.

을 성공적으로 수행하기 위한 가장 핵심적인 사안으로 첨단 군사과학기술에 기반한 원격의 원거리 정밀타격체제를 갖추는 것을 고려하고 있다.[104)]

최근 들어 미국은 극초음속 무기, 원거리 무인체계, 우주 감시자산 등 현대화된 육 · 해 · 공 전력을 바탕으로 자국을 포함한 동맹국 간 전영역작전까지 준비하고 있다. 2020년 12월 미 해군, 해병대, 해안경비대가 공동으로 "해양에서의 우세: 전영역 통합 해군력을 통한 우위(Advantage at Sea: Prevailing with Integrated All-Domain Naval Power)"라는 제목의 해양전략서를 발표했다.[105)] 중국을 견제하기 위한 새로운 해양전략의 출현이다. 해군, 해병대, 해안경비대는 해양뿐만 아니라 우주, 사이버, 각종 정보환경 등을 포함하는 전 영역에서 통합 전력을 구축하여 한 단계 더 높은 수준의 협력을 통한 해양통제 능력을 강화할 의지를 표명했다. 또한 러시아 및 중국 대비 미국이 장기적인 해양전략 경쟁에서 우위를 차지해야 하며, 특히 중국과의 경쟁에서 우세한 해양전력을 갖추는 것을 미 해양력 강화 목표에서 최우선순위로 설정해야 한다는 것을 강조했다.[106)] 전략서에서 중국을 경제력과 군사력을 동시에 갖춘 미국의 유일한 경쟁자이자 가장 중요한 위협으로 규정하고 있는 것을 통해 미국의 의지를 확인할 수 있다.

미 해군의 전영역작전은 미국의 안보전략과 그 맥락을 같이하는

104) Terri Moon Cronk, "Space-Based Capabilities Critical to U.,S. National Security, DOD Officials Say," *DOD News*, May 24, 2021; Tara Copp, "Space Force Seeks $831.7M for Unfunded Priorities," *Defense One*, June 4, 2021.

105) U.S. Secretary of the Navy, *Advantage at Sea: Prevailing with Integrated All-Domain Naval Power* (Washington, D.C.: Secretary of the Navy, 2020).

106) 정능 · 정재영, 「미국의 새로운 해양전략서 발간과 함의」, 『Periscope』 228, 한국해양전략연구소, 2020.

데, 최근 미국은 인도 · 태평양 전략 추진에 따라 QUAD를 공고히 하는 데 주력하고 있으며, QUAD의 법적인 정당성을 확보하기 위한 후속조치를 적극 추진하고 있다. 역내 주요 국가들을 포함하는 QUAD+나 D10(Democracy 10) 등을 통해 미국 주도로 동맹 및 안보협력국들과 연합 진형을 구성하고자 한다. 미국이 그리는 전략적 그림은 동맹국들과의 연대를 통해 중국을 직간접적으로 에워싸는(encircling) 전략이다. 이에 발맞춰 미국은 QUAD 개념에 대한 법적인 정당성을 확보하고, QUAD 계획을 구체화하기 위해 상원에서 2021년 「전략적 경쟁법(strategic competition act of 2021)」을 발표했다.[107] 「전략적 경쟁법」 제정의 핵심은 미국이 인도 · 태평양 지역을 분명하게 정의하면서 이 지역에서 법과 제도에 기반한 자유롭고 평화로운 환경 조성을 위한 목적으로 QUAD를 통해 군 고위급 회담 및 연합작전 등 군사협력을 강화할 것을 선언한 것이라고 하겠다.

셋째, 미 해군은 인도 · 태평양 해역에서 작전을 펼치는 해군전력을 유인 함정 위주에서 유인 함정에 더해 무인 함정을 대폭 강화하는 방식으로 변화를 도모하고 있다. 미 해군은 과거의 전쟁 경험을 토대로 군사과학기술의 중요성을 명확하게 인식했고, 이를 통해 해양전략 수립에 새로운 개념을 적극적으로 도입할 수 있었다. 미 해군 내에서 첨단 군사과학기술 발달 자체를 곧 훌륭한 해양전략을 수립하는 원천으로 인식하게 된 것이다. 미 해군은 바다에서부터 시작되는 군사과학기술을 통해 해양에서 미군의 우월적 지위를 보장함으로써 중국과의

107) 지난 4월 발의된 이 법안에서 주목해야 할 것은 법안의 목적을 "To address issues involving the People's Republic of China"로 명확하게 밝히고 있다는 점이다. https:// www.foreign.senate.gov/imo/media/doc/DAV21598%20-%20Strategic%20Competition%20Act%20of%202021.pdf.

복합적인 전투 임무 수행을 준비 중이다. 또한 무인체계 전력을 강화하여 공중·수상·수중 작전에서 중국 대비 전쟁 능력을 향상시켜 군사력 현대화 수준의 초격차 전략을 지속하려 한다. 2017년부터 미 해군이 기존의 유인 해군력과 향후 건조 예정인 무인 해군력을 이용하여 유령함대(ghost fleet) 운영을 추진하는 유령함대 개념 프로그램(ghost fleet overload program)은 이를 잘 보여주는 움직임이라고 볼 수 있다. 군사과학기술의 속도가 점점 빨라지는 상황을 고려한 융통성 있는 유연한 해양전략 수립을 추진하고 있는데, 결국 군사과학기술의 발달과 전략의 발달을 분리하지 않고 동시에 추진하려는 계획이다.

미국의 최신 해양전략서에서도 중국에 대한 기술적 우위의 중요성을 언급하고 있다. 중국의 급격한 기술적 혁신으로 인해 미국의 우월적 기술력이 점차 사라질 수 있다는 우려가 반영된 것이다. 중국은 실제로 첨단기술에 기반한 군사력을 통해 미국으로부터의 위협을 상쇄할 수 있다는 전략적인 움직임을 보이고 있다.[108] 특히 중국의 대항공모함탄도미사일 등 미사일 성능이 고도화됨에 따라 미 해군력이 치명성에 노출될 위험이 어느 때보다 커진 상황이다. 이에 미 해군은 4차 산업혁명 발달에 따른 통신체계와 정밀 감시 및 유도 능력이 보장된 최첨단 무인체계(무인수상정, 무인항공기, 무인잠수함 등)를 활용하는 방안을 적극 강구하고 있다. 그 예로 미 해군은 2025년까지 1,000톤급의 대형 무인수상정(LUSV: Large Unmanned Surface Vehicles) 5척을 포함하여 대형 무인잠수정(LUUV: Large Unmanned Undersea Vehicles) 7척 등 무인체계 확보 계획을 추진 중인 것으로 확인된다.[109]

---

108) 차정미, 「시진핑 시대 군사혁신 연구: 육군의 군사혁신 전략을 중심으로」, 『국제정치논총』 61(1), 2021, pp. 104-105.

109) Ronald O'Rourke, *Navy Large Ummanned Surface and Undersea Vehicles: Background and*

유 · 무인 해군전력을 이용한 작전 개념은 미 해군의 의도를 그대로 보여준다. 미 해군은 군사과학기술의 발달 전망을 바탕에 두고 분산 해양 작전(distributed maritime operation) 개념을 중요시한다. 그동안 미 해군이 운용해오던 항공모함 같은 대형 지휘통제함을 플랫폼으로 활용하면서 다수의 무인체계를 통합적으로 관리 및 운용하고자 한다. 미국은 중국의 공세적인 해양력 확장에 대해 분산 살상력(distributed lethality) 개념을 통해 역내 해역에서 해양통제(sea control)를 위한 전투력을 강화하겠다는 의도다. 장차 미 해군이 전략적 수준에서 중국에 대응하겠다는 의도가 그대로 드러난 움직임이라고 볼 수 있다.[110] 이와 같은 노력에도 최근 중국 해군함정 수가 폭발적으로 증가하고 있고, 중국은 지리적 조건의 유리함으로 인해 해군전력 이외에 보완 전력을 추가로 투입할 수 있기 때문에 미 해군이 중국 해군 대비 수적인 열세를 만회하기는 불가능에 가깝다고 볼 수 있다.

따라서 미 해군은 중국 본토 기준으로 먼 해양에서는 유인 함정 위주로 포진하고, 중국에 인접한 해역 내에는 무인 함정을 넓게 분산하여 배치함으로써 중국의 정찰 및 감시에 혼란을 가중하는 방안을 마련하는 중이다. 중국의 해양활동을 무력화하면서 미 해군을 포함한 우군 전력 활용의 자율성을 보장하는 것이 핵심이다. 미 해군의 궁극적인 목표는 유 · 무인 함정 척수를 늘리고, 공중 · 수상 · 수중에서 동시다발적으로 접근함으로써 중국 해군이 미 해군전력의 기동에 대한 예측을 어렵게 하여 중국으로 하여금 방어는 물론이며 미국 함정

Issues for Congress (Washington, D.C.: Congressional Research Service, 2021), p. 18.

110) 반길주, 「동아시아 공세적 해양주의: 공격적 현실주의 이론과 동북아 4강의 해양전략」, 『전략연구』 27(2), 2020, p. 113.

에 대한 공격을 포함한 대응 능력을 무력화시키는 것이다.[111] 여기에 더해 미 해군은 무인항공기 MQ-25 스팅레이(Stingray)를 이용하여 F/A-18 함재기에 대한 공중 급유를 시험했고, 향후 항공모함에 탑재 및 운용함으로써 항공모함 전투전단의 작전범위를 대폭 확대할 수 있는 방안을 도입하고자 한다.[112] 이는 전방위적으로 무인체계를 활용하는 방안이 미 해군 내에서 적극적으로 논의되는 상황임을 단적으로 보여주는 사례다.

넷째, 미 해군은 최근 동맹 및 우방국들과의 협력 강화를 적극적으로 추진하고 있다. 먼저, 미국이 추진하는 인도 · 태평양 전략에서 군사적인 움직임으로 4개국 간 연합체인 QUAD를 주목해야 한다. 트럼프 행정부 시절부터 미국과 일본이 공동으로 강조한 미국 · 일본 · 호주 · 인도 간 군사협력이 구체화되면서 인도 · 태평양 해역에서 중국을 포위하는 그림이 그려졌고, 바이든 행정부에서는 QUAD 하 중국의 군사력 확장을 견제하기 위해 외교 및 군사협력을 포함한 여건 조성에 박차를 가하는 중이다. 따라서 미국이 인도 · 태평양 전략의 핵심 구성체로서 QUAD의 위상을 높이고, QUAD를 장차 미국의 해양전략 추진을 위한 동력으로 강조할 가능성이 크다고 볼 수 있다. 4개국 대표들은 제1차 QUAD 정상회의에서 인도 · 태평양의 자유와 개방이라는 원칙 아래 해양에서의 안전을 도모하고, 해양안보를 공동이슈로

---

111) 김현승, 「미 해군 수상함부대 전략 평가 및 한국 해군에게 주는 시사점」, 『Strategy 21』 20(1), 2017, pp. 57-60; 정호섭, 「4차 산업혁명 기술을 지향하는 미 해군의 분산해양작전」, 『국방정책연구』 35(2), 2019, pp. 64-68.

112) Diana Stancy Correll, "New MQ-25 warrant officer specialty now open to sailor and civilian applicants," Navy Times, June 9, 2021, https://www.navytimes.com/news/your-navy/2021/07/09/new-mq-25-warrant-officer-specialty-now-open-to-sailor-and-civilian-applicants/.

이해하며, 유엔해양법협약에 입각한 해양 질서를 존중한다는 내용을 공개적으로 밝혔다. 2021년 9월, 4명의 정상이 워싱턴에서 대면으로 만난 자리에서도 이를 재확인했다.

2021년 4월 30일 취임한 미국의 신임 인도태평양사령관 아퀴리노 제독 또한 인도 · 태평양 지역이 미국의 미래를 결정짓는 지역이 될 것이라고 밝히며, 동 지역을 미군 전략의 우선순위에 둘 것을 강조했다. 이와 같이 미국의 행정부와 군 수뇌부가 인도 · 태평양과 QUAD의 중요성에 대해 반복적으로 주장하는 것은 결국 전 세계 미국의 동맹국들을 인도 · 태평양으로 불러 모으는 효과를 가져올 것이다. 실제로 인도 · 태평양 지역에 대한 안보적인 관심을 표명한 영국은 중국을 '체제적 경쟁자(systemic competitor)'로 명명하며 글로벌적인 영향력 확대 측면에서 중국에 대응할 것을 공개적으로 밝혔다.

또한 미국은 미 · 영 · 호 간 새로운 안보동맹으로 AUKUS를 출범시켰다. AUKUS 공동성명에서는 외교 · 국방 분야의 고위관료 간 주기적인 교류와 사이버 · 인공지능 · 양자기술 등에 관한 기술협력을 강화하는 것이 포함되었다. 그러나 무엇보다 미국과 영국의 지원 하에 호주가 원자력추진잠수함 8척을 건조할 수 있도록 지원하는 것이 AUKUS의 가장 핵심적인 목표라고 볼 수 있다. 향후 18개월간 호주 해군의 원자력추진잠수함 확보를 위한 공동 연구를 진행하는 것이 공동성명에서 강조되었기 때문이다. 미국은 AUKUS를 주도하여 중국을 압박함으로써 QUAD와 함께 역내 동맹국들의 협력을 통해 중국을 적극적으로 견제하고자 하는 것으로 해석할 수 있다.

여기에 더해 미 해군이 주도적으로 역내 국가들과 연합 해군훈련을 적극적으로 실시함으로써 상호 작전 운용성을 향상시키는 노력을 경주하고 있다. 2021년 미 해군 주도로 실시한 다자간 연합 해군훈련

성과는 〈표 1-11〉과 같다.

〈표 1-11〉 미 해군 주도 연합 해군훈련 현황(2021)

구분	퍼시픽 뱅가드 (Pacific Vanguard)	탈리스만 세이버 (Talisman Saber)	코브라 골드 (Cobra Gold)	말라바르 (MALABAR)
주관	호주	미국, 호주	미국, 태국	미국, 인도
기간/ 장소	'21. 7. 5~10 / 호주	'21. 7.16~31 / 호주	'21. 8. 2~13 / 태국	'21. 8. 26~29 / 인도양
참가국	미국, 일본, 호주, 한국	미국, 호주, 일본, 영국, 캐나다, 뉴질랜드, 한국	미국, 태국, 일본, 싱가포르, 인도, 인도네시아, 말레이시아, 중국, 한국	미국, 인도, 일본, 호주
훈련 내용	자유공방전, 해상기동군수 등	강제진압작전, 해상작전 등	참모단 연습, 사이버방어훈련 등	QUAD 해군 간 연합 작전 숙달 등

2. 미국의 해양전략 전망 및 함의

1) 미 해군의 대내외적 도전과제

앞에서 살펴본 것처럼 미 해군이 인도 · 태평양 전략을 적극적으로 추진하기 위한 전략적 · 작전적 변화를 모색하고 있지만, 대내외적으로 미 해군이 당면한 과제 또한 만만치 않은 상황이다. 이를 구체적으로 들여다보기 위해서는 중국 해군의 공세적인 움직임을 전략 및 전력, 작전, 제도적인 면에서 살펴볼 필요가 있다.

우선, 전략 및 전력적인 면에서 중국 해군은 시진핑 주석이 강조하는 중국몽을 달성하기 위한 핵심 수단으로 운용되고 있다. 중국이 추진하는 BRI에서 '일로(One Road)'에 해당하는 해상 실크로드를 확보하기 위해 원해에서 작전이 가능한 강력한 해군력 증강을 꾀하고 있다. 이를 위해 중국은 급속도로 해군력 증강을 진행하고 있으며, 대형 함정을 지휘함으로 구성한 해군력의 작전 범위가 점점 더 먼 바다로 확장되는 경향을 보인다. 그 예로 중국 해군은 2021년에만 진급 신형 핵잠수함 창정함, 055형 렌하이급 구축함 다롄함, 075형 위션급 강습상륙함 하이난함 등 다수의 대형함정 취역을 집중적으로 실시했다. 중국 해군은 2021년 4월 23일 해군 창설 72주년 기념행사를 맞아 094A형 전략핵잠수함을 공개했는데, 이 잠수함에는 '쥐랑-3(SLBM)'이 탑재되어 있으며 사거리가 1만 km 정도로 남중국해에서 미국 본토까지 타격이 가능한 수준이라는 점에 주목해야 한다.

또한 중국 해군은 해군력의 상징적인 의미로 여겨지는 대형 항공모함 확보에 주력하고 있다. 중국 해군은 첫 번째 항공모함 랴오닝함(67,000톤)에 이어 산둥함(70,000톤), 푸젠함(80,000톤) 등 크기를 키운 증기터빈 방식의 항공모함을 운용 중이다. 향후 중국 해군이 건조하려는 항공모함은 미 해군이 운용하는 11만 톤급 크기로 계획하고 있는데, 원자력 추진 체계를 도입할 가능성을 배제하지 못한다. 2021년 1월 중국 해군이 KJ-600 항공모함용 조기경보기의 시험비행을 성공적으로 수행했는데, 이 시험의 의미는 스키점프식인 1/2번함 탑재 제한으로 캐터필터식인 세 번째 항공모함에 탑재함으로써 지휘통제 및 감시 능력을 대폭 향상시킬 수 있다는 것이다. 중국 해군이 지속적으로 해양에서의 작전 능력을 향상시키고 있기 때문에 중국 해군전력 수준에 대한 정확한 재평가가 이뤄져야 할 것이다.

두 번째로 중국 해군은 급속도로 성장시킨 해군력을 남중국해 등 중국 근해에서 적극적으로 운용함으로써 작전 능력을 향상시키는 데 박차를 가하고 있다. 중국 해군 단독으로 수행하는 해군훈련은 물론이며 러시아 해군이나 아세안 국가들과 함께하는 연합훈련 횟수가 점점 증가하고 있다. 또한 중국 해군은 해상민병대(maritime militia)를 활용한 회색지대(gray zone) 전략을 충실하게 수행 중이다. 회색지대 전략은 전쟁에 이르지 않으면서 안보 목표를 달성하는 것이 그 본질이며, 점진주의(gradualism)와 애매모호함(ambiguity)으로 그 특성에 대한 설명이 가능하다.[113)]이와 같은 작전의 특성상 미 해군의 직접적인 대응을 무력화할 수 있는 전략임을 중국 해군이 잘 인식하고 활용하고 있다고 볼 수 있다.

실제로 대규모 어선으로 구성된 해상 민병의 남중국해 활동은 주변국들에 큰 위협이 되고 있다. 평상시에는 어업에 종사하다가 필요시 분쟁 도서나 해역에서 집단시위 또는 불법어업 등을 실시하기 때문에 국가적인 차원의 대응을 어렵게 한다. 중국 정부에서 이들 어선주와 대원들에게 추가적인 장려금을 지급하는 등 보이지 않는 방법으로 민병의 활동을 적극 장려하는 것으로 알려져 있다.[114)] 2009년 미국 해양조사선 충돌, 2012년 스카버러암초 점령, 2014년 중국 석유시추선 보호, 2016년 센카쿠열도 주변 진입이 이들의 성과이며, 전형적인 회색지대 전략의 표본이라고 할 수 있다. 해상 민병의 활동이 증가하는 현상이 미 해군에게 대응 측면에서 부담이 되는 것은 분명한 사실이다.

마지막으로 제도적인 면에서 중국 해군은 해양활동을 법적으로 보장하기 위한 방안을 체계적으로 추진하고 있다. 중국군은 2015년 말 항공 · 우주전, 사이버작전, 정보수집, 전자 · 심리전을 주 임무로

---

113) 박윤일 · 정삼만, 「미 · 중 해양패권 경쟁과 '회색지대전략': 중국 해저 무인기지 추진의 파장」, 『Periscope』 142, 2018.

114) Shuxian Juo and Jonathan G. Panter, "China's Maritime Militia and Fishing Fleets: A Primer for Operational Staffs and Tactical Leaders," *Military Review,* 2021, pp. 12-13.

하는 전략지원부대를 창설했고, 2018년에는 국무원 산하의 무장경찰과 국가해양국 산하의 해경을 중앙군사위원회가 차례로 흡수했다. 이어서 2021년 1월, 중국군은 「국방법」을 개정하여 군사위와 주석의 권한을 확대하는 한편, 비전통적 안보를 포괄하는 총체적 국가안보관과 전민국방을 강조하고, 안보 영역을 우주와 전자기, 사이버 영역까지 넓혔다. 중국군이 해양 작전을 체계적으로 관할하기 위한 조직 정비를 단행한 것이다.

조직 정비를 완료한 중국 해군은 해양력 활용을 위한 법적 제도화 작업을 서둘러 진행했다. 그 결과로 2021년 2월, 새롭게 제정한 「해경법」을 시행하여 관할해역에서 불법조업과 관련해 중국 해경의 경고에 응하지 않는 외국 선박 등을 대상으로 무기를 사용할 수 있다고 규정함으로써 중국 해경의 무기 사용을 법제화했다. 또한 2021년 4월, 외국 선박 통제를 강화한 「해상교통안전법」 개정안을 승인하여 9월부터 시행 중인데, 외국 선박이 중국 영해에 위협을 가할 수 있다고 판단되면 퇴거 명령이 가능하다. 이와 같이 중국 해군의 신속한 제도화 움직임은 미 해군의 대응을 어렵게 하는 도전과제가 되고 있다.

2) 미 해군의 실질적 대응 제한

인도 · 태평양에서 미 해군이 당면한 상황은 녹록지 않은데, 미 해군의 전력과 작전의 효과성 측면에서 살펴볼 필요가 있다. 먼저, 중국 해군의 적극적인 해양활동에 대한 미 해군 차원의 효과적인 대응 수단이 다소 제한된다는 사실이다. 미 해군 또한 아시아 · 태평양 해역에서 중국 해군을 견제하고 압박하기 위한 해양력 증강 및 현시를 적극적으로 수행하고 있다. 다만 그 과정에서 예산 부족을 이유로 미 해군이 필요로 하는 적정 수의 함정 확보가 제한되고, 이는 동 구역을 책임지는 7함대 소속 함정들의 빈번하고 반복된 작전으로 인한 피로도가 증대되는 문제로 이어지고 있는 실정이다.

미국은 2045년까지의 장기 계획에서 12척의 항공모함을 포함하여 355척의 함정을 확보하는 것을 추진하고 있다.[115] 그러나 2022년 기준 290여 척의 함정을 보유하고 있는 미 해군이 장기 계획에서 밝힌 바와 같이 장차 355척의 함정 체계를 갖추는 것은 요원한 상황이다. 의회 예산처 추산 연평균 1천억 달러(약 113조 원) 이상이 필요한데, 매년 필요한 만큼의 국방비 증액이 실질적으로 제한될 가능성이 농후하다. 예산 사용의 적절성과 효과성을 제대로 따져보고 추진하겠다는 미국 의회의 신중함이 미 해군력 증강의 발목을 잡을 가능성이 크기 때문이다.[116] 이는 결국 미중 간 해군 함정 척수가 역전되는 현상을 초래하기 때문에 미국이 추진하는 해군력 우위에 의한 해군 주도의 전략 및 작전계획 수립이 제한될 수도 있다. 〈표 1-12〉는 중국 해군의 주요 함정 현황과 함께 미 해군 함정 척수를 보여주고 있다.

작전적인 측면에서 미 해군이 직면한 또 다른 어려움은 미국의 글로벌 주둔군 재배치(global force posture)에 따른 해군 작전의 변동성 문제와 함께 중국의 대항공모함 유도탄 등에 대응 가능한 게임 체인저(game changer)가 될 만한 차세대 무기체계를 확보하는 것이 제한된다는 점이다. 미 국방부는 육군의 다영역작전, 공군의 다영역 지휘통제(multi- domain command and control) 등을 포함하는 글로벌 주둔군 재배치를 진행하고 있다. 여기에는 미사일 배치, 공군력 운용개념 변경 등

115) Ronald O'Rourke, "Navy Force Structure and Shipbuilding Plans: Background and Issues for Congress," https://fas.org/sgp/crs/weapons/RL32665.pdf.

116) 박주현, 「미 해군 355척 계획의 현실과 전망」, 『Periscope』 226, 2021.

이 포함될 예정인데, 이에 따라 기존 미 해군이 수행해오던 작전 개념과 범위의 변경이 필연적으로 뒤따를 가능성이 매우 큰 상황이다.

〈표 1-12〉 중국 해군 주요 함정 현황과 미 해군 함정 척수(전망)

구분	2000	2005	2010	2015	2020	2025 (전망)	2030 (전망)
전략 · 공격 잠수함	62	61	56	63	66	71	21
항공모함, 순양함, 구축함	19	25	25	26	43	55	65
호위함	38	43	50	74	102	120	135
중국 해군 함정 (총계)	110	220	220	255	360	400	425
미 해군 함정 (총계)	318	282	288	271	297	미정	미정

출처: 저자 정리(Ronald O'Rourke, 2021 참고)

일반적으로 미 해군이 보유한 첨단과학기술이 중국에 비해 월등한 수준으로 알려져 있다. 미국이 2021년 6월 알레이버크급 이지스 구축함 Flight-Ⅲ 초도함인 잭 루카스함을 진수했는데, 이 함정은 표적의 탐지능력을 향상시킬 수 있도록 능동형 이지스 레이더 AN/SPY-6(V)를 탑재하고 있다는 것이 장점이다. 미 해군이 초격차 기술을 통해 중국 해군 대비 월등한 기술적 우위를 가지려는 노력의 일환이지만, 실상은 쉽지 않은 상황이다. 미 해군은 줌왈트급 구축함에 탑재하는 레일건과 극초음속 미사일, 공중 · 수상 · 수중 스텔스 무인기 개발 계획이 있지만, 늦춰지거나 취소되고 있다. 반면 중국 해군의 대응 방안은 미 해군보다 더 급속하게 진행될 가능성이 클 것으로 예상할 수 있다. 중국의 경제력과 해양활동에 대한 강력한 의지가 뒷받침되기 때문이다.

한편 2011년부터 지금까지 지속하고 있는 아시아 중시전략과 인도 · 태평양 전략 추진에 따라 해군 작전을 직접 수행하는 함정의 작전적 어려움이 가중되고 있다. 앞에서 언급한 내용이지만, 2017년 6월 필리핀 화물선과 충돌한 미 해군 피츠제럴드함의 사고 조사 보고서에서 승조원들의 피로(fatigue)가 하나의 원인으로 포함된 사례가 있다.[117] 또한 매년 졸업하는 미국 해사 출신 신임 장교들이 유럽에 비해 인도 · 태평양 해역에 배치되는 것을 꺼리기 때문에 실질적으로 우수한 인재 확보가 쉽지 않은 상황이다. 이러한 현상은 미 해군으로 하여금 작전을 계획하고 집행하는 데 부담으로 작용할 가능성이 있다. 또한 남중국해에서 작전을 수행하는 미 해군과 중국 해군 간 우발적인 해상충돌 가능성이 점점 고조되는 상황은 자칫 미중 간 대결 국면으로 전개될 수 있다는 우려를 가져다준다. 이에 대해 즉각적이고 실질적인 대응 방안이 부재한 상황에서 오히려 중국 해군의 해상활동 강화를 정당화시킬 우려 또한 크기 때문에 미 해군이 쉽지 않은 상황에 직면한 현실이다.

3) 대한민국 해양전략에 주는 함의

2022년 2월 발표된 미국의 『인도 · 태평양전략서』의 첫 문장에서 미국은 '인도 · 태평양 국가(Indo-Pacific power)'임을 명확하게 밝히고 있다.[118] 이에 따라 앞으로 미국은 인도 · 태평양에서 국가의 핵심이익

117) U.S. Department of the Navy. "Report on the Collision between USS Fitzgerald (DDG62) and Motor Vessel ACX CRYSTAL," October 23, 2017.

118) The White House, *Indo-Pacific Strategy of the United States* (Washington, D.C.: The White House, 2022), p. 4.

(core interests)을 찾으려고 할 것이다. 미국이 인도 · 태평양 전략을 채택함에 따라 미국과 중국이 역내 해양에서의 영향력 확보를 위한 경쟁적인 양상을 나타내지만, 당장 양국 간 무력분쟁이 발발할 것으로 보이진 않는다. 다만, 양국은 상대의 의도를 명확하게 파악할 수 없기 때문에 군사력 운용에 관해 지속적으로 관심을 가지고 견제하려 할 것이고, 이로 인한 경쟁 및 대결 국면이 한동안 지속될 가능성이 매우 크다. 미국의 군사력 전개는 공격적인 양상이라기보다는 동아시아 해양으로 한 걸음 다가간 방어 우위의 군사전략이다. 중국은 작전적 범위를 확장시키면서 미국의 역내 접근을 방어하고자 한다. 이러한 이유로 양국 관계는 안보 딜레마 상황에 놓여 있다고 봐야 한다.

안보 딜레마란 국가의 방어적인 안보 능력 확대가 궁극적으로 상대 국가의 안보 능력 약화를 초래한다는 것이다. 미국은 중국의 군사력 증강이 곧 자국의 군사력 우위를 상쇄시키는 결과를 초래할 것으로 받아들이고, 이로 인해 미국은 부상하는 중국의 힘에 대한 균형의 필요성을 인식하고 대비한다. 전형적인 안보 딜레마 현상이다. 지금까지 살펴본 내용을 바탕으로 전망할 때, 바이든 행정부 출범 이후 미국의 외교 · 안보 전략은 중국을 견제하기 위한 방향성을 가지고 추진되고 있으며 앞으로도 이러한 기조는 일관되게 유지될 가능성이 큰 상황이다.

미국의 인도 · 태평양 전략은 중 · 장기적인 관점에서 국가이익에 계산한 결과다. 미국은 인도 · 태평양 전략과 해양전략을 통해 중국 대비 우세한 전략적 상황을 조성하기 위한 구체적인 방안을 마련하고자 할 것이다. 그러나 중국 해군의 급격한 성장으로 인한 공세적이고 확장적인 움직임에 대해 미 해군이 직접적이고 효과적으로 대응할 수 있는 역량이 일정 부분 제한되는 상황은 미국의 외교 · 안보 전략과 해양전략 추진이 쉽지 않다는 것을 예측하게 한다. 따라서 미국은 점진적으로 동맹 및 우방국들과의 연대에 대한 강한 의지를 표명할 것이며, 결국 한국의 역할이 그 어느 때보다 중요하게 부각될 것으로 전망된다. 무엇보다 현재는 미중의 갈등 양상과 충돌 양상이 대만해협을 중심으로 전개되고 있지만, 가까운 미래에 미중의 긴장 관계가 한반도 인근 해역에서 나타날 수 있다는 불안한 시나리오에 대비할 수 있어야 한다. 결론적으로 한미동맹을 강화하는 것을 기본적인 목표로 두고 몇 가지 제언할 내용은 다음과 같다.

첫째, 한미동맹을 통해 안정적인 국제질서 유지를 위한 군사협력을 강화하고, 우주 · 첨단산업 · 미래산업 · 바이오 · 사이버 · 기후변화 등 미국 주도의 경제체제 발전을 위한 경제 동맹화에 도움을 주는 한국의 모습을 적극적으로 보여줄 필요가 있다. 미국과 더 가까워지는 만큼에 비례해서 북한이나 중국도 우리를 통한 미국과의 관계 형성에 주력할 수도 있기 때문이다. 북한 및 중국에 대해 우리가 먼저 눈치를 볼 상황은 아니라고 판단된다. 미국과의 관계 강화를 통해 얻는 실익은 중국과의 불편한 관계를 감내하고도 남는 수준이라는 것을 명확하게 인식할 수 있어야 한다. 물론 남북관계와 한중관계가 잘 관리될 수 있도록 고민함으로써 한미동맹 강화를 통한 대북 및 대중 관계 재조정의 적기로 활용할 수 있는 지혜를 모아야 할 것이다.

바이든 대통령은 한미동맹을 수레바퀴의 축이 되는 린치핀(linchpin)으로 언급하면서 한미동맹의 중요성을 강조했는데, 특히 인도 · 태평양 지역에서 안보와 번영의 린치핀으로서 한미동맹을 강화하겠다는 분명한 메시지를 공개적으로 반복해서 전달하고 있다. 이에 맞춰 한국 또한 미국과의 동맹 공고화를 위한 제반 협력에 적극 동참함으로써 군사협력에 더해 경제 및 외교 등 제반 분야에 대한 협력의 범위를 확장할 필요가 있다. 2021년 5월 한미 정상회담에서 두 정상은 한반도 비핵화, 한 · 미 · 일 협력, 반도체 공급망, 기후변화, 코로나19 백신, 배터리, 5G 네트워크 등 최첨단 기술협력에 관해 동맹의 범위를 확장시켜 논의했다. 이는 한국의 역할에 대한 미국의 요구가 잘 드러난 결과이며, 한국 또한 제반 분야에서 준비된 동맹으로서의 가치를 드러냈다고 평가할 수 있다. 따라서 앞으로도 한미동맹의 가치를 제고할 수 있는 긴밀한 협의가 지속되어야 할 것이다.

둘째, 한미 양국이 강력한 동맹관계에서 해양영역인식(maritime domain awareness)을 일체화하고, 이를 바탕으로 미국이 당면한 제반 도전과제에 한국이 기여할 수 있는 방안과 함께 한국이 확보할 수 있는 국가이익을 극대화시킬 수 있는 요소를 찾아낼 수 있어야 할 것이다. 미국에서는 해양영역 인식을 해양영역과 연관되어 있는 안보, 경제, 안전, 환경 등에 영향을 미칠 수 있는 모든 분야에 대한 효과적인 인식으로 보고 있으며, 각종 위협을 조기 탐지 · 억제 · 격퇴하기 위해 해양영역에서 투명성 강화, 제반 해양위협과 도전에 대응하기 위해 정보공유와 보호 및 면밀하고 확실한 결심과 대응, 해양영역 정보 공유 · 보호 · 통합을 촉진하고 장려하기 위한 파트너십 증진 등의 목표를 설정하고 있다.[119)]

한국의 해양영역 인식에 관한 공식적인 전략서와 보고서는 없다. 해양수산부, 국방부, 해군의 자료를 통해 유추해보면, 한국의 해양영역은 안전, 경제, 환경, 협력 등으로 구분할 수 있으며, 각각의 주체가 다르기 때문에 유기적인 상호협력은 앞으로 풀어야 할 과제다. 우리가 미국의 해양영역 인식을 그대로 차용할 필요는 없지만, 큰 틀에서 미

---

119) The White House, *National Maritime Domain Awareness Plan for The National Strategy for Maritime Security* (Washington, D.C.: The White House, 2013), pp. 1-3.

국의 해양영역 인식과 맥락을 맞추고 공통의 이익을 추구할 수 있어야 할 것이다. 이를 추진하기 위해서는 해양영역 인식을 주도하는 범정부 차원의 기구가 필요하며, 다양한 부서의 이익에 합치할 수 있는 통합적인 관리 방안이 마련되어야 할 것이다. 또한 한미 간 해양협력의 범주를 북한이나 중국 등 주변국 위협에 대한 안보협력을 넘어 경제, 환경 등 해양에서 행해지는 제반 분야를 아우르는 수준으로 확대할 수 있어야 할 것이다. 이를 위해 미국이 추진하는 인도 · 태평양 전략 속에서 한미동맹 강화 목적으로 해양협력에 관한 과제를 도출하는 작업이 범정부 차원에서 반드시 추진되어야 할 것이다.

셋째, 인도 · 태평양 해역에서 미 해군이 주도하는 해양활동에 적극 참여하고, 특히 한미 간 또는 우방국 간 연합훈련을 강화하여 해양작전을 위한 상호 운용성 증대를 꾀해야 할 것이다. 현시점에서 미 해군에 가장 시급한 과제는 중국 해군력 확대를 견제하기 위한 효과적인 해군력 운용이다. 중국 해군의 공세적인 확장성에 대해 미 해군이 대응할 수 있는 카드로는 남중국해에서의 항행의 자유 작전이 있다. 앞에서 지적한 바와 같이 미 해군 단독으로 중국 해군 활동에 대응하는 작전을 지속적으로 수행하기에는 제한이 있는 상황이다. 따라서 가까운 미래에 미국이 한국을 포함한 역내 동맹국 해군에 항행의 자유 작전에 참가할 것을 요구할 가능성이 크다. 이에 미 해군의 움직임을 잘 살펴보고, 어느 한 가지 활동을 특정 짓지 말고 가장 필요한 분야에서 적시에 해양협력을 강화할 수 있는 준비가 필요할 것이다.

미국은 인도 · 태평양 전략 하 역내 동맹 및 우방국 간 긴밀한 해양 협력을 강화하고 있다. 한미 간 해양안보 협력을 가장 잘 드러낼 수 있는 분야는 해군력을 활용한 연합훈련이다. 한미 간 연합훈련이 개최된다면 한국 해군함정을 대거 참가시켜 한미 간 상호 운용성을 향상시킬 수 있는 기회를 가져야 한다. 한편 앞으로 미국의 요청에 따라 한일 관계 개선이 추진될 가능성이 크다. 미국 주도로 한·미·일 군사협력 강화를 시도할 때 수동적인 입장보다는 능동적으로 군사협력을 주도하는 것이 필요하다. 끌려가기보다는 끌고 올 수 있는 전략적 실천이 더욱 쉽고 효과도 높기 때문이다. 또한 범위를 확대하여 한국 해군이 주도하는 다자간 연합훈련 기회를 마련하는 것도 장차 미국과의 해양협력을 위한 발판이 될 수 있을 것이다. 이러한 활동은 미 해군의 부족한 부분을 한국 해군이 보완할 수 있다는 측면에서 반드시 필요하며, 궁극적으로 한미동맹 강화를 위한 최선의 방법이 될 것이다.

한국은 한반도 주변의 안보상황을 심각하게 인식하고, 이에 대응할 수 있는 치밀한 전략을 수립할 수 있어야 한다. 한국은 전략지정학적인 관점에서 주변이 막혀 있는 섬과 같다. 북한, 중국, 러시아, 일본 등에 의해 해상 및 육상으로 포위되어 있다. 이러한 전략지정학적인 상황은 한국에 있어 안정적인 해상교통로 확보의 중요성을 방증한다. 한국은 삼면이 바다로 둘러싸여 있으며, 수출입 물동량의 99.7%를 해양을 통해 운송하기 때문에 〈그림 1-11〉과 같이 한국의 5대 주요 해상교통로를 보호하는 것은 국가이익이 걸린 사활적인 문제다.[120] 따라서 한국은 한반도 주변은 물론이며 동아시아 해양의 안보환경, 나아가 인도·태평양을 안정적으로 유지하는 데 적극적인 역할을 수행하는 노력이 반드시 필요하다.

---

120) 한국의 해상교통로에 대해 세부적으로 분석하면 총 12개로 구분할 수 있다. 한국해양수산개발원에서는 해양수산부(2012년 당시 국토해양부) 자료를 인용하여 한국 선박의 수출입 현황을 일본(Japan), 극동아시아(Far East Asia), 동남아시아(Southeast Asia), 서남아시아(Southwest Asia), 중동(Middle East), 유럽(Europe), 아프리카(Africa), 북미주(North America), 중미(Central America), 남미(South America), 대양주(Oceania), 기타(Others) 등으로 구분하여 정리하고 있다. 한국해양수산개발원, 『2012 해운통계요람』, 한국해양수산개발원, 2012, pp. 180-207.

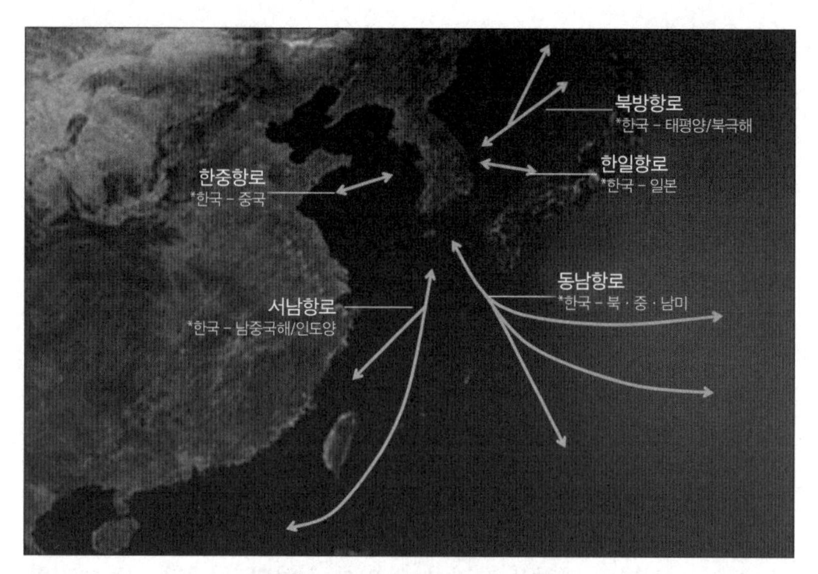

〈그림 1-11〉 한국의 해상교통로 현황

미국의 인도 · 태평양 전략은 한국에 도전과 기회를 함께 제공하는데, 기회에 더 집중해서 대응 방안을 마련할 필요가 있다. 이러한 자세로 향후 한미동맹의 비약적인 발전을 위해 한국 해군이 집중적으로 준비해야 할 역할을 찾는 것이 무엇보다 시급한 과제다. 가장 가까이에서는 한미 양국 연합훈련 및 한미가 공동으로 참가하는 다자간 연합훈련을 한국 해군이 주도하는 방법이 있을 수 있겠다. 미국의 입장에서 보면 국방비 감축 기조 속에서 동맹 및 우방국들과 약속된 훈련을 제대로 이행하기 위해 일정 수준의 부담 배분이 필요하다. 따라서 한국 해군이 미국이 수행해야 할 역할을 주도적으로 대신할 수 있다면 이를 통해 전략 및 전력 면에서 한 단계 업그레이드된 모습을 갖출 수 있을 것이다. 이는 방위비 분담 문제 같은 국내 정치적 상황이나 대중 봉쇄 같은 외교적으로 불편한 상황을 초래하지 않고 수행할 수 있는 역할이다.

한편 해군 플랫폼뿐만 아니라 전투체계까지 포함한 종합적인 전투함 개발을 위한 연구에서 미 해군과 연계하는 것도 고려해볼 수 있는 역할 중 하나다. 이를 통해 미 해군에서 보유하고 있는 다양한 종류의 함정과 전투체계를 직간접적으로 배울 수 있다. 또한 항공모함이나 원자력추진잠수함 등 미래 한국 해군이 보유하게 될 핵심 자산과 미 해군 간 작전을 위한 상호운용성을 비약적으로 증대시킬 수 있다. 그뿐만 아니라 앞으로 한국이 전투함정을 다른 국가들로 수출하는 데 있어 획기적인 진전을 이룰 수도 있다. 한국 해군이 안보와 경제 두 분야 모두에서 국가이익을 보호하는 최선의 수단임을 입증할 수 있는 방법이기도 하다. 궁극적으로 이러한 방법은 중 · 장기적으로 방산 수출을 통한 경제이익은 물론, 수출 국가와의 군사외교 강화를 통해 한국의 위상을 높일 수 있는 가장 효과적인 대안이 될 수 있을 것이다.

〈미국 주요 해군사(海軍史)〉

연도	사건
1775	미 해군 창설 미국 독립전쟁
1812	미 · 영 전쟁
1823	먼로 독트린
1845	미 해군사관학교 설립
1846	미 · 멕시코 전쟁
1861	남북전쟁
1898	미 · 스페인 전쟁
1907	백색함대 전 세계 순항
1917	제1차 세계대전 참전
1921	워싱턴 군축회의
1927	런던 군축회의
1941	진주만 피습 제2차 세계대전 참전(태평양전쟁)
1950	한국전쟁 참전

연도	사건
1954	해양전략(Transoceanic-navy) 발표
1962	쿠바 미사일 위기
1963	베트남 전쟁 참전
1986	해양전략(The Maritime Strategy) 발표
1991	걸프 전쟁 참전(사막의 폭풍 작전)
1992	해양전략(… From the Sea) 발표
1994	해양전략(Forward… From the Sea) 발표
2001	9 · 11 테러 발생 아프가니스탄 전쟁(항구적 자유 작전)
2002	해양전략(Seapower 21) 발표
2003	이라크 전쟁(2차 걸프 전쟁)
2005	해양전략(Thousand-ship Navy) 발표
2007	해양전략(A Cooperative strategy for 21st Century Seapower) 발표
2012	아시아 중시전략 추진 * 아시아 재균형(Rebalancing) 정책 발표
2015	해양전략(A Cooperative strategy for 21st Century Seapower: Forward, Engaged, Ready) 발표
2018	자유롭고 열린 인도 · 태평양(Free and Open Indo-Pacific) 전략에 관한 지침 발표
2019	인도 · 태평양 전략보고서: 준비태세, 파트너십과 네트워크화된 지역(Indo-Pacific Strategy Report: Preparedness, Partnerships, and Promoting a Networked Region) 및 인도 · 태평양: 공유 비전의 증진(A Free and Open Indo-Pacific: Advancing a Shared Vision) 발표
2020	해양전략(Advantage at Sea: Prevailing with Integrated All-Domain Naval Power) 발표
2021	4개국 안보 협의체(QUAD) 정상회담 최초 개최 미 · 영 · 호 간 안보협의체(AUKUS) 출범 * 호주의 원자력추진잠수함 건조 연구 지원
2022	인도 · 태평양 전략(Indo-Pacific Strategy of the United States) 발표 『해군 전력 계획 2022(CNO Navigation Plan)』 발간 * 유무인 함정 포함 523척 체제

II부

중국의 해양전략

1장
서론

미중 전략적 경쟁(또는 미중 패권경쟁)이라는 용어가 현재의 국제정치 상황과 동북아 정세를 대표하고 있다. 한국은 이러한 국제정세 대조류의 중심에 서 있다. 왜냐하면 미국과는 동맹관계로 매우 밀접한 관계인 동시에, 중국과는 지리적으로 근접해 있다. 반세기 이상 지속되었던 미소 냉전 시기에도 한반도는 냉전이 열전이 되어 치열하고 기나긴 전쟁을 치르는 장소가 되었다. 6 · 25전쟁이 바로 공산주의 북한과 민주주의 남한이 싸운 전쟁이다. 지금도 그 전쟁은 끝나지 않고 잠시 쉬고 있는 휴전 상태다.

이 글은 한국의 주변국 중에서 중국과 중국의 해양전략을 다룬다. 해양은 미국과 중국이 만나는 물리적 공간이다. 미국과 중국은 서로 다른 대륙에 사는 두 국가이니 만나는 공간이 해양과 공중일 수밖에 없다. 또한 미국 해군과 중국 해군을 비교했을 때 최근의 상대적인 발전 속도 면에서 중국 해군이 괄목상대할 만하다. 중국은 군함을 마치 만두 빚듯이 찍어내고 있다.[1] 따라서 미중 전략적 경쟁 시기에 중

1) 2020년 미국 국방부 보고서(U.S. DoD Report)에는 중국이 미국을 추월한 세 가지 분야를 제시했다. 첫 번째가 군함의 총수량이다. 2020년 기준으로 미 해군은 293척의 전투함

국의 해양전략을 고찰하는 것은 매우 유익하다.

중국의 해양전략은 다음과 같은 관점으로 기술된다. 첫째는 최대한 중국의 시각에서 기술한다. 중국이 정세를 어떻게 평가하고 있으며, 중국이 설계한 해양전략은 어떤 배경과 목적을 가지는지를 평가한다. 따라서 최대한 중국 자료를 활용하려고 노력했다. 둘째로는 중국의 전략을 이해하기 위한 분석의 틀을 활용하여 효과적인 분석을 시도했다. 특히, 중국의 전략문화 중 이중성과 모호성이라는 특성을 적용하여 평가했다.

중국의 해양전략 서술의 시간대는 다음과 같다. 주요 작성의 시간적 범위는 2015년 이후다. 왜냐하면 『21세기 동북아 해양전략』(북코리아, 2015)이 2014년까지의 상황을 담았기 때문이다. 그러나 2014년까지의 해양력 변천사는 주요내용을 간단하게 요약하는 형식을 취했다.

이러한 관점과 서술 방향에 따라 다음과 같이 각 장을 구성했다. 1장은 개요로서 전체적인 서술의 관점과 방향을 제시했다. 2장은 중국 해양력의 변천사로서 첫째로는 중국의 정치와 군사제도를 간략하게 소개했다. 중국의 정치체제와 군사제도는 한국과 다르다. 이러한 중국의 정치와 군사제도에 대한 기본적인 이해는 중국의 해양전략을 이해하는 데 도움이 될 것이다. 다음은 『21세기 동북아 해양전략』 내용을 시기로 구분하여 요약했다. 즉, 2014년까지 중국의 해양전략을 시간대별로 구분하여 핵심을 요약했다. 3장은 이 책의 핵심으로서 미

(combat ship)을 보유한 반면, 중국 해군은 350척을 보유했다. 두 번째 분야는 지상기반 재래식 탄도미사일(CBM)과 유도미사일(CGM)이다. 중국은 사정거리 500~5,500km의 미사일 1,250기를 보유하고 있는 반면, 미국은 사거리 70~300km인 한 종류의 지상기반 탄도미사일만 보유하고 있다고 주장했다. 세 번째 분야는 통합 방공체계로서 중국은 러시아제 S-400s와 S-300s를 포함해서 가장 최신화된 광범위한 대공 방어체계를 구비하고 있다고 주장했다. U.S. Department of Defense (U.S. DoD), 2020 *Annual Report to Congress: Military and Security Developments Involving the People's Republic of China*, vii.

중 전략적 경쟁 시기의 중국의 해양전략을 집중적으로 분석했다. 4장에서는 중국의 해양전략을 평가 및 전망하고, 한국에 미치는 영향과 대응 방향을 제시하고자 했다.

2장
중국의 해양력 변천사

1. 중국의 정치와 군사제도

중국의 정치와 군사제도는 한국과 다르다. 따라서 이에 대해 간략하게 소개함으로써 중국의 해양전략을 이해하는 데 도움이 될 것이다. 이해를 돕기 위해 다음 세 가지를 중심으로 중국과 한국을 비교해서 설명하겠다. 서론에서도 밝힌 것처럼 중국의 정치와 군사제도를 정확히 이해하는 것이 그들의 군사전략과 군사행동을 이해하는 데 도움이 된다. 반대로 말하면 중국의 정치와 군사제도를 제대로 이해하지 못하면 중국의 전략을 잘 이해하지 못하고, 오히려 말려 들 수 있다.

이 글에서는 아래 중국과 한국의 정치와 군사제도를 비교했을 때 가장 대비되는 세 가지만 소개하기로 한다. 첫째, 중국 최고지도자는 공산당 내에서 정해지고, 한국의 대통령은 국민투표로 선출된다. 이는 중국과 한국 정치제도의 차이점이다. 중국의 최고지도자는 공산당 내 파벌 간의 경쟁과 타협으로 선출된다. 그러나 한국은 5년마다 국민투표로 대통령을 선출한다. 중국 공산당은 약 9천만여 명이고, 이를 대표해서 약 2,000여 명이 전국 공산당 대표로 뽑힌다. 1949년 이후 중국을 통치하고 있는 중국공산당에 대해서만 간략하게 소개하고자 한다. 외교부에서 발간하는 『중국 개황(2020)』에 의하면, 2019년 말 중국공산당의 당원 수는 9,191만 4천 명이다.[2] 당원 수가 1억 명까지 늘어날 수 있다. 또한 중국에서는 공산당원이 되어야 정치, 경제, 사회, 문화, 군대 등 제 방면에서 활약할 수 있다. 그러나 중국공산당원은 매우 엄격하고 까다로운 25단계를 거쳐 엄선된다고 한다. 중국공산당의 가장 큰 특징은 다른 곳에 있는데, 그 활동 양상이다.[3] 한국의 정당은 평상시는 정당 내의 주요 정치인들이 대통령 등 주요 직책을 수행하고 주로 선거 때만 활동하지만, 중국공산당은 평상시에도 활발히 활동한다. 평상시에 중국공산당원과 조직이 중앙정부조직은 물론이고 지방조직을 포함해서 심지어 학교에까지 들어가 있다. 이들 조직들이 중국공산당의 지시가 실제로 이행되는지를 관리하고 감독한다. 군대에 들어간 공산당 조직이 바로 정치위원이다. 중국의 모든 군에 군사지휘관이 있고, 정치위원이 있다. 이들이 바로 중국공산당의 직접 지휘를 받는다.

둘째, 중국의 최고지도자는 세 개의 직함을 가지고 있고, 한국의 대통령은 한 개의 직함을 가진다. 중국의 최고지도자는 중국공산당 총서기, 중국 국가주석, 공산당 중앙군사위원회 주석의 직함을 가지는 반면, 한국은 행정부의 수반으로서 대통령 직함 하나뿐이다. 중국 최고지도자의 직함 중 두 개가 중국공산당에 대한 직책이다. 즉, 하나는 공산당 최고영수인 공산당 총서기이고, 다른 하나가 공산당 내의 군사력을 통제하는 중앙군사위원회의 주석 직책이다. 국가주석은 국가를

2) 『중국 개황(2020)』, 한국 외교부, 2020, p. 2.

3) 중국공산당에 대한 국내 소개 자료 중 "최강 1교시: 중국공산당의 조직과 운영", 조영남 교수(2020) 등을 시청해볼 것을 권장한다.

대표하는 자격을 말하고, 중앙정부(한국의 행정부)를 도맡은 국무원은 총리가 담당한다.

여기서 중국의 군대를 이해하기 위해서는 추가적인 설명이 필요하다. 중국 최고지도자의 세 가지 직책 중 권력의 가장 핵심이 되는 직책이 바로 중앙군사위원회 주석이다. 왜냐하면 중국의 군사력(중국식 표현으로 하면 혁명무력)을 통제할 수 있기 때문이다. 이를 이해하기 위해서는 중국 공산화의 과정을 조금 설명해야 한다. 현재의 중화인민공화국은 중국공산당이 세운 국가다. 그런 중국공산당은 1921년 창설되었다. 그리고 중국공산당의 군사력인 인민해방군(처음에는 '홍군'이라는 명칭으로 시작)은 중국공산당의 홍군이 모체가 되었다. 또한 마오쩌둥이 "권력은 총구에서 나온다"라는 말을 했는데, 이는 중국이 정치권력을 장악하고 유지하는 데 군사력을 기반으로 하는 전통이 만들어지게 되었다. 따라서 중국의 최고지도자들은 군사력을 장악하는 것을 매우 중요시한다.

또한 중국의 1세대 지도자들은 혁명전쟁 과정 중에 실제 전투를 수행한 군사지휘관 출신이다. 마오쩌둥과 덩샤오핑이 대표적이다. 특히, 마오쩌둥은 군사지휘관으로서 뛰어난 군사지식과 전략을 구사했다. 그는 "전쟁을 하면서 전쟁을 배웠다"고 말했을 정도로 혁명전쟁 기간 동안 『손자병법』과 클라우제비츠의 『전쟁론』 등 군사 서적을 깊이 연구하여 이를 적용했다. 이러한 중국 혁명 과정의 전통이 현재 중국의 군사제도에도 반영되어 있다. 따라서 중국의 최고지도자는 군대를 장악하는 능력이 곧 통치력의 매우 중요한 기반이 된다. 현재의 시진핑 주석이 2012년 말 집권했고, 군사개혁은 2015년부터 시작했다. 집권 후 2년 반 동안 완전히 인민해방군을 장악하면서 군사개혁의 여건을 조성했다고 볼 수 있다.[4] 3장에서 시진핑 주석의 군사개혁 편에서 상세히 설명하겠지만, 군사개혁의 3원칙 중 첫 번째가 "군위관총"으로서 공산당 중앙군사위원회가 개혁을 총괄한다는 것이다. 중국의 군사개혁은 점점 공산당이 군을 더 확실하고 빈틈없이 통제한다는 원칙을 다시 한번 강화한 것이다.

〈그림 2-1〉 2019.10.1. 중화인민공화국 건국 70주년 기념 열병식(베이징 톈안먼광장)

셋째, 한국군과 중국군의 가장 핵심적인 차이로 중국군은 중국공산당의 군대이고, 한국의 군대는 국가의 군대다. 중국의 군은 공산당(중앙군사위원회)에 속해 있고, 한국의 군은 행정부(국방부)에 속해 있다. 따라서 중국의 군대는 당의 군대이고 당의 최고지도자의 지휘를 받으며, 한국의 군대는 국민이 직접 선출한 행정부의 수반인 대통령의 지휘를 받게 된다. 〈그림 2-1〉, 〈그림 2-2〉의 사진은 한국과 중국의 정치와 군사제도를 대비하기 위해 제시했다. 중국의 사진을 보면 2019

4) 이에 대한 상세한 설명은 조현규, 『시진핑(習近平) 시대의 중국군 개혁 연구』, 단국대학교 박사학위논문, 2021, pp. 59-63 참조.

년 톈안먼광장 열병식 때 기수들이 세 개의 기를 순서대로 들고 등장한다. 등장하는 순서는 중국공산당 기 - 중국 국기 - 중국 인민해방군 기다. 중국은 국가 위에 당이 있으며, 따라서 군대도 당에 속한 무력조직이다. 반면 한국은 국기를 중앙에 배치하여 좌우로 군기가 호위하고 있다.

〈그림 2-2〉 한국 국군의 날, 기수 행렬

2. 근대 중국의 해양활동과 해군력

근대와 근대 이전의 중국의 해양력은 지속적이지 못하고 부침이 있었다. 중국의 해양활동이 가장 활발했던 시기는 송나라와 명나라 때였다. 그러나 다른 시기에는 해금정책을 시행하는 등 바다로 나가는 것에 대해 소극적이거나 부정적인 정책을 시행하기도 했다. 가장 큰 이유는 근대 이전 중국 해양력의 목적이 다분히 정치적인 이유 때문이었다. 즉, 당시 집권한 황제의 선호에 따라 해양활동이 이뤄지고, 그 목적도 황제의 권위를 높이고 제후국을 다스리려는 정치외교적 목적이 우선했다. 따라서 정치적 선호가 변화하면 해양 진출이나 해군력 건설은 지속되지 못했다. 이러한 주장을 뒷받침하는 것이 중국의 대운하 발달이다. 〈그림 2-3〉에서처럼 중국은 7세기 초 수나라 시기에 남쪽 항저우에서 북쪽 베이징까지 1,777km에 이르는 대운하를 완성했다. 대운하의 목적은 해로의 불안정성을 극복하면서 수도인 베이징까지 조세를 안전하게 운반하는 등 중앙정부의 통치력을 강화하는 것이 목적이었다. 중국의 지리적 특성상 남쪽 양쯔강(중국어 장강) 유역이 풍부한 수량과 평야의 발달로 논농사가 활발하다. 따라서 대운하를 통해 남부에서 생산된 식량 등을 북부의 수도 베이징으로 운반해야 했다. 솔로몬 박사는 이러한 중국의 대운하가 서양보다 조숙한 내륙 문명을 이루었지만, 반대로 15세기 이후 소극적인 해양정책으로 전환함으로써 결국 중국 대륙은 외부와 차단하는 결과를 만들었다고 비평했다.[5] 이러한 맥락에서 근대 이전 중국의 해양력 발전과 쇠퇴를 간략하게 제시한다.

중국의 해양활동과 대비하여 16세기 이후 서양의 해양 진출활동은 정치외교적인 목적보다는 노동력과 자원의 확보 등을 위한 식민지 개발과 무역 등 경제적인 목적을 우선시했다. 해양에 진출하는 근본적인 배경은 마한의 해양력 이론에도 그대로 투영되어 있다. 즉, 마한의 해양력은 단순히 군사력인 해군력의 범위를 초월하여 국가를 부강하게 만드는 해양역량의 총체로 규정하고 있다. 다음으로는 『21세기 동

5) Steven Solomon, *Water the Epic for Wealth, Power and Civilization,* 주경철 · 안민석 역, 2010, 『물의 세계사』, p, 125.

중국의 대운하 전체 현황

중국의 대운하 광경

〈그림 2-3〉 중국의 내륙 대운하

북아 해양전략』의 중국의 해양 진출사를 간략하게 요약한다.

근대 이전 중국의 해양활동은 송나라와 명나라 때 활발했다. 서남아시아의 무역 루트로 널리 사용되고 있던 바다를 항해하기 위해 송나라 항해자들은 최초로 돛(sail)과 방향타(rudder)를 사용했고, 칸막이(compartmentalization) 방식의 함선을 건조했으며, 선저의 부식을 방지하기 위해 도색했다는 기록이 남아 있다. 또한 당시 송나라 군함들은 선박 건조와 수리를 위해 최초로 건식 도크를 사용한 것으로 알려져 있다. 그뿐 아니라 송나라는 세계 최초로 항해용 나침반(1044)을 개발하여 사용했다. 일부 기록에 의하면 1274년 당시 송은 무려 1만 3,500여 척에 이르는 해군함정을 배치하고 독립군종으로 상비해군을 갖춘 세계 최초의 국가였다. 그러나 몽골이 지배하게 되면서 송나라의 항해활동은 쇠퇴하기 시작했다.

1368년 한족 출신인 주원장은 중국 대륙에서 원나라를 무너뜨리고 명나라(1368~1644)를 세운다. 명나라 시기부터 중국에서는 대규모

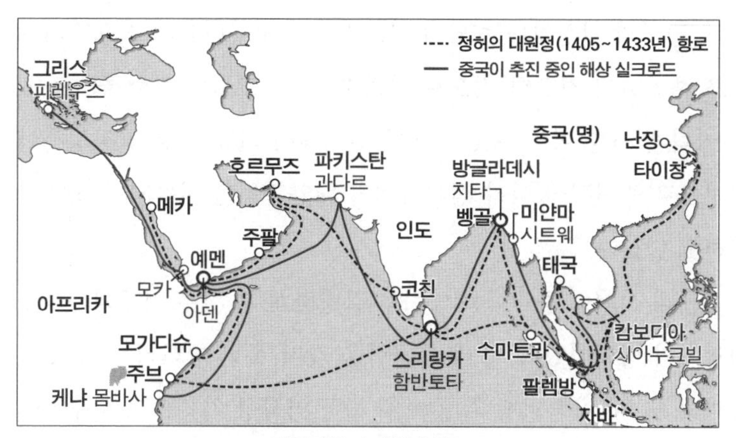

정허 제독의 대항해 항로

정허 제독의 항해 모습

〈그림 2-4〉 정허 제독의 대항해

해상무역이 활발하게 이루어지기 시작했다. 또한 인도, 이슬람과의 교류로 인해 세계 지리와 조선술, 항해술에 대한 관심도 더욱 높아지게 된다. 이에 따라 명나라 영락제에 이르러서는 이슬람계 태감 출신인 정허(鄭和, 1371~1435)를 필두로 한 원정함대를 조직하게 된다. 〈그림 2-4〉와 같이 정허함대는 해외 식민지 확보와 조공 강요를 목적으로 약 30년(1405~1433) 동안 인도양 방향으로 총 일곱 차례의 대원정을 떠난다. 정허의 원정함대는 당시 아프리카의 모가디슈와 걸프만의 호르무즈 해안까지 진출한 것으로 알려져 있다. 그러나 불행하게도 1424년 영락제 사망 이후 새로 등극한 홍희제에 의해 해양 원정정책이 전면적으로 중단됨에 따라 정허함대의 해양활동은 지속되지 못하고 쇠퇴하고 말았다.

근대 시기에 중국이 해양력을 갈망하게 된 것은 서구의 근대화된 해양력의 영향이었다. 근대 해군력을 갖지 못한 청나라는 1842년 영국과의 제1차 아편전쟁 패배 이후 중국 역사상 처음으로 서구 열강에 의한 반식민지화를 경험하게 된다. 서구 제국주의 열강은 아편전쟁 이후 강력한 해군력을 앞세워 본격적으로 중국 대륙을 침탈하기 시작한다. 이에 따라 청나라는 해안방어 사상을 갖게 되며, 이는 현대 중국의 해양전략 형성에 매우 중요한 영향을 미치게 된다. 아편전쟁 이후 청나라는 서방의 개방정책 요구에 따라 최초로 서양식 해군력 건설을 추진하게 되고, 그 결과 1871년 북양함대가 탄생한다.

북양함대는 서구 위협에 맞서기 위해 청조 말기(1871) 창설된 4대 서양식 함대인 북양함대, 남양함대, 복건함대, 광동함대 중 하나이며, 창설 초기에는 가장 약한 함대였으나 청불전쟁을 계기로 청조 해군의 주축으로 급부상하게 된다. 리훙장의 노력으로 1894년 청일전쟁 당시 북양함대는 함정 78척(총 배수량 8만 3,900톤 규모)을 보유한 극동아시아 최대 규모의 해군함대가 되었다. 북양함대의 기함인 정원함(定遠艦)과 진원함(鎮遠艦)은 당시 잘 알려진 독일의 7,500톤급 철갑전함으로, 12인치 2연장포를 다수 보유하고 있었다.

청일전쟁은 1894년 7월 25일, 일본 해군이 서해 아산만 풍도 앞바다에서 청의 군함을 기습 공격하여 침몰시킴으로써 발발했다. 청일전쟁의 분수령은 1894년 9월 17일 황해(압록강)해전에서 북양함대와 일본 연합함대의 결전이었다. 청나라 북양함대는 2척의 전함, 10척의 순양함, 2척의 어뢰정 등 강력한 전력에도 불구하고 첫 번째 실제 전투였던 황해해전에서 일본군 연합함대에 대패하여 궤멸하고 만다. 이를 통해 황해의 제해권을 장악한 일본은 곧이어 뤼순(旅順)과 다롄(大連)을 점령하고, 1895년 3월에는 산둥성 웨이하이웨이(威海衛)로 도주한 북양함대를 완전히 격멸시키고 만다. 이로써 청국의 북양함대는 역사 속으로 사라졌다.

중국 혁명전쟁기에 잠수함과 항공모함 등 해군력을 건설하려 했던 천샤오콴(陳紹寬, 1889~1969)을 소개한다.[6] 청나라 말기 북양함대와 남양함대를 보유했는데, 남양함대의 장교 양성소가 남양수사학당이었다. 1907년 천샤오콴은 남양수사학당에 입학했다. 그는 수석으로 졸업하고 전투에서 공을 세워 영국 유학길에 올랐다. 이때 영국 해군 함정을 타고 제1차 세계대전에 참전했다. 유럽의 파리강화회의에서 열강들의 이익 다툼 현장을 목격하고 귀국 후에 오로지 자강만이 국가 생존의 유일한 길이라고 믿고 해군력 강화를 주장했다. 그가 제안한 것은 잠수함과 항공모함 보유였다. 이후 그는 국민당의 함대사령관 직책을 수행했다. 1943년 국민당 총통 장제스에게 잠수함과 항공모함 등 군함 20척 확보안을 제안했으나 받아들여지지 않았다. 공산당 홍군을 섬멸하고 중국 대륙 통일이 최우선 목표인 장제스에게 해군력 건설은 급한 일이 아니었다. 그러나 1949년 중국내전에서 공산당이 승리하고, 국민당의 장제스는 타이완으로 철수했다. 천샤오콴은 이후에도 대륙에 남아 마오쩌둥과 저우언라이의 보호 아래에서 1969년까지 정치활동보다는 연구와 집필에 몰두했다. 중국에 항공모함 등

---

6) 김명호, 『중국인이야기 6: 함대사령관의 꿈』, 한길사, 2021에 천샤오콴과 그의 해군 건설에 대한 노력이 기술되어 있다.

해군력 건설의 꿈을 가진 사람이 1970년대 중국 해군에 류화칭(刘华清, 1916~2011) 제독이 있었다면, 국공내전기에는 천샤오콴이 있었다.

〈그림 2-5〉 천샤오콴과 류화칭 제독

3. 현대 중국의 해양전략 변화 방향

현대 중국의 해양전략 변화의 방향을 제시한다. 요약하면 현대 중국의 해양전략은 해방(海防)에서 해권(海權)으로 변화되었다고 볼 수 있다. 해방 개념은 해양이 외부 침략세력으로부터 대륙을 보호하는 자연 장애물이고, 해군력은 해양에서 적을 방어하는 능력으로 인식한 것이다. 반면 해권은 서양의 해양력(Sea Power) 개념을 중국식으로 해석한 용어로 해양을 기존처럼 생존을 위한 방어막으로서뿐 아니라 번영을 위한 각종 이익을 누릴 수 있는 장소로 인식하는 것이다.

이러한 변화가 일어난 시작점은 바로 1978년 부터 시작된 중국의 개혁과 개방 이후다. 중국은 개혁과 개방을 통해 외부와 무역을 추진하게 되었다. 또한 이를 통해 경제력이 성장하면서 국방에 투자할 여력도 생겼다. 더불어 해양이 단순히 국토를 보호하는 해방의 역할뿐 아니라 전 세계 해양에 산재한 중국의 이익을 보호할 필요도 느끼게 되었다.

서구의 해양력 이론, 특히 마한의 이론은 이러한 중국의 필요에 부합했다. 서구 국가들은 산업혁명 이후 발달한 기계와 조선기술을 활용하여 식민지 국가들을 얻기 위해 함대를 파견했다. 마한의 이론에서 해양력은 "국가를 부강하게 만드는 해양의 모든 것"으로 정의되어 있고, 해군력은 이러한 해양력을 군사적으로 보호하는 수단이 된다. 이제 중국도 해양을 통해 국가를 방위하고, 국가의 부를 축적하게 되었다. 따라서 중국에서는 서구의 해양력 이론을 수용하여 중국화하는 학문적 활동이 활발하게 전개되었다. 〈그림 2-6〉은 이러한 중국 해양전략의 변화 방향을 나타낸다.

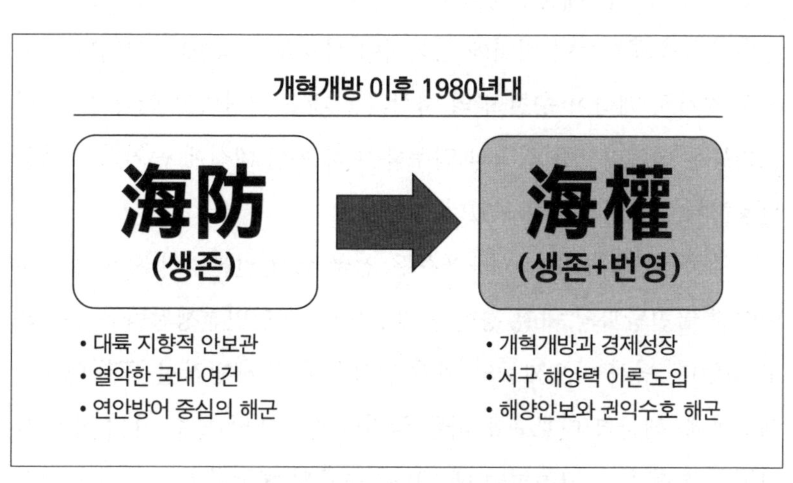

〈그림 2-6〉 현대 중국 해양전략의 변화 방향

4. 현대 중국의 해양전략과 해양력

중국 혁명 과정에서 국민당과 공산당은 해양보다는 주로 내륙의 육지를 중심으로 전투를 벌였다. 국공내전 시기 중국 대륙은 하나의 국가로서 해양전략과 해군력 건설에 집중할 수 있는 상황적 여건이 아니었으며, 따라서 현대 중국의 해양전략의 시작은 공산주의 중국이 건국된 1949년으로 보는 것이 적합하다. 중국공산당은 오랜 내전의 결과로 지상군 중심의 군사 전통을 가지고 있었기 때문에 건국 당시 대만을 공격하거나, 상륙작전을 실시할 만한 해군력은 보유하고 있지 않았다. 예를 들면 중국공산당은 건국(1949년 10월 1일) 직후인 10월 25일 국민당 장제스가 지배하고 있던 진먼다오(금문도)를 점령하고자 시도했다. 진먼다오가 중국 본토에서 근접한 곳은 2~5km 정도로 가까웠다. 중공군은 해군함정이 거의 전무하여 주변의 어선을 징발하여 진먼다오의 쿠닝토어 지역에 상륙하여 점령을 감행한다. 그러나 중공군은 철저히 패하여 수천 명의 사상자를 내고 패퇴하고 만다. 이후 마오쩌둥은 진먼다오를 점령할 엄두를 내지 못한 대신에 근거리인 점을 활용하여 포격전으로 바꾸었다.

중국공산당 지도자 마오쩌둥은 건국 당시 일본과의 오랜 전쟁과 이어진 국민당과의 내전 경험을 바탕으로 한 인민전쟁전략을 유지하고 있었다. 당시 마오쩌둥의 해양 인식은 대만 해방작전, 국민당군의 해상봉쇄, 해군력 미보유에 따른 국민당군의 대만 도주 시 추적이 불가했던 경험 등을 고려하여 해안방어 수준의 해군력의 필요성을 인식하는 정도였다.

따라서 마오쩌둥은 인민전쟁전략을 바탕으로 연안방어 임무에 치중한 해상인민전쟁론을 발전시키려고 했다. 여기에는 당시 연안방어를 강조한 소련 해군 소장학파(Young School)의 영향도 있었다. 인민 전쟁 개념을 해전에 적용한 연안방어전략은 열세한 전력을 만회하기 위해 적을 연안 깊숙이 유인하여 기습하는 것이다. 즉, 잠수함과 고속정 위주의 해상전력으로 섬과 어선군 사이에 함정을 매복시킨 뒤 야간 기습공격으로 적을 격퇴하는 전략이다. 기본적으로 지상배치 전력을 중심으로 연안방어에 집중하고, 해군은 경쾌(고속) 소형함정으로 제한적인 해상 게릴라 역할을 수행하면 된다는 것이다.

이후 중국의 지도자들은 한국전쟁을 계기로 다시 해군력의 중요성을 인식하기 시작한다. 1950년 6월 트루먼 미국 대통령은 한반도에서 전쟁이 발발하자, 미 7함대 전력을 대만해협으로 파견하여 중국을 위협했다. 또한 한국전쟁 당시 결정적인 역할을 한 인천상륙작전을 통해 마오쩌둥은 해군과 해군작전의 중요성을 새롭게 인식하게 되었다. 1953년 마오쩌둥은 한국전쟁 당시 경험한 미 해군력(항모전투단)의 위력과 중국의 해군력 부재의 교훈을 토대로 "제국주의에 대항하기 위한 강력한 해군" 건설의 필요성을 역설한 바 있다.

그러나 1960~1970년대 중국은 국내적으로 마오쩌둥의 이상주의적인 혁명의식이 주도한 대약진운동(大躍進運動, Great Leap Forward, 1958~1962)과 문화대혁명(文化大革命, Cultural Revolution, 1966~1976)이 발생한 기간이었다. 결과적으로 이 기간 동안 중국의 전반적인 과학기술력 발전은 퇴보하게 되고, 국가경제력의 파탄으로 인해 해군력 건설도 크게 제한을 받게 된다. 하지만 이러한 혼란기에도 해군전력 중 유일하게 발전할 수 있었던 분야는 원자력추진잠수함이었다. 1960년대 초반 이후 소련과 관계 불화 때문에 핵우산을 기대할 수 없게 된 마오쩌둥은 중국의 독자적인 핵전력 확보를 결심하게 되고, "1만 년이 걸리더라도 원자력추진잠수함을 확보할 것"을 지시한 바 있다.

중국은 1969년 아무르강(Amur River) 지류인 우수리강 유역의 영유권 문제를 둘러싸고 소련과 국경분쟁을 벌이게 된다. 중 · 소 국경분쟁의 여파로 중국은 미국과의 국교회복에 나서게 되고, 1972년 닉슨 대통령의 중국 방문 이후 미국과의 관계를 개선하게 된다. 중국은 1974년 남베트남 해군과의 교전을 통해 베트남 소유였던 시사군도(西沙群島, Paracel Islands)의 일부 도서를 무력으로 점령한 바 있었다. 마오쩌둥은 1976년 사망하면서 그의 통치도 끝나게 된다.

1979년 덩샤오핑 시기에 발생한 중국과 베트남의 전쟁, 중국 해양력의 발전 관계를 기술하고자 한다. 1969년 중 · 소 국경분쟁 이후 중국과 소련의 관계는 극도로 악화되었다. 소련은 지상에서는 몽골 등 중국의 북쪽에 군사력을 대거 배치하여 압박했으며, 남방에서는 공산화된 베트남을 활용하여 중국을 압박하는 전략을 구사했다. 따라서 중국은 소련이 북방과 남방에서 포위하려는 전략으로 인식했다. 이러한 상황을 타파하고자 베트남을 선제적으로 공격했다. 이러한 결과 1979년 중국과 베트남의 전쟁이 발생하게 된다. 소련은 지상군을 파견하기 어려운 상황이어서 해군력을 남중국해에 보내 중국의 측방을 견제했다. 이때 소련은 대형 군함 20여 척과 최신예 전자전 정찰기까지 남중국해에서 활동하면서 베트남을 지원했다.[7] 그러나 당시 중국은 소련의 해군력에 대응할 만한 해군력이 부족했다. 1979년 당시에는 1976년까지 10년간이나 지속되었던 문화대혁명 속에서 중국의 지상군조차 전투력이 많이 약화된 상태여서 해군력의 약세는 두말할 나위가 없었다. 따라서 중국은 1979년 베트남과의 전쟁을 치르면서 소련의 해군력 위협에 놓이게 되면서 다시 한번 해군력 육성의 중요성을 깨

7) 서상문, 『중국의 국경전쟁』, 국방부 군사편찬연구소, 2013, p. 697.

닫게 되었다.

덩샤오핑(鄧小平)이 중국 국가지도자로 등장하면서 1978년 이후 개혁 · 개방 시기는 중국의 경제발전뿐 아니라 해양전략에도 심대한 변화가 시작된 시기였다. 베트남전 이후 미 · 소 냉전이 점차 데탕트로 접어드는 시기인 동시에 내부적으로 1976년 마오쩌둥의 사망과 덩샤오핑의 집권, 1978년 개혁 · 개방 등으로 중국 사회 전반에 대변혁이 시작된 시기였다. 군사전략과 군사력 건설 측면에서는 무엇보다 그동안 유지되어온 마오쩌둥의 인민전쟁전략에 대폭 수정이 일어나게 된다. 또한 여기서 해군사령원으로 일했던 류화칭 제독의 영향을 반드시 짚고 넘어갈 필요가 있다. 앞 장에서 설명했지만, 중국 국공내전 시기에 천샤오콴이 중국 항모 건설에 대한 씨앗을 뿌렸다면, 이를 실제로 건설하기 위한 청사진을 만든 사람이 류화칭 제독이라 할 수 있다. 또한 그는 도련선 개념을 제시했는데, 도련선 개념은 중국의 안보개념의 근간이 되어 현재까지 이어져오고 있다.

1980년대에 류화칭 제독은 해군사령원으로 재직하며 최신 외국 군사기술과 전략에 대한 깊은 식견을 통해 중국 해군의 현대화에 필요한 전략 개념을 발전시키는 데 지대한 역할을 하게 된다. 류화칭 제독은 1980년대 초 연안방어 전력 수준의 중국 해군을 개혁하여 제1도련과 제2도련 개념을 바탕으로 한 단계별 해양전략 발전과 해군력 건설계획을 수립했다.

〈그림 2-7〉에서 볼 수 있듯이 중국의 도련선 개념과 단계별 해군력 건설의 핵심은 우선 2000년까지 일본, 필리핀, 남중국해 해역을 포함하는 제1도련 내 해역을 효과적으로 통제하고, 2020년까지 제2도련인 괌을 포함한 마리아나제도까지 진출한다는 것이다. 당시 류화칭 제독의 논리는 미국 등 선진 해군이 운용하는 해상배치 순항미사일, 순

양함, 항공모함 등의 최첨단 전력을 고려할 때 미래 중국의 방어선은 제2도련선까지 확장되어야 한다는 것이었다. 그는 중국 해군의 궁극적인 목표로 2050년까지 원해작전이 가능한 대양해군 건설을 주장했다. 류화칭 제독은 중국 해군 창설 후 30년간 이어져온 연안방어 중심의 소극적 해양전략을 근해 적극방어전략으로 발전시켜 중국 해군이 21세기 대양해군을 지향하는 해군으로 변화할 수 있는 기틀을 마련하게 된다.

결과적으로 과거 마오쩌둥 시대의 해양전략이던 연안방어전략은 1985년 실시된 중앙군사위원회를 계기로 하여 근해 적극방어전략으로 전환된다. 여기서 가장 중요한 변화는 공격을 받은 후에 반격하는 마오쩌둥의 제한적인 해안방어 사상 중심의 전쟁원칙에서 벗어나 인민해방군 해군은 어디서나 적극적으로 먼저 싸울 수 있는 능력을 갖춘다는 것이다. 이와 같이 적극방어전략은 기본적으로 공세성을 가지고 있는 방어전략이다. 결론적으로 덩샤오핑의 전쟁 개념의 전략적 전환, 류화칭 제독의 등장, 중국의 경제적 성장과 해양의 국가경제적 중요성 인식 등에 힘입어 중국 해군은 1980년대 이후 현대화된 지역해군으로 거듭나기 시작한다.

장쩌민(江澤民)은 1990년 국가중앙군사위원회 주석으로 임명되고, 1993년 3월 덩샤오핑에 이어 중국의 국가주석으로 취임한다. 1991년 걸프전에서 미국의 첨단무기체계들을 활용한 전쟁수행 과정을 목격한 장쩌민은 중국의 군사전략 목표를 '첨단 조건하 국지전 승리'로 제시한다.

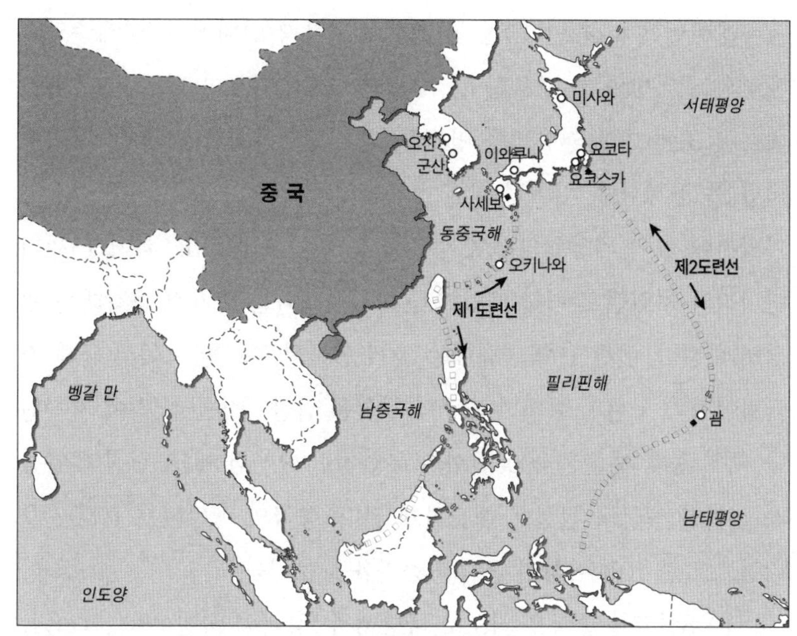

도련선 개념

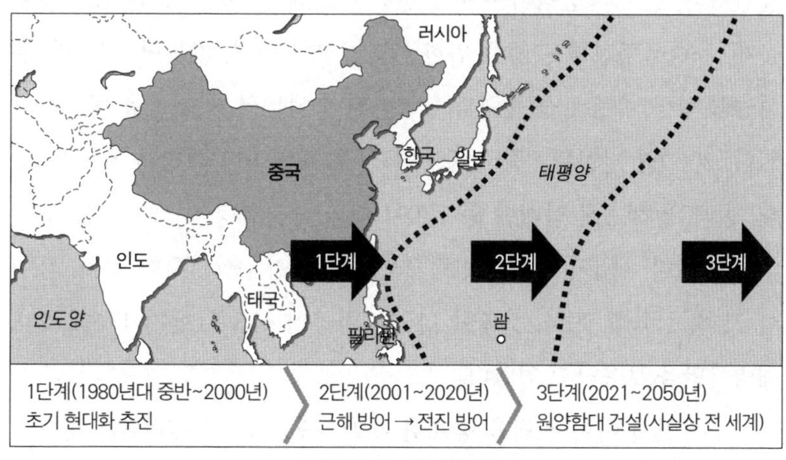

도련선과 해군의 발전단계

〈그림 2-7〉 도련선 개념과 중국 해군의 발전단계

출처: Jan Van Tol., Air Sea Batttle: A Point-of-Departure Operational Concept(DC: Center for Strategic and Budgetary Assessments, 2010), p. 13.

장쩌민은 1992년 10월 공산당 제14차 전인대에서 '영해주권과 해양의 권익방위'를 강조하고, 1992년 댜오위다오와 난사군도, 미스치프 암초에 대한 영유권을 명기한 「중화인민공화국 영해 및 접속수역법」을 공포한다. 이처럼 장쩌민 시대의 중국 지도자들은 중국의 국가발전에 있어 해양력의 중요성을 더욱 깊이 인식하고, 과거 15세기 명나라가 누렸던 강력한 해양력을 회복하겠다는 국가적 공감대를 형성하게 된다. 한편 1990년대에는 앞서 언급한 류화칭 제독의 근해 적극방어전략 구현과 현대적 해군력 건설을 위한 다양한 노력이 지속된다. 특히 중국 해군은 2000년까지 류화칭이 제시한 제1도련선 해양통제를 위한 해군력 건설에 매진하게 된다. 중국의 국방비는 1989년을 기점으로 연 10% 이상의 급격한 증가율을 보인다.

1998년 7월 중국은 최초로 국방백서 『중국의 국방(中國的國防)』을 발간했다. 당시 국방백서는 주요 현안으로 해상교통로 방위, 대만통일 문제, 유한국부전쟁 수행을 위한 해 · 공군의 화력, 기동력, 원거리 투사능력 향상, 수송보급 능력과 합동작전 수행능력 제고 등을 제시하고 있다. 2000년 발간된 『중국 국방백서』를 보면 인민해방군 해군은 북해, 동해, 남해 3개 함대에 총 770여 척의 해군함정(약 90만 톤)을 보유하고 있었다. 세부적으로는 병력 23만 명, 주요 수상전투함 53척, 잠수함 71척, 상륙함 70척, 소해함 119척, 항공기 455대, 헬기 176대, 2개 해병사단을 보유하고 있었다.

장쩌민에 이어 권력을 승계한 후진타오(胡錦濤)는 2008년 개혁 · 개방 30주년을 맞아 행한 연설에서 공산당 창당 100주년인 2021년까지를 중국의 중요한 '전략적 기회 시기(重要戰略幾遇期)'로 설정하고, 중국 인구 10억 명이 높은 수준의 혜택을 누리는 고도의 '전면적 소강사회(小康社會)' 건설을 목표로 제시했다. 한편 중화인민공화국 건국 100

주년이 되는 2049년까지는 부강하고 민주적이며 문명화되고 현대화된 '조화로운 사회주의(和諧社會) 국가' 건설을 목표로 제시했다.

장쩌민 이후 중국의 군사전략 목표는 '정보화 조건하 국부전쟁 승리' 달성이다. 이를 위해 중국군은 '적극방어전략'과 '비대칭전략'을 내세우고 있다. 기본적으로 적극방어전략은 냉전 이후 국부전쟁의 특성을 반영한 신속결전 추구를 핵심으로 하고 있으며, 비대칭전략은 점혈전쟁(點穴戰爭) 개념하에 우주군사체계 공격 등 적대국의 정보화에 내재하고 있는 취약성을 겨냥한 전략이라고 볼 수 있다. 여기서 핵심이 되는 개념은 중국 특색의 군사혁신(RMA: Revolution in Military Affairs) 추구다. 이는 이미 앞서가고 있는 서구의 정보화에 편승하고 따라잡기 위한 도약식 발전전략이다. 현재 중국군은 아직 정보화시대에 진입하지 못한 채 기계화-반기계화 시대에 머물러 있기 때문에 기계화와 정보화를 동시에 추진하면서 기계화 단계를 뛰어넘어 곧바로 정보화 단계에 진입해야 한다는 논리다. 단순히 적을 따라잡기 위한 군의 현대화는 마치 구소련과 같이 미국이 파놓은 첨단무기 개발의 함정에 빠지는 결과를 초래할 수 있다는 것이다. 따라서 중국은 네트워크 분야에서 가장 먼저 정보화를 달성하여 네트워크체계 파괴를 통해 우세한 적을 무력화시키는, 적의 급소를 겨냥한 점혈전쟁 전략을 추구하고 있다.

이러한 전략개념을 바탕으로 중국군은 국방과 군의 현대화를 위한 '3단계 발전전략(三步走發展戰略)'을 추진 중이다. 1단계는 2010년까지 정보화에 필요한 기본 인프라를 구축하고, 2단계는 2020년까지 기계화 완성과 정보화의 가시적 성과를 이룩하며, 3단계는 최종적으로 21세기 중반까지 정보화 전쟁에서 승리할 수 있는 군사적 능력을 구비하는 것이다.

3장
미중 패권경쟁 시기 중국의 해양전략

1. 미중 패권경쟁 시기 중국 해양전략을 분석하기 위한 틀

현재의 중국 전략을 분석하기 위한 틀이 필요하다. 그래야 현재 중국의 전략적 행동을 더욱 실효성 있게 설명하고, 나아가 미래의 행동을 효과적으로 예측할 수 있을 것이다. 바로 설명(explanation)과 예측(prediction)인데, 이것이 이론(theory)의 역할이다.

먼저, 중국 전략적 사고의 틀은 대전략(국가전략)과 군사전략(해양전략)의 두 가지 수준에서 제시하겠다. 대전략(국가전략) 수준은 중국공산당과 국가 등 최상위 수준의 전략으로서 중국의 장기적이고 최종적인 목표를 향한 전략이다. 군사전략(해양전략) 수준은 군사적인 측면의 전략으로서 계획보다는 실제로 군대를 운용하는 측면의 전략이다. 두 가지 전략적 측면의 위계질서 측면에서 본다면 대전략(국가전략)과 하위의 군사적 분야를 실행하기 위한 군사전략(해양전략)의 순서가 될 것이다.

두 가지 중국의 전략적 사고의 틀을 분석하는 데 활용하는 근거는 『손자병법』, 『초한전(超限戰)』 등과 같은 중국의 문헌을 참고하고 중국공산당의 혁명전쟁 과정을 사례로 활용한다. 『손자병법』은 마오쩌둥 등 중국공산당 지도부가 혁명과정에서 깊이 연구하고 적용했다. 왜냐하면 중국 공산 혁명과정의 군사적 특징과 사례 등은 현재의 중국 전략문화를 구성하는 중요한 영향 요인이기 때문이다. 또한 『초한전』은 1999년 출판되었으나 미국, 일본, 한국 등 많은 국가에서 번역되었으며, '현대의 손자병법'이라 불린다.

1) 중국의 대전략 분석의 틀

첫째로, 대전략(국가전략) 측면에서 중국 전략을 이해하기 위한 틀이다. 대전략은 국가 목표로서 장기적인 계획을 세우고 이것을 추구해 가는 과정으로 이해할 수 있다. 이를 위해 다섯 가지 특징을 제시한다.

① 철저하게 장기적인 계획을 세우되 단계적 목표를 설정한다.
② 전략적 행동은 설정한 최종 목표를 고려하여 신중하게 실시한다.
③ 결정적인 시간이 도래하기까지 기다리며, 이러한 환경(여건)을 조성하는 것을 목표로 한다.
④ 결정적 여건 조성 시기가 도래하기 전까지 상대방을 안심시키고, 적대화하지 않는다.
⑤ 결정적인 여건이 조성되면 전면태세로 전환하고 총력을 집중하여 목표를 달성한다.

이러한 중국의 대전략 특징은 『손자병법』에서 찾아보았다. 『손자병법』은 총 13장으로 구성되어 있는데, 절차적 순서(시간적인 순서로 봐도 무방)로 구성되어 있다. 즉, 처음에는 국가 차원에서 전쟁을 구상하는 것으로 시작한다. 그리고 전역-작전-결전의 진행순서로 구성되었다. 박창희 교수는 당시 오나라(손자가 봉사한 제후국, 오왕 합려)가 상대국인 제나라를 정복하기 위해 계획부터 실행단계까지의 원정 정복 작전으로 구상했다는 틀을 제시했다. 손자병법의 첫 번째 장의 제목이 "시계"다. 시작을 계산하는데, 이때 5사와 7계가 등장한다. 전쟁을 계획할 때 다섯 가지 요소와 일곱 가지 분야를 계산해본다는 의미다. 철저한 계산이 병행되며, 계산은 다분히 이성적이고 합리적인 과정이다. 수량적 판단도 있고, 질적인 판단 부분이 상호 혼합되어 있다.

『손자병법』에서는 여건 조성의 중요성을 강조했다. 손자는 "전승은 최종적인 결과이지만 과정이 중요하며, 이것을 제승(制勝)"이라고 제시했다.[8] 이러한 과정은 외부에 잘 드러나지 않는다고 말했다. 왜냐하면 그 과정은 은밀하고 장기적이며, 또한 적절한 방법으로 은폐되기 때문이다. 『손자병법』에서는 '형세'의 개념을 제시하는데, '형'은 물을 둑에 가두는 것이고, '세'는 둑이 터져서 물이 세차게 흘러내려 아무도 막지 못하는 모양이라고 비유한다. 즉, 형은 일정한 시간과 계획을 가지고 꼼꼼하게 만들어지는 것을 의미한다. 장기간 철저하고 지속적인 노력을 통해 유리한 여건을 조성해나간다. 이런 상황이 조성되기까지는 철저히 신중하게 행동한다.

『손자병법』에서는 결정적인 여건이 조성된 '후(형, 形)'에 직접 행동할 때 필요한 것을 '세(勢)'라고 주장하고, 끊임없는 변화 속에서 세를 잘 활용하는 지휘관이 승리한다고 주장한다. 〈그림 2-8〉은 이러한 과정을 나타낸다.

8) 『손자병법』의 「허실(虛實)」 편(순서로 보면 6장에 해당)에 "사람들은 최후의 승리 모습은 쉽게 알아보지만, 승리를 만들어가는 과정은 잘 모른다"고 지적했다.

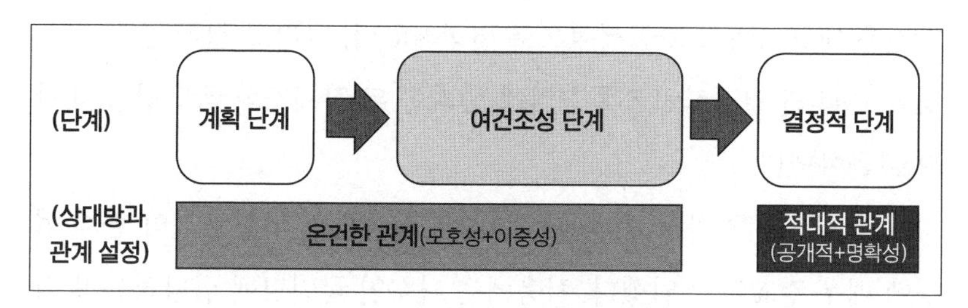

〈그림 2-8〉 중국의 대전략 분석의 틀

다음은 중국의 공산혁명 과정을 통해 이러한 대전략 과정을 설명한다. 중국공산당은 1921년 창당하여 1949년이 되어서야 상대인 국민당을 제압하고 중국 대륙을 차지하여 현재의 중국이 되었다. 즉, 28년의 짧지 않은 투쟁 과정을 거쳤다. 이러한 과정 중에 '대장정'이라는 필사의 탈출이 있었고, 상대방인 장제스의 국민당과 두 번의 전략적 제휴(1, 2차 국민당-공산당 합작)도 있었다.

마오쩌둥과 중국공산당의 가장 큰 적수는 장제스의 국민당이었다. 중간에 일본이 제국주의적 야심으로 한반도를 거쳐 중국 대륙을 침범했다. 중국 공산당은 일본의 중국 대륙 침략시에 제2차 국공합작을 통해서 오히려 기사회생의 기회를 만들었다. 특히 제2차 국공합작은 1936년 12월에 장세량이 시안에서 장제스를 감금하여 국공합작에 응하도록 강압하여 성사되었다.[9] 중국공산당은 1945년 태평양전쟁이 종료될 때까지 철저하게 수세적이고 방어적인 전략을 취했다. 왜냐하면 상대인 국민당에 비해 열세했기 때문이다. 그러나 1947년이 되어 충분히 힘을 키운 공산당은 이제 유리한 여건이 조성되었다고 판단하고, 전략적 공세 전환을 선언했다. 따라서 1947년 중국공산당의 군사

9) 당시 동북지역 군벌 장세량(1898~2001)은 일본군에 대항하기 위한 국공합작에 부정적인 국민당 장제스를 시안에서 감금하여 국공합작 약속을 받아냈다. 이에 대한 대가(처벌)로 장세량은 53년(1937~1990) 동안 장제스에게 연금을 당했다.

작전은 대규모적이고 공세적으로 변화되었다. 그리고 결국 중국 공산당은 1949년 결정적인 3대 전역에 승리한 뒤 장제스의 국민당을 대만으로 몰아냈다.

이러한 전체 과정 중 중국공산당은 상대방인 국민당과의 관계 설정에 매우 정교하게 임했다. 처음에는 다수인 국민당에 입당하는 방식으로 공생을 시도했다. 이것이 제1차 국공합작(1924. 1~1927. 7)이었다. 즉, 힘이 없는 공산당이 이미 세력을 얻은 국민당에 편입되는 방식으로 공생관계를 취했다. 제2차 국공합작은 1937년 일본의 중국 침략에 공동 대응한다는 명분으로 이루어졌다. 사실 제2차 국공합작이 없었다면, 대장정으로 겨우 목숨을 건진 중국공산당이 국민당의 토벌 작전으로 소멸되었을지도 모른다. 그러나 제2차 국공합작으로 중국공산당은 기사회생했다. 이러한 전 과정에서 중국공산당은 국민당과의 정면 승부보다는 유격전이나 방어전 등을 수행했다. 1947년이 되어 전략적으로 유리한 환경이 조성되자, 전면 대공세로 전환하여 결정적 승리를 쟁취했다.[10] 즉, 제2차 국공합작 기간 동안 중국공산당은 일본군과의 결전을 회피하면서 세력을 확장하여 국민당을 이길 수 있을 정도로 성장했다.

2) 중국의 군사전략(해양전략) 분석을 위한 틀

다음은 군사전략(해양전략) 측면에서 분석의 틀을 제시한다. 이는 군사전략 수준으로서 주로 실제 운영적인 측면에서 전략을 설명하고 강조해야 한다. 즉, 본 분석의 틀은 중국이 군사력을 운용하는 전략에

---

10) 마오쩌둥은 1947년 12월 25일 산시성 중국공산당 중앙위원회에서 "홍군은 전략적 방어에서 전략적 공세 전환이 필요함"을 역설했다.

대한 설명에 중점을 둔다. 중국의 군사전략(해양전략)의 특징은 다음과 같다.

① 속임수, 허위, 기만에 능하다.

② 상대에게 물리적 충격을 주는 것보다 심리적 타격을 중요시한다.

③ 정치와 군사의 배합, 군사적 수단과 비군사적 수단의 배합에 능하다.

④ 『손자병법』의 전승 사상 영향으로 비군사적 수단을 중시하면서 결전 등의 직접적인 군사력 사용은 필요 최소화 하려 한다.

손자병법-초한전-전략학을 연계해본다. 『손자병법』의 핵심 사상 중 하나는 부전승에 의한 전승 사상이다. 즉, 군사적 충돌을 하지 않으면서(不戰勝) 아군과 적군이 온전한 상태로 이기는 것(全勝)이다. 그러나 『손자병법』에는 이러한 부전승을 달성하는 전략이나 방법들을 분명하게 제시하지는 못하고 있다. 단지 최소한의 피해로 승리하는 법을 제시하고 있다. 이를 좀 더 상세하게 설명하면 "싸우지 않고 적을 이기는 것을 최선책으로 삼는다(謀攻 편: 不戰而屈人之兵이 善之善者也라)"는 것에 영향을 받았다고 볼 수 있다. 여기서 손자가 말하는 '戰'이란 "물리적인 군사력 또는 군사력 사용"을 지칭한다고 할 수 있다. 즉, 손자는 파괴적인 군사력을 사용하기 전에 외교 등 다른 수단을 활용하여 온전한 상태로 승리하는 것을 '전승(全勝)'이라 칭하고, 이를 전승(戰勝)보다 우선시했다.

1999년 중국에서 출판된 『초한전』은 이러한 『손자병법』의 부전승과 전승을 달성하는 방법을 제시한 책이다. 이 책에서는 전쟁의 목표는 제한하되, 그 외의 것들(수단, 방법, 대상, 주체 등)은 한계를 초월(超限)한다는 주장이다. 따라서 초한전은 전시와 평시, 군사와 비군사, 군인과 민간, 정치, 경제, 문화, 사회 등 모든 분야에서 전쟁이 수행된다는 것이다. 이러한 수단들은 동시에 또는 순차적으로 두 가지 이상의 요소들이 조합하여 활용되어 '초한 조합전'이라고 불린다. 최근 중국의 군사력 운용양상은 싸우지 않고 승리하는 방법, 가능하면 물리적 군사력을 사용하지 않고 상대를 이기는 것을 추구하고 있다.

『초한전』의 핵심 주장은 현재의 전쟁 수행은 목적을 제외한 수단과 방법에 제한이 없고, 영역을 초월해서 수행해야 한다는 것이다. 이 책은 미래 전쟁을 예측하면서, 물리적인 파괴를 최소화하면서 승리해야 한다고 주장했다. 그리고 이를 위해 사용하는 수단은 영역을 초월(war beyond limits)해서 적용된다고 제시했다. 즉, 미래의 전쟁 수행을 위한 수단을 군사, 초(超)군사, 비(非)군사로 구분하여 각각 여덟 가지씩 총 24가지를 제시하고 있다. 이러한 24가지 수단은 군사(핵전쟁, 재래전, 생화학전, 생태전, 우주전, 전자전, 유격전, 테러전), 초군사(외교전, 인터넷전, 정보전, 심리전, 기술전, 밀수전, 마약전, 사이버전), 비군사(금융전, 무역전, 자원전, 경제원조전, 법규전, 제재전, 언론전, 이념전)다.

『초한전』의 저자들은 무제한적인 수단을 활용할 때는 반드시 조합의 원칙을 적용해야 한다고 주장한다. 즉, 단독 또는 여러 가지 수단을 종합하여 단계적으로 또는 동시에 사용하여 전쟁을 수행할 수 있다고 주장한다. 또한 이러한 수단을 동시에 여러 가지를 조합해서 사용할 수 있다고 주장한다. 이렇게 사용했을 때, 물리적 군사력을 사용하지 않고도 상대방을 굴복시킬 수 있다고 제시한다. 즉, 『손자병법』에서 말하는 부전승과 전승의 방법론을 제시한 것이다.

다음은 중국의 『전략학(战略学)』에서 최근 중국의 군사력 운용양상을 나타내는 특정한 개념(용어)을 찾아본다. 중국군의 『전략학』은 중국의 국방대학(国防大学)과 군사과학원(军事科学院)에서 출판되기 때문에 군사전략에 대한 일정 수준의 대표성이 있다고 볼 수 있다. 이 책에서 '웨이셔(威慑, weishe)'이라는 개념에 주목할 필요가 있다. 이 용어는 "국가나 정치집단이 특정한 정치적 목적을 달성하기 위해 사용하며, [아측의] 위협 또는 군사적 역량을 사용하여 상대방의 전략판단에 영향을 주고, 상대방에게 소기의 목표달성이 어렵다고 인식시키거나 이익보다 손해가 더 클 것이라는 것을 인식시켜서 [우리의] 일정한 정치 목적을 달성하게 하는 전략 행동"이라고 정의하고 있다. 이 개념은 영어본 중국 『국방백서』에도 '전략적(strategic) 억제(deterrence)'로 번역되었으나, 『전략학』에서 제시하는 웨이셔에 대한 설명을 상세히 분석해보면 기존의 '억제(抑制)'와 '강제(强制)'를 혼합한 것으로 보인다.

왜냐하면 웨이셔를 전시와 평시에 모두 적용할 수 있으며, 이를 구사하는 방법으로 여덟 가지를 제시하고 있는데, 전쟁 분위기 조성, 전력의 전진 배치, 군사연습 실시, 군사조직 개편, 준비태세 등급의 향상, 정보화(사이버 등) 공격 실시, 제한적인 군사행동, 경고성 군사공격이 있다. 특히, 평시 웨이셔에서는 군사, 정치, 경제, 문화, 외교적 역량을 모두 운용한다고 제시하고 있고, 이때 제반 요소를 배합하여 운용하되 중앙집권적으로 통제할 것을 주장하고 있다. 또한 중국의 '삼전'도 운용할 것을 제시했는데, 여론전, 법률전, 심리전을 함께 적용하여 효과를 배가시킬 것을 제시하고 있다. 이를 통해 볼 때 군사력의 물리적 운용과 비물리적 운용을 통해 상대방의 심리에 영향을 주어 예상되는 행동을 막거나, 이미 실시한 행동을 중지시키거나 되돌리는 효과를 기대하는 것으로 보인다.

중국의 『국방백서』에는 '웨이셔'이라는 단어가 2004년 판부터 등장하고 있다. 특히, 2015년 중국의 『국방백서』에는 전략웨이셔(战略威慑)의 임무가 중국 해군과 로켓군에 부여되어 있다. 따라서 『손자병법』, 『초한전』, 『전략학』과 『국방백서』에서 제시하는 웨이셔는 다음과 같은 특징을 가진다. 물리적 군사력 사용을 최소한으로 하되, 군사적 요소 및 비군사적 요소 등을 종합적으로 사용하여 목적을 달성할 것을 특징으로 하고 있다. 웨이셔에서 제시하는 최고 수준의 무력 사용은 제한된 경고성 공격으로서 대규모 물리적 군사력 사용 이전 단계라고 볼 수 있다.

이러한 군사력 운용의 특징을 이용하여 다음과 같은 모델을 구상했다.[11] 이러한 기존 연구자료를 종합하여 저자는 다음 〈그림 2-9〉와 같이 중국의 군사력 운용양상을 총 3단계로 개념화했다. 이 3단계는 경쟁 준비(Preparing Competition) 단계 → 경쟁 단계(Competition) → 경쟁(준비)으로의 회귀(Return to Preparing or Competition) 또는 무력충돌(Armed Conflict) 단계로 구분한다.

먼저 경쟁 준비 단계에는 평시에 갈등을 관리하면서 정기 순시(순찰) 실시, 해역(공역)에서 군사기동훈련 등 낮은 단계의 군사력을 운용한다. 이를 통해 중국군은 자체 군사력 운용능력을 숙달하고, 국제적으로는 누적된 활동으로 명분을 축적한다.

경쟁 단계는 경쟁국가 간 갈등 요인이 정치 · 경제 · 군사 등으로 이슈화되는 단계다. 양국 간 갈등이 고조되는 단계이나 직접적인 군사력 사용(무력충돌)의 임계점 아래를 왕복하면서 제반 수단을 활용하여 소기의 목적을 달성하는 단계다. 이때 중국은 경쟁 준비 단계에서 준비한 자료와 근거들을 활용하여 갈등을 부각시킨다. 갈등 유발 행동의 방향성은 자국의 행동에 대한 정당성을 부각시키면서 상대방의 부당성과 불법성을 강조한다. 이를 위한 수단이 삼전이다. 먼저 여론전

11) 중국군의 군사력 운용양상 모델에 대해서는 박남태, 「최근 중국의 군사력 운용 양상 연구: 주변 열세국가를 상대하기 위한 접근」, 『합참』, 2021 참조.

을 실시하고, 각종 관련 국제법을 자국에 유리한 방향으로 해석하며, 국내법과 각종 제도에 근거하여 자국의 입장을 옹호한다. 또한 이러한 수단을 통해 상대방의 심리에 영향을 주는 것을 목표로 한다.

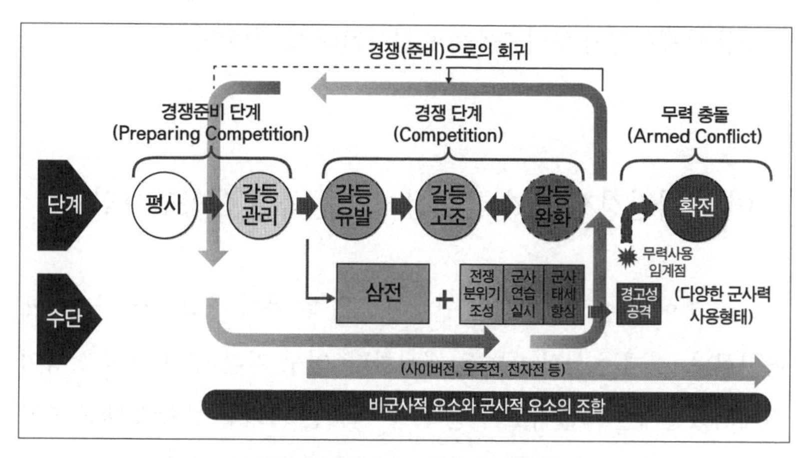

〈그림 2-9〉 최근 중국군의 군사력 운용양상

이와 병행하여 사이버전, 우주전, 전자전을 수행하는데, 공통점은 비물리적 파괴를 동반하지 않고 대단히 은밀하여 공격 주체를 밝혀내기가 어려우며, 심지어 일정 기간 동안 공격받았는지도 쉽게 인지하지 못할 수 있다. 군사적 수단은 구두로 하는 군사력 사용 위협부터 특정한 전력 이동, 군사훈련 등 점점 수위를 높여가는 방식이다. 그러나 경쟁 단계에서는 무력 사용의 임계점 아래까지의 방안들만 적용된다.

경쟁(또는 경쟁 준비)으로의 회귀 단계 또는 무력충돌 단계다. 경쟁(또는 경쟁 준비)으로의 회귀 단계는 아직 갈등이 해결되지 않았으나, 무력충돌 단계로 확전되지 않고 경쟁(또는 경쟁 준비) 단계로 회귀하여 증강된 경쟁 단계 방안을 재시행하는 단계다.

무력충돌 단계는 경쟁으로 회귀하지 않고, 직접 물리적인 군사력을 활용하는 단계다. 즉, 갈등이 군사적 충돌로 악화되는 단계로, 중국의 우세한 군사력으로 열세한 상대방의 군사력을 조기에 약화시켜 굴복시키는 것이 목적이다. 이때 중국은 전쟁의 목적을 제한하면서도 방법과 수단은 무한대로 활용하려 할 것이며, 미국 등 제3자의 개입을 최대한 억제하면서 무력충돌을 종결시키려 할 것이다.

2. 미중 패권경쟁 시기 국제정세와 동북아 해양안보환경

이 절에서는 국제정세와 안보환경을 두 가지 관점에서 간략하게 평가한다. 첫째는 상황(사실)을 제시한다. 연구 기간 내에 어떤 상황이 전개되었는지를 기술하고자 한다. 두 번째는 이러한 상황에 대한 중국의 평가를 제시한다. 왜냐하면 중국 관련 장은 중국인과 중국 지도자들이 어떤 눈으로 무엇을 보는지가 중요하기 때문이다. 저자의 시각은 이를 최종적으로 평가하면서 제시할 예정이다.

1) 중국의 안보정세 평가

중국이 발표한 2019년 『국방백서』에서 최근의 세계정세를 '100년 만에 오는 대변화의 시기'라고 규정했다. "세계는 다극화, 경제는 글로벌화, 사회는 정보화, 문화는 다양화하여 발전, 평화, 협력, 공영의 시대 조류는 거스를 수 없는 상황"이라고 기술했다.[12)]

안보정세로는 특이하게 아태지역의 안보상황을 총체적으로 안

12) 中华人民共和国国务院新闻办公室, 『新時代的中國國防』, 2019, p. 3.

정적이라고 기술했다.[13] 그러나 평가에 대해서는 중국이 이렇게 기술한 의미를 고찰해볼 필요가 있다. 즉, 아시아-태평양 지역이 정말 안정적인가? 아태지역의 안보상황은 안정적이지 않았다. 왜냐하면 실제로 중국이 기술한 내용을 분석해보면, '안정적'이라는 평가가 적절치 않다. 세계 경제와 전략이 아태지역으로 집중되고, 강대국들의 관심이 집중되면서 지역의 불확정성이 증가하고 있다고 기술했다. 한국에 설치된 주한미군의 THAAD도 미중 간에 형성된 지역의 전략적 균형을 손상시키고 있다고 주장했다. 마지막으로는 중국이 직면한 안보적 위협의 도전을 경시할 수 없다고 주장했다.

2019년부터 시작된 코로나19의 영향은 안보 영역에도 영향을 주었다. 2020년과 2021년 전 세계가 본격적으로 코로나바이러스의 확산 속에서 미중 전략적 경쟁도 주춤하는 듯했다. 실제로 미국의 항공모함에서 코로나19의 발생과 확산으로 작전임무가 중단되는 사태도 발생했다.[14] 그러나 코로나 백신이 개발되어 접종이 시작되자 2021년 이후부터 미중의 군사 경쟁은 다시 예전처럼 발생하고 있다.

이상으로 중국이 기술한 상황을 살펴보면 안보상황이 안정적이지 않다. 그런데 왜 중국의 안보상황이 총체적으로 안정적인가? 본 국방백서는 2019년에 공개되었으므로 주요 내용은 2018년까지의 상황이 될 것이다. 이때는 미국의 트럼프 대통령이 중국 압박하기에 한창 집중하고 있을 때였다. 즉, 미국은 2017년 『국가안보전략서』에서 중국을 '전략적 경쟁자(Strategic Competitor)'로 규정하면서, 본격적이고 공격적인 대중국 압박을 가했다. 주로 미국은 대중국 관세 부

13) *Ibid.*, pp. 4-5.

14) "미 해군 '코로나 항모' 논란 속 경질된 함장에 '복귀 불가'", 『연합뉴스』, 2020년 6월 20일자.

과 등 경제적인 압박을 가하면서, 남중국해 등에서는 미군을 위주로 FONOPS(자유 항해 작전: Freedom of Navigation Operations)을 지속적으로 실시했다. 이러한 본격적이고 공개적인 미국의 대중국 견제에 직면한 중국은 상황에 대한 낙관적이고 안정적인 평가를 내놓고자 했을 것이다. 즉, 중국은 미국의 대중국 압박에 충분히 견딜 만하고 극복할 수 있다고 우회적으로 표현한 것이다.

그러나 2021년부터 바이든 행정부가 들어서면서 동맹의 부활에 노력하면서, 영국 등 NATO 국가들이 남중국해 상황에 자국의 군함을 파견하여 직접 개입하게 되었다. 또한 QUAD를 더욱 강화하고, 영국-호주-미국의 3국 협력체인 AUKUS를 창립했으며, 구체적으로 미국은 호주에 원자력추진잠수함 기술을 전수하기로 했다. 특히, 호주의 원자력추진잠수함 문제에 대해 중국 외교부는 공식 논평을 통해 "지역의 평화와 안정을 파괴하고, 군비경쟁을 부추기는 행위이며, 국제 핵비확산 노력을 훼손하는 행위"라고 비난했다.[15)]

다음은 중국의 국제정세 평가에 대한 분석이다. 중국은 오랫동안 다시 국력을 증강시켜 국제사회에 우뚝 서기 위해 노력했다. 미국과의 대결을 지향하는 것도 시진핑 정권에서뿐 아니라 신중국 초기부터 미국을 상대로 한 대결을 지향했다. 그러나 중국은 이러한 자국의 목표를 공개적으로 발표하거나 명확하게 공포하지 않았다. 그것은 중국이 상대인 미국을 넘어설 만한 힘이 길러지기까지 인내하고 유리한 여건을 조성하기 위함이었다. '도광양회(韜光養晦)'가 대표적인 전략이다. "자신의 재능을 드러내지 않고 참고 기다린다"는 의미다. 시진핑 정권은 2013년 이러한 중국의 목표를 담아서 '중국몽'이라고 구체화하여 공식

---

15) https://www.mfa.gov.cn/web/wjdt_674879/fyrbt_674889/202109/t20210916_9710990.shtml (중국 외교부 홈페이지, 접속일: 2022. 2. 15)

화했다. 시진핑 정권은 최근의 국제정세를 100년 만의 변화라고 평가하고 있다. 이 의미는 기존에 미국이 누리던 패권의 쇠퇴기가 도래했음을 암시하고 있다. 즉, 미국이 그동안 누리던 절대 패권의 시기가 사라지고 중국 등이 궐기하여 다극화 시대가 도래했다고 평가하는 것이다.

중국은 미국을 목표로 하면서도 이를 오랫동안 드러내지 않았다. 따라서 2000년대 미국에서는 중국을 평가하면서 중국이 귀엽고 온순한 판다(중국이 원산지인 곰)가 될 것인지, 패권을 다투는 용(dragon)이 될 것인지 논란이 있었다. 서구에서 중국을 놓고 이러한 논쟁이 진행 중일 때도 중국은 마음속에 세계 제일이 되겠다는 꿈을 키웠다. 그러나 상대방이 이러한 중국의 속내를 알 수 없도록 철저하게 숨기는 태도를 취했다. 이러한 중국의 제스처 중 하나가 중국은 절대로 패권을 추구하지 않는다는 주장이다. 2019년의 『국방백서』에 이 문구가 다시 나타났다. 2015년 『국방백서』에서는 사라졌던 문구다. 왜냐하면 2017년부터 집권한 미국의 트럼프 행정부가 중국을 상대로 공식적이자 본격적으로 견제를 시작했기 때문이다. 즉, 중국의 목표가 미국을 능가하는 것이 아님을 공식적으로 주장함으로써 경계심을 늦추고 결국에는 미국의 중국에 대한 공세적 태도를 바꾸기 위한 전략으로 분석된다.

2) 지역 내 해양 갈등과 분쟁 심화

2019년 중국 『국방백서』는 남중국해 형세가 빠르게 안정적으로 변화되고 있다고 평가했다.[16] 그러나 시진핑 1기에 발행된 2015년 『국방백서』에는 남중국해에 기타 외국 국가가 개입하고 있고, 해상과

---

16) 中华人民共和国国务院新闻办公室, 『新時代的中國國防』, 2019, p. 4.

공중 정찰 등을 실시하면서 간섭하고 있으며, 따라서 해상권익을 놓고 경쟁이 장기화되어간다고 평가했다.[17] 그러면 남중국해가 4년 만에 안정화라고 평가한 중국의 배경과 의도는 무엇인가?

남중국해는 두 가지 상황이 공존하고 있다. 중국이 남중국해에서 점유하고 있는 섬과 암초 등에 대한 군사기지화 등 점점 영향력을 넓혀가고 있으나, 동시에 미국 등 외부 세력이 점점 더 많이 개입하고 있다. 첫 번째에 대해서는 일본의 『국방백서』 자료를 인용한다. 남중국해에서 중국에 비교적 가까운 시사군도(영어명: 파라셀제도)와 난사군도(영어명: 스프래틀리제도)를 중심으로 현황을 제시한다. 시사군도에서도 군사화가 진행되고 있다. 그중에서도 우디섬에서는 2013년 기존의 활주로를 3천 m까지 연장했으며, 2015년 10월, 2017년 10월, 2019년 6월에는 전투기(J-10, J-11)로 추정되는 군용기가 전개되었다. 또한 2018년 5월 중국 국방부는 시사군도의 우디섬에서 H-6K 전략폭격기의 이착륙 훈련이 실시되었다고 보도했다.

난사군도 중 가장 큰 3개의 도서는 피어리크로스초, 수비초 및 미스치프초다. 중국은 이곳에 대공포 등을 설치할 수 있는 포대와 미사일 저장고, 탄약고 시설, 그리고 대형함정이 입항 가능한 부두 시설을 정비했다. 그리고 전투기와 폭격기 등이 이착륙 가능한 활주로를 정비했다. 2016년 4월 중국 해군 초계기가 피어리크로스초에 착륙했다. 수비초와 미스치프초에서는 동년 7월에 중국 수송기 이착륙 시험이 진행되었다. 특히 2020년 12월 피어리크로스초에 중국군이 보유한 대형 전략수송기인 Y-20이 확인되었다.[18]

---

17) 中华人民共和国国务院新闻办公室, 『中國的軍事戰略』, 2015, p. 3.

18) Japan Defense White Paper(제2장 각국의 방위정책, 중국 편), 2021, p. 68.

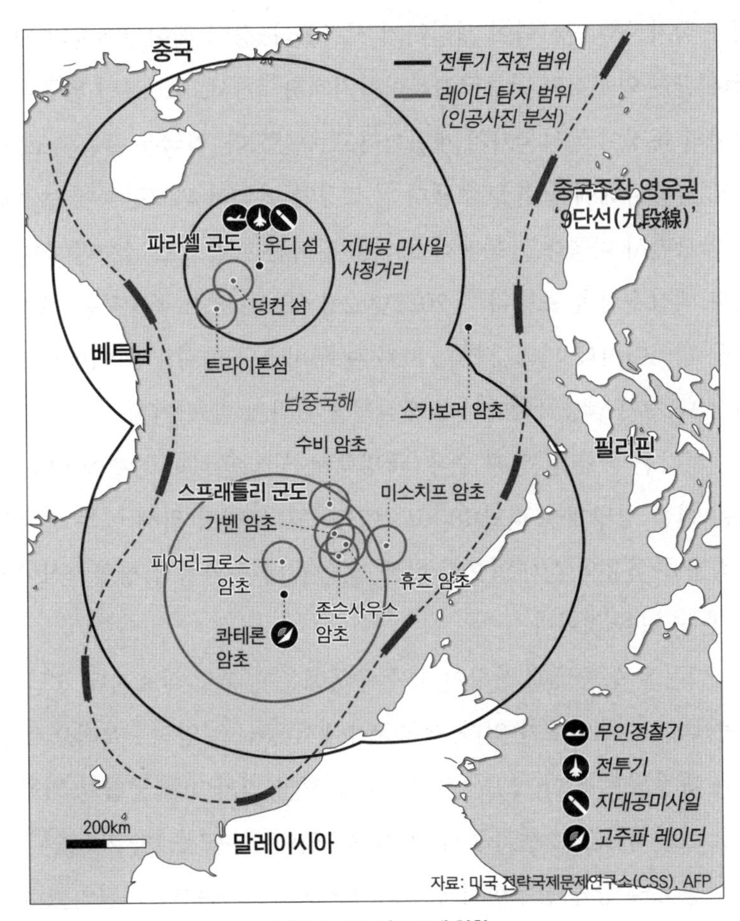

〈그림 2-10〉 남중국해 현황

출처: 『연합뉴스』, 2017년 1월 24일자. 참조하여 재작성

〈그림 2-10〉에서 보는 것처럼 남중국해 중에서 시사군도(파라셀군도)와 난사군도(스프래틀리제도)를 중심으로 중국의 지배력과 장악력이 커지고 있다. 중국 본토에서 상대적으로 가까운 시사군도(파라셀군도) 뿐 아니라 남중국해의 남쪽에 있는 난사군도(스프래틀리제도)에서도 군사 시설 및 장비를 설치하는 등 군사화의 수준을 높여가고 있다.

한편, 남중국해에서 기존의 미국, 중국, 그리고 주변 관련국 외에 외부 국가들의 군사력이 개입하기 시작했다. 중국 베이징대학의 남중국해 관련 연구소인 남중국해전략감지계획[19]에서도 2021년 남중국해 상황의 특징이 국외국가의 개입이라고 주장했다. 영국은 물론이고, 독일도 남중국해에 군함을 보냈다.[20] 그동안 미국의 외교정책에 동조하지 않으면서 나름대로 독자적 노선을 걸어온 프랑스도 남중국해에 군함과 핵잠수함을 보냈다.[21] 2021년 2월 8일 프랑스 국방부는 프랑스 해군 벤터미아레 피리깃함(FS F734)과 루비스급 핵잠수함 에메르아우데(FS S604)가 남중국해에서 초계작전을 했다고 발표했다.

이러한 상황을 볼 때 중국 『국방백서』상 남중국해 상황에 대한 평가는 현실 상황에는 적합하다고 보기 어렵다. 다시 말해 이는 중국의 전략문화 특유의 상대적으로 힘든 상황에 대한 역설적 상황인식이라고 볼 수 있을 것이다.

다음은 동중국해 상황이다. 동중국해는 일본이 실효지배 중인 센카쿠(댜오위다오)열도가 있다. 동중국해에서 중국은 양적 · 질적으로 활동이 확장되고 있다. 2016년 6월 중국 해군 장카이급 군함이 전투함정으로는 처음으로 센카쿠 주변 접속수역에 들어갔으며, 2018년 1월에는 중국의 상급 잠수함이 잠항하여 센카쿠 접속수역에 진입했다.[22] 중국의 항공전력도 동중국해에서 활발하게 움직이고 있다. 유인 정찰기뿐 아니라 무인 정찰기까지 본 수역에서 활용하고 있는 것으로 보

---

19) 후보, 2021年的南海形勢: 走向“军事化”? , 南海战略态势感知计划, 2021. 12. 27. 중국 베이징대학의 연구소로 남중국해 전략상황을 분석하고 연구한다. 본 연구소 주임은 후보 교수인데, 주로 자국의 입장을 반영하고 있다. 즉, 제시한 연구보고서에서는 남중국해에서 중국 이외의 국가들이 자국 영유권을 확보한 도서와 암초에 군사시설 등을 어떻게 구축하고 있는지를 분석했다.

20) “獨 군함, 19년만에 남중국해 통과하며 中 견제”, 『동아일보』, 2021년 12월 17일자.

21) “프랑스의 전략적 자율성과 남중국해 분쟁 개입”, 『국방일보』, 2021년 2월 19일자.

22) 2021 일본의 『방위백서』, 각국의 방위정책, p. 61.

고되었다.[23]

이 밖에도 중국 해군은 태평양과 동해로 진출하려고 활동하고 있다. 중국 해군이 태평양으로 진출하려는 노력은 오래전부터 감지되었다. 그러나 동해로 진출하려는 노력은 최근 들어 매우 활발하게 진행되고 있다. 2016년 8월 중국 해군이 동해에서 훈련을 실시하면서 이때 H-6 폭격기 2대를 포함하여 총 3대가 동해상 훈련에 참가했다. 2017년 12월에는 폭격기(H-6K)와 함께 전투기(Su-30)도 처음으로 동해로 진출했다. 이후에는 전자 정찰기(Y-9계열)들이 주기적으로 남해를 거쳐 동해로 진출하고 있다. 중국 함정과 군용기의 동해 진출은 한국과 매우 밀접한 관계가 있다. 특히 군용기들은 동해까지 진출하는 과정에서 KADIZ를 무단 진입하는 사례가 발생하기 때문이다. 게다가 〈그림 2-11〉과 같이 2019년 7월 23일에는 동해에서 중러 연합훈련 중 러시아 군용기가 한국의 독도 영공을 침범하는 사례가 발생했다.[24]

---

23) *Ibid*., p. 62.

24) "러시아 군용기, 독도 영공침범 재구성", 『연합뉴스』, 2019년 7월 24일자.

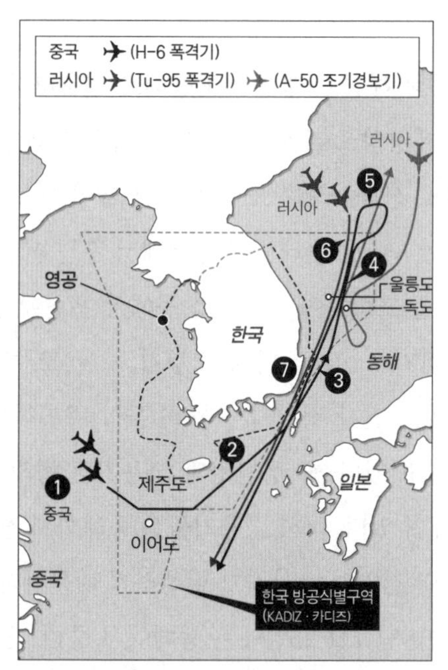

중러 군용기 한국 방공식별구역 무단진입

출처: 『연합뉴스』, 2019년 7월 23일자. 참조하여 재작성

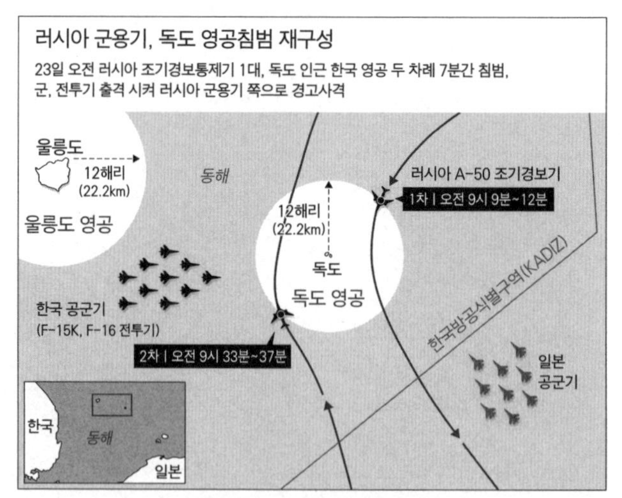

러시아 군용기 독도 영공 침범 현황

출처: 『연합뉴스』, 2019년 7월 24일자. 참조하여 재작성

〈그림 2-11〉 중러 동해 연합비행과 러시아 군용기 독도 영공 침범 현황

3) 대만해협의 군사적 갈등 심화

미중 전략적 경쟁이 본격화되고 더욱 치열해지면서 대만해협의 군사적 갈등이 심화되었다. 이는 미국과 중국이 대만을 사이에 두고 서로 작용과 반작용을 하는 모양을 갖추고 있다. 진행되는 양상은 미국과 대만이 무기 판매 등의 협력 수준을 높이고, 이에 중국이 정치적 · 경제적 · 군사적으로 대응하면서 수위가 올라가고 있다. 2020년 3월 미국 연방 의회는 「타이베이 법안(Taipei Act)」을 통과시켰다. 이에 대해 중국은 미국과 대만의 관계 강화 움직임을 강하게 비난했다. 미국은 대만에 해안방어용 미사일, PAC-3 미사일 판매 등을 승인했다.

2021년 새롭게 등장한 미국의 바이든 행정부도 이전 트럼프 행정부의 대중정책을 이어나갔다. 2021년 1월 20일 바이든 대통령 취임식에 미국 주재 대만 대표가 참석했다. 며칠 후 1월 28일 중국 국방부는 "대만 독립은 곧 전쟁"이라고 경고했다. 3월 20일에는 최대 규모인 중국의 전투기 20대가 대만의 방공식별구역에 진입했다. 모두 미국과 대만의 협력에 대한 비판과 대응이 명분이었다. 4월 16일에는 미일 정상회담에서 대만 문제와 관련하여 양국이 상호 협력할 것이라고 밝혔다. 이에 대해 중국은 강한 우려를 표명했다.

중국은 미국의 내정간섭이라고 논평하고, 일국양제에 대한 미국의 이중적인 태도라고 비난했다. 이에 대해 미국은 중국이 대만해협의 현상을 변경하려고 시도한다고 비난하며, 미국은 균형을 재건하고자 조치를 취해야 한다고 주장했다. 바이든 대통령은 이에 추가하여 미국은 유럽의 NATO처럼 인도 · 태평양 지역 내 군사적 태세를 유지하려 한다고 천명했다. 이를 통해 지역 내 분쟁 촉발을 예방하려는 입장이라고 주장했다.

여기서 미중 전략적 경쟁이 치열해지면서 대만이 주목받는 이유를 살펴보고자 한다. 이를 위해서는 중국의 대만에 대한 입장과 미국의 대만에 대한 입장을 동시에 살펴봐야 한다. 중국은 대만을 핵심 이익 중의 핵심 이익이라고 주장한다. 이는 마오쩌둥 시기부터 현재 시진핑까지 일관된 중국의 정책방향이다. 만약 대만이 정상국가로 독립하게 된다면 이는 자칫 중국 분열의 시작점이 될 수도 있다. 즉, 1950년 강제로 점령한 티베트와 지금도 지속적인 갈등이 빚어지고 있는 신장위구르 등 많은 중국 내 이질적인 집단들이 독립하려 할 것이다. 이것은 중국의 안보 상황 중에 최악이 될 수 있다. 따라서 중국은 대만을 핵심 이익 중의 핵심 이익이라고 명시하고 있다.

한편 미국은 대만에 어떤 가치를 부여하고 있는가? 대만은 지리적으로 중국 본토에 제일 근접해 있는 우방국이다. 따라서 미국이 중국을 견제하기 위해서는 대만이 반드시 필요하다. 만약 대만이 중국에 의해 통일된다면, 중국이 동북아시아의 주도권을 차지하는 매우 중요한 사건이 된다. 즉, 대만을 새로운 본거지로 한 중국의 해군력에 의해 미국은 괌과 하와이까지 밀려날 가능성이 매우 크다. 따라서 대만은 미국에게 중국을 견제하고, 동북아시아에서 미국의 영향력을 유지하는 데 매우 중요한 지정학적 가치가 있다. 또한 미국은 중국이 대만 문제에 대해서는 어떠한 형태로든지 적극적이고 공세적으로 대응할 것으로 예상하고 있다.

미국과 중국의 관계를 살펴보려면 중국의 국공내전 시기까지 거슬러 올라가야 한다. 미국은 중국이 공산주의 소련의 동조자가 되지 않기를 희망했다. 이러한 계산 하에 미국은 약간의 부침이 있었으나, 결국 국민당 장제스 정부를 지원하게 된다. 제2차 세계대전이 마무리되어가던 시기, 국공내전도 끝을 향해 달리고 있을 때, 미국은 장제스

정부에 군사적 지원을 아끼지 않았다. 이에 힘입어 국민당의 장제스군은 미국제 무기로 무장하고 싸웠다. 하지만 미국이 지원한 국민당은 패하여 대만으로 철수했다. 미국은 국민당을 지원하고 대만을 보호하고자 군사적 지원을 지속했다. 중국이 대만을 향한 어떤 군사적 도발을 할 때마다 미국은 경고성의 공식 성명을 발표하고 나아가 항공모함을 파견하여 대만을 도왔다. 이러한 과정에서 미군이 대만에 주둔했다. 특히, 공군은 전투기와 전폭기, 대공미사일 등이 배치되어 중국의 대만침공을 억제했다.

그러나 1972년 미국의 닉슨 대통령이 대소련 저지를 위해 중국과 화해 정책을 시작하면서 대만 정책이 변화되었다. 중국은 미국에 하나의 중국 정책을 인정할 것을 요구했고, 미국은 이를 수용했다. 결국 1979년 1월 미국과 중국은 정식으로 국교를 수립했다. 이에 따라 대만에 주둔하던 미군은 모두 철수했으며, 주로 일본 등 동북아에 재배치되었다. 즉, 대만은 미국과 중국의 군사적 대치의 최일선에 있었다.

다음은 대만에 대한 중국의 군사행동 관련 사항이다. 최근 미국과 중국 간에 대만을 두고 많은 갈등이 빚어지고, 중국이 대만에 대한 군사위협 수준을 높이면서 중국이 직접 군사력을 동원하여 통일을 시도할 것이라는 우려가 발생하고 있다. 특히 2020년 11월 13일 중국은 "미국의 지속적인 간섭은 중국군의 대응공격을 야기할 것"이라고 경고했으며, 2021년 3월 26일에는 한 번에 중국 전투기 20대가 대만해협에서 무력시위를 진행했다. 그러나 대만에 대한 중국의 군사력 사용 가능성은 그리 높지 않다고 평가한다. 왜냐하면 중국은 현 상태에서 대만사태로 미국과 군사충돌을 일으키기는 아직 어렵다고 판단하기 때문이다. 또한 과거 청나라 시기에 대만을 정복하기 위해 20년 동안 정치, 외교, 경제적 책략을 통해 여건을 조성한 후 1683년 무력 공격을

하여 손쉽게 정복한 교훈을 적용해야 한다고 주장했다.[25)]

다음은 대만 문제의 영향과 우리에게 주는 함의다. 대만에서의 군사적 긴장은 중국과 미국이 충돌하는 핵심지역으로 양안 간 군사적 충돌 시 역내 안보정세에 심각한 영향을 초래할 것이다. 미국은 대만, 일본, 호주 등 우방국과 협력을 강화하면서, 중국을 가일층 압박할 것으로 예상된다. 중국은 미국의 대만해협 군사활동 증가에 대해 강력히 비판하면서도 군사적 충돌 상황으로 고조되지 않기를 희망하고 있다. 왜냐하면 중국은 단기적으로는 대만 통일을 위한 전쟁 수행이 가능하나, 무력 사용은 중국의 경제발전을 위한 안정적인 환경을 저해하여 국가의 총체적 목표달성을 방해할 수도 있기 때문이다.

향후 대만과 미국의 협력 수준은 더욱 향상될 것으로 예상된다. 이는 단순히 미사일 등 무기 판매와 더불어 더욱 발전되고 영역이 확대되는 측면으로 나아갈 수도 있을 것이다. 최근 미국의 인도 · 태평양 전략(Indo-Pacific Strategy Report)에서도 미국이 대만을 방어할 것이라고 밝히고 있기 때문이다.[26)]

한국에 양안 문제는 많은 영향이 발생할 수 있다. 먼저 주한미군의 대만 전개 시 직접적인 영향이 있을 수 있다. 중국은 이를 저지하려 할 것으로 예상되는데, 이때 군사적 충돌 상황이 발생할 수 있기 때문이다. 따라서 대만해협에서 미중 간의 군사적 상황 전개를 면밀하게 관찰할 필요가 있다.

---

25) South China Morning Post, "China Tries to Calm Nationalist Fever as Calls for Invasion of Taiwan Grow," 2021. 5. 10.

26) The White House, *Indo-Pacific Strategy of the U.S.*, 2022, p. 13.

3. 21세기 중국의 안보전략과 해양 인식

1) 중국의 안보전략과 시진핑의 군사개혁

당대 중국의 안보전략을 설명하기 전에 중국의 지정학적 안보관을 제시하고자 한다. 왜냐하면 중국의 지정학적 안보관을 이해하는 것이 중국의 안보전략의 본질을 이해하는 데 도움이 되기 때문이다. 중국은 광활한 영토를 보유한 국가다. 한국보다 무려 44배나 넓고, 한국, 러시아, 몽골 등 14개국과 국경선을 접하고 있다. 대부분 인구가 밀집된 곳은 중국 영토의 서쪽이다. 중국 영토의 서쪽을 수직으로 구분한 일부 화북(華北, 베이징 등), 화중(華中), 화남(華南) 지방이 중국의 주요 인구 밀집 지역이고, 도시의 발달은 화중과 화남 지방을 중심으로 이뤄진다. 따라서 고대부터 중국이 수호해야 할 이익은 주로 일부 화북지역, 화중과 화남 지방에 집중되었다. 이에 따라 중국의 위협은 내란 등 내부적 위협과 외부적 위협으로 구분할 수 있었다. 내부적 위협은 고전소설 『삼국지』처럼 각 지역 제후들의 세력다툼에 의한 내전 또는 내란이었으며, 외부적 위협은 지리적으로 경계를 맞닿은 중국 변방에서 침입하는 이민족의 위협이었다.

전통적으로 중국은 이를 위해 만리장성이라는 대장벽을 쌓았다. 〈그림 2-12〉에서처럼 이를 다시 4개의 지리적 범주로 나누고 있다.[27] 먼저 핵심지역이다. 핵심지역은 중국 동부지역의 평야지대이며, 한족이 주로 거주하는 지역으로 정치와 문화의 중심지다. 또한 변경지대는 중국과 주변국 사이 국경의 내측이며, 중국이 자국 군대 등을 배치하

27) 朱聽昌 外, 『中國周邊安全環境與 安全戰略』, 北京: 時事出版社, 2001; 서상문, 『중국의 국경전쟁(1945-1979)』, 국방부 군사편찬연구소, 2013, p. 36에서 재인용.

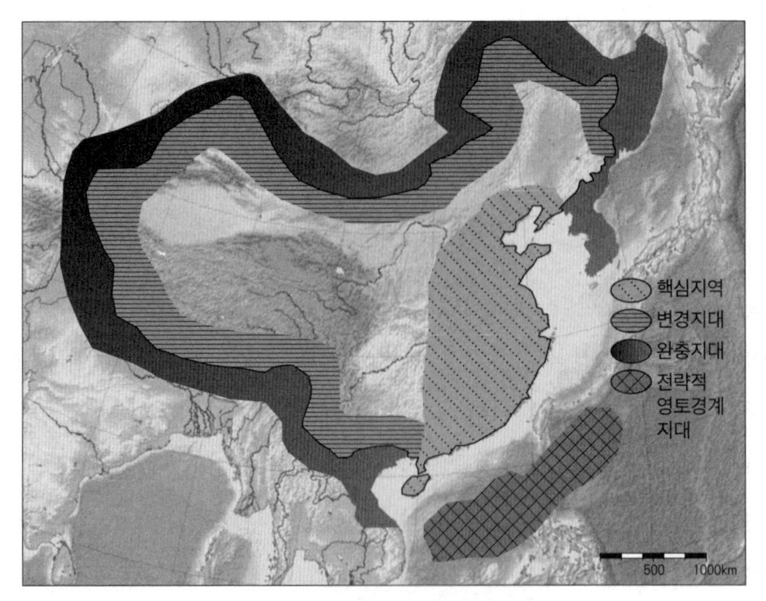

〈그림 2-12〉 중국의 지정학적 안보관

여 대비하는 지역이다. 다음은 완충지대로서 국경선의 바깥쪽 영역이다. 중국은 완충지대에 중국과 친화적인 국가나 정권을 유지함으로써 안보를 확보하려 한다. 다음은 해양의 전략적 영토경계 지대로서 현재 중국이 확보하려는 남중국해가 이에 해당한다.

이해 반해 중국의 전략적 경계의 확장에 의한 위협인식의 변화가 발생했다.[28] 이는 1970년 말 개혁개방 이후 경제의 발전과 함께 변화가 시작되었다. 전략적 경계는 영토의 경계선을 넘어서 한 국가의 군사력이 실질적으로 통제할 수 있는 국가이익과 관련된 지리적 · 공간적 한계를 의미한다. 이는 종합국력이 세계 2위로 올라선 현재 중국의 위협인식을 이해하는 데 도움이 된다. 중국의 국가이익은 지리적 경계

28) 황병무, 『중국안보론』, 국제문제연구소, 2000, pp. 124-125.

를 넘어서고 있다. 따라서 지리적으로 멀리 떨어져 있는 미국과 국가 이익을 다투고 있으며, 미국을 중국의 국익을 저해하는 위협으로 간주한다.

이러한 전략적 경계에 의한 경쟁을 구체화한 개념이 일대일로(一帶一路) 구상이며, 군사적으로는 도련선 개념이다. 주지하다시피 일대일로는 중국이 고대 제국 시기부터 구축한 육상과 해상의 무역로를 다시 구축하여 교역을 활성화시켜 경제 공영권을 구축한다는 구상이다. 일대일로는 아시아-중앙아시아-아프리카-유럽까지를 연결한다. 군사적으로 중국은 '도련선(島鏈線, Island Chain)'이라는 경계선을 구상했다. 이는 태평양에서 중국 본토로 접근하는 위협을 방어하기 위한 개념이다. 중국의 위협배제 전략은 위협을 중국 본토에서 일정 거리까지 접근을 거부하는 전략으로, 'A2/AD'라고 불린다.

중국은 공산당 지배가 지속되는 정치체계로서 지도자가 바뀌더라도 정책의 연속성이 비교적 강하다. 즉, 정치적 지도자가 바뀌더라도 국가의 기본 정책 방향이 유지된다. 따라서 중국의 안보전략도 시진핑 2기로 들어서면서 그 기조가 유지되고 더욱 발전하는 방향성을 유지한다. 따라서 2017년부터 시작된 시진핑 2기 집권기를 설명하기 전에 『21세기 동북아 해양전략』에서 제시한 기존 중국의 안보전략과 군사전략을 요약하겠다. 또한 이에 추가하여 2019년부터 시작되어 현재(2022년 초)까지 지속되고 있는 코로나19의 영향을 제시하고자 한다.

중국몽은 중국의 국가 비전이자 발전전략이라 할 수 있다. 이는 첫 번째 백 년(소강사회 건설)과 두 번째 백 년의 목표(사회주의 강국 건설)라는 2개의 구체적인 달성 목표가 제시되었다. 2015년 제시된 일대일로(一帶一路) 계획은 중국 국가전략의 구체화한 계획이다. '일대(一帶)'는 중앙아시아를 거쳐 유럽에 이르는 경제권이자 안보권이다. '일로

(一路)'는 해상을 잇는 선으로 인도양을 거쳐 아프리카와 유럽에 이르는 선이다. 중국은 일대일로 사업을 통해 경제 공영권을 구축함과 동시에 안보도 튼튼히 한다는 전략이다.

중국의 일대일로 계획은 꾸준히 추진되고 있다. 코로나19 상황에서 한 가지 특징은 일명 마스크와 백신외교다. 즉, 〈그림 2-13〉과 같이 중국은 마스크와 자국산 백신을 주로 일대일로 대상 국가들에 제공하면서 외교적 영향력 확대를 추구하고 있다.[29)]

강군몽은 중국몽의 군사적 버전이다. 중국은 강군몽을 실현하기 위해 3단계 목표를 설정했다. 첫째, 세계 군사혁신의 발전추세에 따르고 국가안보상 필요에 부합하기 위해 군사력 건설의 질과 효율을 제고하면서 2020년까지 기계화와 정보화 건설에 중대한 진전을 이룩하

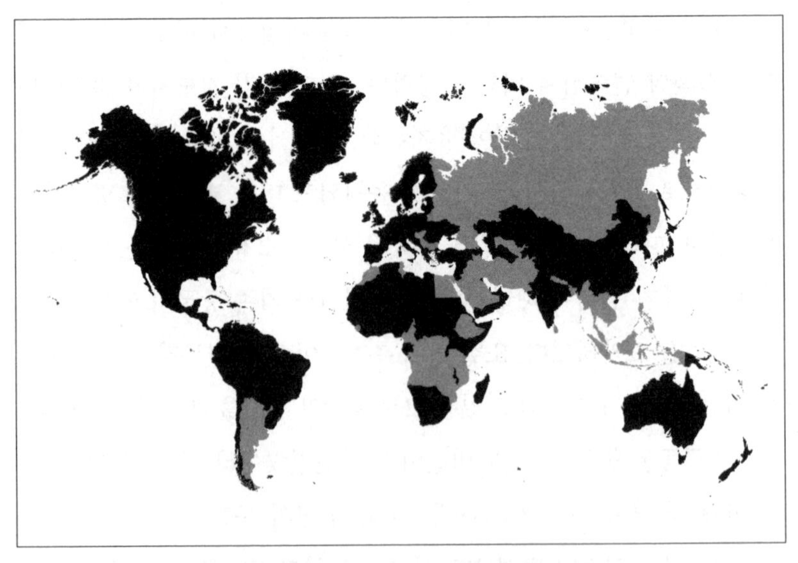

〈그림 2-13〉 중국이 의료 마스크를 제공한 국가들

29) Helena Legarda, China Global Security Tracker NO. 7, JANUARY—JUNE 2020, p. 4.

고, 전략능력을 대폭 향상시킨다. 둘째, 국가 현대화 과정에 발맞추어 전면적인 군사이론 현대화, 군대의 조직편제 현대화, 군사인력 현대화, 무기장비 현대화를 추진하여 2035년까지 국방 및 군대 현대화를 기본적으로 완성한다. 셋째, 21세기 중엽까지 중국 인민해방군을 세계 일류 군대로 건설한다.

중국의 『국방백서』는 중국 인민해방군의 세 가지 목표를 제시했다.[30] 즉 주권, 안전, 발전이익의 결연한 수호다. 여기서 '주권'은 국가의 기본요소인 주권을 의미한다. 안전은 안보라고 이해하면 적절하다. 발전이익은 우리에게 생소한 목표다. 이것은 중국이 경제적 발전을 지속하기 위한 환경적 여건을 조성하고 유지해나가는 것을 의미한다. 즉, 전쟁이나 군사적 충돌이 발생한 이후에는 경제적 발전을 지속할 수 없기 때문에 이러한 사명이 군대에도 주어졌다. 왜냐하면 경제적으로 미국을 제치고 세계 1등이 되는 것이 중국의 우월성을 증명하는 기준이라고 여기고 있기 때문이다.

중국군의 군사전략은 적극방어전략으로 일관하고 있다. 최초에 마오쩌둥(毛澤東)이 1956년 3월 군사위원회 확대회의에서 '적극방어'를 중국의 군사전략 방침으로 확정했으며, 시진핑 시기인 현재(2022년 2월)까지 최종적으로 발표된 『국방백서』(2019)에서도 군사전략 방침으로 계승하고 있다. 전략적 수준의 방어와 전역전투상 공세적인 적극성을 혼합한 개념이라고 정의하고 있다. 즉, 중국의 전략사상은 전략적 수준에서는 방어적이지만 전역전투상, 즉 낮은 단계에서는 공세적으로 군사력을 사용하는 적극성과 공세적인 군사력 사용을 할 수 있다는 가능성을 보인다. 이를 좀 더 자세히 설명해보겠다. 먼저 중국 전략

---

30) 中华人民共和国国务院新闻办公室, 『新時代的中國國防』, 2019, p. 5.

사상은 방어성을 띤다. 즉, 먼저 공격하지 않는다는 의미다. 만리장성의 개념을 적용하면 쉽게 이해할 수 있다. 성은 성 바깥쪽의 상대방으로부터 성 안쪽(나의 영역)을 지키는 목적이다. 즉, 중국은 성을 쌓고 있다가 상대가 공격해오면 방어한다는 것이다. 중국의 문헌에서는 이를 '후발제인(後發制人)'이라고 표현하기도 했다. 상대방보다 나중에 일어나서 상대를 제압한다는 의미다.

두 번째 성격은 적극성이다. 중국의 군사적 행동과 군사전략을 이해하는 데 '적극성'이라는 의미를 더 깊이 이해할 필요가 있다. 이 용어가 중국의 공세적인 또는 선제적인 군사행동을 이해하는 키워드가 될 수 있다. 중국의 전략에서 '적극'의 의미는 단순하게 적극적으로 방어한다기보다 상대방의 공격 의도를 사전에 알아내고, 선제적인 조치(공격 등)를 통해 방어한다는 의미를 담고 있다. 예를 들면 키신저가 관찰한 마오쩌둥의 전략적 사고가 이에 좋은 실마리가 된다고 볼 수 있다. 키신저는 1970년대에부터 미국의 대중국 외교를 이끌면서 마오쩌둥과 저우언라이 등 중국의 주요 지도자들을 만났고, 깊이 관찰했다. 2011년 펴낸 *On China*에서 키신저는 마오쩌둥의 전략사고를 다음과 같이 주장했다.[31] 즉 "마오는 서구의 억제개념이 너무 수동적이라고 생각하고, 서구에서 말하는 선제공격(pre-emptive)까지를 억제의 수단으로 여기는 것 같다"고 제시하고 있다. 이러한 사례로 1969년의 중소 국경분쟁을 들고 있는데, 중국의 마오쩌둥은 소련의 대규모 공격을 억제하기 위해 '진보도'라는 작은 국경 섬에서 중국이 먼저 소련을 타격함으로써 소련을 심리적으로 압박하여 소련의 차후 행동에 영향

31) Henry Kissinger, *On China* (New York: The Penguin Press, 2011), p. 133.

을 주려 했다는 것이다.[32)]

이를 종합해보면, 중국의 공식적인 전략개념은 적극방어 전략사상으로, 군사력을 사용하는 데 소극적이고 방어적인 성향을 가진다는 의미는 아니다. 즉, 특정한 경우와 사안에 대해서는 군사력을 적극적으로 사용할 수 있다고 평가된다. 오히려 중국의 지도자들은 군사력을 국익을 확보하는 수단으로서 적극적으로 사용하는 전략문화를 가지고 있다. 따라서 중국몽을 추구하는 과정에서도 이렇게 군사력을 적극적으로 사용할 수 있다.

다음은 2015년부터 실시된 중국의 군사개혁에 대해 알아보겠다. 이번 중국의 군사개혁 목적을 정치적 측면과 군사적 측면으로 구분해서 살펴본다. 먼저 군사개혁의 정치적 측면이다. 시진핑의 군사개혁 배경에는 군사적 목적 외에 정치적 배경도 있다. 한마디로 말하면, 군사개혁의 정치적 목적은 지도자 시진핑의 권력을 더욱 확고히 하고자 하는 것이다. 중국의 지도자들은 장악력을 고려할 때 군대 장악을 가장 중요하게 여기는 전통이 있었다. 이를 좀 더 설명하면, 중국의 최고 지도자는 세 가지 직책을 가진다. 중국공산당 총서기(中共中央总书记), 국가주석(国家主席), 중앙군사위원회 주석(中央军委主席)이다. 이 중에서 2개(공산당 총서기, 중앙군위 주석)가 중국공산당의 직책이며, 1개가 국가를 대표(국가주석)하는 직책이다. 공산당 중앙군사위원회 주석이 인민해방군을 지휘하는 직책인데, 이를 가장 중요한 권력으로 여긴다. 중

32) 한국전쟁 시 중국의 참전도 이러한 맥락에서 해석할 수 있다. 중국의 한국전쟁 참전을 다양한 측면에서 설명할 수 있으나, 중국의 주변 변경지역 안전확보라는 측면에서 해석할 수 있다. 중국은 강적인 미국이 북한을 석권하여 압록강과 두만강 국경선까지 진출하게 두어서는 안 된다는 것이다. 다시 말해 중국은 미국과 국경을 맞대는 상황을 사전에 막고자 한국전쟁에 참전했다고 설명된다. 다시 말해 사태가 악화되기 전에 선제적 군사행동으로 자신들이 원하는 전략적 목적을 달성하려 한다는 것이다.

앙군위 주석직의 중요성에 대한 사례가 장쩌민과 후진타오의 권력승계 과정이다. 후진타오는 2002년 11월 중공중앙 총서기, 2003년 3월 국가주석직을 승계했다. 그러나 실질적인 권력인 중앙군위 주석직은 무려 2년이 지난 2004년 9월에야 후진타오에게 승계했다.[33] 따라서 후진타오는 집권기 내내 군을 완전히 장악하지 못했고, 군내에 장쩌민파의 견제를 받아야 했다. 이때 활동하던 장쩌민 계열의 대표적인 군 지휘관이 바로 현 시진핑 주석이 부패 혐의로 제거한 궈보숑(郭伯雄)과 쉬차이허우(徐才厚)다. 시진핑 주석은 후진타오 주석 시기인 2007년부터 중앙군위 부주석을 지내면서 궈보숑과 쉬차이허우의 부정부패를 잘 알고 있었고, 정권을 잡은 후 이들을 제거했다. 다시 말해, 정치적 측면의 군사개혁은 최고지도자 시진핑의 권력을 공고히 하기 위한 것이라 볼 수 있다.

그래서 중국의 지도자들은 군사적 결정이나 군사개혁도 순수하게 군사적 목적 외에 반대파를 제거하는 등의 정치적 목적을 동반했다. 예를 들면 마오쩌둥의 한국전쟁 참전 결정인데, 동북지역에서 소련을 등에 업고 마오를 견제했던 가오강(高崗)이라는 정적을 제거하려는 목적도 있었다. 한국전쟁 당시 전선은 펑더화이가 지휘하고, 동북의 실세였던 가오강이 후방에서 군수지원을 담당하게 했다. 실제로 가오강은 1954년 한국전쟁 이후 반당 혐의를 받다가 자살로 생을 마감했다.

33) 중국 지도부는 전통적으로 권력의 인계과정에서 '말 타는 것을 도와주고 길을 배웅하는(扶上馬, 送一程)' 미덕이 있는데, 좋은 의도지만 내면적으로는 전임자가 지속적으로 영향력을 행사하는 폐단도 있다. 대표적인 경우가 장쩌민에서 후진타오 주석으로의 권력이양 과정에서 발생했다. 장쩌민은 군내에 자신과 친밀한 지휘관들을 심어놓았는데, 궈보숑과 쉬차이허우가 대표적이다. 조현규, 『시진핑(習近平) 시대의 중국군 개혁 연구』, 단국대학교 박사학위논문, 2021, pp. 59-60 참조.

두 번째는 이번 군사개혁의 군사적 측면이다. 중국은 건국 이후 지속적으로 군사개혁을 실시했다. 1949년 건국 직후 중국군은 550만 명에 달했다. 기존의 군사개혁은 주로 인민해방군 인원의 감축에 중점을 둔 반면, 이번 군사개혁은 현대전의 핵심인 합동성의 제고를 목적으로 했다. 기존의 중국군은 지상군 중심으로 구성되어 있었으며, 각 군구 내의 각 군종은 서로 협동작전을 펴기가 쉽지 않았다. 군구 사령관이 군구 내 해군의 작전협조를 받으려면 해군사령부를 통해 각 군구 해군의 협조를 받아야 했다. 따라서 적시적이고 신속한 합동작전 수행이 어려웠다. 그러나 이번 군사개혁을 통해 각 전구 사령관이 직접 전구 내 모든 군종을 작전지휘할 수 있게 개선했다.

이를 위해 시진핑은 군사개혁의 세 가지 원칙을 제시했다. 그것은 군위관총(軍委管總), 전구주전(戰區主戰), 군종주건(軍種主建)이다. 먼저 군위관총은 공산당 중앙군사위원회가 개혁의 모든 것을 총괄한다는 원칙이다. 이는 중국 인민해방군은 국가의 군대가 아니라 당의 군대라는 기존의 원칙을 다시 한번 강조하고 확인하는 것이다. 전구주전은 전투는 각 전구가 주체라는 의미다. 이번 군사개혁의 특징 중 하나가 기존의 군구를 전구로 변경한 것이다. 그리고 각 전구 내의 개별 군종도 전구 사령관이 직접 작전을 통제하도록 변경했다. 따라서 작전임무 수행은 전구 사령관의 책임하에 실시한다는 원칙이다. 마지막으로 군종주건은 전력건설과 관련된 임무로 육군, 해군, 공군 등 각 군종이 전력건설을 책임진다는 의미다.

다음 〈그림 2-14〉는 군사개혁을 통해 7개 군구에서 5대 전구로 개편된 현황이다.

〈그림 2-14〉 중국군 5대 전구 현황

출처: 『연합뉴스』, 2016년 2월 2일. 참조하여 재작성

각 전구에 부여된 임무는 다음 〈표 2-1〉과 같다.

〈표 2-1〉 군사개혁 이후 5대 전구 현황

전구 (사령부 위치)	해군함대 (사령부 위치)	책임지역 및 임무
동부전구 (난징)	동해함대 (닝보)	• 장쑤, 상하이, 저장, 푸젠, 장시, 안후이 • 대만해협 문제, 일본과 동중국해 도서 분쟁, 동중국해 해상 안전 보호
남부전구 (광저우)	남해함대 (잔장)	• 후난, 광둥, 광시, 하이난, 홍콩, 마카오, 구이저우 • 남해 영토 수호 및 해상항로 안전 책임
서부전구 (청두)	–	• 쓰촨, 충칭, 티베트, 간쑤, 칭하이, 닝샤, 신장 • 최대 임무는 대테러 작전 수행(신장, 티베트 소수민족 등)
북부전구 (선양)	북해함대 (칭다오)	• 헤이룽장, 지린, 랴오닝, 네이멍구, 산둥 • 한반도 및 러시아 방향으로부터의 군사충돌 발생 방지
중부전구 (베이징)	–	• 베이징, 톈진, 허베이, 산시, 후베이, 허난 • 수도 베이징 안전 수호가 최우선 임무

다음은 금번 군사개혁을 통한 전략지원부대 창설이다. 전략지원부대는 합동작전을 지원하기 위한 목적으로 창설되었다. 전략지원부대는 우주전, 사이버전, 전자전, 심리전을 수행한다. 또한 중국산 위성위치체계인 베이더우(北斗)체계를 완성시켰으며, 현대전의 비물리적 분야인 사이버전과 전자전을 담당한다. 또한 중국 삼전의 한 분야인 심리전을 담당한다. 기존의 제2포병은 '전략로켓군(戰略火箭軍)'으로 개칭했다. 이를 통해 핵미사일 등 로켓군의 전략적 특성을 더욱 특화하고 능력의 확대를 계획했다.

이번 군사개혁의 의미와 영향을 살펴본다. 시진핑이 추진한 군사개혁의 가장 큰 의미는 중국군의 합동작전 능력의 향상이다. 기존 육군 중심의 지상 작전 위주에서 전구 내의 모든 군종이 합동작전을 할 수 있는 체계로 변화시킨 것이다. 두 번째로는 한반도에 대한 영향을 간과할 수 없다. 북부전구는 기존의 선양군구와 산둥군구를 통합했다. 지리적으로 분리된 전구의 모습이다. 산둥반도에 북해함대가 자리 잡고 있는데, 이는 북부전구가 한반도 유사시에 북해함대를 잘 활용할 수 있는 구조를 갖춘 것으로 보인다.

2) 중국 지도부의 해양 인식과 해양 팽창정책

『21세기 동북아 해양전략』에서도 중국 지도부의 해양 인식이 제시되었다. 그러나 이 책에서는 해양 인식의 시기를 마오쩌둥부터 언급하고, 분야도 행정 분야, 법률 및 제도적 분야, 공산당 및 국가지도자 분야까지 다양한 분야로 확장시켜 살펴보려 한다. 이를 통해 중국의 해양 인식이 오래전부터 그리고 군사뿐 아니라 경제, 법률제도 등 다양한 분야에서 차근차근 시작되고 준비되었다는 것을 알 수 있다.

중국 지도부가 해양의 중요성을 본격적으로 인식한 것은 1980년대 개혁개방 이후라고 본다. 그러나 1976년까지 중국의 지도자였던 마오쩌둥은 국내적 여건이 허락하지 않아서 해군력을 건설하지 못했으나, 해양의 중요성을 인식하고 있었다. 왜냐하면 중국이 해양력의 중요성을 인식한 것은 경제건설에 따른 해양력의 필요성 이전에 19세기 말 강대한 해군력을 보유한 제국들로부터의 뼈아픈 역사적 경험에 바탕을 두고 있었기 때문이다. 이 책에서도 이미 거론했지만, 중국은 19세기 서구와 일본의 제국주의 침략으로 힘든 시기를 보냈다. 예를 들면, 아편전쟁, 청일전쟁, 의화단의 난, 중일전쟁 등이 대표적이다. 이는 중국인이 대표적으로 거론하는 치욕의 역사다. 이러한 전쟁이나 사건들은 모두 바다와 해양을 통해 제국주의 군대가 중국에 접근했다. 중국은 이를 상대할 만한 강한 해군력이 없어 제국주의 세력들의 군사적 위협에 굴복하고 만다. 이러한 것을 설명할 때 '역사적 충동(Historical Impulse)' 요인이라고도 한다.[34] 즉, 역사적 경험에 근거한 동기라는 것이다. 따라서 1974년의 해전의 예를 들어보자. 이는 마오쩌둥 주석이 1976년 사망하기 전에 마지막으로 군사력을 사용한 사례다. 당시 중국은 문화대혁명의 소용돌이 속에 놓여 있었다. 따라서 외부, 특히 해양의 문제에 눈을 돌릴 만한 여유가 없었다. 그러나 당시 지도자 마오쩌둥은 과감히 군사력을 사용하여 해양 권익을 수호하려 했다.

---

34) 중국의 대외정책을 이해하는 3대 요인으로 역사적 충동(Historical Impulse; 반제국주의 역사적 경험), 혁명적 충동(Revolutionary Impulse; 마르크스주의에서 태동했으며 사회를 혁명적으로 변화시키려는 동기), 사회주의적 충동(Socialistic Impulse; 사회주의 노선에 따라 사회를 변화시키려는 동인)이 있다. Melbin Gurtov and Byong Moo Hwang, *China Under Threat: The Politics of Strategy and Diplomacy* (Baltimore and London: Johns Hopkins University Press, 1980), pp. 12-16; 황병무, 『전쟁과 평화의 이해』, 오름, 2001, pp. 410- 412에서 재인용.

이때 상대는 공산화되기 이전의 남베트남이었다. 남베트남이 먼저 선수를 쳤다. 남베트남은 1975년부터 남중국해의 도서들에 대한 영유권을 선포했다. 그러자 1976년 1월 중국은 파라셀제도의 섬에 중국기를 게양했다. 1976년 1월 16일 당시 남베트남은 미군으로부터 인수받은 구축함 2척을 동원해 중국기를 포격하고, 중국 어부들을 몰아냈다. 당시 투입전력은 중국이 상대적으로 열세였다. 베트남은 구축함 및 호위함 등 총톤수가 6천 톤에 이르렀고, 중국 해군은 300톤급 4척 등 총톤수가 1,800톤 정도였다. 그러나 전투 결과는 중국 해군이 승리했다. 베트남은 구축함 1척 침몰 등 피해를 입은 반면, 중국 해군은 손상은 입었으나 침몰된 함정은 없었다. 이는 1949년 건국 후 중국 해군이 가장 원해로 나가 치른 최초의 전투였다.

1976년 마오쩌둥 사망 이후에 뒤를 이어 권력을 잡은 덩샤오핑은 경제개발과 성장에 중점을 둔 개혁개방을 추진했다. 이때 나온 유명한 말이 '백묘흑묘론'이다. "흰 고양이든 검은 고양이든 쥐만 잘 잡으면 된다"는 것으로, 자본주의든 공산주의든 중국을 잘 먹고 잘살게 해주면 된다는 것이다. 덩샤오핑은 매우 융통성 있는 사고를 하는 지도자였다. 개혁개방이 시작되자, 바다는 중국과 외부세계를 이어주는 통로가 되었다. 특히, 서방과의 무역을 위한 수출입품은 거의 100% 해양수송로를 통해 이동되었다.

중국 지도자들에게 해양력은 국부를 가져다주는 해외무역로로서 보호할 필요가 생겨난 것이다. 이러한 필요는 바로 미국의 마한이 제창한 해양력의 필요성과 일치하는 동기다. 즉, 해군력은 국가의 해양을 통한 무역을 보호하기 위한 군사력이었다. 이러한 인식이 시작된 것이 1980년대 이후다.

중국의 전략가들은 1980년대 후반부터 해양과 우주를 '전략적 경계'라는 개념으로 주장하기 시작했다. 기존의 중국은 육상의 경계를 중심으로 국가를 방어하는 고유의 관점을 가지고 있었다. 그러나 해양과 우주의 중요성이 거론되기 시작하자, '전략적 경계'라고 부르고, 한 국가의 군사력이 실질적으로 통제할 수 있는 국가이익과 관련된 지리적 · 공간적 한계라고 정의했다.[35] 이는 중국의 전략가들이 해양의 중요성을 인식하고 강조한 것이다.

이제 중국 정부나 공산당이 활동한 공식적인 해양 관련 활동을 알아보자. 중국 정부는 1990년대부터 해양의 발전을 공식업무로 지정했다. 그 결과 1991년 전국해양업무회의(全國海洋工作會議)가 최초로 개최되었다. 1995년에는 국가개혁위원회, 국가과학기술위원회, 국가해양국이 작성하고 국무원(우리의 행정부에 해당)이 비준한 '전국해양개발계획'이 발표되었다.

중국 정부의 법적 · 제도적 정비도 짚고 넘어가야 할 부분이다. 중국은 1992년 2월 「영해법(영해 및 접속수역에 관한 법)」을 제정하고, 주변 도서에 대한 영유권을 주장할 국내법적 근거를 마련했다. 또한 1994년 현재 국제사회가 활용하고 있는 유엔 해양법(UNCLOS)이 발효되자 중국은 1996년 5월 이를 비준했다. 이로써 중국은 광활한 배타적 경제수역을 누리게 되었다. 1998년에는 「배타적 경제수역 및 대륙붕에 관한 법률」을 제정하여 해양국가로서 갖추어야 할 법적 · 제도적 기반을 마련했다.[36]

2000년대에 들어서면서 해양에 대한 인식은 중국공산당과 지도자들을 통해 직접적으로 제시되기 시작했다. 2002년 장쩌민 시기에

35) 황병무 · 멜 거토브, 『중국 안보론』, 국제문제연구소, 2000, p. 123.

36) 진기원, 「G2 시대의 동아시아 해양질서」, 『이순신연구논총』 16, 2011, p. 9.

중국공산당 제16차 전국대표대회의 '업무보고'에서 공식적으로 해양정책이 제기되었다. 공산당 전국대표대회는 중국공산당이 5년마다 개최하는 최고 수준의 의사결정기구로서 상징성이 대단히 크다. 이를 바탕으로 2003년 발표된 「전국해양경제발전규획요강(全國海洋經濟發展規劃綱要)」에서 처음으로 중국이 '해양강국'임을 밝혔다.[37] 장쩌민의 뒤를 이은 후진타오 시기에도 해양강국 건설을 위한 노력은 지속되었다. 후진타오는 2009년 해군 창설 60주년 연설에서 "근해해군에서 벗어나 대양해군으로 거듭나자"라고 선포했다. 이후 2012년 18차 당대회에서 '해양강국 건설'을 중국공산당의 공식목표로 설정했다.[38]

2012년 말부터 집권한 시진핑 주석은 해양에 대한 더욱 적극적인 언급과 정책들을 내놓았다. 2013년 7월 거행된 제8차 중앙정치국 집체학습에서 "중국은 육상대국이자 또한 해양대국이며, 광범위한 해양전략 이익을 보유하고 있다"고 강조했다.[39]

다음은 중국의 해권(海权: Sea Power)에 대한 개념을 소개한다. 우리는 '해양력(Sea Power)'이라고 번역하는 서양의 Sea Power를 중국에서는 '해권(海权)'이라고 번역하고 있다. 따라서 이 책에서는 중국의 용어인 해권을 사용하여 설명하겠다. 신중국 수립 이후 인민해방군은 주로 육군을 중심으로 운영되었다. 즉, 해군과 공군이 매우 취약했다. 이러한 사실을 알 수 있는 것은 건국 직후 중공이 취한 금문도(진먼다오) 점령 시도였다. 이때 중공은 해군함정이 전무하여 인근 어촌에서 어선

---

37) 하도형, 「중국 해양전략의 양면성과 공세성: 국가정책적 추진 목표 및 방식과 현황을 중심으로」, 『국제정치논총』 55(4), 2015, pp. 78-79.

38) 임경한 외, 『21세기 동북아 해양전략』, 북코리아, 2015, p. 164.

39) "我国既是陆地大国, 也是海洋大国, 拥有广泛的海洋战略利益", 중국공산당 신문망(검색일: 2022. 02. 07) http://cpc.people.com.cn/n/2013/0731/c64094-22399483.html

등을 징발하여 금문도 점령을 시도했다.[40] 그러나 금문도의 쿠닝토어에서 잘 준비된 국민당 군대에 참패를 당했다. 이후 중공은 금문도 점령을 시도하지 않고 포격만 했고, 금문도는 아직도 대만 관할이다.

따라서 중국은 해양력이라는 개념 없이 바다에 대해서는 '해방(海防: 바다를 방어)'이라는 생각만 가지고 있었다. 즉, 바다를 활용하거나 바다를 통해 다른 곳으로 이동하는 등의 활용보다는 그저 바다에서 오는 외적을 막는 것이었다. 중국이 바다를 좀 더 심각하게 생각하고 해권을 고려하기 시작한 것은 개혁개방으로 바다를 통해 무역하다 보니 이를 보호할 해군의 필요성을 인식하기 시작한 때부터다. 또, 경제가 발전하면서 전력증강을 할 수 있는 재원이 확보된 이후부터다. 개혁개방은 마오쩌둥이 1976년 사망하고 이후 덩샤오핑이 권력을 잡았으므로 통상 1970년대 후반부터라고 할 수 있다. 따라서 중국이 서양의 해권을 받아들여 본격적으로 연구한 것은 1980년대 이후라고 할 수 있다.

먼저 중국이 해양력을 해권이라고 번역한 것에 대한 평가다. 중국은 서양의 해양력 개념을 해석하여 받아들이면서 능력(capability)과 권리(rights)로 인식했다. 즉, 능력은 해군력과 선단 등 해양을 활용할 수 있는 실제적인 수단이라 할 수 있으며, 권리는 일국이 해양에서 누릴 수 있는 특정한 권리(rights)와 이익(interests)이라고 할 수 있다. 중국의 해권에는 후자의 인식이 더 강하게 반영되어 있다.[41] 왜냐하면 현대 중국인에게는 근대에 일본과 서구 열강이 바다를 통해 중국의 영토를 빼앗고 주권에 상처를 입힌 기억이 깊이 자리 잡고 있기 때문이

40) 박남태, 「금문도 재탄생」, 『국방저널』, 2018 가을호.

41) 이에 대한 설명은 다음을 참고할 것. 하도형, 「중국 해양전략의 인식적 기반: 해권(海權)과 국가이익을 중심으로」, 『국방연구』 55(3), 2012, pp. 47-71.

다. 따라서 중국인이 바다를 통해 우선적으로 확보하고 싶은 것은 바로 자국이 마땅히 누려야 할 권리와 이익을 보장받는 것이다.

최근의 저서를 통해 중국의 해권 개념과 목표, 전략을 간단히 소개하고자 한다.[42] 중국 학자들은 해권의 정의에 대해서는 기존 마한이나 서구 학자들의 정의에 대체로 동의하고 있는 듯하다.[43] 이 책에서는 후보 교수의 해권 개념을 소개하겠다. 그는 해권을 "해군력 등 실질적으로 행사할 수 힘으로, 권력으로서 해권은 해양을 통해 다른 나라의 행동에 영향을 줄 수 있는 우월한 지위"로 해석한다. 마지막으로 자원 또는 능력으로서 해권은 바다의 물과 공기같이 강대국에 반드시 있어야 할 것으로 해양강국이 되기 위한 모든 요소로 규정하고 있다.[44]

후보 교수는 중국의 국가 안보에서 핵심(核心) 해양이익, 중대(重大) 해양이익, 중요(重要) 해양이익으로 분류하여 제시하고 있다. 이러한 분류는 중국 정부의 공식문건에서 찾아볼 수 있는 국가 이익의 분류다. 핵심 해양이익으로는 내수 및 영해의 안보, 대만 통일, 동중국해의 댜오위다오, 근해 지리적 공간에서 전략적 안보 등이다. 이 중에서 우리와 관련된 것이 근해 지리적 공간에서 전략적 안보 문제다. 왜냐하면 중국은 근해를 보하이(발해만), 서해(황해), 동중국해, 남중국해와 대만의 동쪽 일부 해역으로 정의하고 있다. 즉 제1도련선과 그 주

42) 후보 교수는 베이징대학 해양전략 연구센터장이며, 그의 저서는 한국 해군 장교들에 의해 번역 출판되었다. 후보, 이진성 · 이희성 공역, 『머핸시대 이후 중국의 해양력』, 박영사, 2021.

43) 마한은 해양력을 "해양에서 또는 해양에 의해 국민이 위대해지는 모든 경향"이라고 제시했으며, 해양력의 6대 요소를 제시했다. 지리적 위치, 자연 조건과 그 생산력 및 기후, 영토의 크기, 인구, 국민성, 정부의 성격. Alfred Thayer Mahan, *The Influence of Sea Power upon History, 1660-1783*, Boston: Little, Brown and Company, 1890, pp. 28-29.

44) 후보, 앞의 책, pp. 3-4.

변 해역을 의미하며, 본토 방어를 위한 목적 때문이다. 한국은 중국과 서해(황해)를 공유하고 있고, 제주도 남방으로는 일본과 해양영토 분쟁지가 있는 동중국해와 연결된다. 그 아래는 중국의 핵심이익 중의 핵심이익인 대만이 있다. 중대 해양이익으로는 배타적경제수역과 대륙붕, 자원개발 권익과 생태안전, 중요 해양 관련 사안에서의 발언권 등이다. 마지막으로 중요 해양이익으로는 중요 해양산업의 발전과 안전, 공해의 자유와 안전 등이다.

후보 교수가 제시한 해양전략으로는 근해통제, 지역존재, 전 세계 영향이다.[45] 근해통제는 근해(제1도련선)에서 전략적 우위를 달성하는 것이다. 이는 전시에 전쟁에 이기거나 충돌을 억제하는 능력을 가리키는 것으로, 평시에 그 해역의 지배와 관할을 의미하지는 않는다고 주장한다. 구체적으로는 일정한 상대적 역량의 우위를 달성하고 질서 체계를 수립하는 것이다. 지역존재는 중국이 결코 가볍게 보이거나 쉽게 격파되면 안 되는 역량을 갖추는 것으로 제2도련선 밖의 서태평양과 서부 인도양에서 추구한다. 이를 위해서는 일정 수의 해외지원기지와 2~3개의 항모강습단으로 구성된 원양함대가 필요하다. 좀 더 구체적으로 설명하면, 미국 등의 국가나 집단이 중국의 일에 개입하거나 간섭하여 국익을 저해할 때 이를 위협하거나 억제하거나 대비하는 것이다.

마지막으로 전 세계 영향은 일시적인 군사배치, 군사훈련, 군함의 상호방문 등의 행동과 국제 해양정치 대결을 통해 해양군사, 외교, 경제 등 국제 공공상품을 적극적으로 제공하고, 전 세계 해양에서 정치, 외교적 영향력을 행사하는 것을 말한다.

---

45) 이에 대한 원서의 용어는 近海統制, 区域存在, 全球影响이다. 후보, 앞의 책, pp. 130-150.

미국 학자들은 중국이 마한의 해양력 이론을 해석하면서 다른 점을 다음과 같이 지적했다. 즉, 마한은 종합적인 국가의 해양력 구비를 위한 요소 중의 하나로 해군력 건설을 주장했다. 다시 말하면, 해상 무역에 종사하는 상선대와 이들이 다니는 해상 교통로를 보호하기 위해서는 강력한 해군력이 필요하다고 제시한 것이다. 그러나 중국은 국가의 종합적인 해양력보다는 해군력 건설의 명분으로 마한의 해양력 이론을 수용했다고 평가했다. 즉, 중국은 마한의 해양력 이론을 해군력 건설에 더욱 집중한 것으로 볼 수 있다.[46]

4. 변화하는 해양 시대에 중국의 해양전략과 해군력 건설

1) 미중 전략적 경쟁 시기 중국의 해양전략

이 절에서는 미중 전략적 경쟁 시기 중국의 해양전략을 세 가지 관점에서 제시해보고자 한다. 먼저 중국 해양전략의 기본 방향성을 가지고 논의한다. 이는 중국의 다른 분야에서와 마찬가지로 과거의 연장선상에서 관찰하는 것이다. 두 번째는 이러한 중국의 해양전략이 미중 전략적 경쟁 시기에 어떤 변화를 보이는지를 분석한다. 이는 이 책의 주요 관찰 기간인 미중 전략적 경쟁 시기에 중국 해양전략의 변화와 그 방향성을 관찰해보는 것이다. 마지막 세 번째로는 운용 측면의 해양전략을 고찰해본다. 즉, 현재 중국 해군이 바다에서 어떤 방법으로 활용되는가의 문제다. 최근 몇 년 전부터 고유명사화된 '회색지대(Gray

46) Toshi Yoshihara, 『태평양의 붉은 별: 중국의 부상과 미국 해양전략에 대한 도전』, 한국해양전략연구소, 2012, pp. 36-51.

Zone) 접근'과 '하이브리드전(Hybrid Warfare)' 등과 연결시켜 살펴보고자 한다. 전략을 현재 또는 근미래의 군사 활용과 운용 측면에서 고려한다면 이 부분이 진정한 중국의 해양전략이라고 여겨진다.

먼저, 기존 해양전략의 연계선상에서 미중 전략적 경쟁 시기 중국의 해양전략을 살펴본다. 중국의 체제와 국가 특성상 해양전략이 몇 년 내에 큰 변화가 생기지는 않을 것이다. 따라서 『21세기 동북아 해양전략』에서 제시한 것처럼 "근해 적극방어전략"이라는 큰 틀에서 변화·발전하고 있다. 적극방어전략은 마오쩌둥 등 중국의 공산혁명 과정에서 유래된 전략이며, 현재까지도 중국의 기본 전략방침으로 명시되고 있다. 이것을 '근해'와 접목한 것이 바로 근해 적극방어전략이 된다. 여기서 근해는 "보하이(渤海)만, 황해(서해), 동중국해, 남중국해, 대만섬 동쪽의 일부 해역"을 의미한다.[47] 다시 말하면, 1980년대 류화칭 제독이 주장했던 제1도련선을 가리킨다.

인용한 중국군 군사용어사전의 정의처럼 한국과 중국 사이의 해양인 서해도 중국의 근해 안에 포함되어 있다. 따라서 중국 해군이 적극적으로 군사력을 활용하여 다투는 곳이라는 의미가 된다. 중국의 근해 적극방어의 실제 방어선인 도련선들은 미국 등 서구에서 명명한 반접근/지역거부(A2/AD: Anti Access/Area Denial)와 유사하다. 중국의 도련선은 방어선 또는 해상 만리장성과 유사하다. 즉 도련선으로 상대방을 차단하고, 도련선 내측을 안전하게 지키겠다는 생각이다. 그래서 도련선을 '바다의 만리장성'이라고도 비유한다. 반접근은 어떤 특정 지역에 대한 상대방 군사력의 접근을 격퇴하고, 특정 지역을 사용하지

47) 中国军事科学院(군사과학원), 『中国人民解放军军语』(인민해방군 군사용어), 北京: 军事科学出版社, 1997, p. 440; 胡波, 『后马汉时代的中国海权』, 北京: 海洋出版社, 2018, pp. 75-76에서 재인용.

못하도록 한다는 것이다. 최근 들어 한 가지 재미난 것은 반접근/지역 거부 용어를 중국도 사용하기 시작했다는 것이다. 중국의 전략을 표현한 용어이지만 서구에서 명명했으며, 중국은 이를 철저하게 사용하지 않았다. 그러나 중국에서 2020년 발행된 『전략학(战略学)』에서 이 용어를 언급하고 있다.

두 번째로는 미중 전략적 경쟁 시기에 중국 해양전략의 변화를 고찰해보고자 한다. 중국 체제의 특성상 활용할 수 있는 자료가 제한된다. 따라서 제한점이 있으나, 중국의 군사전략과 해양전략을 분석하기 위해 저자가 활용할 수 있는 일곱 권의 『국방백서(中国的国防)』를 활용한다.[48] 중국의 『국방백서』 내용 중에 먼저 정세평가,[49] 국방목표(전략방침), 해군의 임무 또는 해군력 건설방향의 내용을 중심으로 살펴본다.

2004년 『국방백서』는 후진타오 주석의 집권기 때 발행되었다. 국제정세는 복잡한 변화가 발생하고 있다고 평가한 반면, 아태지역의 정세는 기본적으로 안정적이라고 평가했다.[50] 이때도 군사전략 방침은 '적극방어'라고 제시하고 있다. 그리고 세부적으로는 '정보화 조건하에서의 국지전 승리'전략을 제시하고 있다. 해양과 해군에 관련된 사항으로는 먼저 중국 특색을 갖춘 군사혁신 분야에서 해군, 공군, 제2포병을 강화한다고 명시하고 있다. 해군의 임무로는 국가의 해상안전

---

48) 저자는 2004, 2006, 2008, 2010, 2013, 2015, 2019년의 『국방백서』를 분석했다.

49) 중국 『국방백서』에서는 정세평가의 중국어 원어가 '안전형세(安全形勢)'로 되어 있다. 지나친 해석일지 모르나 형(形), 세(勢)는 『손자병법』 4장(形), 5장(勢)의 제목이다. 『손자병법』에서 형(形)은 힘의 정적 · 물리적 배치상태를 의미하고, 세(勢)는 힘이 움직이는 정적인 상태와 정신적인 요소까지를 포함한다. 그래서 손자의 용병이론은 형의 형성에서 시작되고, 세를 조성함으로써 승리한다고 주장한다. 손자, 김광수 역, 『손자병법』, 1999, p.119.

50) 中华人民共和国国务院新闻办公室, 『中国的国防』, 2004, p. 4.

을 보위하고, 영해주권과 해양주권을 수호하는 것이라고 제시했다.[51)]

마찬가지로 2006년 『국방백서』도 정세평가는 2004년과 유사하게 세계적으로는 도전과 기회의 요소가 병존하나, 아태지역은 기본적으로 안정적이라고 평가하고 있다. 기본적인 '적극방어' 군사전략 방침을 관철하여 '정보화 조건하 국지전 승리'를 추구한다. 해양과 해군에 대해서는 근해방어의 전략종심을 점진적으로 증대하고, 해상 종합작전 능력과 핵반격 능력을 제고한다.[52)] 해군력 건설의 방향은 "정보화 조건하 작전 수행에 필요한 해상 기동병력의 육성을 강화하여 근해에서의 통합작전 능력과 합동작전 능력 및 해상 종합 군사지원 능력이 향상되었다"고 기술하고 있다.

2008년 『국방백서』에서는 아태지역의 안보정세가 전반적으로 안정적이라고 평가하고 있다. 중국은 영원히 패권을 추구하지 않으며, 군사적 확장을 추진하지 않을 것이라고 명시했다.[53)] 여전히 적극방어 전략지침을 견지하여 '정보화 조건하 국부전쟁 승리'를 목표로 한다. 해군은 근해방어전략을 견지한다. 근해 해상전력 수행의 종합작전 능력 및 핵반격 능력을 증대시킨다고 제시했다.

2010년의 『국방백서』는 여전히 아태지역의 안보정세는 전반적으로 안정적이라고 평가하고 있다. 이때부터 국방목표의 확대가 나타나는데, "기존의 주권 · 안전 · 발전이익을 수행하고, 영토 · 내수 · 영해 · 영공의 안전을 보위하며, 국가의 해양권익 수호, 우주 · 전자 · 사

---

51) 위의 책, p. 11.

52) 中华人民共和国国务院新闻办公室, 『中国的国防』, 2006, p. 8.

53) 中华人民共和国国务院新闻办公室, 『中国的国防』, 2008, p. 5. 이 내용은 중국의 경제성장과 국력 신장에 따른 서구를 중심으로 한 중국위협론을 의식한 문구라고 예상된다.

이버 공간에서의 국가 안보이익을 수호한다.[54] 근해방어의 전략적 요구에 따라 종합작전 역량을 현대화하고, 원해에서의 협력과 비전통 안보위협에 대한 대응능력을 향상하고 있다"고 주장한다. 이때 『국방백서』에서 처음으로 중국 해군의 원해활동에 대해 언급하기 시작했다.

다음은 시진핑 집권기 『국방백서』 세 권의 내용을 분석한 것이다. 2013년 『국방백서』(中國武裝力量多樣化運用)는 기존의 제목이 변경되었다. 중국은 먼저 정세평가에서 신정세, 신도전, 신사명, 패권주의, 강권정치, 신간섭주의가 등장했다고 평가하고, 미국의 아태 안보전략 조정으로 아태지역 정세도 심각하게 변화되고 있다고 제시했다. 해군은 국가의 해상안보와 영해 주권 보위, 해양이익 수호를 주요 임무로 한다.[55] 중국은 육상과 해상을 겸비한 대국이고, 해양은 중국의 지속가능한 발전을 실현하는 공간이자 자원의 보장, 인민의 복지와 국가의 미래와 관련되어 있어 "중국은 해양강국을 건설해야 한다"고 제시했다.[56] 또한 해외이익을 수호해야 한다고 주장한다. 해외 에너지 자원, 해상교통로와 재외국민, 법인를 보호해야 한다고 주장한다.

2015년의 『국방백서』(中國的軍事戰略)에서는 국제정세가 격변하고 있다고 분석했다. 아태지역은 미국의 아시아-태평양 재균형 정책, 군사적 현시와 군사동맹체제 강화, 일본은 전후 체제를 탈피하여 적극적 안보정책을 추구하고 있고, 인접 국가 중국의 영토주권과 해양권익 문

---

54) 中华人民共和国国务院新闻办公室, 『中国的国防』, 2010, p. 11.

55) 中华人民共和国国务院新闻办公室, 『中國武裝力量多樣化運用』, 2013, p. 26.

56) 중국의 해양에 대한 강조는 장쩌민 주석 집권기부터 등장했다. 2002년 중국공산당 제16차 전국대표대회의 '업무보고'에서 해양정책이 다루어졌으며, 당시 장쩌민 주석은 경제대국 발전전략과 해양개발을 추진해야 한다고 역설하면서 본격적인 해양 진출 의지를 피력했다. 특히 2003년 발표한 「전국해양경제발전규획요강(全國海洋經濟發展規劃綱要)」에서 공식문건을 통해 최초로 중국이 '해양강국'임을 천명했다. 현 시진핑 주석 집권기에도 중국이 해양강국임을 지속적으로 강조하고 있다.

제와 관련하여 도발하고 있으며, 남중국해 역외 국가들이 적극적으로 개입하고 있다고 주장한다. 또한 중국몽과 강군몽 실현을 위한 여덟 가지 인민해방군 임무를 제시했다.[57] ① 각종 우발사태와 군사위협에 대응하여 국가 영토와 영공, 영해주권과 안보를 효과적으로 수호, ② 조국 통일을 결연히 수호, ③ 새로운 영역의 안보와 이익 수호, ④ 해외이익의 안전 수호, ⑤ 전략적 위협을 유지하면서 핵반격 행동 조직, ⑥ 지역 및 국제안보 협력에 참여하고 지역과 세계평화 수호, ⑦ 침투, 분열, 테러에 대비한 능력을 강화하여 국가 정치안정과 사회안정 수호, ⑧ 재난구조, 권익수호, 안보 경계 그리고 국가 경제와 사회 건설 지원 등의 임무를 책임진다. 그러면서도 새로운 형세하에서 적극방어 군사전략 방침을 실행하기 위해 해군은 다음과 같은 원칙을 견지한다고 주장한다.[58] 해군은 근해방어와 원양호위의 전략적 요구에 따라 근해방어와 원양호위형 조합으로의 전환을 점차 실현하여 다기능, 고효율의 해상작전 전력체계를 구축하고 전략적 위협, 해상기동작전, 해상합동작전, 종합방어작전 및 종합지원능력을 향상시킨다. 육지를 중시하고 해양을 경시하는 전통적 사고 탈피, 해양 경영과 해양권익 수호를 고도로 중시, 국가의 안전과 발전이익에 부합하는 현대 해상 군사전력체계 구축, 국가 주권과 해양권익 수호, 전략적 통로와 해외이익의 안전 수호, 해양 국제협력 참여, 해양강국 건설을 위한 전략적 지원을 제공해야 한다고 언급했다.

2019년 『국방백서』(新時代的中國國防)에서는 "중국은 이전 백 년 동안 경험하지 못한 큰 변화가 있으며, 국제 전략구조가 본질적으로 변

57) 中华人民共和国国务院新闻办公室, 『中國的軍事戰略』, 2015, pp. 5-6.

58) 위의 책, p. 13.

화하고, 아태지역 안보정세는 전반적으로 안정적"이라고 평가했다. 또한 남중국해 정세가 안정적이며, 좋아지고 통제되고 있다고 제시했다. 2장의 제목인 "신시대 중국의 방어적 국방정책, 주권, 안보, 발전이익 수호"가 국방목표다.[59] 특이한 점은 "중국은 영원히 패권을 추구하지 않고, 영토확장을 하지 않으며, 세력 범위를 도모하지 않는다"고 제시했다. 해군의 임무에 대해서는 기존의 '근해방어와 원해호위'(2015)에서 '근해방어와 원해방위의 전략적 요구사항'(按照近海防御, 远海放卫的战略要求)이라고 제시했다.[60] 〈표 2-2〉는 2013년, 2015년, 2019년 중국 『국방백서』의 내용을 정리한 것이다.

〈표 2-2〉 미중 전략적 경쟁 시기 중국 『국방백서』와 해양전략

연도	정세평가	국방임무(전략 방침, 전략 내용 등)	해군임무(해양전략/해군력 건설 방향 등)
2013	• 패권주의, 신간섭주의 등 • 아태지역 정세 심각 변화 중	• 국가 주권, 안전, 발전 이익 수호 • 해양강국 건설 제시	• 해상안보와 영해주권 수호 • 해외이익 수호
2015	• 국제정세 격변 • 아태지역은 미국 재균형 정책, 남중국해 문제 등	• 국가 주권, 안전, 발전 이익 수호 • 중국군 8대 임무 제시	• 근해방어와 원해호위 • 다기능, 고효율 해상작전 체계 구축
2019	• 국제정세 본질적 변화 • 아태지역은 전반적으로 안정적	• 방어적 국방정책 추구 • 주권, 안보, 발전이익 수호 * 중국 패권 추구하지 않음	• 근해방어와 원해방위

위 세 권의 『국방백서』를 통해 중국의 해양전략에 대해 평가해본다. 현재까지 중국의 군사전략이 일정한 방향성을 유지하면서 더불어 해양전략 또한 변화하고 있다. 이러한 해양전략 변화의 방향성은 물리

59) 中华人民共和国国务院新闻办公室, 『中國的軍事戰略』, 2015, p. 8.

60) 中华人民共和国国务院新闻办公室, 『新時代的中國國防』, 2019, p. 18.

적 · 비물리적 영역의 확장이다. 먼저 물리적 영역 분야로서 중국 해군이 임무를 수행하는 물리적 영역이 근해에서 원해로까지 확장되었다. 또한 비물리적 영역이 확장되었다고 볼 수 있다. 내용 면에서도 근해방어에 추가하여 원해호위 임무(2015)가 설정되었고, 최종적으로는 원해방위(2019) 임무로 확대되었다.[61] 이에 추가하여 중국 해군의 임무가 확장되고 있다. 영토주권에서 출발하여 해양권익과 해외권익 보호로까지 확대되고 있다.

향후 중국의 해양전략 변화에서 주목해야 할 것은 시진핑의 새로운 안보관에 기초한 군사전략 사상의 영향이다. 시진핑의 군사사상은 2016년 『해방군보(解放軍報)』에 소개되었다. 해양전략 변화와 관련해서 주목해야 할 부분은 "전략적 사고 전환을 적극 추진하고, 전통적 국익개념을 폐기하고 … 전통적 안보 유지 개념을 폐기하고 … 지역방위와 영토방위 중심의 낡은 개념을 폐지하고, 공세적이고 능동적인 행동의 새로운 개념을 수립한다"[62]이다. 이를 정리해보면, 기존 지상의 영토방위 위주의 전략개념을 탈피하고, 전략적 이익 확보 등 확장적 전략개념을 주장하고 있는 것으로 보인다.

이처럼 기존 중국의 지상 영토 중심의 안보관을 탈피하여 외부로 확장적 전략을 지향한다면, 육해공 군종 중에 해군이 주도적 역할을 할 가능성이 커진다. 왜냐하면 해군은 태생적으로 바다를 통해 외연을 확장하는 특성을 가지고 있기 때문이다.

---

61) 중국군 군사용어에서 '방어(防御)', '방위(放卫)', '호위(护卫)'에 대한 정의를 확인할 수 없으나, 일반적인 용어에서 방어나 방위는 'defense'로 번역하고, 호위는 'escort'로 번역한다. 따라서 활동 범위에서 호위(escort)보다 방위(defense)가 더 확대되었음을 알 수 있다.

62) "习主席新形势下的军事战略思想是什么", 『解放軍保』, 2016년 9월 2일자. "破除传统国家利益观念, 树立战略利益拓展的新观念; 破除维护传统安全的旧观念, 树立维护国家综合安全的新观念; 破除本土防御, 守土卫疆的旧观念, 树立积极进取, 主动作为的新观念."

다음은 마지막으로 운용적 측면의 중국 해양전략을 분석해본다. 다시 말해, 최근 중국 해군이 어떤 전략을 구사하고 있는지를 제시하고자 한다. 중국은 이미 2척의 항공모함을 진수했고, 세 번째 항공모함을 건조하고 있다. 중국은 최근 수년 동안 아시아 최초로 2척의 항공모함을 취역시켰다. 또한 2021년 1월 13일에는 자칭 아시아 최대라고 자랑하는 1만 2천 톤급 055D형 구축함(1번함: 南昌)을 취역시켰다. 항공전력 분야에서는 최신 스텔스 기술을 적용한 자국산 스텔스 전투기(젠-20)를 선보였다. 2019년 10월 1일 톈안먼에서 열린 건국 70주년 기념 열병식에서 둥펑(東風)-21D 등 최신 무기체계를 총동원하여 막강한 군사력을 대내외에 과시하기도 했다.

그러나 이와 같은 중국의 군사력 증강과는 대조적으로 최근 중국이 실제로 군사력을 운용하는 양상은 기존 군사력 운용양상과는 상당히 다르다. 즉, 회색지대 작전, 삼전(三戰), 양배추 전법, 하이브리드전, 정보전(信息戰), 사이버전(網絡戰) 등의 용어들이 최근 중국이 보여주는 군사력 운용양상을 나타내고 있다. 이러한 중국의 최근 군사력 운용양상의 핵심적 특징은 최신의 대형 무기체계가 전면에 등장하지 않는다는 점이다. 그 대신에 해상민병대, 해경 등 군(軍)과 민(民)의 경계가 모호한 세력들이 전면에서 나서고, 사이버전과 삼전 같은 비물리적인 방법들을 적극적으로 활용한다는 것이다.

이러한 개념과 유사한 군사력 운용이 웨이셔(威慑, weishe)인데, 중국의 『국방백서』에도 웨이셔가 해군의 임무 중 하나로 주어져 있다.[63] 웨이셔는 중국적인 개념으로 서구의 억제(deterrence)와 강압(coercion)을 혼합한 개념에 가깝다. 또는 억제와 선제적 공격(preemptive attack)을 합

63) 2015, "海军... 提高战略威慑与反击"(해군은 … 전략 웨이셔와 반격능력을 향상시키고…) p. 10.

친 개념으로 파악된다. 따라서 일부 문헌에서 억제(deterrence)로 번역하는 것은 적절하지 않다.[64] 후보 교수의 저서에도 중국 해군이 전략 목표를 달성하기 위한 수단과 방법으로 웨이셔를 적용하고 확대할 것을 주장하고 있다.[65]

여기에 해군의 역할이 있다. 타 군종에 비해 해군은 이러한 웨이셔를 잘 구사할 수 있는 특성이 있다. 서구에서는 이를 'Gun boat Diplomacy' 또는 'Coercive Diplomacy'라고도 한다.[66] 이를 구사하기 위한 주요 수단이 해군력이다. 중국은 여기에 해군력뿐 아니라 준군사력인 해양경찰(해경), 해상민병대까지 동원하기도 한다. 특히, 해상민병대는 한국이나 미국 등 자유민주주의 국가는 보유하지 않은 준군사력이다. 해상민병대는 어부들을 훈련시키고 동원하는데, 자유민주주의 국가가 보기엔 민간인 집단으로서 군으로 대응하기도 모호하고, 그렇다고 해양경찰이 강력하게 대응하기도 어렵다. 즉, 검은색도 아니고 흰색도 아닌 회색지대를 만들어 전략적 행동을 통해 목표를 달성하는 방법이다. 여기에서 회색지대(gray zone) 접근이라는 용어가 유래했다.

---

64) 중국의 군사용어를 번역할 때 한자가 동일해도 반드시 그 내용이 일치하지는 않는다. 따라서 그 용어의 내용(정의)을 살펴보고 동일한지를 판단해야 한다. 그렇지 않으면 중국의 군사용어에 대한 오해석에 빠지기 쉽다.

65) 후보, 下: 手段与路经(수단과 방법), 强化威慑策略的应用(웨이셔 책략 응용의 강화), pp. 270-278.

66) Alexander L. George & William E. Simons. *The Limits of Coercive Diplomacy*, Westview Press, 1994.

2) 중국의 현대화된 해군력 건설

상대방의 의도와 목적, 그리고 전략은 은폐가 가능하다. 그러나 상대방의 능력 구현을 위한 전력 건설은 숨길 수 없다. 따라서 중국 해군의 목적과 전략의 실현 주체로서 중국 해군을 분석하는 것은 중국의 진정한 목적에 근접할 수 있는 방안 중의 하나다. 특히, 이중성과 모호성으로 상대방에게 자신들의 전략을 쉽게 드러내지 않는 중국을 알기에는 더욱 그렇다.

이 절에서는 중국의 해군력 건설을 분석해보고자 한다. 먼저 객관적인 함정의 숫자 변화를 분석해보겠다. 또한 재래식 전력과 핵전력으로 구분하여 그 방향성을 알아보고자 한다.

〈표 2-3〉은 『밀리터리 밸런스(*Military Balance*)』를 통해 2011년과 2021년의 중국 해군함정 척수를 비교한 것이다. 첫째로는 SSBN(전략핵미사일 탑재 잠수함)의 이동이다. 북해함대에 2척이 있던 것이 남해함대로 이동했다. 북해함대는 서해를 통해 들어가 칭다오에 사령부가 있다. 그런데 서해는 수심과 어망 등 잠수함이 활동하기에 좋은 여건이 아니다. 특히, 전략핵미사일 탑재 잠수함은 수직발사관과 핵탄도미사일을 탑재하므로 재래식 잠수함에 비해 선체가 크다. 따라서 중국 해군의 전략핵미사일 탑재 잠수함이 수심이 깊고 대양진출이 용이한 남해함대로 이동한 것은 바람직하다. 그러나 우리가 질문해봐야 하는 것은 이전에는 왜 잠수함 운영환경에 적합하지 않은 북해함대에서 운영하다가 이제야 남해함대로 이동했냐는 점이다.

두 번째 의문점은 최초의 중국산 항모인 산둥함의 남해함대 배치다. 또한 최신의 LPD(Landing Ship, Dock)급 4척은 동해함대 대신 남해함대에 배치되었다. 중국의 핵심이익 중의 핵심이익이 대만 통일이다.

〈표 2-3〉 중국 해군 함대별 주요 전력변화 비교(2011 vs. 2021, Military Balance)

구분	2011	2021	비교
북해함대	2SSBN, 4SSN, 23SS 2DDGHM, 2DDGM 2FFGHM, 2FFGM, 1FFGH, 10FFG, 1ML, 20PCFG/PCG, 9LS, 7MCMV. Total: 97	1CV, 4SSN, 16SSK 1CGHM, 7DDGHM, 2DDGM, 11FFGHM, 18PCFG/PVG, 7LST/M 18MCMV. Total: 97	-2SSBN(→남해함대) +1CV(랴오닝함) +1CGHM(055급) +5DDGHM +10FSGM
동해함대	16SS 4DDGHM, 14FFG, 35PCFG/PCG, 27LS, 22MCMV. Total: 131	18SSK, 12DDGHM 17FFGHM, 2FFG, 23FSGM, 30PCFG/PCG, 2LPD, 22LST/M, 22MCMV. Total: 148	+8DDGHM +4FFGHM +23FSGM +2LPD -5PCFG/PCG
남해함대	1SSBN, 2SSN, 18SS 5DDGHM, 8DDGM 15FFG, 40PCFG/PCG, 1LPD, 51LS, 10MCMV. Total: 151	1CV, 6SSBM, 2SSN, 13SSK 10DDGHM, 12FFGHM, 2FFG, 22FSGM, 38PCFG/PCG, 4LPD, 21LST/M, 16MCMV. Total: 147	+1CV(산둥함) +5SSBN +5DDGHM +4FFGHM +3LPD

그러면 대만 통일 임무를 수행 중인 동해함대에 배치했어야 했다. 남중국해 분쟁이 더 시급해서 그런 것일까? 그렇다면 왜 이지스급 구축함 중 세계 최대 규모인 055급 1번함은 북해함대에 가져다두었는가? 중국 해군이 이렇게 전력을 배치한 배경과 목적을 명확히 분석해서 밝혀야 할 것이다.

세 번째로 가장 많이 증가한 함정은 DDGHM(18척 증가, 052급 구축함), 호위함급인 FFGHM(17척), FSGM(+32)이다. DDGHM(052급) 함정은 7천 톤급으로 대양작전에 무리가 없다. 그러나 호위함급인 FFGHM과 FSGM은 2,000~4,000톤급이다. 한국 해군의 대구함급 호위함이나 이순신급 구축함과 유사한 크기다.

마지막으로는 여전히 많은 수량을 보유 중인 PCFG/PCG(86척)

운용이다. 이 함정들은 후베이급 미사일 고속정이다. 모두 YJ급 함대함 미사일 8발을 탑재하고 있다. 이들 함정은 여전히 A2/AD 전략의 핵심적 역할을 한다.

중국 해군의 확장성을 고찰할 때 해외 군사기지 또한 눈여겨봐야 한다. 해군에 해외 군사기지는 작전활동 범위를 넓히는 데 매우 중요한 역할을 하기 때문이다. 중국 해군은 2008년부터 아덴만 대해적 작전에 함정을 보내기 시작했다. 또한 아프리카 지부티에 처음으로 해외 군사기지를 확보했다. 이는 중국군의 해외 작전 능력을 제고시키기 위한 일환이고, 중국 해군과 직접적으로 관련된다. 〈그림 2-15〉는 제인연감(Jane's)이 분석한 중국군의 해외기지 및 건설 예상지역 18곳과 향후 건설 가능성이 높은 6곳이다.

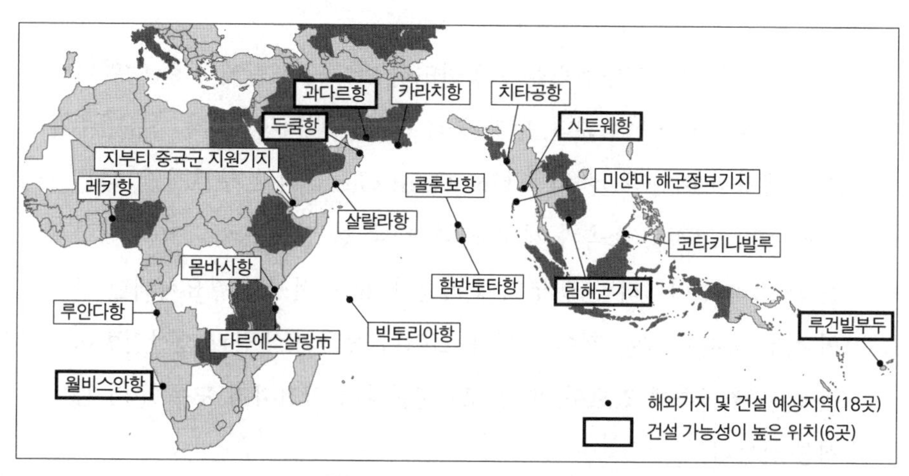

〈그림 2-15〉 중국군의 해외기지 및 건설이 예상되는 지역 현황

중국의 해외기지 개설에 대한 반론으로 중국은 타국 군의 자국 내 배치를 반대해왔다. 어떤 나라에 타국의 군대가 주둔하는 것은 자

주국가의 주권을 침해한다는 이유에서였다. 중국은 19세기 말 제국주의 열강에 의해 침탈당했을 때 외국의 군대가 베이징까지 들어온 역사적 경험이 있다. 그러나 이제 중국은 강대국으로서 과거에 내세운 원칙은 버리고 있다. 물론 힘이 정의인 국제사회에서 힘 있는 국가가 된 중국이 새로운 기준을 만들고 싶다면 그럴 수 있다. 그러나 국제사회는 강대국 홀로만 존재하지 않는다. 다른 약소국가들이 그 나라를 국제사회의 리더로서 인정해줘야 이에 합당한 권위를 인정받을 수 있다. 중국의 강점은 대륙적인 포용심과 조급해하지 않는 만만디 문화였다. 그러나 현재의 중국에서 이런 부분은 거의 찾아볼 수 없다. 주변국들의 중국 비호감도 증가가 이를 말해주고 있다.

3) 중국 해경과 해상민병대 전력 발전

최근 중국의 해양전략을 고찰하면서 반드시 포함해야 할 능력이 중국 해경과 해상민병대다. 먼저 중국 해경은 한국 등 기타 자유민주주의 국가의 해양경찰처럼 'China Coast Guard'라고 부르지만, 다른 점이 있다. 그것은 소속과 체계다. 즉, 한국 등 민주주의 국가의 해경은 군 소속이 아니라 민간 영역에 속한다. 물론 전시나 필요시에만 군의 작전 통제를 받는 것이 상례다. 그러나 중국의 해경과 해상민병대는 군사 조직하에 있으며, 평시 교육훈련부터 작전까지 모두 군의 통제를 받는다.

2018년 중국 해경은 국무원(한국의 행정부에 속함)에서 중앙군사위원회(중국공산당 군사조직)로 조직 및 지휘계통이 변화되었다. 중앙군사위원회의 주석은 시진핑이다. 따라서 중국공산당 중앙군사위원회가 해군과 함께 직접 해경 통제가 가능한 조직이 된 것이다.

다음은 해상민병대다. 중국의 민병대는 국공내전기에 공산당이 지역 주민들을 정보원이나 짐꾼으로 활용하면서 시작되었다. 중국공산당은 국공내전기에 실제로 이들 지역 주민들의 많은 도움을 받았다. 민병대는 중국의 「국방법」에도 중국의 3대 무장 역량으로 포함되었다. 즉 중국의 3대 무장 역량은 인민해방군, 무장경찰(통상 '무경'이라고 칭함), 그리고 민병대다. 해상민병대는 해상에서 활동하는 민병대다. 이들은 주기적으로 군사훈련을 받고, 직접 특정한 해상 작전 참가 시에 연료 지급 및 보조금을 받는 것으로 알려져 있다. 중국의 해경 및 해상민병대 모두 영유권 분쟁 지역인 남중국해와 동중국해 최일선에서 톡톡히 활약하고 있다. 이들은 준군사세력으로 분류되어 상대방 군함이 쉽게 군사적 대응을 할 수 없다는 점을 활용한다. 즉, 검은색과 흰색 사이의 회색지대(gray zone)를 공략하는 접근이다.

시진핑의 해상민병대 시찰(2013. 4)

해상민병대 현황

〈그림 2-16〉 시진핑 주석의 해상민병대 시찰과 해상민병대 현황

중국은 해상민병대를 활용하여 신분을 숨긴 상태에서 감시 및 정찰 임무 등 정보활동을 할 수 있다. 더 나아가 집단행동을 함으로써 상대국의 해상활동을 방해하거나 해상권익을 거부할 수도 있다. 만약 다른 국가의 해군과 해경이 강제로 법을 집행하면 민간인들을 지나치게 폭력적으로 대응한다고 비난할 수도 있다. 또한 반대로 국제적 비난에 처하면 중국 정부와 무관하며 '민간어선의 자발적인 행위'라고 발뺌할 수도 있다.[67]

67) 조현규, "민간 가장 '해상 민병'… 비전통적 작전 중요한 역할", 『국방일보』, 2021년 9월 6일자.

4장
중국의 해양전략 평가와 전망

이 장에서는 먼저 미중 패권경쟁 시기에 다음 두 가지 측면에서 평가와 전망을 한다. 먼저 중국의 대전략(국가전략) 측면의 평가와 전망을 한 후에 군사전략(해양전략) 측면의 평가와 전망을 제시한다. 마지막으로 미중 패권경쟁 시기 중국의 해양전략이 한국에 주는 영향과 함의를 제시하면서 글을 마친다.

먼저, 중국의 대전략(국가전략) 측면의 평가와 전망이다. 앞의 〈그림 2-8〉에서 제시한 중국의 대전략(국가전략) 분석의 틀을 활용하여 평가와 전망을 해본다. 중국은 국가 대전략(2049년까지 세계 일류국가가 된다) 목표를 추진 중이다. 시간적으로 계산해보면 현재 2022년을 기준으로 했을 때 목표연도까지 29년이 남았다. 그런데 기존 패권국(미국)을 추월할 만한 결정적 시기는 아직 도래하지 않았다. 왜냐하면 중국의 GDP(국내 총생산)는 미국의 약 70%다. 따라서 중국이 기존 패권국에 대해 적극적인 공세를 취하기에는 아직 이른 시기다. 중국도 이런 상황판단을 하고 있는 것으로 여겨진다. 왜냐하면, 『국방백서』 등 중국의 공식적인 발간물에 세 가지 이익을 명시했는데, 그중 하나가 '발전이익'이다. 발전이익은 경제발전을 지속해나간다는 의미이고, 발전을 위한 안정적인 여건을 확보하고 유지하는 것을 의미한다. 즉, 아직은 상대인 미국에 비해 중국은 더 발전해야 한다는 것을 의미한다.

남중국해 해양에서 중국의 공세는 지속될 것이다. 왜냐하면 중국이 지상 영역에서는 고토를 회복하기가 힘들지만, 해양 영역에서는 주변국에 비해 월등한 상대국력을 활용하여 자기영역화할 수 있다고 판단하는 듯하다. 따라서 남중국해에서 일정 수준의 자기영역화가 완료되면, 동중국해를 지향할 것으로 예상된다. 동중국해에는 현재로서는 상대하기 버거운 일본 해군이 있다. 또한 상대적으로 일본에 주둔 중인 미국 7함대가 가까운 거리에 있다.

한편 중국은 대만 문제에 대해서는 매우 민감하게 반응하고 있다. 왜냐하면 중국이 대만을 핵심이익으로 공표했기 때문이다. 그러나 대만에 대한 직접적인 무력 점령 시기는 매우 중요한 문제다. 왜나하면, 중국은 모든 여건이 성숙한 이후 최후에 무력을 사용하여 대만을 점령하는 것을 염두에 두고 있기 때문이다.

둘째, 군사전략(해양전략) 측면의 평가로서 중국의 군사전략(해양전략) 분석의 틀을 활용한다. 중국은 국력이 신장되면서 군사력 또한 커지고 있다. 앞의 〈그림 2-9〉는 최근 중국이 군사력을 활용하는 양상을 설명하고 있다. 그리고 이러한 분석의 틀은 미국이나 강대국을 상대하기 위한 모델이 아니라 상대국력이 중국보다 양한 주변국들을 상대하기 위한 접근이다. 따라서 중국은 물리적인 충돌까지 확장되지 않는 선에서 해양에서 영역을 확장해나갈 것으로 예상된다.

이러한 맥락에서 보면 중국의 해양전략이 발전할수록 해군의 정치적 활용이 더욱 커질 것이다. 해군은 군종 특성상 평시에 정치외교적 활용이 유용하다. 따라서 중국은 해군력이 커질수록 이를 정치외교적 국가 이익을 추구하는 데 활용하려 할 것이다. 이는 통상 과거에는

'군함외교(Gunboat Diplomacy)'라고 했는데, 억제, 강압, 때로는 제한된 해군력의 사용까지 다양하게 나타날 것이다. 이런 맥락에서 중국의 후보 교수는 중국 해군이 웨이셔(威懾) 임무수행을 위해 역량을 확충하고 활용범위를 확대해야 한다고 주장한다.[68]

셋째, 중국 해군의 전력발전 방향에 대한 평가와 전망이다. 중국 해군은 군사적 굴기의 상징이었으며, 미중 전략경쟁 시기에는 군사적 분야의 최일선에 있었다. 이는 앞서 제시한 것처럼 미중의 전략적인 접점이 바로 해양이기 때문이다. 따라서 지금까지 중국은 경제성장에 힘입어 국력이 커짐에 따라 군사력을 키웠으며, 그중 해군력의 성장이 가장 괄목할 만했다. 대표적인 것이 현재 중국 해군이 보유한 2척의 항공모함일 것이다.

넷째, 향후 중국 해군을 전망한다. 2012년 11월 이후 집권한 시진핑 총서기는 "중국공산당 창당 100주년(2021)에는 전면적 소강사회[69]를 완성하고, 중화인민공화국 건국 100주년(2049)에는 부강 · 민주 · 문명 · 조화의 사회주의 현대화 국가를 완성하여 중화민족의 위대한 부흥의 꿈을 반드시 실현할 것이다"라고 '중국몽(中國夢)'을 제시했다.[70] 그리고 2021년 7월 1일 "우리는 첫 번째 백 년 분투 목표를 실현하여 중화 대지에 전면적 소강사회를 완성하고 역사적인 절대빈곤 문제를 해결했으며, 이제 두 번째 백 년 분투 목표인 전면적 사회주의 현

---

68) 胡波, 『后马汉时代的中国海权』, 北京: 海洋出版社, 2018, p. 270.

69) 샤오캉사회(小康社會)는 중국이 국가발전 목표로 제시한 것으로, 보통 사람도 부유하게 사는 이상사회. 1979년 덩샤오핑이 의식주 문제가 해결되는 단계에서 부유한 단계로 가는 중간 단계의 생활 수준을 이르는 말로 사용했다.

70) 李斌 · 陈二厚 · 王日武, 『学习贯彻习近平总书记参观『复兴之路』展览讲话述评』, 新华社, 2012. 12. 6.

대화 강국 완성을 향하여 힘차게 나아가고 있다"고 평가했다.[71]

이에 따라 중국군은 이를 뒷받침하기 위해 2035년까지 군의 현대화를 완성하고, 21세기 중반쯤(2049년경)에 세계 일류 군대로 발전한다는 목표를 제시했다. 중국 인민해방군 해군은 해양에서 이를 뒷받침하는 역할이 요구될 것이다. 중국의 해양 전문가 후보 교수는 2049년까지 해양강국을 건설하기 위해 다음 세 가지 해양전략 목표를 제시했다.[72] 즉, 근해통제, 지역존재, 전 세계에 대한 영향력 행사다.[73]

중국 해군은 제1도련선인 근해를 넘어서 지역에서 영향력을 발휘하는 범위로 성장할 것으로 예상된다. 여기에는 중국이 지금까지처럼 국력(특히 경제력)이 지속적으로 성장한다는 것과 미국의 국력이 상대적으로 쇠퇴한다는 가정을 전제로 한다. 여기서 근해통제는 중국이 지정한 제1도련선 내에 있어 한반도와 직접 관련된다. 중국이 근해를 통제하는 수준은 자유롭게 군사활동을 하며, 관련국 및 타국은 행동을 거부하거나 제한하는 수준이 될 것이다.

마지막으로, 미중 패권경쟁 시기 중국의 해양전략 발전에 대한 영향과 함의다. 중국의 해양전략 발전이 주는 영향으로, 첫 번째는 일반적인 영향이다. 중국 해군은 중국의 국가 대전략을 달성하는 과정에서 점점 능력이 확장되면서 활용범위도 커질 것이다. 따라서 다양한

---

71) 习近平, 『在庆祝中国共产党成立100周年大会上的讲话』, 2021. 7. 1.

72) 胡波, 『后马汉时代的中国海权』, 北京: 海洋出版社, 2018, pp. 100-150.

73) 근해통제는 인접한 동아시아 근해에서 일정 수준의 전략우위 또는 해양통제를 통해 대만 통일 추진, 한반도에 적대정권 출현 방지, 댜오위다오와 난사군도의 주권 수호, 중국이 대양으로 진출하기 위한 교통로의 안전 확보를 의미한다. 지역존재는 이익과 관련한 서태평양과 북인도양에 유효 전력을 유지하는 것으로, 주로 다른 국가가 중국의 일에 개입하고 관여하거나, 중국의 중대이익에 위해를 끼치는 것을 억제와 견제 및 방비하는 것이다. 세계영향은 임시 군사 배치, 군사훈련, 군함 상호방문 등을 통해 전 세계 해역에서 정치와 외교적 영향을 미치는 것이다.

형태로 군사력을 활용할 것으로 보이며, 점점 중국 해군에 대응해야 할 필요가 많아지리라 예상된다.

두 번째는 한국에 주는 영향이다. 한중은 지리적으로 가까운 나라다. 따라서 육지로는 북한 때문에 격리되어 있으나, 공중과 해양은 상호 접해 있다. 중국군이 군사개혁을 하고, 전력을 발전시키면서 그 활동 범위도 넓어지고 있다. 이는 한반도 주변에서뿐만 아니라 아프리카 등 전 세계로 확대되고 있다. 중국 해군은 2008년 이미 아덴만 대해적 작전에 독자적인 함정들을 보내고 있다. 중국의 대해적 작전 부대는 한국처럼 미국 등 연합전력으로 운영되지 않고 독자적으로 작전을 수행 중이다. 또한 아프리카 홍해 입구의 지부티에 군항을 조치했다.

이미 한반도 주변에서 중국군의 활동 범위 확대 문제는 커지고 있다. 특히, 한중 간의 서해가 폭이 150km 정도의 좁은 해역이기 때문에 더욱 그러하다. 중국의 해군력은 이제 서해-남해-동해까지 진출할 것으로 보인다. 중국 입장에서 서해는 반드시 확보해야 하는 제1도련선 내의 해역이다. 중국은 자국의 안보이익을 확보하는 데 절대 양보가 없다. 한국은 어떻게 할 것인가?

국가의 안보 문제에 대한 해결방안은 모두 자주적 국방력 확보로 귀결된다. 설사 우방국과의 협력이나 동맹국과의 협력도 스스로 지킬 힘이 전제되어야 가능하다. 따라서 이 책에서는 한국의 자주적 국방력 확보의 중요성에 대해서는 더 이상 설명하지 않는다. 단, 중국 등 강대한 주변국을 상대하려면 우리 스스로 힘을 전제로 해서 타국과 협력해야 하므로 자주와 협력의 균형점을 찾는 것이 중요할 것이다. 즉 어떤 능력을 스스로 갖추고, 어떤 능력은 우방국이나 동맹국의 힘을 빌려야 할 것인가에 대한 방정식의 최적합한 해를 찾는 것이다.

그래서 『손자병법』의 명구를 빌려 강대국 중국, 그리고 상대하기 어려운 중국, 그리고 끝이 보이지 않는 미중 전략적 경쟁에서 살아남기 위한 지혜를 얻으려 한다. "지피지기(知彼知己)면 백전불태(百戰不殆)다."

첫 단계가 지피(知彼)로서 중국을 알아야 한다. 중국의 전략, 군사 제도, 무기체계 등에 대한 이해를 높여야 할 것이다. 이때 한 가지 주의해야 할 점이 있다. 중국과 우리는 한자문화권으로 한자로 된 어휘들을 공유하고 있다. 그러나 같은 군사나 전략용어라 할지라도 그 의미는 다를 수 있다는 점이다. 현재의 중화인민공화국과 대한민국은 국가체제가 다르다. 국가를 형성하는 과정에서 서로 다른 과정을 밟았으며, 일정 기간 단절되어 있었다. 따라서 동일한 군사용어일지라도 그 의미가 상이할 수 있다.

두 번째는 지기(知己) 단계다. 우리 스스로를 잘 알아야 한다. 역사 속에서 지리적으로 가깝다 보니 중국과 오랜 기간 동안 관계를 가져왔다. 이러한 한중 간의 자연적 조건은 변하지 않았으나, 국력요소 등은 바뀌거나 변했다. 즉, 현대의 한반도가 조선 시대의 한반도가 아니다. 중국은 변하지 않았으나, 한국은 이제 세계 6위의 군사력과 11위의 경제력을 보유한 국가다. 중국과의 관계에서 이러한 상대적 위치나 힘의 변화를 반영한 전략이 필요하다.

한중 간의 관계를 과거와 현재로 조명했을 때 세 가지 불변요소와 세 가지 가변요소가 있다.[74] 먼저 과거나 현재나 변하지 않은 것은 한중 간 국력의 비대칭성, 한중 간의 지리적 근접성, 그리고 한반도의 중요성이다. 그렇다면 세 가지 가변요소는 무엇인가? 이는 한중 간 상호의존성, 한중 관계 주체의 다양성, 한중 간의 제3자 개입이다. 가변

74) 백영서 · 정상기 엮음, 『내일을 읽는 한 · 중 관계사』, 알에이치코리아, 2019, pp. 278-290.

요소를 중심으로 설명하면, 먼저 한중 간 상호의존성이 달라졌다. 즉, 조선 시대에 비해 한국이 중국에 더 많은 것을 줄 수 있어서 상호의존적인 관계가 되었다는 의미다. 한중 관계의 주체 또한 현재는 정부 대 정부를 초월하여 민간 영역, 문화 영역 등 다양한 영역에서 한중 간 교류가 발생하고 있다. 마지막으로 현대의 한중 관계는 북한, 미국, 일본 등 제삼자가 생겼다. 이러한 제삼자의 영향에 따라 한중 관계에 영향을 주기도 한다. 불변요소 중 한반도는 여전히 중국에 중요하다. 그리고 한중 간 상호의존성의 성립은 중국이 변해서 생긴 것이 아니라 한국이 성장해서 발생한 결과다. 따라서 한중 관계에서 우리 자신도 정확히 알아야 할 것이다.

세 번째로는 불태(不殆)다. 『손자병법』의 본 구절에서 불태는 "위태롭지 않다"라는 의미다. 중국과의 안보 문제를 잘 살피고 선제적인 조치를 할 때 갈등을 유발하거나 충돌로 악화되지 않아서 안전해질 것이다. 예를 들면 한중 간에는 서해 문제와 방공식별구역 문제 등 상황과 관련된 여러 가지 사안이 있다. 이러한 현안들 또는 잠재된 문제들에 대해 전략을 수립하여 대처해나가야 할 것이다. 그럴 때 중국은 우리에게 위협을 가하지 못할 것이다.

〈중국 주요 해군사(海軍史)〉

연도	사건
618~907	당나라
960~1279	송나라
1044	송나라 항해용 나침반 세계 최초 사용
1271~1368	원나라
1274	1차 여몽연합군 일본 정벌
1281	2차 여몽연합군 일본 정벌
1368~1644	명나라
1405~1433	1~7차 정허 대원정
1636~1911	청나라
1839~1842	1차 아편전쟁/난징조약
1851~1864	태평천국의 난
1856~1860	2차 아편전쟁/톈진조약
1871	리훙장, 북양함대 창설
1884	청불전쟁
1894~1895	청일전쟁/황해해전/시모노세키 강화조약
1912	중화민국 건국
1945~1949	국공내전/대장정
1949	중국공산당 창설/중화인민공화국 건국 인민해방군해군(PLAN) 창설/중소우호동맹 체결
1950	한국전쟁 참전
1952	남해함대 창설
1954	1차 대만해협 위기
1955	동해함대 창설
1958	2차 대만해협 위기/진먼다오, 마주도 포격
1960	북해함대 창설
	중소이념분쟁/소련군 철수 및 군사원조 중단
1962	중국-인도 국경분쟁 코마급 유도탄정 건조/위스키급, 골프급 잠수함 건조
1964	오사급 유도탄정 건조/로미오급 잠수함 건조
	핵무기 실험 성공
1958~62	대약진운동
1966~76	문화대혁명
1970	루다급 구축함 건조
1972	미 닉슨 대통령 중국 방문
1974	중국-베트남 해상교전

연도	사건
1975	장후급 구축함 건조
1976	중국의 베트남 시사군도(파라셀군도) 점령
1979	중국-베트남 전쟁/중국-미국 국교 정상화 한급 핵추진공격잠수함 인수
1978	덩샤오핑 개혁개방 시작
1980~85	류화칭, 도련선 개념에 따른 단계적 해군력 건설 방향 제시
1982	국제사회 유엔해양법 협약 채택/잠수함발사탄도미사일(SLBM) 발사 성공
1984	포클랜드 전쟁
1985	연안방어전략에서 근해 적극방어전략으로 전환
1987	시아급 전략핵잠수함 인수
1988	중국-베트남 해상교전
1989	동독 베를린 장벽 붕괴
1991	소련 붕괴/걸프전
1992	중화인민공화국 영해 및 접속수역법 공포
1993	소련의 킬로급 잠수함 도입
1994	유엔해양법 협약 발효
1996	상하이협력기구 창설
1997	소련의 소브레메니급 구축함 도입
1998	최초의 국방백서 『중국적 국방』 발간
2001	9 · 11 테러 미 해군 정찰기 EP-3 하이난도 불시착 사건 진급 전략핵잠수함 인수
2002	미-아프가니스탄 전쟁
2003	미-이라크 전쟁
2005	중국-러시아 해상연합훈련 시작
2008	인도양 아덴만에 해적퇴치 해군기동부대 파견
2012	미 신국방전략 및 아시아 재균형 전략 발표 후진타오 주석 해양강국 건설 천명/최초의 항모 랴오닝함 인수
2013	중국 동중국해 ADIZ(ADIZ) 발표
2014	중국 해군 환태평양훈련(RIMPAC) 참가
2015	국방백서 『중국의 군사전략』 발간 난사군도(스프래틀리군도) 인공섬 건설 중국군, 군사개혁 시작
2017	중국, 2번 항모 산둥함(최초 중국산 항모) 진수 미국, 트럼프 대통령 임기 시작 중국, 시진핑 집권 2기 시작 중국, 아프리카 지부티 해외기지 개설(최초 해외 군사기지)

연도	사건
2018	1차 북미 정상회담(싱가포르)
2019	2차 북미 정상회담(하노이) 중국, 『국방백서』(신시대 중국의 국방) 발간 중국 해군, 055급 구축함(南昌, 1만 톤급) 1번 함 진수 중국 해군, 075급 상륙강습함(4만 톤급) 1번 함 진수
2020	중국군, 군사개혁 1단계 완성 선언
2021	미국, 바이든 대통령 임기 시작 중국공산당 창당 100년, 샤오캉사회 달성 선언 중국, 『해경법』 공포 미국, 호주에 원자력추진잠수함 기술 전수 합의 영국 해군 항모, 프랑스 해군함정 남중국해 진입
2022	베이징 동계올림픽

III부

일본의 해양전략

1장
서론

1. 누구나 쉽게 이해할 수 있는 형태의 '일본 해상자위대의 전략지침' 공표

한국의 안보전략가인 박창권 박사[1]는 2015년 4월 『해군』지에 "일본의 해양전략과 독도문제[2]"라는 제목으로 전문가 기고를 했는데, 첫 문장이 다음과 같이 시작된다.

> 일본의 해양전략이 무엇인지 아직까지 공식적으로 천명된 것은 없다. 제2차 세계대전 이후 평화헌법[3]을 기반으로 영토방위 중심의 정책과 전략을 유지해왔던 일본은 해양전략을 공식적으로 내놓을 수 있는 형편이

---

1) 박창권 박사는 해군사관학교 졸업 후 미국 미주리주립대에서 정치학 박사학위를 취득한 예비역 해군 대령으로, 한국국방연구원 안보전략연구센터 연구실장 및 센터장 등을 역임했다.

2) 박창권, 「일본의 해양전략과 독도문제」, 『해군』 451, 2015, p. 16.

3) 일본의 평화헌법은 전쟁 포기, 국가 교전권 불인정 등을 근간으로 한다. 일본은 헌법 9조에 의해 유엔이 인정하는 집단적 자위권의 권리는 갖지만 행사하지는 못한다. 그러나 2014년 7월 아베 신조 총리가 이끄는 일본 정부는 새 헌법 해석을 도입하여 집단적 자위권 행사의 발판을 마련한 바 있다(출처: 시사상식사전).

아니었다.

박창권 박사는 위와 같이 주장하면서도 "그렇다고 일본의 해양전략이 없었다고 간주해서는 안 된다"고 경각심을 일깨운다.

일본은 기본적으로 해양국가이며, 한때는 아시아 패권을 추구했던 제국주의 국가였기 때문이다. 또한 청일전쟁과 러일전쟁을 승리로 이끌었으며, 미국의 진주만을 기습한 후 태평양의 패권을 놓고 미국과 승부를 겨루었다. 우리는 제1차 세계대전 패전 이후 독일군이 어떻게 군사적 능력을 비밀리 단기간에 세계 최강의 군사력으로 복원하여 제2차 세계대전을 도발했는지 잘 알고 있다. 독일의 사례를 일본에 적용하기는 어렵지만 일본이 갖고 있는 해양강국의 잠재적 · 실질적 능력이 평화헌법이라는 제도적 틀에 의해 사라졌다고 생각하는 것은 너무 어리석은 일이다.

"일본의 해양전략이 무엇인지 아직까지 공식적으로 천명된 것이 없다"는 박창권 박사의 주장은 2020년 9월 24일 '제7회 해양안전보장 심포지엄'[4]에서 이누이 요시히사(乾悦久)[5] 해장(海將)[6]의 기조연

---

4) https://www.spf.org/spfnews/information/20201002.html 사사카와평화재단 해양정책연구소(笹川平和財団海洋政策研究所)는 2020년 9월 24일 수교회(水交會)와 공동주최로 "해양 거버넌스 확립에 이바지하는 해상방위력의 새로운 역할(海洋ガバナンス確立に資する海上防衛力の新たな役割)"이라는 주제의 제7회 해양안전보장 심포지엄을 온라인으로 열었다. 현직 해상자위관, 해상방위 현장에서 실무경험을 가진 수교회 회원, 해양안전보장 분야의 연구자가 기탄없이 논의하는 유니크(unique)한 심포지엄이다. 이번 제7회 해양안전보장 심포지엄에서는 남중국해와 동중국해 문제, 중동지역으로의 자위대 파견, 신형코로나 감염증 대응이나 기후변동의 영향 등 해양안전보장을 둘러싼 문제가 한층 다양화 · 복잡화하는 가운데 무엇이 과제가 될지 다시금 논의가 이루어졌다.

5) 이누이 요시히사(乾悦久, 1964년생)는 일본의 해상자위관. 제49대 요코스카 지방총감. 시즈오카현 출신. 방위대학교를 제31기로 졸업하고 해상자위대에 입대했다. 입대 후에는 주

설[7]을 통해 사실이었음이 밝혀진다. 이때 이누이는 "해상자위대의 새로운 역할: 해상자위대의 새로운 '전략지침'에 대해(海上自衛隊の新たな役割: 海上自衛隊の新たな「戦略指針」について)"라는 제목으로 기조연설을 했는데, 기조연설의 도입부[8]에 그 내용이 잘 드러나 있다. 그 내용은 다음과 같다.

해상자위대는 지금까지 해상방위구상(해양전략)을 늘 생각해왔다. 『방위백서』를 보면, 해상자위대가 무엇을 하고 있는지 쓰여 있고, (잘 읽어본다면 해상자위대의) 비전도 알아낼 수 있다. 하지만 해상막료장[9]부터 해조사(海曹士)[10] 혹은 2등해사(2等海士)[11]로 막 들어온 신입 대원까지 모두가 지금 해상자위대는 어떤 것을 생각하고 무엇을 하려고 하는지 정확히 인식한 가운데 임무수행을 해오지는 않았던 것 같다. 어렴풋하게 알고 있었다든지, 잘 모르겠다는 대원도 있었다. 그래서 해상자위대 모든 대원이 각자에게 주어진 임무 수행이 일본의 안전보장에 어떤 기여를 하고 있는지를 이해할 수 있도록, 게다가 조직이 일체가 되어 목표를 향해 절차탁마(切磋琢磨)하는 팀(team)을 구축할 수 있도록, 그 구성원 한 사람 한 사

로 함정이나 해상막료감부 등에서 근무한 후 해상막료감부 총무부장, 해상자위대 간부학교장 등의 요직을 역임했고, 제49대 오미나토 지방총감을 거쳐 2022년 3월 30일부로 제49대 요코스카 지방총감에 임명되었다. 防衛省人事発令(2008~2013 1佐人事)(2014~2018 将補人事)(2019~2022将人事)

6) vice admiral

7) https://www.spf.org/global-data/opri/20200924_MaritimeSecurity_2_Keynote.pdf

8) https://www.youtube.com/watch?v=HGq6-Bcivtk

9) Chief of Staff of Maritime Self Defense Force

10) 군의 계급 구조와 비교한다면, '부사관, 병'에 해당한다고 볼 수 있다. 자위관의 계급은 '将'~'2士'까지 16단계로 나눠져 있다. 각국 군대의 구분에 맞추어보면, '사관'은 将, 佐官, 尉官이고, '준사관'은 准尉이고, '부(하)사관'은 曹이고, '병'은 士다.

11) 해상자위대의 계급 중 제일 낮은 계급을 의미한다.

람이 자부심을 가질 수 있도록 누구라도 쉽게 이해할 수 있는 지침을 만들 필요가 있다고 판단했다. 그래서 작성한 것이 바로 '해상자위대 전략지침(海上自衛隊戦略指針)'[12]이다.

이누이는 2019년 12월 이전까지 누구라도 쉽게 이해할 수 있는 '일본 해상자위대의 해양전략'이 공표되어 있지 않았음을 밝혔다. 물론, 그 내용이 『방위백서』 내에 포함되어 있지 않았던 것은 아니지만, 누구라도 쉽게 이해할 수 있는 형태는 아니었다. 이러한 문제점을 개선하기 위해 해상자위대는 2019년 12월 '해상자위대 전략지침(海上自衛隊戦略指針)'을 발표했다. 이 지침은 미중 패권경쟁이 진행되고 있는 2019년 말에 발표되었기 때문에, 우리는 이 지침을 통해 미중 패권경쟁 시기 속에서 일본 해상자위대의 해양전략이 무엇인지 읽어낼 수 있다.

필자는 이 글을 4개의 장으로 구성했다. 1장에서는 '해상자위대 전략지침'을 통해 일본 해상자위대의 해양전략이 누구나 쉽게 이해할 수 있는 형태로 공표되었다는 내용과 일본 해상자위대의 해양전략과 관련해서 헤이세이(平成)[13] 및 레이와(令和, 2019년 5월 이후)[14] 시대에 의해 연구된 결과물을 소개한다. 2장에서는 일본 해상자위대의 해양전략을 수립하는 데 핵심 실무자 역할을 하는 것으로 보이는 우시로가

12) 海上自衛隊編, "海上自衛隊戦略指針", 2019. https://www.mod.go.jp/msdf/about/guideline/

13) 일본에서 일왕 아키히토의 재위기에 사용된 연호(1989~2019)다. 연호란 군주제 국가에서 임금이 즉위하는 해에 붙이는 이름을 말한다.

14) 2019년 5월 1일부터 적용된 일본의 새 연호(年號)다. 아키히토 일왕이 2019년 4월 30일 퇴위하면서 약 31년간(1989. 1~2019. 4) 사용된 '헤이세이(平成)' 연호는 역사 속으로 사라졌으며, 나루히토가 취임한 5월 1일 0시부터 레이와(令和)라는 연호가 사용되고 있다.

타 게이타로(後潟桂太郎)[15] 2등해좌(2等海佐)[16]가 저술한 『해양전략론: 대국은 바다에서 어떻게 싸우는가』[17]의 일부를 발췌하여 일본 해상자위대를 중심으로 한 '일본의 해양력 변천사'로 재정리했다. 3장에서는 2022년 1월 12일 기준[18] 해상막료감부[19] 방위부장[20]으로 근무 중인 오마치 가쓰시(大町克士)[21] 해장(海將, vice admiral)이 2021년 7월 『해간교전략연구(海幹校戰略研究)』에 발표한 「새로운 시대의 시파워로서의 해상자위대(新たな時代のシ—パワ—としての海上自衛隊)」라는 논문[22]의 일부

---

15) 우시로가타 2등해좌는 현재 일본 해상막료감부 방위과에 근무하면서 내각부 총합해양정책추진 사무국에 파견 나가 있는 해상자위관이다. 경력으로는 연습함대 사령부, 호위함 미네유키 항해장, 호위함 아타고 항해장, 호위함대 사령부, 해상자위대 간부학교 연구원(전략연구실 교관 등) 등이다. 1997년 방위대학교 국제관계학과를 졸업했고, 2017년 정책연구대학원대학 안전보장 · 국제문제 프로그램 박사과정을 수료하고 박사학위(국제관계론)를 취득했으며, 2018년에는 오스트레일리아 해군시파워센터/오스트레일리아 뉴사우스웨일스대학 캔버라 캠퍼스 객원 연구원으로 근무했다.

16) commander

17) 後潟桂太郎, 『海洋戦略論: 大国は海でどのように戦うのか』, 東京: 勁草書房, 2019.

18) 해상막료감부 주요 간부 명단(2022년 1월 12일 현재) http://j-navy.sakura.ne.jp/file-headstaff. html

19) 海上幕僚監部, Maritime Staff Office.

20) 방위부장이 관리하는 조직과 기능은 다음과 같으며, 이것들을 보면 해상막료감부 내에서 방위부장이 얼마나 핵심적인 역할을 수행하고 있는지 알 수 있다.

부서	기능
방위과	편재 및 방위 · 경비 기본계획, 업무계획 작성, 시행, 조정
장비체계과	장비체계 · 기준에 관한 사무, 방위 · 경비 방법 연구개선
운용지원훈련과	부대운용, 재해파견, 항공관제, 기뢰 제거 등 해자대 행동 관련 업무

출처: 해군전력분석시험평가단, "일본 해상자위대의 이해", 2019, p. 96.

21) 오마치 가쓰시(大町克士)는 1968년생으로, 오카야마현(岡山県) 출신의 해상자위관. 방위대학교 제34기, 간부후보생 41기 출신. 직종은 비행. 회전익 항공기(SH-60) 조종사. 해장보(海將補, rear admiral) 시절 제22항공군사령, 해상자위대 간부학교 부교장 등 역임. 제22항공군사령으로 근무 시의 근무방침: '변화에 대응', '기본 철저'

22) 大町克士, 「新たな時代のシーパワーとしての海上自衛隊」, 『海幹校戦略研究』 11(1), 2021, pp. 12-39.

를 발췌하여 '일본 해상자위대의 해양전략'이라는 내용으로 재정리했다. 4장에서는 냉전 말기부터 현재까지 일본 해상자위대가 추구해온 해양전략을 평가 및 전망하고, 한국 해군의 해양전략 수립 시 참고할 만한 내용을 제언했다.

2. 일본 해상자위관에 의한 해양전략 선행연구 (헤이세이~레이와 시대)

1) 헤이세이 시대

21세기 일본 해상자위관에 의해 수행된 선행연구로, 우선 2008년 11월 당시 해상막료감부 방위부장으로 근무 중이던 다케이 도모히사(武居智久) 해장(海將)[23]이 『파도(波涛)』라는 학술지에 발표한 「해양신시대의 해상자위대(海洋新時代における海上自衛隊)」라는 논문이 있다.[24]

---

23) 다케이 도모히사(武居智久, 1957년생)는 방위대학교 23기로 입교. 1979년 3월 해상자위대 입대. 입대 후에는 주로 함정이나 해상막료감부에서 근무한 후 통합막료감부 지휘통신시스템 부장, 해상막료감부 방위부장, 오미나토 지방총감, 요코스카 지방총감 등 요직 역임. 2014년 10월 제32대 해상막료장으로 임명. 재임 중 해상자위대 함정에 의한 미함방호(美艦防護) 등을 가능하게 한 안보관련법 시행 외에도 해양 진출의 움직임을 강화하는 중국을 염두에 두고 필리핀에 해자(海自) 항공기 대여(貸與)를 추진하는 등 안보체제의 환경정비에 진력(요미우리신문, 2017년 4월 9일자). 2016년 11월 15일, 현역 자위관으로는 처음으로 레지옹 도뇌르 훈장(L'ordre national de la légion d'honneur) 수상. 동년 12월 16일 차기 다용도 헬기의 기종 선정을 둘러싼 부적절한 발언으로 훈계 처분을 받고, 12월 22일부로 퇴직. 2017년 4월 17일 해자 출신으로는 처음으로 미 해군대학교 교수에 취임. 3년간의 교수 재직 중 해상막료장으로서 대처한 안보 면에서의 대국 간 협력 등을 주제로 강의. 미국 해군부에 소속된 제복군인의 최선임자인 존 리처드슨 해군작전부장의 특별 보좌관으로 취임해서 미일 안보체제 등에 대해서도 조언. 2021년 일본 국제문제연구소 객원 연구원.

24) 武居智久, 「海洋新時代における海上自衛隊」, 『波涛』 199, 2008, p. 16. https://www.mod.go.jp/msdf/navcol/assets/pdf/column030_01.pdf

이 논문의 시대적 배경은 냉전 후 자위대의 국제공헌 확대, 9 · 11 미국 동시다발 테러로 촉발된 테러 대응, 활발해진 다국간 해양안보(Maritime Security) 협력이다. 다케이(武居)는 2004년 「방위대강」[25]을 통해 "변화된 일본 방위력의 핵심 역할은 평소(平素) 대응이었다고 회고한다. 이는 평소 대응에 대한 우선순위가 이전보다 더 높아졌음을 의미한다. 다케이는 "일본의 안전보장을 달성하기 위한 해상자위대의 목표를 ① 일본 주변 해역의 방위, ② 해양 이용의 자유 확보, ③ 좀 더 안정된 안장환경 구축을 위한 기여로 제시했으며, 국제정세의 변화에 따라 평소부터 대응할 수 있는 접근법(approach)을 확대해야 한다"고 주장한다. 그러면서도 다케이는 자신의 논문 도입부에 제11대 해상막료장이었던 나카무라 데이지(中村悌次) 해장(海将, Admiral)의 '해상자위대 본연의 자세'[26]를 인용하며, 냉전 후 이른바 의아선박(不審船) 대응이나 국제평화협력 등과 같은 평소 임무가 확대되고 있지만, 해상자위대의 존재의의는 "유사(有事)시[27] 싸워 이기는 것"에 있음을 강조한

---

25) 자위대의 병력 및 배치, 방위전략 등을 담은 일본의 방위 군 운용지침서다. 냉전이 한창이던 1976년에 처음으로 제정된 이후 주변 안보환경 변화에 맞춰 1995년과 2004년 각각 조금씩 개정되었다. 6년 만인 2010년 개정안을 발표했으며, 중국과의 영토 분쟁, 북한의 도발 등 동아시아 지역안보의 변화가 다수 반영되었다.(출처: 시사상식사전)

26) "전전(戰前) 육해군에 있어서 군대의 존재의의는 전투에 있었다. 따라서 전투가 모든 것의 기준이었다. 또한, 자위대법에서도 '자위대는 직접 및 간접 침략에 대해 자국을 방위하는 것을 주요 임무로 한다'고 명기한 것처럼 실력을 갖추어 국가를 지켜내야 한다. 즉, 자위대는 유사(有事)시 싸우기 위해 존재하는 것이다. 이것이 나의 신념이다."(제11대 해상막료장 中村悌次) 中村悌次, "離任にあたり講話", 1977년 8월 31일.

27) 유사(有事)는 전쟁 · 사변, 무력충돌이나 자연재해 등으로 국가에 비상사태가 일어나는 것을 의미한다. 일본에서 '유사'라는 용어는 군사용어이고, 법률용어는 아니다. 그러나 방위성에서는 편의상 유사에 관한 법제를 '유사법제(有事法制)'라고 말한다. 방위성은 '유사'를 "자위대가 방위 출동하는 사태"를 가리킨다고 정의한다. 일본은 패전 후, 헌법 9조의 관계 등으로 유사(有事)에 대해 논의한 것 자체가 터부시되었다. 유사법제를 성립하는 단계에서도 평화주의와의 정합성(整合性)과 관련해서 오랜 기간에 걸친 논의가 있다. 하지만, 2003년이 되어 무력공격사태대처관련3법이 성립되고, 무력공격사태대처법이 시행되면서 유사

다.[28]

또한, 다케이는 이 세 가지 목표[29]를 달성하기 위해 주로 평소 활동인 '관여(關與)전략(Commitment Strategy)'과 침략 등에 대한 '대처전략(Contingency Response Strategy)'을 〈표 3-1〉과 같이 제시했다. 2021년 당시 일본 해상막료감부 방위부장으로 근무 중이던 오마치 가쓰시(大町克士) 해장(海將)은 '관여전략'의 관심 범위가 일본에서 중동에 이르는 에너지 루트의 주변 해역으로, 현재의 인도 · 태평양 개념과 일맥상통한 부분이 있다고 말한다. 또한, '대처전략'의 범위는 도쿄(Tokyo)-괌(Guam)-대만(Taiwan)을 잇는 삼각형 해역(TGT 삼각해역[30], 〈그림 3-1〉 참

〈표 3-1〉 다케이 도모히사 해장이 주장한 해상자위대의 해양전략[31]

전략 / 목표	관여전략 (Commitment Strategy)	대처전략 (Contingency Response Strategy)
일본 주변 해역의 방위	분쟁 등을 미연에 방지하기 위해 평소부터 일본의 국토, 주변해역 및 해상교통로에서 대처	억제 불가 시 신속하게 위협을 배제하기 위해 대처
해양 이용의 자유 확보	평소부터 주요 에너지 루트 주변의 해역 및 지역에서 대처	억제 불가 시 주요 에너지 루트 주변에서 신속하게 위협을 배제하기 위해 대처
좀 더 안정된 안보환경 구축에 기여	위의 2개 목표[32]에 더해서 국가를 초월한 문제에 대처	-

법제의 틀이 정비되었다(출처: 航空軍事用語辭典).

28) 武居智久, 앞의 글, p. 3.

29) ① 일본 주변 해역의 방위, ② 해양 이용의 자유 확보, ③ 좀 더 안정된 안전보장환경 구축을 위한 기여

30) 일본 해상자위대는 수도 도쿄와 괌, 대만을 묶는 삼각형의 해역을 각각의 머리글자를 따 'TGT 삼각해역'으로 명명하고, 이 지역에서 중국 잠수함을 상시 감시하는 새로운 전략을 세웠다고 도쿄신문이 2011년 1월 13일 보도했다.

31) 武居智久, 앞의 글, p. 16.

32) 일본 주변 해역의 방위, 해양 이용의 자유 확보

조)으로 일본을 포함한 동아시아 지역의 평화와 안정을 유지하기 위한 핵심 해역이라고 말한다.[33)]

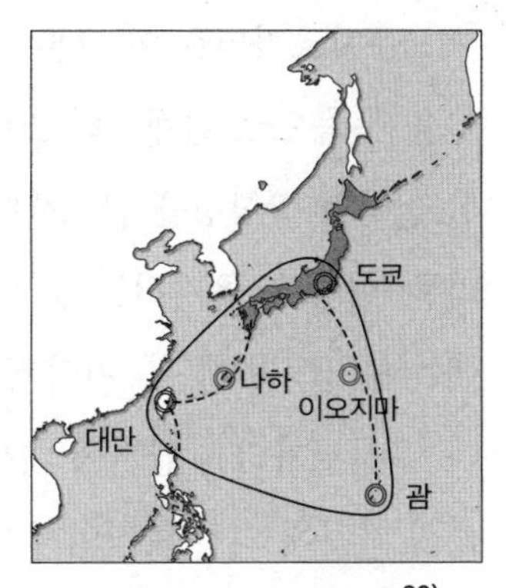

〈그림 3-1〉 TGT 삼각해협[36)]

그리고 오마치는 제한된 자원을 효율적이고 효과적으로 사용하기 위한 해상방위력 건설의 방향성으로, '① 확대되는 임무에 대한 대응, ② 유기적이고 효과적인 미일 연합작전(Combined Operations),[34)] ③ 원활한 통합[35)] 운용'을 제시했고, 특히, 기능 면(세 가지)에서는 '① C4ISR[37)] 기능, ② 대잠수함전 기능, ③ 해상 후방지원 기능'과 '인재 육성 및 능력 발휘'를 제시했다.[38)]

다음으로 2016년 11월 우시로가타는 『해간교전략연구(海幹校戰略研究)』 특별호에 "해상자위대의 전략적 방향성과 그 과제(海上自衛隊の戦略的方向性とその課題)"라는 제목으로 시론(試論)했다.[39)]

---

33) 武居智久, 앞의 글, p. 18.

34) Combined Operations를 한국에서는 '연합작전(聯合作戰)'이라고 부르나, 일본에서는 '공동작전(共同作戰)'이라고 부른다.

35) 2006년 3월 27일 육상 · 해상 · 항공 자위대의 부대 운용을 통합적으로 실시하기 위한 조직으로, 새롭게 통합막료장을 장으로 하는 통합막료감부가 발족되었다. 이 조직개편에 의해 그전까지 각각의 자위대 막료장이 개별적으로 가지고 있던 부대 운용이 통합막료장에게 집약되었다. 또한, 통합막료장을 보좌하는 막료(참모)조직도 사무국 수준에서 '막료감부' 수준(약 500명)으로 격상되었다.

36) 武居智久, 앞의 글, p. 19.

37) Command and Control, Communications, Computers, Intelligence, Surveillance, Reconnaissance

38) 武居智久, 앞의 글, pp. 25-27.

39) 後瀉桂太郎, 「海上自衛隊の戦略的方向性とその課題」, 『海幹校戦略研究』 特別号, 2016, pp. 16-44; 해당 호의 권두 특별기고 「海上防衛戦略の新たな時間と空間」, pp. 2-15.

우시로가타는 이 시론에서 '법 질서 유지'와 '억제'라는 두 가지 개념을 주축으로 현재부터 2030년대 중반까지 해상자위대가 나아가야 할 전략적 방향성을 검토했다. 또한 "억제란, 넓은 의미에서 우리가 바라는 '현상'을 유지하는 것"이라고 정의했다.[40] 이 같은 억제론의 배경에는 중국의 반접근 · 지역거부(A2/AD: Anti-Access/Area Denial) 전략이 있다. 우시로가타는 일본에 대한 억제력의 일단(一端)을 맡아온 미국의 재래식 전력에 의한 확장억제가 중국에 의해 도전받고 있는 상황 속에서 약화된 미국의 힘만큼를 일본 스스로가 보완해야 한다고 주장한다.[41] 이를 위해 복잡하고 다양한 위기고조 상황속에서 우위에 설 수 있는 능력을 확보해야 한다고 강조한다. 다만, 이 능력은 고강도 전쟁용이 아니라 저강도 분쟁에서 억제를 달성할 수 있는 수준이라고 말한다.[42]

한편, 우시로가타는 이 시론에서 해상자위대의 전략적 방향성으로 '일본의 영역 및 주변 해역에 대한 방위', '해상교통의 안전확보', '좀 더 바람직한 안보환경 구축'을 전략목표로 제시했는데, 표현 및 정리 방법은 다르지만 기본적인 개념은 다케이가 제시한 전략목표를 계승하고 있는 듯하다.

또한, 우시로가타는 전략목표를 달성하기 위한 방책(Ways)으로서 '일본의 독자적인 방책과 미일 연합 대응 같은 쌍방향 자조노력(自助努力)'에 더해서 '비용(cost) 강요(强要)'와 '연계 강화, 즉 우방국을 늘리는 것'으로 억제를 달성해야 한다고 제언한다.[43] 게다가 이 방책을 실행할 구역을 '우월구역(優越エリア): 일본 방위의 기반 구역', '경합구역(競

40) 後瀉桂太郎, 위의 글, p. 20.

41) 後瀉桂太郎, 위의 글, pp. 22-23.

42) 後瀉桂太郎, 위의 글, p. 24.

43) 後瀉桂太郎, 위의 글, pp. 27-28.

合エリア): 타국의 이용을 거부하는 구역', '협조 구역(協調エリア): 영향력을 확대하는 구역'으로 분류하고 있다.[44)]

다음으로, 우시로가타는 방책을 실현하기 위한 수단(Means)으로서 다음과 같이 세 가지를 제시한다. 첫째, 해상자위대의 태세 · 체제를 구축하기 위해 정강(精强)[45)] · 즉응(即應)성을 한층 향상시키고, 작전수행상 유연성 및 지속성을 확보하며, 통합 · 연합 · 협동 운용 능력을 향상시켜야 한다.[46)] 둘째, 해상방위력 발휘를 위해서는 인적, 작전적 및 장비 · 기술적 기반을 확보해야 한다. 셋째, 중요시해야 하는 기능은 ① 상호운용성(interoperability), C4I시스템 및 네트워크, ② 전자스펙트럼 · 우주 · 사이버전 기능, ③ 수중우세의 유지 · 확보, ④ 해상방공 능력이다.[47)]

2) 레이와 시대

지금까지 해상자위대를 대변해서 해양전략을 연구 발표해온 다케이나 우시로가타는 그 바통을 사이토(斎藤)[48)]에게 넘긴다.

2019년 7월 사이토는 『해간교전략연구(海幹校戰略研究)』의 '방위

44) 後瀉桂太郎, 위의 글, pp. 36-37.

45) 精強(정강): 他と比べていちじるしく強くすぐれていること(다른 것과 비교해서 현저히 강하고 뛰어난 것). すぐれて強いさま(뛰어나게 강한 모양)[출처: 일본국어대사전]

46) 後瀉桂太郎, 앞의 글, pp. 39-40.

47) 後瀉桂太郎, 위의 글, pp. 40-42.

48) 사이토 아키라(斎藤聡, 1966년생)는 일본의 해상자위관. 제43대 해상막료부장. 나가사키현 사세보시 출신. 방위대학교를 제33기로 졸업하고 해상자위대에 입대. 직종은 수상함정. 입대 후는 주로 호위함이나 해상막료감부 등에서 근무한 후 해상자위대 간부후보생 학교장, 해상막료감부 방위부장 등의 요직을 역임하고, 제40대 호위함대 사령관을 거쳐 2021년 12월 22일부로 제43대 해상막료부장에 임명되었다.

대강 특집(防衛大綱特集)'에 「신대강과 향후의 해상자위대에 대해(新大綱と今後の海上自衛隊について)」라는 논문을 기고했다.[49] 사이토는 해상자위대의 능력을 강화하기 위한 방안 중 하나로 '무기체계의 무인화(無人化) 등에 의한 해상 · 항공우세의 획득 · 유지'가 필요하다고 강조한다.[50] 그리고 해상자위대의 목표달성을 위한 방향성을 ① 통합운용 및 기술발전을 고려한 '해상방위력의 실효성 향상', ② 연합 활동의 확대를 통한 '미 해군과의 협력 강화', ③ '우호국 해군과의 연계 강화'를 통한 '협력태세의 다층화'[51]로 정리하고 있다.[52]

또한, 2020년 7월 사이토는 『해간교전략연구(海幹校戦略研究)』에 "대국 간 경쟁시대에 있어서 해양질서(大国間競争時代における海洋秩序)"라는 주제로 「레이와(令和)에 있어서 해상자위대: 그 노력의 방향성(令和における海上自衛隊: その努力の方向性)」이라는 논문을 특별기고했다. 이 논문은 2018년 『방위대강』을 바탕으로 '레이와'라는 새로운 시대에 향후 해상자위대의 장기적 전략목표, 방책, 수단, 노력의 방향성에 대해 다루고 있다.[53]

당시 사이토가 제시한 전략목표(세 가지)는 '일본의 영역 및 주변해역에 대한 방위', '해상교통의 안전 확보', '바람직한 안보환경의 창출'이다.[54] 이 전략목표는 다케이와 우시로가타가 제시한 방향성과 비슷해 보인다.

---

49) 齋藤聡, 「新大綱と今後の海上自衛隊について」, 『海幹校戦略研究』 9(1), 2019, pp. 7-17.

50) 齋藤聡, 위의 글, pp. 9-11.

51) 세계로 넓어지는 해상교통로를 염두에 두고 설정한 방향성

52) 齋藤聡, 위의 글, pp. 14-16.

53) 齋藤聡, 「令和における海上自衛隊: その努力の方向性」, 『海幹校戦略研究』 10(1), 2020, pp. 7-19.

54) 齋藤聡, 위의 글, pp. 8-9.

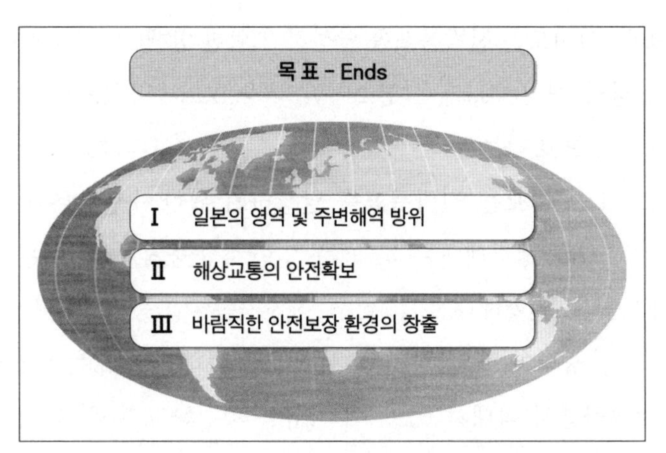

〈그림 3-2〉 사이토가 제시한 해상자위대가 달성해야 할 전략목표[55)]

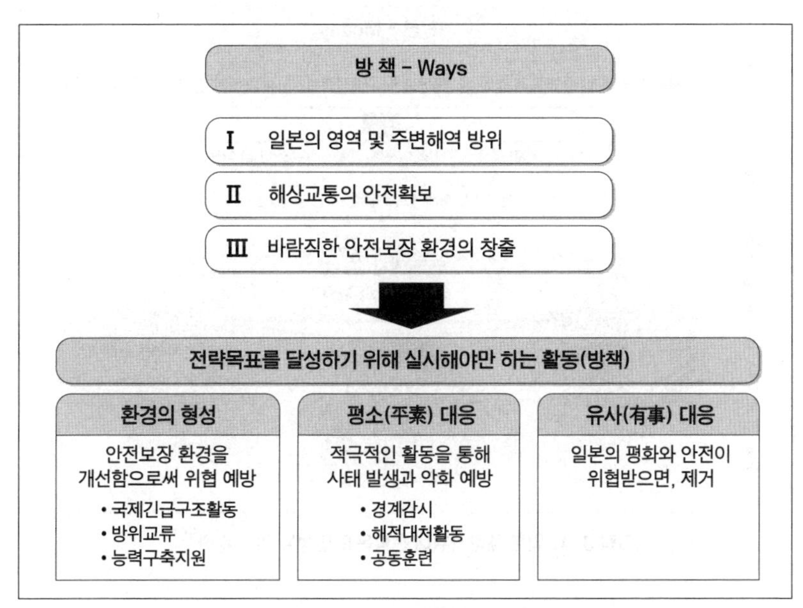

〈그림 3-3〉 해상자위대 전략목표 달성을 위해 실시해야 할 활동(방책)[56)]

55) https://www.spf.org/global-data/opri/20200924_MaritimeSecurity_2_Keynote.pdf 참조하여 재작성

56) https://www.spf.org/global-data/opri/20200924_MaritimeSecurity_2_Keynote.pdf 참조

또한, 사이토는 전략목표를 달성하기 위한 방책(실시해야 할 활동)을 크게 환경의 '형성(Shaping)', '평소(平素) 대응(Deter)' 및 '유사(有事) 대응(Warfighting)'으로 나누었다.[57]

그리고 사이토는 전략목표를 달성하기 위한 수단(보유해야 할 능력 네 가지)으로, '생각해내는(考え出す)' 입안(立案)능력, '지켜내는(守り抜く)' 작전능력, '지탱해내는(支え切る)' 작전지속(継戦)능력, '우위에 서는(優位に立つ)' 능력이 필요하다고 제시했다.[58] 특히, 사이토는 일본의 자유를 보장하면서 적대자(敵對者)의 자유를 제한하고 '우위에 서는' 능

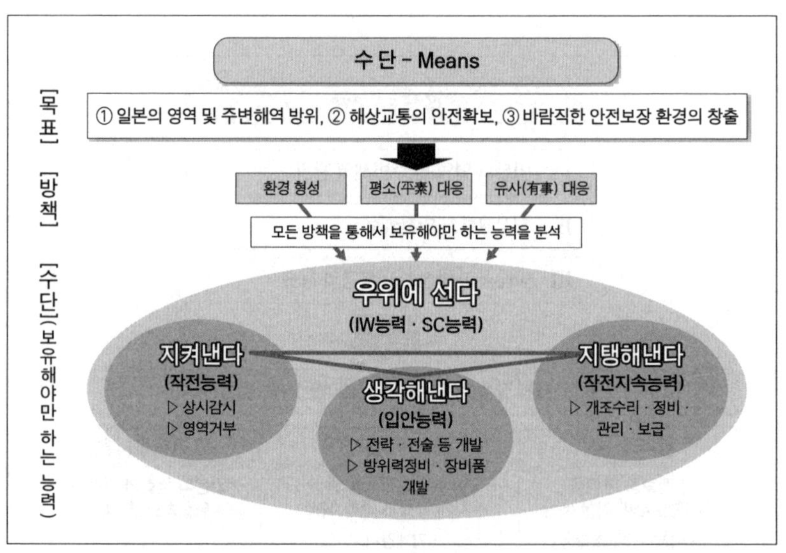

〈그림 3-4〉 일본 해상자위대 전략목표 달성을 위한 수단[59]

하여 재작성

57) 齋藤聡, 앞의 글, pp. 9-12.

58) 齋藤聡, 앞의 글, pp. 12-16.

59) https://www.spf.org/global-data/opri/20200924_MaritimeSecurity_2_Keynote.pdf 참조하여 재작성

력에는 여러 가지가 있겠지만, 그중에서도 IW(Information Warfare)와 SC(Strategic Communication)를 중요한 능력으로 손꼽는다. 또한 해상자위대가 노력해야 할 방향성으로서 충실히 해야 할 분야(네 가지)로는 '사람(人)', '기능(機能)', '구상(構想)', '협동(協働)'이 제시되었다.[60]

이상으로 다케이, 우시로가타, 사이토가 제시한 일본 해상자위대의 해양전략에 대해 개략적으로 살펴보았다. 오마치는 이들이 제시한 해양전략의 사고(思考)나 목표는 표현 등의 차이는 있으나 그 본질에는 변화가 없었다고 평가했지만, 필자의 생각은 다르다. 우시로가타는

노력의 방향성

다음의 4개 분야를 중심으로 충실하게 노력하여, 임무 완수할 수 있는 능력 보유

'사람'의 충실(Personnel)

해상방위력의 근간이 되는 '사람'을 질적 · 양적으로 모두 충실히 한다.

- 모집 및 지원의 강화
- 예비역(OB)를 포함한 민간력의 활용 확대
- 조직 개편, 의식개혁
- Work-Life Balanc, 가족지원 충실

'기능'의 충실(Function)

요구되는 능력을 지속 강화하고, '형성'과 '대처'할 수 있는 '기능'을 충실히 한다.

- 선진기술, 무기체계 투자 · 획득
- 신속하고 확실한 의사결정 능력 강화
- 개조수리, 정비, 관리, 보급 등 기능 강화
- 업무효율화 · 무인화의 추진

'구상'의 충실(Concept)

해상자위대의 능력을 최대한 발휘하고 '지켜내기' 위해 필요한 '구상'을 충실히 한다.

- 전략 · 전술 등 분석 · 개발체제 재구축
- 작전능력 및 무기체계 개발 능력의 향상
- 축적한 지식 · 경험의 적절한 관리 · 공유

'협동'의 충실(Cooperation)

美 해군과의 연합을 기축으로 통합 · 총합력을 발휘함으로써 일본을 지켜내기 위해 '협동'을 충실히 한다.

- 美 해군과의 연합, 대국 간 연계를 심화
- 他 자위대, 他 정부기관(省廳), 민간 등과의 협력 관계 촉진

〈그림 3-5〉 일본 해상자위대의 전략목표 달성을 위한 노력의 방향성[61]

60) 齋藤聡, 위의 글, pp. 16-18.

61) https://www.spf.org/global-data/opri/20200924_MaritimeSecurity_2_Keynote.pdf 참조하여 재작성

다케이가 주장한 일본 해상자위대의 해양전략에 '일본의 영역(領域)'이라는 개념을 추가하여 '일본 주변 해역 방위'에서 '일본의 영역(領域) 및 주변 해역에 대한 방위'로 방위 범위를 확장시켰다. 영역(領域)은 영토(領土), 영해(領海), 영공(領空)을 말한다. 이러한 변화는 해상자위대가 일본의 영역(領域) 문제에 대해 자주(自主)적으로 방위해나가겠다는 의지 표명으로 필자는 해석한다. 또한, '해양 이용의 자유 확보'는 '해상교통의 안전 확보'로 변경되었는데, 동중국해나 남중국해에서 중국의 '힘에 의한 일방적인 현상 변경이나 그 시도(力による一方的な現状変更やその試み)'에 대해 대응전략을 구체화한 것으로 보인다. 마지막으로 안전보장환경에 대해서는 '기여(寄與)' 수준에서 '구축(構築)'을 거쳐 '창출(創出)'해나가겠다며 다소 소극적인 형태에서 적극적인 형태로 변화하고 있고, 안정적 안전보장환경에서 일본이 생각하는 바람직한 환경으로 '형성(形成, Shaping)'해나가겠다는 강한 의지가 엿보인다.

〈표 3-2〉 다케이, 우시로가타, 사이토가 발표한 해상자위대의 전략목표

연도	발표자	해상자위대의 전략목표
2008	다케이	일본 주변 해역의 방위(我が国周辺海域の防衛), 해양 이용의 자유 확보(海洋利用の自由の確保), 좀 더 안정된 안전보장환경 구축을 위한 기여(より安定した安全保障環境構築への寄与)
2016	우시로가타	일본의 영역 및 주변 해역에 대한 방위(我が国の領域及び周辺海域の防衛), 해상교통의 안전 확보(海洋交通の安全確保), 좀 더 바람직한 안전보장환경 구축(より望ましい安全保障環境の構築)
2020	사이토	일본의 영역 및 주변 해역에 대한 방위(我が国の領域及び周辺海域の防衛), 해상교통의 안전 확보(海洋交通の安全確保), 바람직한 안전보장환경의 창출(望ましい安全保障環境の創出)

2장
21세기 일본의 해양력 변천사:
소련 · 중국에 대한 영역거부와 제해(制海)의 추구[62]

미국은 냉전 말기의 소련과 2010년경 이후의 중국을 군사적 도전자로 인식하고, 해양 영역에서 우위를 유지하기 위해 '제해(制海)'에 중점을 두었다. 한편 냉전 종결 직후부터 테러와의 전쟁(1990년대 초~2010년경)까지는 자유와 민주주의라는 규범 및 개념에 입각해서 개입(介入)과 관여(關與)를 기조로 한 외교정책과 일관되게 해양 영역에서 자국의 '제해'를 전제로 '전력투사'를 중요하게 생각했다. 이는 타국에 대해 개입과 관여를 구현하기 위한 방책이었다. 미국과 유일하게 동맹관계를 맺고 있는 일본은 미국의 군사전략 변화에 따라 방위전략을 변화시켜 왔다. 하지만 일본은 제2차 세계대전 후 전략수세(戰略守勢)를 국가 정

62) 우시로가타의 『해양전략론: 대국은 바다에서 어떻게 싸우는가』 5장 "일본: 소련 · 중국에 대한 영역거부와 제해의 추구"를 의역한 후 일부 해설을 추가하거나 수정 · 보완한 내용이다. 後潟桂太郎, 「日本: ソ連中国に対する領域拒否と制海の追求」, 『海洋戦略論(大国は海でどのように戦うのか)』, 東京: 勁草書房, 2019, pp. 124-137. 우시로가타는 이 책에서 해양국가 또는 시파워(sea power)로 분류되는 미국, 영국, 일본과 대륙국가 또는 랜드파워(land power)로 보여지는 인도, 러시아 그리고 중국이라는 6개국에 대해 공문서, 관련문헌 그리고 실제 전력구성 등을 가지고 해양 영역에서의 군사전략 변천을 연구했고, 각국이 어떠한 해양전략을 선택하고 있는지를 논했다. 이 글에서는 우시로가타가 연구한 6개국에 대한 내용 중 일본에 대해 내용을 발췌하여 필자가 일본의 해양력 변천사로 재정리했다.

책의 기본 방침으로 정했기 때문에 일본은 핵전력뿐만 아니라 항모타격군 등과 같은 전력에 대해서는 미국의 확장억제에 의존해왔다.[63]

냉전 말기 일본 본토는 소련의 영역거부권 내에 있었다. 일본과 소련은 동해[64]를 사이에 두고 지리적으로 근접해 있어 일본 본토는 소련의 최신 지휘통제체계, 장거리공격기, 미사일 등의 사정거리 내에 들어갈 수밖에 없는 상황이었다. 이 때문에 일본은 미국으로부터 확장억제를 보장받기 위해 소련의 영역거부를 배제하거나 적어도 상쇄할 수 있어야 했다. 즉, 일본의 중요한 전략목표는 소련의 영역거부 구역 내에서 적어도 자국 주변 해역에 대해서는 스스로의 영역거부 능력(예: 방공

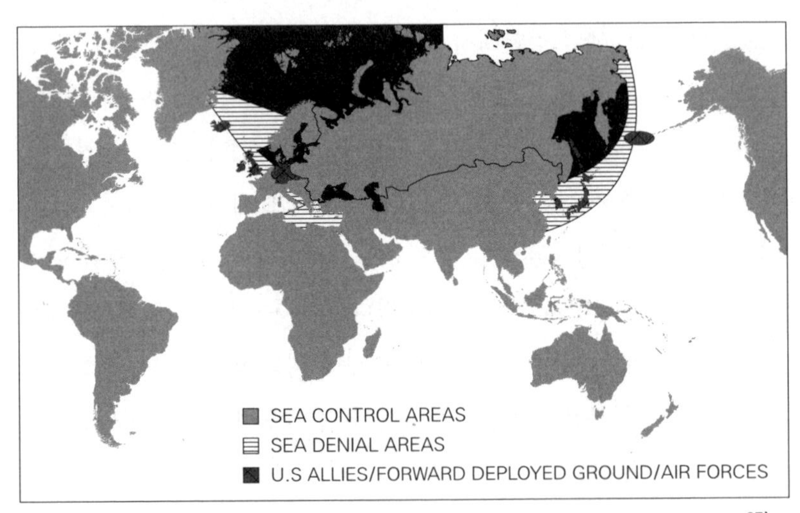

〈그림 3-6〉 냉전 후기 소련의 해양통제 및 영역거부 구역, 미국의 육 · 공군 전방배치 구역[65]

---

63) 後潟桂太郎, 위의 글, p. 124.

64) 일본 측은 '동해'를 '일본해'라고 주장한다.

65) John Hattendorf and Peter Swartz eds., "The Maritime Strategy, 1984," U.S. Naval Strategy in the 1980s: Selected Document, U. S. Naval War College Newport Papers 33, 2008, p. 61. 참조하여 재작성

및 대잠전 능력 등)을 통해 상대의 해양우세를 허용하지 않는 것이었다.[66]

그리고 냉전 종결 이후 일본은 미국의 세계적인 군사적 우위, 특히 해양 영역에서 미국의 제해를 전제로 안보상의 활동 영역을 확대해나갔다. 걸프 전쟁이 정전(停戰)된 1991년 4월 소해모함 · 소해정 4척 및 보급함으로 구성된 소해 파견부대가 페르시아만에서 기뢰소해 임무를 수행했다. 이것은 일본 자위대 발족 이래 첫 해외파견 임무였다. 이후 일본은 국제사회 공헌이나 역할분담 같은 논의를 거쳐 평화유지활동(PKO)에도 참가하기 시작했다. 또한 2004년 12월 발생한 인도네시아 수마트라섬 근해 대규모 지진과 인도양 쓰나미에 대해서도 국제긴급구조 활동을 시작했다. 이렇게 일본은 인도지원 · 재해파견(HA/DR: Humanitarian Assistance / Disaster Relief)과 같이 평시 안전보장상의 국제공헌에도 적극적으로 관여하기 시작했다. 이뿐만 아니라 일본은 비국가주체, 도상국 등에서 발생한 저강도 분쟁 및 대립 상황에 대해서도 지원임무 등 해양에서의 활동 영역을 비약적으로 확대시켰다. 1999년 3월 노토반도(能登半島) 근해에서 발견된 북한 공작선에 대한 해상경비행동(海上警備行動), 2001년 10월 통과된 「테러대책특조법(テロ対策特措法)」에 근거해서 대테러 전쟁에 종사하는 연합국가에 대한 보급지원활동 등이 그 예다.[67]

해상자위대는 이러한 활동 영역 확대를 기회로 수상함의 원해전개 및 방공능력 등 자기완결성(自己完結性)을 향상시켰고, 도크형 양륙함('오스미'형) 및 헬기항모('휴가', '이즈모'형)와 같이 해상기지(Sea Basing) 기능 등을 갖춘 대형함 척수를 증가시켰다.[68] 즉 냉전 말기 이후 해상

---

66) 後潟桂太郎, 앞의 글, p. 124.

67) 後潟桂太郎, 앞의 글, p. 125.

68) 해상자위대는 '오스미'형을 수송함, '휴가'와 '이즈모'형을 호위함이라고 부르고 있으나, 이

자위대는 항공자위대(지상항공전력)의 공중엄호(Air Cover)에 의존하지 않고, 원해에서 어느 정도 자율적으로 제해를 확보할 수 있게 됨은 물론, 대형함에서 탑재 헬기 및 공기부양정 등을 활용해서 지상으로 전력투사할 수 있는 능력까지 갖춰왔다.[69] 지금은 '18「방위대강」책정 이전부터 세간의 관심이 집중되었던 '이즈모 헬기호위함'에서 F-35B의 이착함이 가능하도록 항공모함화 개조까지 진행되고 있다.[70]

〈그림 3-7〉 이즈모형 호위함, 항모 개조 현황[71]

출처: 『요미우리신문』

글에서는 타국의 함정과 비교분석할 수 있도록 Jane's Fighting Ships, 혹은 The Military Balance 등의 호칭을 사용한다.

69) 後潟桂太郎, 앞의 글, p. 125.

70) "防衛相, 護衛艦いずもF35B発着へ「空母化」改修進める", NHK, 2021. 11. 8. https://www3.nhk.or.jp/news/html/20211108/k10013338701000.html

71) "F35B発着艦試験成功, 自衛隊が初の「空母」を持つ理由とは," 『読売新聞』, 2021년 11월 18일자.

한편 일본은 '전수방위(專守防衛)',[72] 즉 전략수세(戰略守勢)를 정책으로 유지해왔기 때문에 해상자위대는 발족 이래 CTOL[73] 항모 또는 대지공격순항미사일 등 고강도 전쟁을 수행할 수 있는 전력투사 자산을 보유할 수 없었다. 또한, 마찬가지로 항공자위대도 바다를 건너 공격할 수 있는 장거리폭격기는 보유할 수 없어 주요 자산은 요격전투와 근접항공지원을 수행할 수 있는 공격기 또는 대공미사일 시스템으로 한정되어 있다.[74] 그러나 항공자위대는 냉전 말기인 1987년부터 조기경보기를 운용하고 있고, 지상공격용 정밀유도폭탄(JDAM)도 보유하고 있어 대지공격 능력이 전혀 없다고도 볼 수 없다. 또한 2008년 이후 공중급유기도 도입했기 때문에 제한적이지만 전력투사도 가능하다. 그러나 우시로가타는 항공자위대가 스탠드오프 전자방해기 등을 보유하고 있지 않기 때문에 고도의 지휘통제 및 방공 시스템을 가진 영역거부를 돌파할 수 없다고 말한다. 즉, 우시로가타는 항공자위대가 전력투사 전력이 아님을 강조하는 것이다. 따라서 우시로가타는 해상자위대와 항공자위대의 능력을 종합적으로 검토해 보았을 때, 일본이 가진 능력을 '영역거부' 수준으로 평가한다.[75] 그러면서 일본 자

---

72) 전수방위란 상대방으로부터 무력공격을 받았을 때 비로소 방위력을 행사하는 것이다. 그 방위력 행사 형태도 자위를 위한 필요 최소한도로 제한한다. 또한 보유하는 방위력도 방위를 위한 필요 최소한으로 한정하는 등 헌법정신에 맞도록 수동적인 방위전략 자세를 견지하는 것을 말한다([네이버 지식백과] 일본의 방위정책, 새로운 일본의 이해, 2005. 3. 2., 공의식).

73) Conventional Take-Off and Landing(캐터펄트 사출 - 어레스팅 와이어 구속식 항모)

74) 2010년 방위대강 이전에도 F-2전투기는 대함미사일을 운용할 수 있었지만, 항공자위대가 해상저지 능력을 보유하고 있었다고는 보지 않았다. 냉전기 이후 주요 임무는 평시 대영역 침범, 유사시 영토 · 영공 방위였다고만 알려져 있다.

75) 우시로가타는 북한의 핵 · 미사일 개발에 대해 일본 내에서 논의되는 '도발원점 공격능력(策源地攻擊能力)'이란 미사일 발사기지 등을 한정적으로 공격하는 것으로, 이른바 Surgical Strike(外科手術的打擊)에 해당하는 능력이라고 말한다. 이것은 상대가 자신을 공격할 수단을 배제하는 Counter Force(對兵力攻擊)에 관한 것이고, 억지이론의 관점에서 보면 징

위대가 가진 제해 능력이란 극히 최근까지 해상자위대 자산 외에는 없었다고 평가한다. 그런데 2010년 「방위대강」 이후 '도서부(島嶼部)에 대한 공격 대응'이 명문화되면서 항공자위대도 해양 영역 작전에 관여하게 되었다.[76] 또한, 2022년 12월 16일 일본 정부가 적 미사일 기지 등을 공격할 수 있는 '반격 능력'을 보유하겠다고 선언했다. 원거리 타격무기 확보를 전제로 한 반격 능력 보유 결정은 태평양전쟁 후 평화주의를 주창해온 일본 안보정책의 대전환으로 평가된다.[77]

그럼, 지금부터 일본 해양력의 변화를 냉전 말기, 대테러 전쟁을 포함한 탈냉전기, 중국의 해양 진출이 확대된 2010년 이후로 나누어서 살펴보자.[78]

1. 냉전 말기: 소련에 대한 영역거부와 제해 능력 (1980~1989)

냉전 말기 소련의 해양요새전략에 대한 미 해군의 '해양전략'은 항모전투군을 중심으로 한 전력투사로 소련극동전역의 군사거점을 공략하는 구상이었다. 이 구상 속에서 일본 자위대는 미일 간의 방위력 역할분담에 관한 협의를 통해 미국의 제해를 보완하는 역할로 일본 주변 해역에 대한 영역거부 및 제한적 해상교통로 보호를 수행했

벌적 억지력인 Counter Value(對價値攻擊)에 관한 능력이자 거부적 억지력의 범주에 들어간다고 말한다.

76) 後潟桂太郎, 앞의 글, pp. 125-126.

77) 김호준, "日, '반격 능력' 보유 결정… 안보정책 대전환(종합)", 『연합뉴스』, 2022년 12월 16일자.

78) 後潟桂太郎, 앞의 글, pp. 126-127.

다. 즉 일본 본토 주변 수백 해리 이내의 해역과 1,000해리 해상교통로 방위에 기여했다. 이를 위해 해상자위대는 해상방공과 광역 대잠전 능력을 향상시켜왔다.[79]

따라서 일본은 전력투사에 대해서는 기본적으로 미국에 의존했지만, 일본 주변 해역에 한해 소련군의 영역거부 전략을 저지함으로써 미군의 증원 기반을 확보하는 데 중점을 두고 방위했다. 따라서 해상자위대는 소야 · 쓰가루 · 쓰시마 해협에서 소련의 수상함 및 잠수함을 저지하고, 항공자위대는 일본 주변 공역을 거쳐 태평양으로 진출하는 소련 공군기에 대한 방공작전을 주로 수행했다. 또한, 육상자위대는 종래의 내륙지구전략(內陸持久戰略)을 전환해서 '북방전방방위(北方前方防衛)' 전략, 즉 소야 · 쓰가루 해협과 홋카이도 북부의 방호, 지대함미사일 부대 도입 등을 통해 해안방어에 중점을 두었다.[80]

1986년도 『방위백서』에 따르면, 해상자위대는 "① 일본의 주요 항만 및 해협 방어 작전, ② 주변 해역 대잠작전, ③ 선박보호작전 등과 같은 해상작전의 주체가 되고, 미 해군 부대는 ① 해상자위대가 수행하는 작전을 지원하며, ② 기동타격력을 가진 임무 부대로 침공병력을 격퇴하기 위한 작전을 실시한다"고 한다. 또한 항공자위대는 "① 방공, ② 대상륙방어, ③ 대지지원, ④ 항공정찰, ⑤ 항공수송 등과 같은 항공작전의 주체가 된다"고 한다.[81]

또한, 1986년 「중기방위력정비계획(중기방)」에서는 F-15요격전투기, P-3C초계기 도입이 명기되는 한편, 해상방공 능력을 향상시

---

79) 後潟桂太郎, 앞의 글, p. 127.

80) 後潟桂太郎, 앞의 글, p. 127.

81) 防衛庁, 『1986年 防衛白書』, 1986, pp. 114-115.

키기 위해 대공미사일 시스템의 성능을 개량하기 시작했다.[82] 그 후 1988년도 『방위백서』에서 방위청 내에 설치된 '해상방공체제연구회(海上防空體制研究會)'의 검토를 거쳐 당해 연도부터 이지스시스템을 갖춘 신형 호위함 사업에 착수했다. 미국이 개발한 이지스전투시스템을 도입하여 해상방공 능력을 향상시키기로 결정한 것이다.[83]

이렇게 냉전 말기 일본은 소련에 의한 유사(有事) 상황에 대비해서 자국 본토와 주변 해역에 대한 영역거부 능력을 향상시켰다. 이로 인해 미군의 전력투사 기반을 마련함은 물론, 이지스함에 의한 해상방공, P-3C초계기의 광역대잠능력 등 미군의 제해에 대해서도 어느 정도 보완할 수 있는 능력을 갖추게 된 것이다. 그렇지만 정치적인 제약[84]으로 냉전기의 일본 자위대는 지상전력을 자국의 영역 밖으로 투사할 수 없었다. 항공자위대는 중형수송기(C-1)를, 해상자위대는 만재배수량 3,000톤급 중형 양륙함정(6척)을 보유하고 있었지만, 이것들만으로는 전시(戰時)에 원해 또는 영토 밖으로 전력을 투사할 수 없었다. 지상전력을 전개시키기 위해서는 장거리공격기, 순항미사일 및 항공모함 등이 필요했지만, 일본은 이러한 능력을 보유할 수 없었다.[85]

82) 防衛庁, 『1987年 防衛白書』, 1987, p. 136.

83) 防衛庁, 『1988年 防衛白書』, 1988, p. 123, pp. 166-167.

84) 평화헌법, 전수방위

85) 後潟桂太郎, 앞의 글, p. 128.

2. 탈냉전기: 활동 영역의 확대와 제해 능력의 향상 (1990~2009)

냉전의 종결과 함께 유일한 초강대국인 미국이 해양 영역에서 압도적인 우위를 달성함으로써 미국의 동맹국인 일본은 영국 등과 같이 미국의 제해 안에서 혜택을 누렸다. 다시 말해, 미국의 동맹국은 세계의 거의 모든 해양 영역에서 미국의 제해 덕분에 안전하고 용이하게 군사적 접근이 가능했다. 함선이라면 '항행의 자유'가 보장된 것이다.[86]

그 결과로 일본은 해양 영역의 군사적 자산을 자국 주변 해역의 영역거부 또는 미국의 제해를 보완하던 데서 자국의 국익을 확대하는 도구(tool)로도 활용할 수 있게 되었다. 즉, 인도지원/재해파견(HA/DR), 평화유지활동(PKO) 또는 대테러 전쟁의 후방지원 같은 국제분쟁에 관여할 수 있게 된 것이다.[87]

걸프 전쟁이 끝날 무렵 일본의 국내정치적 이슈 중 하나는 "일본은 냉전 후의 국제사회에 얼마나 공헌해야 하는 것일까?"라는 문제였다. 어찌 되었든 그 결과로 일본은 국제공헌이라는 논리를 내세우며 자위대의 활동 영역을 확대하기 시작했다. 국제사회의 평화 및 안정을 명분으로 해서 다양한 자위대의 임무가 정치적으로 결정되었다. 우시로가타는 자위대의 활동 영역 확대 등을 통해 일본의 정치적 존재(presence)를 여러 국가에 보여줄 수 있는 목적도 달성되었다고 평가한다. 당시 해상막료감부 방위부장이었으며 제32대 해상막료장을 지낸 다케이는

86) 後潟桂太郎, 앞의 글, pp. 128-129.

87) 後潟桂太郎, 앞의 글, p. 129.

해상자위대의 활동 영역 확대에 대해 다음과 같이 회고했다.[88)]

> 냉전의 종결에 따라 대규모 무력분쟁이 발생할 가능성이 낮아졌기 때문에 군사력이나 동맹관계는 재정의될 것이다. 하지만, 군사력은 지금까지 이상으로 역할을 하지 않으면 안 된다. 해상자위대도 마찬가지다. 따라서 1991년 해상자위대의 소해부대를 페르시아만에 파견했고, 그 이후 해상자위대의 활동 해역은 전 세계가 되었으며 활동 범위는 비약적으로 확대되었다.

그렇다고 하더라도 1990년대 이후 일본 주변의 불안정 요인이 완벽하게 사라진 것은 아니었다. 북한이 공작선 등을 활용해서 불법 침범을 하기도 했고 핵 · 탄도미사일 능력을 향상시키기도 했기 때문에 일본은 북한을 안보상의 명백한 위협으로 인식하기 시작했다. 이 때문에 2004년 「방위대강」 이후 일본은 탄도미사일 방위를 '기본 임무'로 명시했다.[89)] 이렇게 본토 주변의 한정적인 위협과 대테러 전쟁지원 등의 국제공헌, 나아가서는 현시(presence)를 통한 일본의 대외적 영향력 확대와 같은 임무를 고려해서 다케이는 해상방위를 위한 전략목표를 앞에서 설명한 바와 같이 세 가지로 제시한다. 그것들은 '① 일본 주변 해역의 방위, ② 해양 이용의 자유 확보, ③ 좀 더 안정된 안보환경 구축에 기여'다.[90)]

여기서 분명히 알 수 있는 것은 해상자위대가 미군에 의한 제해

88) 武居智久,「海洋新時代における海上自衛隊」,『波濤』199, 2008, p. 3.

89) 『平成17年度以降に係る防衛計画の大綱について』, 平成16年12月10日安全保障会議決定, 同日閣議決定, 第IV項 1.

90) 武居智久, 앞의 글, p. 16.

속에서 활동 영역을 확대해왔다는 것이다. 또한, 해상자위대는 미국을 배후에 두고 국제사회를 일본의 국익에 유리한 환경으로 만들기 위해 관여(關與)를 기조로 한 일본의 외교전략을 적용해왔다. 그 결과, 해상자위대는 이른바 '테러와의 전쟁' 시 후방지원 임무로 2001년부터 2010년까지 약 9년간, 그리고 아덴만 해적 대처활동에 2009년 이후부터 지금까지 지속적으로 수상부대를 파견하고 있다. 그뿐만 아니라 2004년 수마트라섬 근해 지진 및 쓰나미 피해에 대한 인도지원/재해파견(HA/DR) 등을 위해 수상부대를 장기적으로 전개해왔다. 이러한 실적으로부터 우시로가타는 해상자위대가 어느 정도 자기완결적(自己完結的)인 제해 능력을 갖추게 되었다고 평가했다. 게다가 해상자위대는 이지스함 등 고강도 전쟁에 일정 수준으로 대처할 수 있는 능력도 갖추고 있어 CTOL항모 등을 보유하고 있지 않은 국가 중에서 고강도 환경에 가장 잘 대응할 수 있는 능력을 갖추었다고 평가했다.[91]

3. 중국의 해양 진출: 영역거부에 재투자(2010년 이후)

1990년대 이후 중국은 군사력을 급격하게 근대화시켜왔다. 그 목적은 군사적으로 우위에 있는 미일에 대해 자국 연안으로부터 1,000km 이상 떨어진 전역(戰域)까지 강력한 영역거부를 형성하여 국지적으로 군사적 우위를 확보하기 위함이다. 이렇게 향상된 능력을 바탕으로 2010년경부터 중국은 대외정책, 특히 동중국해 및 남중국해에 있는 도서 및 주변 해역의 영유권 문제 등에 대해 대단히 강경한 태

91) 後瀉桂太郎, 앞의 글, p. 130.

도를 취하고 있다. 게다가 중국인민해방군(PLA)의 해군력은 영역거부 뿐만 아니라 항공모함, 미사일구축함, 대형상륙함 등을 건조해서 남중국해를 중심으로 한 해역에서의 제해 및 전력투사 능력을 지속적으로 강화하고 있다.[92)]

일본은 냉전 말기와 유사한 전략환경이 조성됨에 따라 다시 주변국에 대한 영역거부를 강화함으로써 동맹국인 미국의 전력투사 기반을 마련할 뿐만 아니라 미국과 함께 제해 전력을 증강하여 해상교통로를 보호할 필요성을 재인식하고 있다. 우시로가타는 2016년 당시 해상막료장인 다케이의 지시에 따라 해상자위대 내부 토의를 거쳐 해상자위대의 미래전략에 대한 시론(試論)을 집필했다. 그는 시론에서 해상자위대의 전략목표를 앞에서 설명한 바와 같이 '① 자국 영역 및 주변 해역 방위, ② 해상교통의 안전 확보, ③ 좀 더 바람직한 안전보장환경 구축'으로 제시했다. 냉전 종결 이후 이러한 우선순위는 대체로 일관되게 유지되어왔다.[93)]

하지만 우시로가타는 최근 이 전략목표별 중요도가 다음과 같이 변화했다고 말한다.[94)] 냉전 종결 직후 '평화의 배당'[95)]이 주장되던 시기에는 대규모의 임박한 위협이 존재하지 않았기 때문에 국익을 확대하기 위해 '해상교통의 안전 확보' 또는 '좀 더 바람직한 안전보장환경

---

92) 後潟桂太郎, 앞의 글, pp. 130-131.

93) 後潟桂太郎, 「海上自衛隊の戦略的方向性とその課題」, 『海幹校戦略研究』 特別号, 通券 第12号, 2016, p. 25.

94) 後潟桂太郎, p. 26.

95) 1989년 12월 마루타에서 열린 미소 정상회담에서 냉전의 종결이 선언된 이후 미소 양국은 군사 부문에 과도하게 투자되어 온 자원의 분배 구조를 전환하여 민생부문으로 자원을 재분배하는 정책을 채용하게 되었다. '평화의 배당'이라는 말은 냉전의 종결에 따른 평화의 도래로 재정적 자원을 평화 목적으로 대신한다는 의미에서 사용되어 주로 미국정부나 의회 관계자에 의해 빈번하게 사용되었다. (출처: 21세기 정치학대사전)

구축'이라는 전략목표를 '자국 영역 및 주변 해역 방위'보다 상대적으로 중요시할 수 있었다. 그러나 오늘날은 냉전기와 유사하게 국가 간의 대립이 국제사회의 주요한 과제로 다시 등장하고 있어 '자국 영역 및 주변 해역 방위'가 다시 중요시되고 있다.

또한, 전략목표를 달성하기 위한 방책이자 정세변화에 따른 구체적인 대응책으로서 일본 주변 해역 등에 대한 '해양우세(maritime superiority) 확보'와 상대의 해양우세를 거부하기 위한 '해양 이용의 거부(海洋拒否: maritime denial)'가 거론되었다.[96] 미 해군이 2017년에 재차 제해로 회귀하는 경향을 보였던 것과 같이 해상자위대도 2010년 이후 수상함 전력을 증강시키기 시작했다. 즉 해상자위대의 '호위함' 정수(定數)는 1976년 「방위대강」에서 약 60척, 다음 1995년 「방위대강」에서 약 50척이었고, 2004년 「방위대강」에서는 47척까지 감소했다. 그 후 2010년 「방위대강」에서는 48척이 되었고, 2013년 「방위대강」에서는 54척(이지스함 6척 포함)으로 증가하고 있다.[97] 2018년 「방위대강」에서는 호위함 척수는 54척으로 유지되었지만, 이지스함은 6척에서 8척으로 증가하였다.[98] 2022년 「방위력정비계획」에서는 이지스함이 10척이 되었다.[99]

그리고 영역거부와 관련해서 잠수함 척수가 2010년 「방위대강」에서 16척에서 22척으로 증가했고,[100] 2013년 「방위대강」에서는 도서부

---

96) 後瀉桂太郎, pp. 8-29.

97) 後瀉桂太郎, 「日本: ソ連中国に対する領域拒否と制海の追求」, 『海洋戦略論(大国は海でどのように戦うのか)』, 東京: 勁草書房, 2019, pp. 131-132.

98) 『平成31年度以降に係る防衛計画の大綱について』, 平成30年12月18日国家安全保障会議決定, 同日閣議決定, p. 30.

99) 『防衛力整備計画について』, 令和 4 年12月16日国家安全保障会議決定, 同日閣議決定, p. 34.

100) 주일 국방무관을 역임한 예비역 김기호 해군 준장(현 해군사관학교 교수)은 일본의 잠수함

(島嶼部)에 대한 적의 침공을 해상에서 저지할 수 있도록 육상자위대에 지대함유도탄 부대를 만들 것을 계획했다.[101] 일본 방위성은 2022년도 말에 육상자위대의 미사일부대를 오키나와현 · 이시가키섬(이시가키시)에 배비하기로 했다. 500~600명 규모가 될 예정이고, 오키나와 본토를 포함해서 난세이제도의 미사일부대는 4거점[102] 태세가 된다. 이 부대는 중국 해군 수상함 활동이 빈번해지고 있는 데 대응하기 위한 것이다.[103]

2022년 12월 16일에 각의결정된 안전보장 관련3문서에는, 적기지공격능력(반격능력)을 담당할 '스탠드 오프 미사일부대' 배비가 포함됐다. 스탠드 오프 미사일은 상대방의 사거리 밖에서 공격할 수 있는 장사정 미사일이다. 일본 정부는 이를 반격 능력으로 규정하고 보유를 결정한 것으로 알려졌다. 3개 문서 중 하나인 방위력 정비 계획에는 스탠드 오프 미사일 부대로서 육상자위대에 지대함 미사일 연대(7개 부대), 도서방위용 고속 활공탄대대(2개 부대), 장사정유도탄대대(2개 부대)를 두는 것으로 기술됐다.[104]

능력에 대해 다음과 같이 평가한다. "잠수함 총 척수는 현역 잠수함 22척, 연습 잠수함 2척, '18「방위대강」에 명시된 시험잠수함 1척을 포함하면 총 25척 체제라는 막강한 잠수함 전력을 보유하게 된다." 김기호,「일본의 해양전략과 해상자위대 증강 동향」,『2020-2021 동아시아 해양안보 정세와 전망』, 한국해양전략연구소 편, 박영사, 2021, p. 142.

101) 『平成26年度以降に係る防衛計画の大綱について』, 平成25年12月10日国家安全保障会議決定, 同日閣議決定, p. 20.

102) 일본 정부는 규슈(九州)와 대만 사이에 활 모양으로 펼쳐진 섬들인 난세이(南西)제도의 방위력 강화에 공을 들이고 있다. 가고시마현 아마미오시마(奄美大島), 오키나와 본섬, 오키나와현 미야코지마(宮古島)에 이미 미사일 부대가 배치됐으며, 이시가키지마를 포함하면 거점이 4곳으로 늘어난다. "일본, 센카쿠 인근 섬에 미사일부대 추가 배치… 중국 견제(종합)",「연합뉴스」, 2021년 8월 3일자.

103) "石垣島にミサイル部隊配備へ…中国に対抗する狙い, 南西諸島は 4 拠点態勢に",『読売新聞』, 2021년 8월 2일자.

104) 成沢解語, "敵基地攻撃を担う部隊を設置へ 既存ミサイルの長射程化も進む",「朝日新聞」, 2022年12月16日.

4. 해상자위대 보유 전력으로 본 평가

지금까지 일본의 해양력 변화를 세 시기로 나누어서 살펴보았다. 여기서는 우시로가타가 분석대상 연대별로 해상자위대의 주요 전력 변화에 대해 평가한 결과를 소개한다. 주요 전력변화는「방위대강」별표에 제시되어 있는 전력의 수량을 기준으로 했다. 하지만 '전수방위'라는 기본정책에 의해 해상 · 항공자위대 모두 보유 전력의 종류와 수량이 제한되기 때문에 이렇게 정량적 비교분석만으로 일본 해상자위대가 '영역거부, 제해 그리고 전력투사' 중 어떤 경향의 해양전략을 추구하고 있는지는 밝혀내기는 쉽지 않다. 따라서 우시로가타는 정량적 비교분석에 더해서 질적인 변화에 대해서도 다른 분석대상국과 비교하면서 주의 깊게 관찰했다고 한다. 우선, 분석대상 기간에 대한 해상자위대의 주요 함정 척수는 〈표 3-3〉과 같다.

〈표 3-3〉 잠수함, 호위함, 양륙함의 수적 변화[105]

함종	1984	1994	2004	2014
잠수함	14	17	16	18
호위함	50	61	54	47
양륙함	6	6	3	3

105) IISS, *The Military Balance 1984-1985*, Autumn 1984, p. 101; *The Military Balance 1994-1995*, October 1994, p. 177; *The Military Balance 2004-2005*, October 2004, p. 176; *The Military Balance 2014*, February 2014, pp. 251-252; Richard Sharpe ed., *Jane's Fighting Ships 1994-1995*, Jane's Information Group, 1994, pp. 349-361; Stephen Saunders ed., *Jane's Fighting Ships 2004-2005*, Jane's Information Group, 2004, pp. 383-397; Stephen Saunders ed., *Jane's Fighting Ships 2014-2015*, IHS (Global), 2014, pp. 428-444를 토대로 우시로가타 작성.

〈표 3-3〉은 「방위대강」 별표에 제시된 각 해당 연도의 주요 장비 수다. 한편 호위함[106] 중 만재배수량 3천 톤 미만인 함정을 '프리깃'으로 분류하고, 그 이상을 *Jane's Fighting Ships* 또는 *The Military Balance*에서 제시하는 함종으로 구별한 것이 〈표 3-4〉다.

〈표 3-4〉 해상자위대 주요 함정의 수적 변화[107]

함종		1984	1994	2004	2014
잠수함		14	17	16	18
호위함	헬기항모	-	-	-	2
	순양함	-	-	-	2
	구축함	19	35	44	37
	프리깃	31	26	10	6
양륙함		6	6	3	3

〈표 3-4〉를 보면, 냉전 말기 이후부터 21세기 초반에 걸쳐 일본의 대형 수상전투함인 구축함과 순양함 척수가 급격하게 증가하고 있는 것을 알 수 있다. 여기서 새롭게 건조된 함정은 모두 위성통신 및 대공미사일시스템 등이 탑재된 것이다.[108] 즉 냉전 말기 이후 해상자

106) 일본의 해상자위대는 특이하게 '호위함(護衛艦)'을 해자대 수상전투함 전부를 통틀어 부르는 명칭으로 쓰고 있으며, 공식적인 영문 표기 또한 'Frigate(프리깃)'이 아니라 구축함을 가리키는 'Destroyer(디스트로이어)'를 쓰기 때문에 일반적인 '호위함'과는 의미가 전혀 다르다.(출처: 나무위키)

107) IISS, *The Military Balance 1984-1985*, Autumn 1984, p. 101; *The Military Balance 1994-1995*, October 1994, p. 177; *The Military Balance 2004-2005*, October 2004, p. 176; *The Military Balance 2014*, February 2014, pp. 251-252; Richard Sharpe ed., *Jane's Fighting Ships 1994-1995*, Jane's Information Group, 1994, pp. 349-361; Stephen Saunders ed., *Jane's Fighting Ships 2004-2005*, Jane's Information Group, 2004, pp. 383-397; Stephen Saunders ed., *Jane's Fighting Ships 2014-2015*, IHS (Global), 2014, pp. 428-444를 토대로 우시로가타 작성.

108) 일본 자국 전투체계를 탑재한 범용호위함인 '하쓰유키'형, '하타카제'형, '아사기리'형, '무

위대는 장기적으로 원양에 전개할 수 있고, 해상방공 또는 광역대잠 능력 등을 가진 대형 수상함정을 큰 폭으로 증강시켜왔다.[109] 또한, 이즈모급 호위함을 항공모함으로 개조 중이고, F-35B 이착함 검증까지 완료하는 등 일본은 어느 정도 고강도 전투에 대응할 수 있는 제해 및 전력투사 능력을 향상시키고 있다.

또한, 양륙함은 1998년 이후 6척에서 3척으로 감소된 것처럼 보이지만, 실제로는 기준배수량 2천 톤급 정도의 '사쓰마'형 등 6척에서 선체가 4배 이상인 기준배수량 8,900톤급(만재배수량 1만 4천 톤급)의 '오스미'형 3척으로 업그레이드 되었다. 즉, 병력 및 차량 등 양륙능력이 이전과 비교해서 큰 폭으로 향상된 것이다. 이렇게 '오스미'형 양륙함, '휴가'형 그리고 2016년 이후에 취역한 '이즈모'형 헬기항모 같은 전력에 의해 장기간 원양에 전개하면서 병력, 탑재항공기 운용, 정비 등이 가능해지는 등 해상기지(Sea Basing)[110] 기능도 비약적으로 향상되었다. 따라서 우시로가타는 해상전력의 대형화·다용도화라는 측면에서 봤을 때, 일본의 해상자위대는 동맹국 또는 항공자위대의 공중 엄호 하에 지상으로 전력투사할 수 있는 능력을 갖추게 되었다고 평가한다.

우시로가타는 해상자위대가 가지고 있는 전력투사 능력이 병력 및 차량을 지상으로 양륙하는 분야에 한정되어 있다고 주장한다. 대지공격용 순항미사일, 또는 대지공격기 등을 가지고 있지 않기 때문

라사메'형, '휴가'형(헬기항모로 분류), '아키즈키'형 및 이지스체계를 탑재한 '콩고'형, '아타고'형(순양함으로 분류)

109) 수상전투함 척수는 만재배수량 3천 톤급 이하인 프리깃을 포함해서 '호위함' 척수로 각 「방위대강」에서 기준을 제시하고 있기 때문에 전체적으로 척수의 차이는 없어 보이지만, 실제로는 대형함정이 증가하고 프리깃의 척수는 현저하게 감소하고 있다.

110) https://www.jcs.mil/Portals/36/Documents/Doctrine/concepts/seabasing.pdf?ver=2017-12-28-162032-087

에 전력투사 능력은 고강도 재래식 전쟁용이 아니라 어디까지나 평시 저강도 분쟁을 억제할 수 있는 수준이라는 것이다. 이러한 대지공격용 전력투사 능력은 전수방위라는 기본정책과도 맞지 않을 뿐만 아니라 현재의 자위대 재정 · 인적자원 면에서 실현하기 어려웠다. 이러한 현실 속에서도 자위대는 고강도 전쟁용 전력투사 전력인 항공모함과 함재기를 확보[111]하고 있다. 게다가 반격 능력을 갖추기 위해 원거리 타격무기 보유도 천명하였다.[112]

우시로가타는 2018년을 기준으로 일본 해상자위대의 능력이 어떤 수준인지 정량적으로 평가했다. 〈표 3-5〉와 같이 '영역거부, 제해, 전력투사'라는 세 분야에 대해 시대별로 5점 척도[113]를 활용했다. 평가 결과는 〈표 3-5〉와 같다.

〈표 3-5〉 우시로가타가 평가한 시대별 일본 해상자위대의 능력

구분	냉전 말기 (1980~1989)	탈냉전기 국제공헌과 영향력 확대 (1990~2009)	중국의 해양 진출 (2010~2017)
영역거부	3	3	3
제해	2⇒3	3	3
전력투사	1	1	1

111) 헬기탑재 호위함에 대한 항모 개조 및 F-35B 확보.

112) 김호준, "日, '반격 능력' 보유 결정… 안보정책 대전환(종합)", 「연합뉴스」, 2022년 12월 16일자.

113) 우시로가타가 제시한 해양전략 평가척도

5	고강도 재래식 전쟁에서 탁월한 능력을 발휘할 수 있고, 다른 모든 국가의 군사적 도전을 배제할 수 있다.
4	고강도 재래식 전쟁에서 높은 능력을 발휘할 수 있고, 강력한 타국과 군사적 우위를 쟁탈 중이다.
3	고강도 재래식 전쟁에 어느 정도는 대응할 수 있지만, 다른 동맹국의 능력에 의존하며, 그 능력을 일부 보완할 수 있는 수준에 머무르고 있다.
2	한정적 능력으로 저강도 분쟁 등에는 대응할 수 있지만, 고강도 재래식 전쟁은 수행할 수 없다.
1	해당 능력을 거의 가지고 있지 않다.

이러한 평가 결과를 바탕으로 우시로가타가 일본 해상자위대의 능력을 정성적으로 평가한 결과는 다음과 같다.

> 일본 해상자위대는 미국에 의한 해양영역의 안정을 전제로 미국의 제해를 보완함과 동시에, 평시 저강도 분쟁에 대응할 수 있는 수준의 전력투사 능력을 가지고 일본의 국익 확대를 도모하고 있다.

한편 우시로가타는 해상자위대의 능력을 평가한 당시(2018년 시점)의 전략환경을 생각해보면, 냉전 말기와 유사하다고 말한다. 따라서 우시로가타는 "일본은 이러한 전략환경 속에서 제해와 영역거부에 대한 투자를 균형적으로 배분할 필요가 있다"고 제언했다.

또한, 2018년 12월 18일 「방위대강」이 발표되었고(2018년 방위대강),[114] 이것에 맞춰서 새로운 「중기방위력정비계획」(2018년 중기방)이 책정되었다.[115] 우선, 2018년 「방위대강」에서는 "STOVL[116]기를 현재 보유하고 있는 함정에서 운용한다"고 되어 있고, 「방위대강」 별표에는 "(항공자위대의) 전투기부대 13개 비행대 중 STOVL기로 구성된 전투기부대를 포함한다"는 주석이 달려 있다.[117] 이것에 맞춰서 2018년 중기방에서는 "STOVL기의 운용이 가능하도록 검토했고, 해상자위대의 다기능 헬기탑재 호위함('이즈모'형)을 개조한다"고 했으며, 정

114) 『平成31年度以降に係る防衛計画の大綱について』, 平成30年12月18日国家安全保障会議決定, 同日閣議決定.

115) 『中期防衛力整備計画(平成31年度~平成35年度)について』, 平成30年12月18日国家安全保障会議決定, 同日閣議決定.

116) STOVL(short take off and vertical landing)은 항공모함에서 함재기가 이착륙하는 방식의 하나로, 단거리로 이륙하고 수직으로 착륙하는 방식이다.

117) 『平成31年度以降に係る防衛計画の大綱について』, pp. 19, 30.

상적으로 항모 개조가 추진되고 있다.

일본의 이즈모급 항모와 STOVL기는 영국의 인빈시블급 경항모와 해리어의 조합과 유사하다. 우시로가타는 STOVL기의 경우 이착함에 연료를 많이 소모하기 때문에 대지공격용 무장을 탑재하고 바다를 건너 장거리 공격을 하기에는 부적합하다고 말한다. 따라서 우시로가타는 일본이 가지게 될 STOVL기 탑재 항모의 능력을 전력투사용이 아니라 해상방공능력을 어느 정도 향상시키고, 상황에 따라 한정적인 대함공격이 가능한 수준이라고 하향 평가한다. 또한, 2018년 「중기방」에는 "스탠드오프 전자전기, 고출력 전자전장치, 고출력 마이크로웨이브장치, 전자펄스(EMP)탄 등을 도입하기 위한 조사나 연구개발을 신속하게 추진한다"는 내용도 포함되었다. 이렇게 향상된 전자전능력을 바탕으로 한 STOVL기의 운용은 해상방공능력을 한층 향상시킬 것이고, 이는 곧 일본의 제해능력 향상으로 이어질 것이다.

또한, 2018년 「방위대강」에 의하면, 일본은 주변국의 군사능력 향상에 대해 "침공부대의 위협권 밖에서 그 접근 · 상륙을 저지한다"는 것을 명시했다. 이것을 구현하기 위해 2018년 「중기방」에서는 장사정 스탠드오프 미사일 확보를 추진하겠다고 하였고, 2022년 「방위력정비계획」에서는 사거리 1천 250km 이상인 미국산 '토마호크' 순항미사일을 도입한다고 밝혔으며, 아울러 기존 12식 지대함유도탄의 사거리를 1천km 이상으로 늘리고 전투기와 함정에서도 발사할 수 있도록 개량할 계획이다.[118] 이것은 일본이 지금까지 보유하고 있지 않았던 장거리정밀타격력을 처음으로 보유하게 된다는 것을 의미한다. 이러한 무기체계는 누가 보더라도 전력투사용이다. 그런데 우시로가

118) 김호준, "日, '반격 능력' 보유 결정… 안보정책 대전환(종합)", 「연합뉴스」, 2022년 12월 16일자.

타는 "일본은 전수방위라는 기본방침을 유지하고 있고, 이것들은 어디까지나 해공(海空)에 있어서 고강도 위협에 대해 도서 등 원격지의 영역방위를 목적으로 한 것이다"라고 말한다. 따라서 의도로서는 어디까지나 영역거부를 강화한다는 문맥에서 이해해야 한다고 말하지만, 주변의 일부 국가는 이러한 의도에 의문을 가진다.[119)]

2018년 「방위대강」 및 「중기방」이 책정되었을 때, 언론보도 등은 한결같이 STOVL기 탑재 호위함 운용에 대해서만 다루어졌다. 즉, '사실상 항모 운용'만이 중점적으로 다루어졌지만, 이는 2018년 「방위대강」 및 「중기방」에 대한 핵심은 빠진 채 눈에 띄는 자산에만 주목했던 결과였다. 핵심은 바로 제해에 크게 기여할 전자전능력, 영역방위를 위한 스탠드오프 미사일, 또한 영역거부를 위한 항공 · 수중 영역에서의 무인체계 운용이다.[120)] 게다가, 지금까지의 탄도미사일 방위를 탄도미사일뿐만 아니라, 순항미사일, 항공기 등 다양화 · 복잡해지는 방공 위협에 대응'하기 위해 '총합미사일 방위능력을 구축'하는 것이다.[121)] 이것들이 영역거부를 강화하기 위한 근간이 될 것이다. 이를 바탕으로 우시로가타는 2018년 「방위대강」 및 「중기방」으로 인해 일본이 종래부터 추진해온 영역거부와 제해능력이 더욱 향상될 것으로 전망했다.

일본 정부는 2022년 12월 16일 오후에 열린 임시 각의(閣議 · 국

119) 조준형, "中, '반격능력 보유' 일본에 "지역안정 파괴자 되지말라"", 「연합뉴스」, 2022년 12월 17일자. 김지연, ""북한, 日 '적기지 반격' 채택에 엄포" "실제 행동으로 보여줄 것"", 「연합뉴스」, 2022년 12월 20일자.

120) 2018년 「중기방」에서는 '체공형무인기(글로벌호크) 확보', '해양관측이나 경계감시를 목적으로 한 무인수중항주체(UUV) 배비' 등이 제시되었다. 앞의 문서, pp. 9-10.

121) 이것은 미국에서 '통합방공미사일방위(integrated air and missile defense: IAMD)'라고 불려온 개념과 같다. "平成31年度以降に係る防衛計画の大綱について", pp. 19-20.

무회의)에서 반격 능력 보유를 포함해 방위력을 근본적으로 강화하는 내용이 담긴 3대 안보 문서 개정을 결정했다. 개정된 안보 문서는 외교 · 안보 기본 지침인 '국가안전보장전략'과 자위대 역할과 방위력 건설 방향이 담긴 '국가방위전략', 구체적인 방위 장비의 조달 방침 등을 정리한 '방위력정비계획'이다. 기시다 후미오(岸田文雄) 일본 총리는 각의 후 기자회견에서 국제 안보 환경 악화를 언급한 뒤 "역사의 전환기에 국가와 국민을 지켜내는 총리로서의 사명을 반드시 완수하겠다"며 반격 능력의 보유를 천명했다. 이 반격능력 이외에도 유도탄 · 탄약 확보 등 전투 지속 능력 확충, 종합 미사일 방어 능력 향상 및 정찰 · 감시 능력 개선, 우주 · 사이버 능력 향상, 자위대 내 상설 통합사령부 설치, 방위산업 육성 및 방위 장비 수출규제 완화 검토 등도 안보 문서에 담겼다. 자위대를 실질적으로 전쟁 수행이 가능한 조직으로 만들려는 계획으로 해석된다.[122)]

---

122) 김호준, "日, '반격 능력' 보유 결정… 안보정책 대전환(종합)", 「연합뉴스」, 2022년 12월 16일자.

3장

미중 패권경쟁 시기 일본의 해양전략:

일본 해상자위대의 시각에서 바라본 일본의 해양전략을 중심으로

이 장은 2022년 1월 12일 기준 해상막료감부 방위부장으로 근무 중이던 오마치 가쓰시(大町克士) 해장(海將, vice admiral)이 2021년 7월 『해간교전략연구(海幹校戦略研究)』에 발표한 「새로운 시대의 시파워로서의 해상자위대(新たな時代のシーパワーとしての海上自衛隊)」라는 논문[123]의 일부를 발췌하여 '미중 패권경쟁 시기 일본의 해양전략'이라는 내용으로 재정리한 것이다.

1. 국제적 과제, 미국의 동향 및 국내적 과제

본 절에서는 미중 패권경쟁 시기 해상자위대의 해양전략을 알아보기 위해 먼저 일본을 둘러싼 국제적 과제 및 미국의 동향을 살펴보고, 일본이 안고 있는 국내적 과제를 확인해 보자.

123) 大町克士, 「新たな時代のシーパワーとしての海上自衛隊」, 『海幹校戦略研究』 11(1), 2021, pp. 12-39.

1) 국제적 과제

영국 국방성이 21세기 중반을 상정하여 예측(Global Strategic Trends)한 결과에 따르면, 우선 향후 아시아의 경제력은 커질 것이고 정치적 · 군사적으로 강대해지는 중국은 미국의 라이벌이 되는 한편, 러시아나 유럽은 정치적으로 중요한 행위자이기는 하나, 서방측의 소프트 파워는 전체적으로 약화될 것이라고 전망한다.[124] 게다가, 세계는 이전보다 ① 기후변화 대응을 위한 비용 증대, ② 천연자원 확보 경쟁, ③ 인구 고령화(특히 유럽, 동아시아), ④ 빈부격차의 증대, ⑤ 국가에 대한 비국가 행위자의 도전, ⑥ 혁신적인 과학기술의 등장, ⑦ AI(인공지능, Artificial Intelligence)의 비약적 진보, ⑧ 규범에 근거한 국제시스템으로의 도전과 경쟁, ⑨ 글로벌 코먼스(global commons)[125]에 의존한 국가 간 경쟁, ⑩ 군비 확산 등의 문제에 직면하고 있다.[126]

이 가운데 세계적인 기후변동이 안보에 미치는 영향을 알 수 있는 대표적인 예가 북극해이다. 열린 북극해는 세계 해운의 흐름을 극적으로 변화시킬 뿐만 아니라 해저자원 등 해양권익을 둘러싼 분쟁이나 미소 냉전기와는 다른 형태의 군사적 갈등을 빚어낼 가능성이 있다. 특히 러시아는 북양함대(북부통합전략사령부)를 북부군관구(北部軍管区)로 격상시켜 태세를 강화하는 한편, 극동에서도 군사 활동을 활발히 전개하고 있다. 최근 러시아는 북방 4개 섬(北方四島)과 쿠릴열도(千

124) Development, Concept and Doctrine Centre, Global Strategic Trends: The Future Starts Today (Sixth Edition), *Ministry of Defence (UK)*, October 2, 2018, p. 11.

125) 해저, 대기, 오존층, 삼림 따위의 지구 환경을 인류가 공유하는 재산으로 보고, 그 개발에 따른 의무도 함께 부담해야 한다는 국제 환경법상의 개념(출처: 우리말샘)

126) Development, Concept and Doctrine Centre, Global Strategic Trends: The Future Starts Today (Sixth Edition), pp. 14-19.

島列島)에 지대함미사일을 배비했는데, 이는 전략원자력잠수함이 활동하기에 적합한 오호츠크해를 성역화(聖域化)하기 위한 것으로 알려져 있다.[127)]

한편, 미국의 상대적인 영향력 저하와 비국가 행위자의 대두, AI 등 첨단기술에 의한 정보의존사회, 러시아 등에서 보여지는 하이브리드전[128)]을 수반한 회색지대의 증가는 국가 간의 분쟁을 유발할 수 있다.[129)] 그리고 *Global Strategic Trends*가 지적하는 ⑥, ⑦은 향후 군사작전의 성패를 좌우할 것이다. 사실 혁신적 기술에서 우위를 선점하기 위한 기술패권 경쟁은 이미 진행 중이다.[130)]

최근 발생한 신형 코로나바이러스 감염증은 국제질서의 미래에 대해 '분단(分斷)[131)]'론 또는 '다원(多元)[132)]'론 등 다양한 논의가 활발히 진행되게 하는 요인이 되었다.[133)] 어찌 되었든 국제질서가 어느 방향

---

127) "我が国周辺におけるロシア軍の動向について(令和3年3月)," 防衛省, 2021, p. 4, www.mod.go.jp/j/approach/surround/pdf/rus_d-act.pdf.

128) '하이브리드전'은 군사와 비군사의 경계를 의도적으로 모호하게 만드는 현상변경 방법으로, 이러한 방법은 상대방에게 복잡한 대응을 강요한다. 예를 들면, 국적을 숨긴 불명부대를 이용한 작전, 사이버 공격에 의한 통신이나 중요 인프라의 방해, 인터넷이나 미디어를 통한 가짜정보 유포 등에 의한 공작을 복합적으로 이용하는 수법이 하이브리드전에 해당한다. 이러한 수법은 외형상 '무력 행사'라고 명확히 인정하기 어려운 수단을 활용함으로써 군의 초동대응을 늦추는 등 상대방의 대응을 어렵게 함과 동시에 자국의 관여를 부정하려는 목적이 있다. 표면화되는 국가 간 경쟁의 일환으로 하이브리드전을 포함한 다양한 수단으로 회색지대 사태가 장기화 되는 경향이 있다.

129) 하이브리드 전쟁에 대해서는 廣瀬陽子, 『ハイブリッド戦争 — ロシアの新しい国家戦略』, 講談社, 2021 참조.

130) 大町克士, 「新たな時代のシーパワーとしての海上自衛隊」, 『海幹校戦略研究』 11(1), 2021, p. 21.

131) 미중 양국을 중심으로 한 블록이나 세력권으로의 분단(分斷)

132) 미중 양국 이외 플레이어의 역할이나 자립성을 옹호하는 다원(多元)

133) 石原雄介 · 田中亮佑, 「大国間競争に直面する世界—コロナ禍の太平洋と欧州を事例に」, 防衛研究所編, 『東アジア戦略概観 2021』, 2021, pp. 7-10.

으로 진행되든 간에 *Global Strategic Trends*가 예측한 ⑧, ⑨를 고려하면, 미중 패권경쟁은 일본의 안보에 큰 영향을 미칠 것이다.[134)]

또한, 시파워의 관점에서 보면 중국의 해양 진출, 특히 중국 해군의 활동 범위는 아시아태평양 지역뿐만 아니라 유럽부터 북극해에 이르고 있고,[135)] 그 힘을 뒷받침해주는 해군력의 증강이 두드러진다. 2020년 5월 CSBA(Center for Strategic and Budgetary Assessments: 전략예산평가센터)의 선임연구원 도시 요시하라(Toshi Yoshihara)는「드래곤 대 태양: 중국이 본 일본의 해양력(Dragon Against the Sun: Chinese Views of Japanese Seapower)」을 발표했다.[136)] 여기서 요시하라는 중국의 해군력이 일본의 해상자위대를 추월함으로써 분쟁의 위험도가 높아졌고, 중일뿐만 아니라 미중 관계 또는 인도 · 태평양의 안보에 대해서도 불안감이 조성되고 있다고 주장한다. 이것을 국제적인 안보환경 차원에서 보면 다양한 불안정 요소 중 하나에 지나지 않겠지만, 일본과 중국의 해군력 불균형, 즉 지역적인 시파워의 불균형은 분쟁의 실마리가 될 것이다.[137)]

오마치는 현재 아시아-태평양 지역에 있는 주요 국가의 해상전력을 가지고 국가별 총 보유 함정 톤수를 중국과 주변국간 어느 정도의 균형을 이루고 있는지 비교해 보았다. 그 결과를 보면 중국 해군의 163만 톤이 일본(47.9만 톤), 미 제7함대(40만 톤), 한국(21.3만 톤), 대만(20.5만 톤)을 더한 129.7만 톤보다 크다는 것을 알 수 있다. 따라서 오

---

134) 大町克士, p. 21.

135) 大町克士,「巻頭言」,『海幹校戦略研究』10(1), 2020, pp. 2-6.

136) Toshi Yoshihara, Dragon Against the Sun: Chinese Views of Japanese Seapower, CSBA, 2020, www.mod.go.jp/msdf/navcol/SSG/topics&column/images/t-082/t-082_02.pdf; 이 논문은 도시 요시하라의「중국 해군 vs 해상자위대 — 이미 해군력은 역전하고 있다」, 다케이 도모히사 감수, ビジネス社, 2020년에 번역되어 있다.

137) 大町克士,「新たな時代のシーパワーとしての海上自衛隊」,『海幹校戦略研究』11(1), 2021, pp. 21-22.

마치는 이렇게 아시아-태평양 지역에서 해상전력 균형이 이미 중국 쪽으로 기울어졌고 분석한다. 게다가, 주일미군과 자위대는 중국의 정밀유도/순항미사일에 대해 취약성을 가지고 있다고 보고 있다. 이러한 불균형을 안정적으로 관리할 수 없는 여건은 어떤 이유에서든 긴장이 고조된 상황에서 재래식 전력에 의한 억제가 곤란할 수 있을 것이다.[138)]

더군다나 미국이 지금까지 수행해온 전쟁에서는 군사과학 기술 우위에 있었지만, 최근 중국이나 러시아가 극초음속 무기나 AI에 많은 투자를 하고 있는 동향을 살펴보면, 미래의 분쟁에서는 오히려 미국이 군사과학 기술적 측면에서도 열세에 몰릴 수도 있겠다는 예측도 있다.[139)] 현재의 미중 패권경쟁은 기술 패권경쟁 양상을 띠고 있어[140)] 전투 양상을 크게 바꿀 수 있는 첨단 군사과학기술 동향은 향후 시파워에도 영향을 미칠 것이다.[141)]

2) 미국의 동향

이러한 중러의 동향에 대응하기 위해 최근 미국은 인도 · 태평양 지역에 많은 관심을 가져왔다. 미 국방성은 2019년 6월 「인도 · 태평양 전략보고(Indo-Pacific Strategy Report)」를 발표했다. 이 보고서에는 중

---

138) 森本敏 · 高橋杉雄 編著, 『新たなミサイル軍拡競争と日本の防衛』, 並木書房, 2020, p. 89.

139) National Defense Strategy Commission, Providing for the Common Defense: The Assessments and Recommendations of the National Defense Strategy Commission, November 13, 2018, p. 10. www.usip.org/sites/default/files/2018-11/providing-for-the-common-defense.pdf

140) 大町克士, 「巻頭言」, 『海幹校戦略研究』 2020, pp. 2-5.

141) 大町克士, 「新たな時代のシーパワーとしての海上自衛隊」, pp. 22-23.

국, 러시아, 북한을 향후의 도전자로 지목하고 있고, 자유롭게 열린 인도 · 태평양 실현을 향한 구체적인 구상이 담겨져 있다. 오마치는 이러한 상황 속에서 일본이 필두가 되어 동맹국 및 우호국과의 연계를 강화시키고 있으며, 인도 · 태평양 지역에서 미일동맹은 평화와 번영의 초석이 되었다고 평가한다.[142)]

한편, 시파워를 중심으로 살펴보면, 미 해군은 2016년 트럼프(Donald Trump) 행정부에서 승인한 '355척 함대구상(355-Ship Force-Level Goal)'에 이어 2020년 10월에는 에스퍼(Mark Esper) 국방장관(당시)이 새로운 함대구상인 'Battle Force 2045'를 발표했다.[143)] 이 구상들은 이른바 A2/AD[144)] 대응, 무인체계 및 광역으로 분산된 전력을 네트워크화로 연결하기 위한 기술 발전 등을 중점적으로 다루고 있다.

또한, 2020년 12월 미 해군 · 해병대 · 연안경비대는 앞으로 향후 10년간을 위한 전략지침으로 「해상에서의 우위성(優位性): 모든 영역을 통합한 해군력의 구축(Advantage at Sea: Prevailing with Integrated All-Domain Naval Power)」을 합동으로 발표했다. 이어서 2021년 1월 미 해군은 해군 구성원과 전 세계를 향해 「CNO NAVPLAN JANUARY 2021」을 공표했다. 이 두 문서는 모두 중국과 러시아를 위협으로 규정했으며, 그중에서도 특히 중국 위협을 최우선 순위에 두었다.[145)]

---

142) U. S. Department of Defense, Indo-Pacific Strategy Report: Preparedness, Partnerships, and Promoting a Networked Region, June 1, 2019, pp. 22-24.

143) U. S. Department of Defense, "Secretary of Defense Remarks at CSBA on the NDS and Future Defense Modernization Priorities," October 6, 2020. www.defense.gov/Newsroom/Transcripts/Transcript/Article/2374866/secretary-of-defense-remarks- at-csba-on-the-nds-and-future-defense-modernizatio/.

144) Anti-Access/Area Denial.

145) Chief of Naval Operations, Commandant of the Marine Corps, and Commandant of the Coast Guard, Advantage at Sea: Prevailing with Integrated All-Domain Naval Power,

그리고 「NO NAVPLAN JANUARY 2021」에서는 미 해군이 향후 목표로 해야 할 방향성(네 가지)으로 '① 모든 영역을 통합한 해군력의 구축, ② 제해의 확보 · 유지 및 전력투사 능력의 유지, ③ 분산 해양 작전(DMO: Distributed Maritime Operation), 원정 전진 작전(EABO: Expeditionary Advanced Based Operation), 경쟁적 환경에서의 연안 작전(LOCE: Littoral Operation In Contested Environment), ④ 동맹국과의 상호교환성(interchangeability), 우호국과의 협력강화에 의한 전략적 우위 확보'를 제시했다.[146)]

이 중 DMO, EABO, LOCE는 향후 미군 작전구상의 핵심이 될 것이다. 미 해군의 DMO는 피탐 방지 능력이 있으면서 네트워크로 잘 연결된 분산된 플랫폼, 무기체계, 센서를 일체적으로 운용함으로써 적(敵)의 탐색을 교란하고 전장상황의 공통인식을 보장해 모든 영역에서 전투력을 발휘하기 위한 작전구상이다.[147)] 또, 미 해병대의 EABO는 적의 위력하에서 함대와 일체가 되어 해상거부나 제해를 확보하기 위한 것이고, LOCE는 해상이나 육상에 전개해서 해군의 제해를 해병대가 지원하는 작전구상이다.[148)]

또한, 「CNO NAVPLAN JANUARY 2021」에서는 향후 노력을 기울여야 할 중점 분야로 ① 즉응성(Readiness), ② 장비기술(Capacity),

---

December 17, 2020, pp. 1-2; Chief of Naval Operations, CNO NAVPLAN JANUARY 2021, U.S. Navy, January 11, 2021, p. 2.

146) CNO NAVPLAN JANUARY 2021, pp. 2-5.

147) Advantage at Sea, pp. 13-14. DMO, EABO, LOCE에 대해서는 다음의 자료를 보면 이해를 높일 수 있다. 佐藤善光, "A2/ADに対抗するための米海軍 · 海兵隊の3つの作戦: DMO, EABO, LOCEの概要(コラム169)", 海上自衛隊幹部学校, 2020年 7月 15日. www.mod.go.jp/msdf/navcol/index.html?c=columns&id=169.

148) Ibid.

③ 능력(Capabilities), ④ 인원(Sailors)을 제시하고 있다.[149] 구체적으로는 C5ISRT (Command and Control, Communications, Computers, Cyber, Intelligence, Surveillance, Reconnaissance, and Targeting)에 의한 킬체인[150] 구축, 연안전투함(LCS: Littoral Combat Ship)이나 이지스 · 어쇼어 등과 같이 치사성(致死性)이 낮은 능력의 포기(放棄), 지향성 에너지 무기나 고속장사정 무기의 증강, 유 · 무인 복합 플랫폼으로 구성된 대규모 함대 구축, 공격형 원자력잠수함에 의한 수중우세 유지, 그리고 적(敵)에 대해 생각해내고 싸워 이길 수 있는 인재 양성 등을 말한다.[151]

이 같은 일련의 전략문서로부터 확인할 수 있는 미 해군의 방향성은 명확하다. 즉, 미 해군은 향후 미중 패권경쟁에서 승리하기 위해 첨단기술을 활용한 이노베이션을 중시하고, 더욱 우수한 인재를 육성하며, 동맹국 · 파트너국 해군과의 연계를 한층 강화하겠다는 것이다.

3) 국내적 과제

일본 해상자위대의 해양전략을 고안해내는 데 고려해야 할 요소는 국제적 과제, 미국의 동향만이 아니다. 국내적 과제도 있다. 특히 인구 동태와 관련해서 저출산 · 고령화 대응은 가장 긴요한 과제다. 2019년 일본 내각관방[152]은 2040년을 염두에 두고 연구한 「미래

149) CNO NAVPLAN JANUARY 2021, pp. 6-14.

150) Kill Chain은 3단계로 ① 상황파악, ② 의사결정, ③ 목표달성을 위한 행동을 가리킨다. Christian Brose, The Kill Chain: Defending America in the future of High-Tech Warfare, *Hachette Books*, 2020, pp. xviii-xix.

151) 大町克士, 「新たな時代のシーパワーとしての海上自衛隊」, 『海幹校戦略研究』 11(1), 2021, p. 24.

152) 내각관방(内閣官房, Cabinet Secretariat)은 일본의 정부 기관 중 하나다. 내각의 사무처로, 내각을 이끄는 내각총리대신을 돕는 내각부 소속의 기관이다. 주로 내각의 서무, 주요 정책

예상되는 사회변화(将来に予想される社会変化)」[153]라는 보고서를 내놓았다. 이 보고서에 따르면 AI 도입 등으로 2030년 예상되는 일본 내 실업자는 약 161만 명이다. 하지만 노동력 인구의 감소(약 225만 명)는 그보다 훨씬 더 심각해서 64만 명 정도의 노동력이 부족할 것으로 예상된다. 고용과의 경쟁에서 노동시장으로 내몰리게 될 해상자위대는 인원 확보와 효율적인 조직운영에 상당한 고민이 요구될 것이다. 또한, 노령인구는 2040년경 최고점을 맞이하여 사회보장급여비(社会保障給付費) 대비 GDP는 2018년도 21.5%(명목액 121.3조 엔)에서 2040년도에는 23.8~24.0%(동 188.2~190.0조 엔)될 것으로 예상된다. 노동인구가 감소하고 있기 때문에 이노베이션 등에 의해 생산성이 향상되지 않는다면, 일본경제는 피크아웃(peak out)될 가능성도 있다. 이는 결국 방위력에도 악영향을 미칠 것이다. 경제력은 곧 국가의 체력이기 때문이다.

한편, 2018년 3월 일본 내각부 정부공보실에서 발표한 '자위대 · 방위 문제에 관한 여론조사'[154]에 따르면, 응답자 중 89.8%(2015년 92.2%)가 자위대에 대해 좋은 인상을 가지고 있다고 응답했다. 응답자가 자위대에 대해 기대하고 있는 역할의 79.2%(2015년은 81.9%)는 재해파견이었고, 국가안보라고 응답한 자는 60.9%(2015년은 74.3%) 수준이었다. 그리고 만약 가까운 사람이 자위대원이 되고 싶다고 말한다면 찬성하겠다는 사람은 62.4%(2015년 70.4%)였다. 실제로 자위대에 입대하고 싶은 이유는 자국을 지키고 싶다는 방위의식부터 재해파견에서의 활약, 국제임무를 통한 세계평화 공헌, 국가공무원이라는 직업의

의 기획 · 입안 · 조정, 정보 수집 등을 담당한다.

153) "将来に予想される社会変化," 内閣官房, 2019年 3月. www.mext.go.jp/content/20201223 - mxt_ uchukai01-000010519_4.pdf.

154) "自衛隊 防衛問題に関する世論調査", 2018年 3月.

안정성 등 다양했다. 오마치는 "특히, 향후 해상자위대의 정강성(精强性)을 유지하기 위해서는 국방의식을 제고하는 것이 중요하다"는 것을 강조한다.[155]

덧붙여 '국제적 과제'에서 다루어졌던 기후변동과 관련해서 선박에도 적용될 탈탄소(脫炭素) 정책은 해상자위대에도 어떠한 형태로든지 영향이 있을 것이다. 일본 정부는 2050년까지 온난화 가스 배출 '실질 ZERO'를 목표로 내걸고 있고, 그중에서도 선박의 이산화탄소(CO2) 배출량의 86%를 삭감하겠다는 목표를 가지고 있다.[156] 따라서 오마치는 "화석연료에 의존하는 해상자위대 함정 등도 이러한 정책목표에 따라 탈탄소 가능한 엔진시스템을 개발해야 할지도 모르겠다"고 전망한다.[157]

2. 일본 해상자위대의 해양전략

1) 전략목표(Ends)

오마치는 "해상자위대의 전략목표는 해군력의 본질적인 역할인 '군사(방위)', '경찰(해상의 치안유지)', '외교(방위교류 · 협력)'에 입각하고 있다"고 주장한다.[158]

---

155) 大町克士,「新たな時代のシーパワーとしての海上自衛隊」,『海幹校戦略研究』11(1), 2021, p. 25.

156) 『日本経済新聞』, 2021年 2月 27日.

157) 大町克士, pp. 25-26.

158) 大町克士, p. 26.

오마치는 "방위력은 자국의 안전을 최종적으로 담보하는 것으로 그 역할은 앞으로도 불변할 것"이라고 강조한다. 또한, "일본은 사면이 바다로 둘러싸여 있고, 자원이 부족하여, 국민의 생존이 해외와의 경제활동에 의존해야 하는데 이러한 일본의 상황은 변하지 않을 것"이라고 전망한다. 덧붙여, "앞에서 다룬 국제적 과제에서 살펴본 것처럼 기후변동, 천연자원 확보 경쟁, 국가에 대한 비국가 행위자의 도전, 국제 규범에 대한 도전과 경쟁 등 초국가적(transnational) 과제에 대해서도 해상자위대가 수행해야 할 임무와 역할이 있다"고 말한다. 따라서 오마치는 21세기 미중 패권경쟁 시기 해상자위대의 해양전략 목표(Ends)로 '일본 영역 및 주변 해역에 대한 방위', '해상교통의 안전 확보', '바람직한 안전보장환경의 창출'을 제시한다.

이때, 시대의 변화에 따라 전략목표별 중요도는 달라진다는 것에 유의해야 한다. 최근 중국의 대두 등으로 인한 국제적인 경제 · 안보의 지리적 '중심'이 인도 · 태평양 지역으로 옮겨지고 있는데, 이러한 '중심'의 이동은 일본 해상자위대의 전략목표 중에서도 '일본의 영역 및 주변 해역에 대한 방위'에 대한 중요도가 점차 증대될 수밖에 없는 상황이 된다고 오마치는 주장한다.[159]

2) 전략목표 달성을 위한 방책(Ways)

앞 절에서 언급한 국제적 과제를 토대로 생각해보면, 세계는 다시 국가 간의 분쟁을 억제해야 하는 시대로 돌아가는 것 같다. 오마치는 "억제를 강화해서 지역의 시파워 밸런스를 어떻게 다시 되돌릴 수

159) 大町克士, p. 26.

있을지, 미일 또는 다국간 협력을 통해 어떻게 해상 세력균형을 지킬 수 있을지가 향후 일본 해상자위대의 해양전략을 고안하는 데 초점이 될 것"이라고 말한다.[160)]

이 절에서는 해상자위대의 해양전략 목표를 달성하기 위한 방책에 대해 사이토가 제시한 틀인 환경의 '형성(形成)', '평소(平素) 대응' 및 '유사(有事) 대응'을 가지고 그 의미를 구체적으로 살펴본다.[161)]

(1) 환경의 '형성(形成, shaping)'

일본 해상자위대에게 있어서 환경의 '형성'은 널리 위협의 표면화[顯在化]를 예방하는 동시에 유사(有事)시에는 국제적인 지원을 받을 수 있는 토양, 즉 일본에 유리한 전략환경을 구축하는 활동을 말한다. 우시로가타가 정의한 구역의 개념으로 재정리해보면, 영향력의 확대를

160) 大町克士, p. 26.

161) 환경의 '형성'과 '평소 대응'의 차이점은 전투에 이르지 않은 상태에서 위협에 직접 대처하는지, 안보환경을 개선함으로써 간접적으로 위협을 억제[形成]하는지다. 미군의 개념에서는 Phase 0=Shape와 Phase 1=Deter로 나누어지고, 적대행위는 Phase 2=Seize Initiative, Phase 3=Dominate, Phase 4=Stabilize, Phase 5=Enable Civil Authority로 분류된다. Joint Publication 3-0, "*Joint Operations*," Joint Staff Office, January 17, 2017, Incorporating Change 1, October 22, 2018, pp. V-8-V-14. 이러한 분류는 상황을 완전하게 컨트롤할 수 있는 충분한 군사력에 더해 법적으로도 군에 일정한 통치기능을 부여할 수 있는 군사에 관한 포괄적인 사상(思想)이 있을 때 가능한 것으로, 일본의 현상과는 전제부터가 크게 다르다. 물론 미일 연합을 생각했을 경우 미군의 사상을 이해할 필요는 있지만, 그대로 적용하는 것은 불가능하다. 애초에 방책인 '형성', '평소 대응', '유사 대응'은 사태의 단계를 가리키는 것이 아니라 어디까지나 해상자위대의 활동을 목적 및 성질에 따라 분류한 것이다. 따라서 형성과 평소 대응, 또는 형성과 유사한 대응이 동시 병행으로 다른 지역에서 일어날 수도 있다. 이런 의미에서 미군 문서 중 비슷한 개념을 찾아본다면, 예를 들어 '형성'은 Phase로서의 'Shape'가 아니라 활동의 종류로서 'Shaping Activities'의 개념과 유사하다. '안전보장환경의 형성'에 국한하지 않고 간접적인 억제를 위한 광범위한 활동을 가리키는 의도로도 사용된다. 斎藤聡, 「令和における海上自衛隊: その努力の方向性」, 『海幹校戦略研究』 10(1), 2020, p. 10.

추구하는 '협조 구역'이 될 것이다.[162]

오마치는 방위교류를 통해 평소부터 동맹국이나 파트너국과의 인적 네트워크를 유지하고 강화하는 동시에 연합훈련, 다국간 훈련 등을 통해 스스로의 작전능력, 전술기량을 향상시킬 뿐만 아니라 사태에 대해 연합으로 대처할 수 있는 능력을 제고할 수 있다고 말한다. 또한, 방위교류 상대에 따라서는 신뢰가 구축되어 오해에 의한 우발적인 군사 충돌을 예방할 수 있을 것이라고 말한다.[163]

또한, 오마치는 "일본 해상자위대의 '능력구축지원'은 역내국(域内国)의 군사적 능력을 향상시키고 지역의 안정화에 기여하며, 국제 긴급원조 활동[164] 등은 해당 지역이 장차 테러의 온상이 되는 것을 예방한다는 측면이 있다"고 말한다. 이렇게 일본 해상자위대는 국내외에서 수행하는 모든 활동을 통해 일본에 유리한 전략환경을 '형성'하기 위한 노력을 기울이고 있다.[165]

향후 세계 경제나 안보의 중심이 아시아로 한층 더 옮겨질 것으로 예상됨에 따라 인도 · 태평양이라는 개념은 지속적으로 유용할 것이다. 따라서 일본은 "자국의 전략목표 중 하나인 '해상교통의 안전 확보'를 위해 이 지역 연안국과의 제휴 · 협력을 한층 강화하려고 한다. 구체적으로 일본은 남중국해의 안정을 위해 ASEAN 제국과의 연계가

---

162) 後瀉桂太郎, 「海上自衛隊の戦略的方向性とその課題」, p. 37.

163) 大町克士, 「新たな時代のシーパワーとしての海上自衛隊」, 『海幹校戦略研究』 11(1), 2021, p. 27.

164) 인명구조는 물론 치안 조기 회복으로 재해 후 지역의 불안정을 막아줄 수 있다.

165) 大町克士, p. 27.

반드시 필요하다고 보고 있다. 또한, 일본은 인도[166] 및 호주[167] 유럽 국가[168] 등 가치관을 공유할 수 있는 나라라면 어느 국가와도 교류협력하며 인도태평양 지역에서 시파워의 균형을 유지하고자 노력한다.

오마치는 '협조 구역' 중에서도 일본에서 중동에 이르는 에너지 루트를 향후 중시해야 할 해역으로 꼽는다.[169] 오마치는 이 남북서태평양 해역을 일본의 군사적인 초크 포인트[170]라고 강조하며, 초크 포인트의 안전을 확보하기 위해 일본의 해상교통이 통과하는 연안국과의 제휴는 지속적으로 중요하다고 말한다.[171]

(2) 평소(平素) 대응

'평소 대응'은 이른바 군사적 억제, 해적 대처와 회색지대 사태 대처 등 유사(有事)에 이르기 전에 사태를 해결하는 것을 말한다. 또한, 미중 패권경쟁 시대에는 '억제'라는 개념이 더욱 중요한 의미를 가진

166) 인도는 인구동태 등을 고려할 때 성장 가능성이 기대되는 국가이며, 가까운 미래에 인도양에서 인도 해군의 존재감은 더욱 증대될 것이라고 평가한다.

167) 호주는 인도양과 태평양에 걸쳐 존재하는 미국의 동맹국일 뿐만 아니라 영국을 포함한 NATO 각국과의 관계도 깊기 때문에 호주 해군과의 연계도 지속적으로 중요하다.

168) 2021년 영국, 프랑스, 독일은 인도태평양에 함정을 전개시키는 등 최근 유럽 여러 나라 해군이 인도태평양 지역에서 활발히 활동하고 있다.

169) 북동아시아, 동남아시아 지역과 도서 국가가 있는 남태평양에서 베링해로 이어지는 남북서태평양에 해당한다.

170) 미국 국방대학의 하메스(T. X. Hammes)가 제창한 오프쇼어 컨트롤(offshore control) 개념에서 군사적인 초크 포인트(choke point)의 중요성을 강조한 것이다. T. X. Hammes, "Offshoare Control: A Proposed Strategy for an Unlikely Conflict," Stratergic Forum, SF No. 278, June 2012, p. 5, ndupress.ndu.edu/Portals/68/Documents/ stratforum/ SF-278.pdf; 平山茂敏, 「エアシー・バトル対オフショア・コントロール(コラム 048)」, 海上自衛隊幹部学校, 2013年 9月 27日. www.mod.go.jp/msdf/navcol/SSG/topics-column/col⊽048.html.

171) 大町克士, 「新たな時代のシーパワーとしての海上自衛隊」, 『海幹校戦略研究』 11(1), 2021, p. 28.

다. 왜냐하면 불안정 요인을 제거하고 위협 발생을 예방하여 다양한 사태가 본격적인 무력 분쟁으로 발전하지 않도록 관리할 수 있어야 하기 때문이다.[172]

일반적으로 위협은 '상대방의 능력 × 의도'로 표현된다. 평소 대응은 당연히 상대의 '의도'에 영향을 미칠 것이다. 따라서, 군사적으로는 항상 상대방보다 우위를 유지하면서 무력을 통한 해결은 경쟁상대에게도 이익이 되지 않음을 상대방에게 인식시킬 필요가 있다.[173]

오마치는 "일본 해상자위대가 자국 주변 해 · 공역에 대해 수행하고 있는 경계 및 감시 임무는 평소부터 자국 방위에 대한 강고한 의지를 대내외에 표명하고 있는 것"이라고 말한다. 그런데, 이러한 경계감시 및 정보수집은 무인기의 특기 분야다. CSBA[174]의 '탐지에 의한 억제(Deterrence By Detection)'에 따르면, 무인기에 의한 지속적인 감시는 상대의 불법적인 활동 등을 탐지하는 데 효과적이라고 한다.[175] 더욱이 향후에 예상되는 심각한 인력난을 고려했을 때 무인기에 의한 지속적인 감시는 인력 공백을 메울 수 있는 방안이 될 것이다. 게다가 만약 동맹국 등과 무인기 정보를 공유한다면 상호 시너지 효과가 발휘될 수 있다. 이는 곧 '탐지를 통한 억제' 효과로 이어질 것이기에 향후 일본 해상자위대의 무인기 작전 범위는 일본 주변 해 · 공역에 국한되

---

172) 大町克士, p. 28.

173) 大町克士, p. 28.

174) 전략 및 예산 평가 센터

175) Thomas G. Mahnken, Travis Sharp and Grace B. Kim, Deterrence by Detection: A Key Role for Unmanned Aircraft Systems in Great Power Competition, CSBA, April 2020, pp. 6-9, csbaonline.org/uploads/documents/CSBA8209_(Deterrence_by_Detection_Report) _FINAL.pdf

지는 않을 것이다.[176)]

한편 자국의 의사를 전달하거나 상대의 불법 활동 등을 알리기 위해 전략적 발신(SC)과 유연억제 선택사항(FDO)은 지속적으로 중요하다. 따라서 정부나 관계부처(關係省廳)를 포함해서 종합적인 대책을 강구해둘 필요가 있다.[177)] 이는 미국 태평양사령관이던 해리스(Harry Harris) 대장이 2016년 언급한 "억제는 우리의 능력, 의도, 발신의 곱셈이다(Capability × Resolve × Signaling = Deterrence)[178)]"라는 표현에도 단적으로 드러난다. 그리고 향후의 SC나 FDO는 자국뿐만 아니라 동맹국 · 파트너국과 함께 추진하는 것이 중요하다.[179)]

오마치는 해상자위대가 제시할 수 있는 옵션으로 최신 무기체계 개발 · 시험, 부대 배비 같은 '정적(靜的)'인 것도 있지만, 함정, 항공기 등의 일일 활동, 미일 · 다국간 연합훈련 같은 '동적(動的)'인 것, 또는 사태대처를 위한 작전 준비 자체가 있다고 말한다. 물론 이 옵션들이 실행되는 시간, 장소, 병력 규모에 따라 그것이 주는 메시지는 다르다.[180)]

또한 우시로가타는 자위대의 '정적' 옵션에 대해 부언한다. 그의 저서인『해양전략론(海洋戰略論)』에도 언급되어 있는 것처럼 '전력투사' 능력의 보유는 자국의 방위에서 억제를 유효화할 수 있는 전제조건이

176) 大町克士, p. 28.

177) SC와 FDO에 대해서는 石原敬浩,「戦略的コミュニケーションとFDO: 対外コミュニケーションにおける整合性と課題」,『海幹校戦略研究』6(1), 2016, pp. 2-26 참조.

178) "Admiral Harry Harris' 2016 Address to the Lowy Institute," Lowy Institute, December 14, 2016. www.lowyinstitute.org/publications/admiral-harry-harris-address-lowy-institute.

179) 大町克士,「新たな時代のシーパワーとしての海上自衛隊」,『海幹校戦略研究』11(1), 2021, p. 29.

180) 大町克士, p. 29.

된다는 것이다. 이러한 '전력투사' 능력은 분쟁을 억제할 뿐만 아니라 유사시 사태가 에스컬레이션되는 것을 억제할 수 있기 때문이다. 오마치는 "일본은 핵무기 위협에 대해서는 미국의 확장억제에 전적으로 의존할 수밖에 없지만, 중거리미사일이나 극초음속 무기체계의 위협에 대해서는 만약 미국(재래식 무기)에 의한 억제가 흔들리더라도 미일 연계를 통해 우위를 유지할 필요가 있다"고 주장한다. 즉, 중국과 비교했을 때, 미국이 상대적으로 쇠퇴된 만큼, (비록 재래식 무기라 할지라도) 일본이 그 부분을 보완해야 한다는 것이다.[181)]

(3) 유사(有事) 대응

오마치는 "다케이가 나카무라 데이지(中村悌次)[182)]의 말을 인용해서 해상자위대의 존재의의를 '유사시 싸우기 위한 것'으로 재확인한 것처럼 해상자위대의 모든 사고는 유사시 대응하기 위한 것으로부터 시작해야 한다"고 강조한다.[183)] 하지만, '유사 대응'을 한다는 것은 억제되지 않았음을 의미한다. 따라서, 미중 패권경쟁 시대에서는 '유사 대응' 상황을 피할 수 있다면 피하는 것이 좋다.

해상자위대에 의한 방위는 주로 해상에서 이루어져왔지만, 앞으로의 해상작전은 2018년 「방위대강」에 제시된 것처럼 신(新)영역, 즉 우주 · 사이버 · 전자파 영역을 포함한 영역에서 이루어질 것이다. 그

181) 大町克士, pp. 29-30.

182) "전전(戰前) 육해군에 있어서 군대의 존재의의는 전투에 있었다. 따라서 전투가 모든 것의 기준이었다. 또한, 자위대법에서도 '자위대는 직접 및 간접 침략에 대해 자국을 방위하는 것을 주요 임무로 한다'고 명기된 것처럼 실력을 갖추고 국가를 지켜내야 한다. 즉, 자위대는 유사(有事)시 싸우기 위해 존재하는 것이다. 이것이 나의 신념이다."(제11대 해상막료장 中村悌次) 中村悌次, "離任にあたり講話", 1977년 8월 31일.

183) 大町克士, p. 30.

러나 해상자위대의 제한된 자원을 고려한다면, 해상자위대 단독으로 신(新) 영역을 포함한 해상작전을 하기에는 제한된다. 따라서, 통합작전이 되지 않으면 안 된다. 즉, 해상자위대는 미일동맹을 기축으로 해서 육해공 자위대의 영역횡단적인 작전능력을 가지고 영역거부, 제해, 전력투사를 아우를 수 있는 '통합해상방위구상'을 책정하고 실천하고 있다.[184)]

여기에서 다케이가 제시한 TGT 삼각해역을, 우시로가타가 제시한 일본 방위의 기반이 되는 '우월구역'과 타국의 이용을 거부하는 '경합구역'이라는 2개의 지리적 개념에다가, '경합구역'을 영역거부 및 제해라는 개념으로 나누어서 생각해보자(그림 3-8). 이렇게 하면 일본 서쪽에서 난세이제도 영역을 '우월구역', 난세이제도 영역에서 동중국해를 포함한 해역을 '영역거부구역', 난세이제도 영역으로부터 태평양 측을 '제해구역'으로 나눌 수 있을 것이다. 이후부터는 일본 해상자위대가 특히 해상작전에서 중시해야 하는 '영역거부구역'과 '제해구역'에서 어디에 초점을 두고 대처하고 있는지를 살펴본다.[185)]

〈그림 3-8〉 일본의 우월구역, 영역거부구역 및 제해(制海)구역

우선, '영역거부구역'에서는 적대 세력의 활동을 저지 · 배제해야 하고, 신(新)영역을 통

184) 大町克士, p. 30.

185) 大町克士, 「新たな時代のシーパワーとしての海上自衛隊」, 『海幹校戦略研究』 11(1), 2021, p. 30.

해 정보 흐름을 방해해야 한다. 이른바 킬체인을 차단할 필요가 있다는 것이다. 물론 해양의 이용을 거부하는 역할은 주로 잠수함이 담당해온 역사가 있어 정밀유도/순항미사일 등의 위협이 한층 높은 현재에도 수중우세를 확보하는 것은 대단히 중요하다. 또한, 우군의 킬체인 확보도 중요하며, 무인기 등 다각적 · 다층적 수단을 통해 C5ISRT를 확보해둘 필요가 있다.[186]

나아가 2018년 「방위대강」에서 제시된 '스탠드오프' 방위능력은 도서지역을 포함해서 본토에 대한 침공을 시도하는 함정 등에 대해 위협권 밖에서 대처하기 위한 것으로, '우월구역'을 확보해야 할 경우뿐만 아니라 '영역거부구역' 창출 시에도 유용하다. 육상자위대의 지대함미사일, 항공자위대의 공대함미사일 등은 육해공 통합으로 이루어지는 해상 영역거부 작전의 상징이다. 향후 스탠드오프 방위능력이 향상되면 자국 영역으로부터 더욱 원거리, 즉 더 전방에서의 대처[前方對處]도 가능해질 수 있다. 또, 미 해병대가 앞에서 언급한 EABO의 일환으로 해상이나 육상으로부터 해상 영역거부를 실시하려는 의도가 있는 점은 매우 흥미롭다. 오마치는 이 분야가 해상자위대와 미 해병대의 새로운 협력 분야가 될 가능성이 크다고 평가한다.[187]

이렇게 향후 영역거부를 위한 해상 작전 양상은 현재와는 크게 달라질 것이다. 특히, 해상자위대는 우주 · 사이버 · 전자파와 같은 신(新)영역에서의 전쟁, 무기의 장사정화나 극초음속화를 포함한 스탠드오프 방위 능력, 무인기의 거듭된 발전, 육 · 공 자위대와의 통합과 미 해군 · 해병대와의 연합을 지금까지 이상으로 강화해나갈 것이다.[188]

---

186) 大町克士, pp. 30-31.

187) 大町克士, p. 31.

188) 大町克士, p. 31.

다음으로, '제해구역'은 자위대의 행동의 자유를 보장할 뿐만 아니라 미 증원군의 해상 접근로를 보호한다는 측면에서 매우 중요하다. 앞에서 제시된 'Advantage at Sea'에서 DMO, EABO, LOCE가 향후 미군의 전투수행개념이라고 한다면, 미일 연합작전의 실효성을 확보하기 위해 해상자위대는 미 해군뿐만 아니라 미 해병대와의 연합작전 능력도 향상시킬 것이다.[189)]

또한 적대세력의 장사정 화력을 고려하면 이러한 구역에 대한 부대 방호는 지금까지 이상으로 대폭 보강되어야 한다. 그 보강방안 중 한 가지를 소개하면 다음과 같다. 예전부터 있던 전술이지만, 지리적 우위를 활용하여 부대를 분산, 기동 및 기만하는 것이다. 이때 중요한 과제는 이런 부대들을 어떻게 지휘통제할 수 있느냐다. 지금까지의 네트워크중심전(NCW: Network Centric Warfare)에서도 그러했지만, 신(新)영역을 포함한 전투에서는 더더욱 모든 통신 네트워크를 정상적으로 유지할 수 없을 것이다. 이를 위해 위성기능 상실 시의 대비책, 사이버보안, 전자전방어(EP)[190)] 같은 대응이 필요하고, 전투수행방식의 전환이 필요하다. 이 부분은 2020년 CSBA가 발표한 '모자이크전(Mosaic Warfare)'에서 힌트를 얻어야 한다.[191)] 즉, NCW에서 의사결정중심전(DCW: Decision Centric Warfare)으로 전환해야 한다.[192)] DCW를 실현하

---

189) 大町克士, p. 31.

190) 中矢潤, 「領域横断作戦に必要な能力の発揮による海上自衛隊としての多次元統合防衛力の構築について」, 『海幹校戦略研究』 9(1), 2019, pp. 98-115.

191) Bryan Clark, Dan Patt, and Harrison Schramm, Mosaic Warfare: Exploiting Artificial Intelligence and Autonomous Systems to Implement Decision-Centric Operations, *CSBA*, Feburuary 2020; 모자이크전에 대한 분석은 高橋秀行, 「軍事的意思決定概念の新旧比較分析: 米国の'モザイク戦'概念の視点から」, 『海幹校戦略研究』 10(2), 2020, pp. 48-76 참조.

192) DCW에 대해서는 앞의 논문 다카하시(高橋), pp. 69-71 참조.

기 위해서는 AI 및 자율 시스템의 활용 등 넘어야 할 장애물이 많지만, 통신 네트워크가 충분히 기능하지 않는 가운데 작전을 지속하기 위해서는 반드시 갖추어야 할 능력이다.[193)]

또한, 일본 주변 해역에서 분쟁이 발생한 경우, 선박의 항행은 제한될 것이다. 따라서 오마치는 "일본은 '제해구역' 및 그 주변 해역에서 해상교통의 안전을 확보해야 한다"고 강조한다. 이를 위해 관계부처와 횡단적이면서 국제적으로 협력하며 사전 대책을 마련해야 한다는 것이다.[194)]

3) 전략목표 구현을 위한 수단(Means)

지금까지 일본의 해상자위대가 전략목표를 달성하기 위해 수립한 방책에 대해 알아보았다. 오마치는 향후 인도 · 태평양 지역에서 시파워 간 밸런스를 유지하고, 억제 기능을 더욱 향상시키기 위해서는 해상자위대의 능력을 더욱 강화해야 한다고 강조한다.[195)]

이 절에서는 오마치가 전략목표를 구현하기 위한 구체적인 수단(세 가지)으로서 (1) 해상자위대의 태세 · 체제, (2) 우선적으로 강화해야 할 능력 및 (3) 인재 확보 · 육성 측면에서 고찰한 내용을 소개한다. 이때 오마치는 사이토가 제시한 네 가지 수단(해상자위대가 보유해야 할 능력)을 참고했다고 한다.

---

193) 大町克士, 「新たな時代のシーパワーとしての海上自衛隊」, 『海幹校戦略研究』 11(1), 2021, pp. 31-32.

194) 大町克士, p. 32.

195) '미일 정상 공동성명'(2021년 4월 16일)에서는 "일본은 동맹 및 지역의 안전보장을 한층 강화하기 위해 일본의 방위력을 강화하는 것을 결의했다"고 명언했다.

(1) 해상자위대의 태세 · 체제

미중 패권경쟁 시대 속 일본에게 있어서는 '억제'가 더할 나위 없이 중요해졌다. 오마치는 "해상자위대는 창설 이래 '정강(精强) · 즉응(卽應)'을 모토로 해서 미소 냉전 중에는 서방국가의 일원으로서 승리에 기여했다"고 평가한다. 또한, "미중 패권경쟁 시대 속에서도 공통의 가치[196]를 추구하는 모든 국가와 함께 승리하기 위해 해상자위대는 일본의 유력한 시파워로서 정강성(精强性)과 즉응성(卽應性)을 한층 향상시켜나갈 필요가 있다"고 주장한다.[197]

이를 위해 오마치는 예산을 포함해서 필요한 자원을 확보하려는 노력을 기울여야 하고, 국내의 심각한 인구문제 등을 고려해서 해상자위대의 태세 · 체제를 총점검하며, 21세기 중반을 향한 대전환을 도모해야 한다고 강조한다.[198]

우선, 일본 해상자위대는 환경의 '형성', '평소 대응', '유사 대응'이라는 세 가지 방책을 실효적으로 추진해나가기 위해 국가 전체적으로 통일된 노력 아래 새로운 작전, 전술, 부대 운용을 구상해나간다. 특히, 육 · 공 자위대와의 '통합', 미일 '연합', 관계 정부기관과의 연계를 강화(총합)하기 위한 작전 수준의 능력을 향상시키기 위해 노력한다. 이때, 전략적 발신(SC), 정보전(IW)에 의한 환경 '형성' 단계부터 유사시 이른바 국가 차원에서 영역횡단적인 작전을 수행할 수 있는 시스템 구축을 중요하게 생각한다. 특히, 신(新)영역에 대해서는 육 · 해 · 공의 물리적인 전투를 뒷받침하는 인프라, 전력 증강 수단(force

196) 자유와 민주주의, 법의 지배, 항행의 자유.

197) 大町克士, 「新たな時代のシーパワーとしての海上自衛隊」, 『海幹校戦略研究』 11(1), 2021, p. 32.

198) 大町克士, p. 32.

multiplier)으로서의 의의(意義)가 크다며, 이 영역은 국가 전체적으로 대응해야 하는 영역이라고 강조한다.[199] 해상자위대는 이러한 국가 횡단적 능력을 유연하게 활용할 수 있어야 한다고 인식하기 시작했다.[200]

또한, 기술의 발전이 전투방식을 일변(一變)시킬 가능성이 있는 가운데 새로운 전투 방법을 널리 알리고 실행하기 위해서는 교리(doctrine)를 개발하고 자기혁신(自己革新)을 지속할 수 있는 기반 구축이 중요하다.[201] 이때, 미국을 비롯해 NATO의 여러 국가가 오랜 세월 동안 발전시켜온 작전술(Operational Art)은 교리(doctrine) 체계를 구축하는 데 기반이 된다.[202] 교리의 구축은 해상자위대의 부대 운용, 교육훈련을 포함한 조직 운영을 효율적으로 동기(同期)시키는 유효한 수단이 된다.[203] 그리고 오마치는 "새로운 시대를 맞게 된 미일동맹에서는 해상자위대와 미군의 관계도 한층 더 심화 · 발전이 요구될 것"이라며, "미일 상호 교리의 이해와 정합(整合)은 미국 등과의 연합작전 능력 강화에 유효할 것"이라고 말한다.[204]

다음으로, 무기체계 분야에서는 경계감시를 강화하고, 작전 템포를 단축하며, 인적 피해를 최소화하기 위한 무인시스템 및 AI 등 첨단기술을 도입하고, 유 · 무인 복합체계를 최적으로 조합해서 운용할 필

---

199) 佐竹 · 前田, 「日本 — 新たな防衛計画の大綱」, p. 225.

200) 大町克士, p. 33.

201) 中山健太郎, 「『戦いのスタイル』を確立する: 中国の機雷戦 'CMSI Chinese Mine Warfare' からの示唆」, 『海幹校戦略研究』 1(1), 2011, pp. 133-136.

202) Milan Vego, *Operational Warfare at Sea: Theory and Practice*, Routledge, 2009, p. 4.

203) 작전술과 교리의 발전경위와 군사조직 혁신으로의 작용에 대해서는 北川敬三, 『軍事組織の知的イノベーション: 作戦術とドクトリンの創造力』, 勁草書房, 2020에 상세히 설명되어 있다.

204) 北川敬三, 「軍事組織の必要条件 — 作戦術とドクトリン」, 『海幹校戦略研究』 10(2), 2020, pp. 15-17.

요가 있다. 그중에서도 '의사결정 중심전'에서 C5ISRT의 중요한 부분을 차지할 무인시스템은 '영역거부구역'이라는 위협권 내에서 운용되어야 하므로 다중화(redundancy)[205]를 확보해야 한다. 그러한 관점에서 기능 분산(단기능화) 및 다수기(多數機)를 패키지로 운용하는 것도 하나의 방안이 될 수 있다. 미국 상원에서 오랫동안 국방위원장을 지낸 고(故) 매케인(John McCain) 상원의원의 오랜 참모였던 브로스(Christian Brose)는 과거 전함 건조 경쟁과 탄도미사일 개발 경쟁이 군비경쟁을 좌우했듯이 첨단기술을 어떻게 킬체인(kill chain)에 적용하느냐가 강대국 간 경쟁을 좌우할 것이라고 말한다.[206]

또한 향후 기후변화와 관련한 함정 탈탄소(脫炭素) 정책에 대응하기 위해서는 최신 기술을 반영하고, 연료 효율이 높은 엔진을 채택하거나 청정에너지를 사용해야 할지도 모른다. 그렇게 된다면, 단순히 환경부하 저감(低減)뿐만 아니라 해상자위대의 활동량을 증가시키면서도 한정된 자원을 필요한 분야로 재배분할 수 있는 날이 올지도 모르겠다.[207]

게다가, 향후 심각해질 인구문제를 고려해서 신(新)영역에 대응할 수 있는 조직으로 개편해야 한다. 이를 위해 인적자원을 혁신적으로 재배치하고, 민간을 포함한 부외력(部外力)을 최대한으로 활용할 수 있도록 예산을 확보해야 한다.[208]

---

205) 다중화(redundancy)는 시스템 일부에 어떠한 장애가 발생할 경우에 대비하여 장애 발생 다음에도 시스템 전체의 기능을 계속 유지하도록 평상시부터 예비 자치를 백업으로 배치해 운용하는 것을 말한다. 엄밀한 의미에서는 예비 1개를 두면 이중화, 예비 2개를 두면 삼중화이지만, 흔히 다중화를 '이중화'라고도 한다.

206) Brose, *The Kill Chain*, p. 106.

207) 大町克士,「新たな時代のシーパワーとしての海上自衛隊」,『海幹校戦略研究』11(1), 2021, p. 34.

208) 大町克士, p. 34.

(2) 우선적으로 강화해야 하는 능력

향후 통합해상 방위구상을 실현하기 위한 전투의 요점(要點)은 '의사결정중심전(DCW)으로의 전환'이다. 이것이 '영역거부구역' 및 '제해구역'에서 '분산 · 기동 · 기만', '장사정 화력의 집중'에 의한 '전방 대처'를 가능하게 할 수 있다.[209)]

오마치는 이것들을 달성하기 위해 우선적으로 강화해야 할 능력(네 가지)을 제시했는데, 여기에서는 이에 대해 소개한다.

① 정보전(IW: Information Warfare) 태세 및 체제의 정비

정보전은 신(新)영역을 포함한 개념으로 사이버전, 우주전, 전자전, 작전보안(Operations Security), 군사적 기만 등 많은 부분을 포함한다.[210)] 또 정보전은 유사(有事) · 평시(平時) 같은 '시간' 및 군사 · 비군사 같은 '영역'을 불문한다.[211)]

그리고 오마치는 "해상자위대가 영역횡단 작전의 하나로 '전투공간의 파악', '지휘통제 기능의 확보' 및 '물리적 · 비물리적 통합 공격' 능력을 발휘하기 위해서는 정보전 태세 및 체제를 정비할 필요가 있다"고 보고 있다.[212)]

---

209) 大町克士, p. 34.

210) Joint Chiefs of Staff, Joint Publication 3-13: Information Operations, Department of Defense (USA), November 2014, pp. Ⅱ5-Ⅱ13, www.jcs.mil/Portals/36/Documents/Doctrine/pubs/ jp3_13.pdf

211) Wayne P. Hughes Jr. and Robert P. Girrier, Fleet Tactics and Operations: Third Edition, Naval Institute Press, 2018, pp. 248-250. 같은 책에서는 IW를 21세기 군사혁신의 필두로 들고 있다.

212) Joint Chiefs of Staff, Joint Publication 3-09: Joint Fire Support, Department of Defense (USA), April 2019, p. I-3, www.jcs.mil/Portals/36/Documents/Doctrine/pubs/ jp3_09.pdf?ver=2019-05-14-081632-887; 益田徹也, 「電磁波/サイバー領域おける戦いへ備える」, 『波涛』 236, 2016, p. 6.

오마치는 그중에서도 '전투공간의 파악', '지휘통제 기능의 확보' 관점에서 C5ISRT 기능을 강화하는 것이 지속적으로 중요하다고 생각한다. 이 기능은 킬체인을 유지하고, '분산 · 기동 · 기만', '장사정 화력 집중' 같은 '전방대처(前方對處)'를 하기 위한 전제조건이 되기 때문이다. 또한, C5ISTR 기능이 적군의 공격으로 피해를 입어 기능하지 못할 수도 있기 때문에 '의사결정전(意思決定戰)으로의 전환'은 반드시 필요하다.

② 수중우세 확보

우시로가타는 신(新)영역을 포함한 작전 영역에서 군사적 도전이 심화되고는 있지만, 해양거부에 의해 적의 침공을 저지하는 것은 일본의 작전을 유효하게 하는 데 필수적이라고 강조한다.[213] 특히, 수중은 지금까지 미일의 지속적인 투자로 우위를 유지해온 작전 영역이므로 수중 우세를 한층 더 강화해야 한다고 말한다.[214] 또한, 사이토는 현대전의 해상작전은 피아(彼我) 상호 영역거부의 전투로, 해상자위대로서도 필요한 해 · 공역에 있어서 때로는 적대 세력을 용인하지 않을 수 있고, 설사 존재를 용인하더라도 상대가 자유롭게 행동할 수 없도록 영역거부할 수 있는 능력을 강화해야 한다고 강조한다.[215]

일본 자위대는 향후 '영역거부구역' 내 신영역을 포함한 모든 영역에서 적대 세력이 자유롭게 행동하지 못하도록 거부하는 것을 목표로 한다. 이때, 오마치는 적의 위협이 높은 작전환경에서 수중우세의 확보는 영역횡단 작전 중에서도 중요한 위치를 차지하고, 작전의 성패

213) 後瀉桂太郎, 「海上自衛隊の戦略的方向性とその課題」, p. 29.

214) 後瀉桂太郎, 「海上自衛隊の戦略的方向性とその課題」, p. 42.

215) 齋藤聡, 「令和における海上自衛隊」, p. 14.

에 직결한다고 강조한다. 그리고 수중은 일본의 방위력 중에서 해상자위대만이 담당할 수 있는 영역이다. 따라서 오마치는 잠수함에 의한 각종전(各種戰) 및 기뢰전 능력을 향상시키고, 무인수중항주체(UUV) 연구개발 등을 적극적으로 추진하고 전력화해나갈 필요가 있다고 주장한다.

③ 스탠드오프(stand-off) 방위능력 보유

2018년 「방위대강」에 제시된 스탠드오프 방위능력은 각국의 조기경보 능력이나 각종 미사일 성능이 현저하게 향상되어가는 가운데 자위대원의 안전을 확보하면서 위협권 밖에서 대처하고, 일본에 대한 공격을 효과적으로 저지하기 위한 것이다.[216] 또한, 스탠드오프 방위능력은 분산된 부대로부터 화력 집중을 가능하게 하고, 더욱 효과적으로 '영역거부구역', '제해구역'에서 우세를 얻을 수 있게 할 것이다. 따라서 오마치는 "이 능력은 함대 방공능력, 탄도미사일방어(BMD) 능력의 향상과 함께 반드시 보유해야 한다"고 강조한다. 이러한 의미에서 "방위장비청의 연구개발 비전으로 제시된 후 개발이 추진되고 있는 도서방위용 고속활공탄, 신(新)도서방위용 대함유도탄, 극초음속유도탄 등의 개발[217] 및 전력화가 시급하고 향후 정보전에서 비물리적인 화력과 융합된 화력을 발휘해야 한다"고 말한다.

④ 로지스틱스(logistics) 기반의 강화

콜린 S. 그레이는 "로지스틱스는 전략적 기회(chance)의 재결자(裁

216) "平成31年度以降に係る防衛計画の大綱について", p. 19.

217) 防衛装備庁, "スタンド・オフ防衛能力の取組", 2020年 3月 31日. www.mod.go.jp/atla soubiseisaku/ vision/rd_vision_kaisetsuR0203_05.pdf

決者)로, 아마추어는 전략을 배우고, 프로는 로지스틱스를 배운다"고 말했다.[218] 로지스틱스의 한계는 작전을 규정하므로 사이토는 '지지할 수 있는(支えきる)' 능력[継戦能力]을 노력의 방향성 중 하나로 제시한다. 이때, 일본을 방위하기 위한 전투는 자국 내에서 이루어질 가능성이 높은데, 이 경우 자위대의 로지스틱스 중 많은 부분이 민간에 의존하고 있다는 사실도 간과해서는 안 된다.

또한 로지스틱스는 수송, 보급, 의료, 수리 등의 수준에 머무르지 않는다. 국제적인 서플라이 체인(supply-chain)의 리스크까지 고려해야 한다. 이것은 일본의 방위에서 큰 과제다. 따라서, 부대의 분산 · 기동 · 기만, 장사정 화력의 보유는 작전뿐만 아니라 이것을 지지할 수 있는 로지스틱스 차원에서도 큰 변화가 필요하다. 따라서 오마치는 로지스틱스 기반을 강화하기 위해서는 방위성 · 자위대뿐만 아니라 국가 전체 및 동맹국 등과 연합으로 대응해나갈 필요가 있다고 강조한다.

(3) 인재 확보와 육성

AI나 무인화 기술이 실제로 무기체계에 적용되면, 군사 작전에서 작전 템포가 한층 더 빨라지고 업무가 효율화될 것으로 기대되지만 AI가 사람보다 잘하지 못하는 분야도 많다. 예를 들면, 적은 데이터로 추측을 해야 한다거나 합리적이지 않은 판단 등이 포함된 임기응변, 언어의 의미나 의도를 이해한 해석, 혹은 구조 활동과 같이 사람을 직접적으로 상대해야 하는 임무 등이다. 즉, AI와의 공존 시대에서 사람이 수행해야 하는 것은 단순 작업이 아니라 유연한 사고력과 신속한 행동력이 요구되는 임무다. 오마치는 이러한 임무를 성공적으로 수행할

---

218) コリン・グレイ, "戦略の格言:戦略家のための40の議論", 奥山真司 訳, 芙蓉書房出版, 2009, p. 224.

수 있는 우수 '인재'를 확보해야 한다고 강조한다.

한편, 해상자위대의 정강(精強) · 즉응(即応), 그리고 그것을 지탱하는 엄정한 규율과 사기 유지의 원천은 대원 한 사람 한 사람의 사명감이다. 오마치는 "다양화하는 가치관이나 개성이 존중되고 있는 가운데 일본의 평화와 독립을 지킨다는 자위대 임무의 본질을 이해한 후에 방위 조직으로서의 핵심적인 가치관(core value)을 공유하는 것은 한층 더 중요하다"고 강조한다. 더불어 "지휘통제할 수 있는 통신 네트워크 기능이 마비된 경우에도 모든 계층의 대원이 상위 지휘관의 명령과 의도대로 임무를 수행할 수 있어야 한다"고 말한다. 이를 위해 오마치는 때때로 직면하는 상황에 따라 스스로 판단해서 적절하게 임무를 수행할 수 있는 '사명에 의한 통제', 이른바 넬슨 터치[219]가 필요하며, 장기적으로 일관된 교육 · 훈련과 평소 원활한 의사소통을 도모할 필요가 있다고 보았다.

219) 中山, "「戦いのスタイル」を確立する", p. 133.

4장
일본의 해양전략에 대한 평가와 전망, 함의

1. 냉전 말기에서 미중 패권경쟁 시대까지

일본은 제2차 세계대전 이후 전략수세(戰略守勢)를 국가 정책의 기본 방침으로 정했다. 냉전 말기에도 일본은 자국의 방위에 대해 기본적으로 미국에 의존했지만, 소련군의 영역거부 전략을 저지함으로써 미군의 증원 기반을 확보해야 하는 것은 어떤 국가도 대신해줄 수 없는 일본이 감당해내야 하는 임무였다. 또한, 미일 간의 방위력 역할분담에 관한 협의를 통해 미국의 제해를 보완하는 역할로 제한적이지만 해상교통로 방위도 수행했다. 따라서 일본은 본토 주변 수백 해리 이내의 해역과 1,000해리 해상교통로를 방위했고, 이를 위해 해상자위대는 해상방공과 광역대잠전 능력을 향상시켜왔다.

냉전의 종결과 함께 유일한 초강대국인 미국이 해양 영역에서 압도적인 우위를 달성함으로써 동맹국인 일본은 영국 등처럼 미국의 제해 안에서 혜택을 누렸다. 그 결과 일본은 해양 영역의 군사적 자산을 자국 주변 해역의 영역거부 또는 미국의 제해를 보완하던 데서 자국의 국익을 확대하는 도구(tool)로도 사용할 수 있게 되었다. 즉, 인도지원/재해파견(HA/DR), PKO 또는 대테러전쟁의 후방지원 같은 국제분쟁에 관여할 수 있게 된 것이다.

2010년경부터 중국은 대외정책, 특히 동중국해 및 남중국해에 있는 도서 및 주변 해역의 영유권 문제 등에 대해 대단히 강경한 자세를 취하고 있다. 게다가 중국인민해방군(PLA)의 해군력은 영역거부뿐만 아니라 남중국해를 중심으로 한 해역에서의 제해 및 전력투사 능력을 지속적으로 강화하고 있다. 이와 같이 냉전 말기와 유사한 전략환경이 조성됨에 따라 일본은 다시 주변국에 대한 영역거부를 강화함으로써 동맹국인 미국의 전력투사 기반을 마련할 뿐만 아니라 미국과 함께 제해 전력을 증강하여 해상교통로를 보호할 필요성을 재인식했다. 이에 따라 해상자위대는 수상함 및 잠수함 전력을 다시 증강시키고, 육상자위대는 도서부에 대한 적의 침공을 저지할 수 있도록 지대함유도탄 부대를 배치했다. 2022년 12월 16일에는 일본 정부가 적 미사일 기지 등을 공격할 수 있는 '반격 능력'을 보유하겠다고 선언했다. 원거리 타격무기 확보를 전제로 한 반격 능력 보유 결정은 태평양전쟁 후 평화주의를 주창해온 일본 안보정책의 대전환으로 평가된다.

현재부터 이번 세기 중반에 이르는 연대는 미중 패권경쟁이 국제적인 안보환경에 큰 영향을 미칠 것이다. 점차 해상전력의 균형이 깨지고 있는 인도 · 태평양 지역은 불안정성이 증가할 가능성이 있다. 특히 중국은 첨단기술을 적용한 무인기나 사이버 · 초음속 무기 등과 같은 재래식 전력을 증강시키고 있고, 이 능력은 이미 미국의 수준을 능가하고 있어 미국으로서도 긴장을 늦출 수 없다. 한편, 일본은 장래 급격한 인구 감소, 국민의 방위의식 변화나 기후변동에 관한 탈탄소(脫炭素) 정책 등 국내적인 과제도 산적해 있다.

이러한 정세 인식하에서 일본 해상자위대는 시파워의 균형을 유지하여 분쟁을 억제하기 위해 해상자위대는 다음 세 가지를 중시한다. 첫째, 국가 수단인 방위 외교로 환경을 '형성(shaping)'하여 위협을 제거함으로써, 일본에 유리한 전략환경을 구축하겠다고 한다. 특히, 미국 해군과는 하이엔드(high end)한 연합체계를 유지하고, 호주나 인도를 포함한 파트너국과의 제휴를 강화하겠다고 한다. 둘째, 평소 회색지대에 대한 억제 능력을 강화하고 사태가 분쟁으로 발전하기 전에 예방하겠다고 한다. 셋째, 유사(有事)시 통합 전력의 일부로 무력전에서 승리하기 위해 특히 정보전의 태세 · 체제 정비, 수중우세 확보, 스탠드 오프 방위능력 등 첨단기술 적용, 로지스틱스 기반의 강화 및 뛰어난 인재 양성과 교육 · 훈련을 통해 작전적 수준의 능력을 향상시키겠다고 한다. 그리고 일본은 이 세 가지와 우선순위를 고려하면서 '종합 · 통합 · 연합'의 관점에서 유기적이고 착실하게 해양전략을 구현해나가겠다고 한다.

2. 한국 해군의 해양전략을 위한 제언

필자는 일본 해상자위대의 해양전략을 살펴보면서 한국 해군의 해양전략에 대해 고민해보았다. 고민해본 것들 중에서 두 가지 정도를 아래와 같이 제언한다.

1) 주변국에 대한 자강(自疆)의 노력

한반도를 둘러싼 주변국의 해군력이 심상치 않다. 중국은 영토주권과 원 · 근해 해양권익보호를 위해 가장 적극적으로 해군력을 발전시키고 있다.[220] 미국은 중국의 이러한 해군력 강화에 대응하기 위해 오바마 행정부 시절의 대중국 포용정책을 포기하고 공격적 현실주의 구현을 위해 해군력을 재정비하고 있다.[221] 일본 또한 중국에 대응하여 도서방위 및 해상교통로 보호를 위해 통합방위력을 구축하고 있다. 러시아는 동아시아에서 미국을 견제하기 위해 중국과의 군사협력을 강화하면서 전략적 무기체계를 중심으로 해군력을 강화하고 있다.

주변국이 자국의 해양권익을 보호하기 위해 경쟁적으로 해군력을 강화하고 있으며, 특히 중국과 일본의 해군력 강화는 우리 해양영유권 및 관할권 안보에 현실적으로 위협이 되고 있다. 국제규범을 무시한 중국의 영유권 확장과 원해로의 진출 확대, 이로 인한 미국과의 갈등으로 해양안보의 불안정성이 증가하고 있어 우리의 전략적 대비가 필요한 시기다.[222]

제31대 해군참모총장을 지낸 정호섭 예비역 대장은 최근의 강대국 간 힘의 변화나 미국의 상대적 쇠퇴를 감안할 때, 한국의 안보를 미국에 과도하게 의존하는 것은 금물이라고 말한다. 따라서 주변 강대국으로 둘러싸인 한국은 양(量)보다는 질적(質的)인 측면에서 독자적 국방역량을 꾸준히 강화해나가야 한다. 그래야 주변 강대국이 한국의 운명을 마음대로 결정하는 것을 막을 수 있다. 그렇다고 미국이나 중국 · 러시아 등 강대국이 추구하고 있는 파괴적(disruptive) 혁신무기를 한국이 개발하는 것은 국가경제, 과학 · 기술적 역량을 벗어나는 일이

220) Foreign Languages Press of China, "China's Military Strategy," 2015, p. 15.

221) 김한권, 「중국의 해양전략 I : 해양전략의 제도적 변화과정」, 『IFANS 주요국제문제분석 17-21』, 국립외교원, 2017, p. 18.

222) 정안호, 「주변국의 해양안보역량 강화에 따른 대비방향」, 『한국국가전략』 5(3), 2020, p. 60.

다.[223]

이는 결국 국가가 관할하는 영역에 대한 반(反)접근/지역거부, 즉 "한국의 독자적 A2/AD 능력을 어떻게 구축하느냐?"의 문제라 할 수 있다. 소위 '고슴도치'라 불리는 이러한 전비태세를 구축하면 한국은 외세의 눈치를 보지 않고도 어느 정도 외부도발을 억제할 수 있다. 즉 강대국 간 패권경쟁에서 잠재적국이 한국을 침공하려 할 때 그 비용을 높임으로써 침공을 억제하는 자주국방 능력을 구축하는 데 국방혁신이 집중 추진되어야 한다. 이것이 국가운명을 남에게 맡기지 않고 한국 스스로 결정하기 위해 반드시 필요한 유능한 안보, 즉 열강 속에서 당당한 주권국가가 되기 위한 자주 국방력이다.[224]

2) 무역국으로서 해양안보 강화

이제까지 미 해군이 지역 해양안보를 제공해왔다. 그 덕분에 한국 국민은 지역 해양안보를 공기와 같이 마치 당연한 것으로 간주해왔다. 그런데 미중 해양패권 경쟁으로 인해 이를 더 이상 당연한 것으로 간주할 수 없다. 지역 내 핵심 해상교통로상에 우발적 무력분쟁이 발생하여 해상수송이 끊기면 전쟁도 하기 전에 국가 생존 그 자체가 위태롭게 된다. 또 중국이 미 해군을 대체하여 지역 내 해상교통로를 통제하는 상황이 올 수도 있다. 그럴 경우 한국은 중국의 정치, 경제, 군사적 강압에 매우 취약해진다. 경제생존, 해양권익은 물론, 국가 주권 및 기본적 가치(자유, 민주)를 지키는 것도 쉽지 않게 된다. 만일의 경

---

223) 정호섭, 『미 · 중 패권경쟁과 해군력』, 박영사, 2021, p. 399.

224) 위의 책, p. 401.

우에 대비하여 무엇보다 해상교통의 안전을 보장할 수 있는 가시적인 노력이 있어야 한다.[225]

이런 면에서 경(輕)항모 건조 결정은 상당히 의미 있는 일이라 볼 수 있다. 그런데 '한국이 왜 항모가 필요하냐?'라고 생각하는 이들이 의외로 많다. 물론, 해상교통로는 너무 방대하여 어느 나라 해군이라도 혼자 방어할 수 없다. 오직 억제가 가능할 뿐이다. 해상에서 위협세력이 도발하려 할 때 주변이 한국 해군의 영향권이라고 인식되면 도발을 주저하게 된다. 이것이 억제력이자, 해군의 현시능력이다.[226]

해군함정은 이동하는 해상 영토로서 그 영토의 영향력이 클수록 억제력은 커진다. 함정은 탑재하고 있는 무장과 센서로 그 영향력이 결정된다. 구축함이나 호위함도 가공할 파괴력을 보유하나 항모는 탑재 항공기의 작전반경만큼 영향력이 확장되고, 여기에 항공기가 보유한 센서의 탐지거리만큼 감시영역(영향권)이 늘어난다. 이러한 해상 영토가 한국의 생명선 바닷길을 따라 국가의 힘과 영향력을 현시(顯示)하면서 국가번영과 경제생존을 보장하는 것이다. 또 이러한 해군력은 해양 전구(戰區)인 아 · 태지역 내에서 힘의 공백을 예방함으로써 전쟁억제 및 지역 해양안보에도 기여할 수 있다. 결국, 한국의 경항모는 점점 불확실해지는 지역 해양안보환경 속에서 무역국가로서 한국이 경제발전과 번영은 물론, 국가 주권과 자유 · 민주라는 국가 정체성을 스스로 지켜내려는 의지와 능력의 상징이라 볼 수 있다.[227]

만약 이 같은 가시적 국가수단이 없으면 무역국가 한국은 해상교통의 안전을 외세에 100% 의존해야 한다. 또한 이 같은 국가수단은

225) 위의 책, p. 403.

226) 위의 책, p. 403.

227) 위의 책, p. 403.

단기간 내에 구비될 수 없다. 관련 기술이 있어야 하고 수많은 시행착오를 거쳐야 국가가 요구할 때 제 기능을 발휘하는 해군력을 건설할 수 있다.[228]

〈일본 주요 해상자위대사(海上自衛隊史)〉[229]

연도	사건
1945	11월 30일, 해군성 폐지
1948	운수성(運輸省) 외국(外局)으로 해상보안청 설치
1950	한반도 근해에 특별소해대(特別掃海隊) 파견[230]
1951	9월 8일, 샌프란시스코강화조약 조인. 동시에 미일안전보장조약 체결 10월 19일, 미국으로부터 PF(초계함) 대여 결정
1952	4월 1일, 「해상보안청법」 일부 개정 4월 26일, 해상경비대(해상경비관 5,947명, 사무관 등 91명) 발족 8월 1일, 「보안청법」 시행, '해상보안청'에서 '보안청'으로 이적, '경비대'로 명칭 변경
1954	7월 1일, 「방위청설치법」 및 「자위대법」 시행. 이에 따라 '경비대'는 '해상자위대'로 명칭 변경 10월, 제1 소해대군 신편
1955	2월, 첫 해상자위대 연습 실시
1961	9월, 호위함대 신편; 항공집단 신편; 제2 소해대군 신편
1965	2월, 제1 잠수대군 신편
1973	10월, 제2 잠수대군 신편; 개발지휘대군 신편
1980	2월, 림팩에 첫 참가 3월, 해양업무군 신편
1981	2월, 잠수함대 신편
1984	6월, 미 해군과의 첫 공동지휘소 훈련

228) 위의 책, p. 403.

229) 해상자위대 창설까지의 역사 · 연표 JMSDF 70th ANNIVERSARY, https://www.mod.go.jp/msdf/70th/history.html
해상자위대 자위함대 역사, https://www.mod.go.jp/msdf/sf/about/history.html

230) 1950년 한국전쟁이 발발하자 일본은 GHQ(연합국 최고사령관 총사령부)의 요청에 의해 해상보안청에서 소해업무에 종사하고 있던 구 해군 군인들을 중심으로 한 특별소해대를 한반도 근해에 파견하고, 원산 근해에서 기뢰 사고에 의해 1명의 순직자가 나왔다. https://www.mod.go.jp/msdf/70th/history.html

연도	사건
1986	10월, 첫 미일 공동통합 실기동연습
1991	4월, 걸프 전쟁 종결 후 소해정 등 6척을 페르시아만에 파견
1992	9월, 캄보디아 해상수송부대 파견
1995	1월, 한신 · 아와지 대지진에 의한 재해파견
1997	1월, 정보업무군 신편
1999	3월, 노토 근해 의아선박 대처에 따른 첫 해상경비행동
2000	3월, 소해대군 신편
2001	11월, 테러대책 특별조치법 시행 보급함 등이 인도양에서 협력지원 활동 개시
2004	10월, 니가타현 주에쓰 지진에 따른 재해파견 11월, 중국 잠수함 영해 내 잠항항해 사안에 따른 해상경비행동 12월, 인도네시아 수마트라섬 근해 대규모 지진 및 인도양 쓰나미 피해에 함정 파견
2006	3월, 통합막료감부 발족
2007	1월, 방위청에서 방위성으로 승격 11월, 「테러대책특치법」에 근거한 협력지원활동 종결 12월, 호위함 '콩고', 탄도미사일 요격실험에 성공
2008	1월, 「보급지원특치법」 시행, 인도양에서의 보급활동 재개
2009	3월, 해상경비행동에 근거해 소말리아 아덴만에 함정 파견 5월, 해상경비행동에 근거해 소말리아 아덴만에 초계기 파견 7월, 「해적대처법」 시행
2010	1월, 미일안보 체결 50주년 「보급지원특치법」에 근거한 협력지원활동 종결
2011	3월, 동일본대지진에 따른 대규모 지진 재해파견 6월, 파견해적대처행동 항공기의 새로운 활동거점 설치(지부티공화국) 8월, 동일본대지진에 따른 대규모 지진 재해파견 종결
2012	6월, 해상자위대 창설 60주년 10월, 제27회 자위대 관함식
2015	10월, 제28회 자위대 관함식
2016	4월, 구마모토 지진에 따른 재해파견

IV부

러시아의 해양전략

1장
서론

소련이 붕괴되고 미소 냉전 시대가 종식되면서 세계는 민주주의와 공산주의 양 진영이 무너지고 미국 중심의 세계 구도가 형성되는 듯했으나, 중국이 국제사회에서 새로운 강대국으로 부상하며 미국과 중국이 대립 구도를 형성해나가고 있다. 즉, 미중 패권경쟁 시대가 도래했다. 중국은 국가의 경제력을 바탕으로 해군력을 강화시키고 있고, 이러한 중국의 해군력 성장은 결국 해양을 중심으로 팽창해나가며 미국의 항행의 자유 작전과의 마찰과 충돌이 지속되는 딜레마가 이어지고 있다.

중국은 일대일로(一帶一路)를 넘어 북극해로의 적극적인 진출을 모색하며 일대이로(一帶二路)의 모습을 보이고 있다. 북극은 주변 국가들 간 에너지 자원을 둘러싼 경계획정 등 이해관계가 상충하는 지역으로 러시아를 중심으로 미국을 포함한 주변국 간에 해양안보 갈등이 점증하고 있다. 중국의 북극을 향한 해양 진출 노력은 아시아 · 태평양 지역에서 미중 해양안보 경쟁에 이어 북극해에서 미러 간 해양갈등에 새로운 경쟁국으로 등장하지 않을까 우려의 목소리가 크다.

러시아의 지정학적 위치를 살펴보면 14개국과 국경선을 마주하고 있으며, 전 세계 육지의 약 1/6을 차지하고 있는 유라시아의 '대륙국가'다. 또한, 아이러니하게도 태평양, 대서양은 물론 흑해, 발트해, 베링해, 오호츠크해, 바렌츠해와도 접하고 있는 가장 거대한 '해양국가'다. 특히 북극해는 러시아가 타 국가와 국경을 마주하지 않고서 가장 넓은 영해를 접한다. 러시아 대륙을 둘러싼 바다에는 북극해의 일부인 바렌츠해, 백해, 카라해, 랍테프해, 동시베리아해와 태평양의 일부인 베링해, 오호츠크해, 동해, 서쪽의 발트해와 서남쪽의 흑해가 있고, 해안선은 무려 3만 7천 km에 이른다. 바다에 둘러싸여 있는 러시아의 중요한 섬은 프란츠요제프제도, 노바야젬랴섬, 세베르나야젬랴제도, 노보시비르스크제도, 브란겔섬, 사할린섬, 쿠릴열도가 있다. 이러한 섬들은 대부분 북극 일대에 위치한 섬들이라는 데 관심이 집중된다.

북극은 러시아 해양 진출의 새로운 교두보이면서 세계 해양안보의 중심지역으로 부상하고 있다. 미중 패권경쟁 시대 새롭게 부상하는 북극해를 중심으로 펼쳐지는 러시아 해양전략 변화에 세계의 이목이 집중되는 것은 당연하다. 러시아의 북극전략은 해양전략의 차원을 넘어 세계 해양안보 정세 흐름에 편승하여 러시아가 의도하지 않고 만들어지는 필수적인 해양전략으로 재탄생하고 있다.

러시아 해군은 푸틴 대통령의 제4기 정부 출범 이후 국제유가의 상승과 에너지 자원에 힘입은 경제력의 급상승을 기반으로 북극을 중심으로 한 '강한 러시아'를 목표로 다시 해군력 강화를 추진하고 있다. 이 글에서는 21세기 미중 패권경쟁 시대에 즈음하여 변화되는 러시아의 해양전략을 평가 · 전망하고자 한다.

글의 구성은 크게 네 가지로 구분된다.[1] 2장에서는 러시아의 해양력과 해양전략의 변천 과정을 설명할 것이다. 여기에서는 주로 러시아 해군의 역사와 함께 국가 지도자가 해양에 대한 관심과 의지에 따라 러시아의 위상을 지원하는 주요 수단으로서 해군력의 발전상을 다루게 된다. 300년이 넘는 역사를 가진 러시아 해군의 탄생부터 냉전 시대 미국의 해군력과 대등한 수준의 해군력 성장과 대양해군을 목표로 진행되었던 러시아 해군력의 역사를 알아보고, 소련의 붕괴로 이어진 러시아 해군 몰락의 역사, 그리고 오늘날 다시 북극해를 중심으로 강화해가는 러시아 해군에 이르기까지 연대별로 굵직한 성장 과정을 조명하고, 러시아 해군이 북극의 특정 해역에 집중하게 된 배경을 설명할 것이다. 또한 러시아 해군의 발전 과정에 맞춰 러시아 해군을 중심으로 한 러시아의 해양전략을 집중적으로 설명할 것이다. 여기에서는 러시아의 해양전략 변천 과정을 시기적으로 구분하여 세부적으로 다루고자 한다.

3장에서는 미중 패권경쟁 시기 러시아의 해양전략을 살펴본다. 이 장은 이 글의 핵심 내용으로 탈냉전 이후 북극의 에너지 자원과 영유권 분쟁으로 이슈화되는 러시아의 해양전략 변화와 러시아 해군의 역할을 살펴볼 것이다. 특히 미중 패권경쟁의 중심축이 인도 · 태평양

1) 이 글에서 정리한 내용은 저자가 지금까지 연구한 논문 및 기고문, 번역서, 책자에서 일부 발췌하거나 수정 및 보완한 내용들이 다수 있다. "After the US-Russian New START:What's Next?," 「KJSA KNDU」, vol. 16, no. 2, 2011; 『러시아 해양전략』, 『21세기 동북아 해양전략』, 북코리아, 2015, pp. 317-403; 안드레이 파노프, 정재호 · 유영철 역, 『러시아 해양력과 해양전략(Морская Сила и Стратегия России)』, KIDA Press, 2016; 「북극해를 둘러싼 안보협력과 군비경쟁」, 「쿠릴열도의 전략적 가치와 군사력 강화」, 『21세기 해양안보와 국제관계』, 북코리아, 2017, pp. 183-199, 200-211; 「역동하는 국제정세 변화와 러시아의 향방」, 『KIMS periscope』 203, 2020; 「러시아의 해양전략과 해군력 증강 동향」, 『2020-2021 동아시아 해양안보 정세와 전망』, 박영사, 2021, pp. 164-211 등의 내용을 발췌 및 수정 · 보완했음을 밝혀둔다.

으로 옮겨지고 있지만, 중국의 일대일로(一帶一路)에 이어 일대이로(一帶二路)의 새로운 항로가 북극으로 이어지면서 중국의 북극 진출은 미중 패권경쟁의 새로운 지역으로 부상할 수 있는 여지를 남기고 있고, 러시아와 미국을 중심으로 북극 주변국은 북극전략을 새롭게 발표하고 있어 러시아의 북극에 관한 군사력 증가 추이를 더욱 세부적으로 분석할 명분을 제공하고 있다.

마지막 4장에서는 장차 전개될 안보환경 변화의 방향성을 전망하고, 북극을 중심으로 펼쳐지게 될 러시아의 해양전략을 평가하고 전망하고자 한다. 특히 미중 패권경쟁 시기를 맞아 러시아가 당면한 과제는 무엇이며, 앞으로 러시아가 추진하려는 해양전략과 해양력 강화의 방향성에 대해 고찰한다.

2장
21세기 러시아의 해양력 변천사

러시아는 지정학적으로 유라시아 대륙에 걸쳐 육지의 약 1/6을 차지하고, 14개국과 국경선을 마주하고 있는 '대륙국가'이면서, 또한 북극해에 가장 넓게 접해 있는 세계에서 가장 긴 해안선을 가진 거대한 '해양국가'다. 오랜 역사를 거치면서 러시아 해군은 서구 열강의 해상무역로 확보를 위한 해양 개척과 신대륙 발견으로 야기된 식민지 쟁탈전이 한창인 17세기 말에야 해양을 향한 표트르(Pyotr) 1세의 의지로 발트해에 강력한 해군이 건설될 수 있었고, 러일전쟁, 러시아혁명, 세계대전 등 수많은 수난 때마다 러시아 해군은 역사의 현장에 있었다. 제2차 세계대전 이후부터 쿠즈네초프, 고르시코프 등 러시아 해군 제독을 중심으로 대양해군 건설에 노력하여 미 해군과 동등한 전력을 구축함으로써 구소련이 냉전 시대에 초강대국 지위를 유지하는 데 큰 버팀목이 되었다.

그러나 이러한 강대국의 위상과 해군력도 1991년 구소련의 붕괴와 해체에 이은 심각한 경제난으로 불과 10년 만에 옐친 집권 시기가 끝나갈 때 러시아 해군력은 약 80% 감축되고, 해군함정의 작전운영능력은 거의 정지상태에 이르게 된다. 2000년 푸틴 대통령이 집권하면서 '강한 러시아'의 기치 아래 러시아 해군은 시련을 극복하고 강대국의 지위를 유지하고자 전략핵잠수함을 포함한 핵전력을 지속적으로 유지하고 있다. 2012년 푸틴 대통령은 러시아 국방정책회의에서 2020년까지 러시아 해군전력 증강을 위해 약 4조 루블을 투입하고, 최신예 보레이급 전략핵잠수함 전력화를 완료하는 원대한 계획을 발표하는 등 해군력 강화를 추진했다.[2] 2020년이 도래한 지금, 당시 러시아 해군전력증강계획에 대한 결과를 러시아 내에서뿐만 아니라 서방에서도 평가하고 있다. 국가의 숙명과 함께했던 러시아 해군이 변화무쌍한 국가의 운명에도 불구하고 해양을 수호하기 위해 분명한 해양전략에 기초하여 전력증강을 추진해나가고 있음은 1990년대 말 모습과 비교하면 명약관화(明若觀火)하게 설명된다.

1696년 러시아 해군이 창설된 이후 326년이 넘는 기간 동안 역사의 굴곡을 거치며 러시아 해군이 발전해온 과정을 통해 해군사를 자세히 연구할 예정이다. 과거를 연구한다는 것은 현재를 아는 것이고, 현재를 분석하면 미래를 예측할 수 있다. 따라서 이 장에서는 러시아 해군 창설 이후 326년간 러시아 해군의 발전을 시기적으로 나누어 개략적으로 살펴본다. 다만 해양전략이 먼저냐 또는 해양력(전력)이 먼저냐 하는 문제에서는 그 순서를 구분하지 않기로 한다. 이는 또 다른 차원에서 논쟁의 대상이 되는 문제이기 때문이다. 이 장은 러시아가 해양력과 해양전략을 바탕으로 강성했던 18세기 초, 그리고 소련 시대로 대변되는 20세기 중반, 그리고 다시 에너지 자원을 중심으로 경제적 성장 동력과 더불어 북극의 중요성으로 해양력을 더욱 강성하게 만들어가고 있는 21세기의 러시아 해양전략과 해양력을 마치 대양에

---

2) 안드레이 파노프, 정재호 · 유영철 역, 『러시아 해양력과 해양전략(Морская Сила и Стратегия России)』, KIDA Press, 2016, p. 7.

서 파도가 출렁이듯이 변화와 변혁의 물결을 국제정세와 함께 설명하고 그러한 배경지식을 제공한다고 볼 수 있다.

1. 17~18세기 러시아의 해양전략과 해양력

러시아는 표트르 대제(1세) 때인 1693년 아르한겔스크에 첫 조선소를 건설하고, 1696년 해군을 창설[3]했다. 해군의 명칭에서도 알 수 있듯이 '러시아 해군함대(Военно-морской флот)'라는 표현보다 러시아 정교의 성인 '안드렙스키의 깃발(Андреевский флаг)'이라는 이름으로 불렸으며, 러시아 정교회에서 성인으로 추앙된 안드렙스키(영어식 Andrea)가 러시아 해군을 수호해줄 것을 믿었다. 제정러시아[4] 시기 실질적인 러시아 해군이 창설되어 해군의 임무를 수호하게 된다. 러시아가 하나의 제국을 형성하고 서유럽으로 진출하여 강대국의 지위를 굳히기 시작한 것은 표트르 1세 시대부터다.

표트르가 1696년 섭정으로 궁내의 실권을 장악하고 있던 누이 소피아를 수도원에 유폐시키고 독재군주로서 실권을 장악한 후부터 1725년 사망하기까지 그의 치세는 한마디로 해군력 증강과 해양으로의 진출 그 자체였다. 제정러시아 시대에 이르러 러시아의 영토는 넓

---

3) 러시아는 표트르 대제(1세) 때인 1693년 아르한겔스크에 첫 조선소를 건설했고, 1696년 해군을 창설했다. Военно-морской(Андреевский) флаг. https://flot.com/symbols/flag.htm

4) 제정러시아 시대는 1613년부터 1917년까지 러시아가 하나의 제국을 형성하고, 강대국의 지위를 굳힌 로마노프 왕조 시대를 말한다. 약 300년 동안 이어졌으며, 이 시대에 영토는 넓어지고 차리즘으로 집약되는 전제정치체제가 완성되었으며, 1917년 2월 제1차 세계대전의 영향을 받은 국내 혁명으로 제정러시아는 무너지고 소비에트의 역사가 시작되었다.

어지고 '차리즘'[5]으로 집약되는 전제정치체제가 완성되었는데, 이렇게 되기까지 표트르 대제와 그에 의해 창설된 해군이 지대한 역할을 했다.

전통적으로 대륙우위사상을 가지고 있던 러시아는 서방 해양강국들의 함대가 경쟁적으로 전 세계의 바다를 누비고 다니면서 식민지 개척에 열중하던 17세기 말에야 비로소 바다에 관심을 가지고 해군을 창설하게 되었다. 따라서 영국을 중심으로 한 해양강국들이 신대륙을 개척하기 위해 활발히 움직이던 당시에 강력한 함대가 없었던 러시아는 결코 그들과 어깨를 나란히 할 수 없었다. 이를 인식한 표트르 대제는 해양의 중요성을 절감하고 해군을 양성하기 시작하여 1700년 20척의 전함을 보유하게 되었으며, 이러한 해군력을 바탕으로 숙원을 하나씩 해결하기 시작했다.

표트르 대제는 1700~1721년에 걸친 북방정책을 통해 스웨덴을 물리치고 처음으로 발트해로 진출했으며, 1791년에는 예카테리나 여제가 터키를 굴복시킨 후 크림반도와 흑해를 장악하고 지중해로 진출함으로써 해양으로 진출하고자 했던 제정러시아의 오랜 숙원을 100년 만에 해결했다. 이로써 러시아는 명실공히 유럽 해양강국의 일원으로 부상하게 되었고, 해군은 제정러시아의 국가발전에 크게 기여하게 되었다.

1703년 표트르 1세[6]는 상트페테르부르크에 러시아 최대의 조선

---

5) '차르'는 러시아어로 '최고 통치자'라는 뜻으로, 1480년 타타르의 지배를 종식시킨 이반 3세가 스스로 '차르'라고 칭하면서 널리 유포되기 시작했다. 이후 차르는 제정러시아의 전제주의 군주를 가리키는 말로 통용되었으며, 이러한 전제주의를 '차리즘'이라고 부른다.

6) 표트르 1세는 해군력 증대를 위해 상트페테르부르크에서 군함을 직접 건조했고, 영국이나 네덜란드로부터 함정을 구입했으며, 해사 전반을 총괄하는 관청으로 1703년 해군성을 창설했다. 발트해와 아조프해에 함대를, 백해와 카스피해에 소규모 전대를 배치했다. 조선공

소를 건설하고, 이를 기반으로 1705년 전함 9척과 소형 함정 36척으로 편성된 발트함대를 창설했다. 북방전쟁[7]이 시작되고 러시아 해군이 처음으로 스웨덴 해군과 교전한 것은 1705년 7월로, 크론슈타트에 침공한 스웨덴 함대를 육상포를 이용하여 격퇴했다. 그러나 러시아 함대는 1705년과 1706년 비보르크전투에서 스웨덴 함대에 연패하여 마침내 핀란드만 깊숙이 쫓겨 갇혀버리고 말았다.

스웨덴 국왕 카를 12세는 1708년 러시아와의 전쟁을 끝내기 위해 모스크바를 향하여 러시아 내륙 깊숙이 침공해 들어갔다. 스웨덴군은 각지에서 러시아군을 격파했으나 이듬해에 혹한과 식량 및 탄약 부족 등으로 몰도바전투에서 대패하고 겨우 목숨을 건져 터키령으로 대피했다. 이 전투를 계기로 스웨덴과 화친했던 국가들도 다시 선전포고를 하고 전쟁에 참여함으로써 전쟁은 끊임없는 진흙탕 속으로 빠져들었다. 러시아 함대도 다시 핀란드만에서 나와 공세를 취하여 비보르크, 레비알, 헬싱키, 아보 등을 공략하고 뒤이어 리가까지 점령했다. 이 당시 러시아의 발트함대를 지휘한 사람은 아프라크신(Fedor Matveevich Apraksin, 1671~1728) 백작으로, 표트르의 의도를 받들어 육군에서 전군하여 러시아 해군의 창설과 발전에 크게 공헌했다. 그는 1714년 갤리함대를 이끌고 강구트해전에서 스웨덴의 갤리함대와 싸워 승리를 거

업 발전에도 큰 관심을 가졌으며, 1705년 상트페테르부르크에 대규모 해군공장을 건설했고, 영토가 확장됨에 따라 백해에 있는 아르한겔스크, 발트해에 있는 비보르크와 아보, 볼가강 연안의 카잔 등에도 조선소를 건설했다.

7) 러시아의 영토전략은 네바강 하구와 크론슈타트에 그친 것이 아니라 발트해 연안으로 멀리 진출하는 것이었다. 이에 따라 러시아는 먼저 리투아니아, 에스토니아, 라트비아 등 발트해 동해안에 위치한 스웨덴 영토 공략을 최우선 과제로 설정하고, 스웨덴 영토 공략을 위한 사전조치로 1699년 덴마크 및 폴란드와 동맹을 결성한 다음 1700년 스웨덴 카를 12세가 미성년인 것을 기회로 3국이 공동으로 스웨덴령을 침공하여 전쟁을 일으켰는데, 이것이 바로 북방전쟁이다.

둔 것을 시작으로 차츰 발트해를 스웨덴의 바다에서 러시아의 바다로 만들어갔다.[8)]

표트르 1세 사후, 그 후계자들이 해군에 큰 관심을 갖지 않음에 따라 함정이나 병력 등 해군 세력은 해를 거듭할수록 크게 줄어들었다. 그러나 예카테리나 2세(재위: 1762~1796) 시대에 돌입하면서 해군은 재차 중요한 역할을 담당할 수 있게 되었다. 그녀는 표트르 시대에 이루지 못한 흑해 방면에 대한 영토 확장에 온 힘을 기울여 상당한 성공을 거두었는데, 1768년 터키와의 전쟁이 발발하자 발트함대를 지중해에 파견했고, 새로이 흑해함대를 창설하여 남북 양방향에서 터키를 공격했다.

발트함대의 지중해 이동은 러시아 함대가 수행한 최초의 원정항해였다. 1771년 알렉세이 세니아빈(Aleksei Seniavin) 제독은 소형함 7척을 이끌고 아조프해를 벗어나 처음으로 흑해에 진출했다. 그리고 1772년에는 32문 프리깃함 2척, 다음 해에는 58문 전열함(戰列艦, ship of the line) 2척을 건조하여 흑해함대에 배속시켜 전력을 강화한 후 크림반도에서 터키 함대와 접전을 벌였다. 1774년 터키와의 전쟁이 끝나자 러시아 정부는 세바스토폴에 흑해 최대의 해군기지를 건설하는 등 흑해함대를 증강시켰으며, 1787년 발발하여 1792년 끝난 제2차 터키와의 전쟁에서 러시아 함대는 터키 함대를 완전히 제압하고 흑해의 제해권을 확보했다.

---

8) 1714년 봄, 핀란드 중부와 거의 모든 발트해 인접 국가들은 러시아군에 의해 점령되었다. 마침내 스웨덴이 지배했던 발트해에 대한 러시아의 접근 문제를 해결하기 위해 스웨덴 함대와 결전이 필요했다. 1714년 6월 말, 아프라크신 백작의 지휘하에 러시아의 갤리함대(99척)가 연합군을 강화하기 위해 강구트 동쪽 해안에 집중, 상륙을 성공시키면서 러시아 역사상 최초의 해군 승리를 이끈 계기가 된다. https://ru.wikipedia.org/wiki/Гангутское_сражение.

2. 19세기 러시아의 해양전략과 해양력

나폴레옹 전쟁 시 러시아 함대는 대프랑스 동맹군의 일원으로 영국 함대와 협력하여 발트해, 지중해 그리고 흑해에서 터키, 스웨덴 함대와 교전했다. 특히, 나폴레옹의 러시아 원정 시 발트함대는 영국 함대와 협력하여 발트 해안을 따라 진격해오는 프랑스군의 해상교통로를 차단하여 프랑스군의 해상보급을 저지시켰다. 발트함대의 활약에 힘입은 러시아 수비대도 라트비아의 최대 해안도시인 리가에서 벌어진 전투에서 프랑스군에 밀리지 않고 끝까지 대항함으로써 1812년 프랑스군으로 하여금 리가 점령을 포기하도록 했다.

유럽을 휩쓴 나폴레옹 전쟁이 끝났을 때 러시아 해군은 수적인 면에서 영국 해군에 이어 세계 2위의 전력을 보유하게 되었다. 이후 알렉산드르 1세에 이어 황제에 오른 니콜라이 1세(재위: 1825~1855)는 1830년대까지 신형 군함을 건조하기 위해 노력했는데, 이 시기에 러시아 해군은 연평균 7~10척의 전열함을 건조했다. 증강된 러시아 해군은 흑해함대와 지중해함대를 이용하여 지속적으로 터키를 압박하게 되었고, 이후 유럽의 질서를 자기 손으로 지키려던 니콜라이 1세의 과도한 욕심이 유럽 열강들과 맞부딪힌 사건, 즉 크림 전쟁이 발발하게 된다. 이 전쟁은 러시아 해군의 발전을 좌절시키는 계기가 되었다.

러시아는 흑해의 제해권을 확보하기 위해 터키가 예루살렘의 그리스 정교도를 탄압한다는 구실로 1853년 터키를 침공했다. 러시아의 침공이 시작되자 강력한 육군을 보유한 터키가 오히려 1853년 10월 4일 러시아에 대한 선전포고와 함께 다뉴브강을 건너와 공격함으로써 러시아의 육군은 잇따라 패배했다. 그러나 나히모프(Paul S. Nakhimov) 제독이 지휘하는 강력한 러시아 함대가 시노프항에 정박 중인 터키

함대를 전멸시켜 전쟁 상황을 역전시켰다. 그러나 러시아 함대가 흑해 및 동지중해의 제해권을 장악하는 것을 우려한 영국과 프랑스는 즉시 흑해의 기존 세력에 추가하여 증원세력을 파견하고 유럽의 여러 국가에 국제적으로 동조할 것을 호소했으며, 러시아에는 몰다비아와 왈라키아에서 철수할 것을 요구했다. 영국과 프랑스 함대는 마침내 1854년 3월 28일 러시아에 선전포고를 하고 9월부터 흑해함대 최대기지인 세바스토폴에 대해 본격적인 공격을 개시했다.

1년여에 걸친 세바스토폴 공방전으로 러시아 측은 사령관 코르닐로프 제독과 그 뒤를 이은 나히모프 제독을 잃었으며, 함대 대부분이 아조프해에서 침몰하거나 세바스토폴 항구 내에서 자침하여 사실상 전멸상태에 이르게 되었다. 이 전쟁으로 러시아는 군사적으로 큰 타격을 입었을 뿐만 아니라 정치적으로도 "니콜라이 1세가 국제사회에서 러시아를 지킬 수 없을 것"이라는 국민적 불신이 증대됨으로써 국민에게 무조건 복종할 것을 요구하지 못할 상황이 되었다.

그 후 1856년 3월 체결된 파리조약으로 흑해에서의 평화는 회복되었으나 패전국이 된 러시아는 흑해함대의 세력 증강에 제약을 받았고, 터키는 잃었던 영토를 되찾게 되었다. 러시아는 크림 전쟁을 통해 유럽 열강에 비해 함정체계 및 해군 운용술에서 얼마나 뒤떨어져 있었는지를 실감하게 되었으며, 이를 극복하기 위한 노력의 일환으로 해군의 근대화를 급속도로 추진하기 시작했다.

1855년 자유주의적인 군주 알렉산드르 2세(재위: 1855~1881)는 동생 콘스탄틴(Konstantin) 대공을 해군총감에 임명하고 함선의 증기선화를 위한 해군 근대화를 강력하게 추진했다. 콘스탄틴 대공을 중심으로 추진된 해군의 근대화는 서유럽이나 미국의 해군제도를 도입하는 조직개혁[9]과 스크루 추진 증기군함을 증강시키는 것이었다.

알렉산드르 2세 시대에 러시아 해군의 목표는 연안방어였다. 러시아 함대는 이 목표를 달성하기 위해 소형 전함인 초계정을 주력으로 연안을 방어하고, 대양항해가 가능한 순양함은 외해에서의 통상파괴전에 이용한다는 구상을 갖고 있었다. 이 구상은 미국 해군을 모델로 하고 있었으며, 특히 1860년대 후반에 있었던 남북전쟁의 교훈과 기뢰의 개발이 러시아 해군의 큰 관심을 이끌었다.

1881년 제정러시아의 콘스탄틴 대공은 해군 건설 21개년 계획을 수립하여 1급전함 19척, 2급전함 4척, 각종 순양함 25척을 주력으로 하는 함정 건조계획을 황제로부터 승인받았으며, 이 계획은 이제까지 해군의 주요 목표였던 연안방어 및 통상파괴전으로부터 점차 탈피하여 대양의 제해권을 겨냥한 대양해군 건설을 의도했다고 볼 수 있다. 이 계획에 따라 흑해함대의 재건도 실행에 옮겨져 발트함대와 같이 강력한 함대로 성장했다.

이에 따라 러시아 해군의 함정 보유량은 급격히 증가하여 1880년대에는 세계 3위를 차지하게 되었으며, 우수한 성능을 가진 전함을 주력으로 하는 함대결전을 통해 대양의 제해권을 장악하려는 전략을 추진해나갔다. 이러한 전략의 일환으로 19세기 말에는 함대 배치의 중심을 흑해나 발트해가 아닌 태평양으로 정했다.[10]

---

9) 알렉산드르 2세 재위 시 해군의 조직개혁은 서유럽식 해군사관학교에 의한 사관양성제도의 도입, 조함, 양병, 수로측량, 군법회의에서 검찰관과 재판관의 분리, 장병 근무환경 개선, 수병교육 강화를 통한 문맹퇴치, 급여 개선, 자녀들의 교육비 지원이나 미망인과 고아들에 대한 수용시설 설치 등 다방면에 걸쳐 진행되었다.

10) 러시아는 콘스탄틴 대공이 주도하여 뤼순항을 군항으로, 다롄항을 상선항으로 개발한 다음 1898년 3월 태평양함대를 뤼순항에 입항시켰고, 그 이후부터 극동에 위치한 태평양함대 주력부대를 5월부터 9월까지는 수리조선시설이 뛰어난 블라디보스토크에 머물게 하고 동계에는 뤼순항을 기지로 하는 것을 관례화했다. 또한 러시아는 대부분의 신조함을 태평

3. 20세기 초 러시아의 해양전략과 해양력

러일전쟁 개전을 맞아 태평양함대 사령관에게 주어진 명령은 일본 함대와 해상결전을 벌이지 말고 요새의 보호하에 전력을 보전하여 대륙과 일본 간의 해상교통로를 차단시켜 중국에 진주한 일본 야전군을 고립시키라는 것이었다.

러일전쟁에 임한 러시아 참모부의 이러한 소극적인 작전명령과 일본 함대와 대등한 함대 세력을 보유하고 있으면서도 적극적인 함대 결전은 회피한 채 처음부터 오직 함대 보존의 목표에만 두어 부대를 운용한 스타르크 태평양함대사령관의 잘못된 운용술이 결국은 전쟁을 난국으로 이끌게 된다.

러일전쟁의 시작을 알렸던 제물포해전에 대비하여 일본은 충분한 해군력을 확보하여 해상에서 결전한다는 아키야마 사네유키의 해상결전 전략을 연구한 다음 1904년 2월 4일 어전회의에서 이와 같은 적극적인 대러시아 작전을 실시하는 것을 확정하고, 다음날인 2월 5일 연합함대에 출동을 명령했으며, 연합함대는 불과 하루 만에 사세보를 출항했다.

일본의 연합함대가 명령을 받고 곧바로 출항할 수 있었던 것은 이미 한 달 전인 1월 6일 "러시아와의 국교단절과 함께 사세보를 출항하여 인천과 뤼순 방면의 적 함대를 급습하고 이를 격파한다"라는 명령을 접한 후 제반 전비태세를 완비하고 사세보에 집결하고 있었기 때문이다.

이런 가운데 출동명령을 받은 연합함대 사령관 도고 헤이하치로

양에 배치함으로써 태평양함대를 최강의 함대로 성장시켰다.

는 우리우 제독에게 제4전대와 제9/14전대를 이끌고 제물포로 항진하여 육군의 상륙 지원을 위해 인천항에 정박해 있던 러시아 함정을 격파하도록 지시한 다음 나머지 전력을 지휘하여 뤼순항 방면으로 향했다.

우리우 제독의 지휘하에 연합함대에서 분리된 제4전대를 주력으로 한 일본 함대는 마침내 2월 8일 아침 인천 앞바다에 은밀하게 도착했다. 이 상황을 모르고 뤼순항으로 이동하기 위해 인천항을 출항한 러시아 포함(砲艦) 카레예츠는 항해 중 진형을 형성하고 제물포항으로 접근하는 일본 함대를 발견하게 된다. 이때 당황한 카레예츠함은 일본 함대에 먼저 함포를 발사하고 황급히 제물포항으로 회항했다.

2월 9일 12시 10분, 러시아의 순양함 바략함과 포함 카레예츠는 굳은 전투 의지를 품고 제물포항을 출항했다. 12시 20분, 결전태세로 외항에서 대기하고 있던 일본 함대는 러시아 군함이 7천 m까지 접근하자 공격을 개시했다. 교전을 시작한 지 얼마 지나지 않아 일본 함대의 집중적인 포격을 받은 바략함이 포탄에 명중되어 화재가 발생하자 바략함과 포함 카레예츠는 다시 침로를 돌려 제물포항 투묘지로 후퇴했다.

대세가 불리하다고 판단한 러시아 함대는 함정들이 일본 함대에 넘어가는 것을 막기 위해 순양함 바략함, 포함 카레예츠 그리고 상선 1척을 차례로 자침시켜버렸다. 제물포해전은 전력비로 보아 일본 함대의 승리가 당연하다고 할 수 있다. 그러나 2월 5일 러일 간 국교가 단절되었는데도 아무런 대비 없이 함정들을 제물포항에 머물게 했던 러시아 함대사령부의 상황 판단 착오가 더 큰 원인이라고 할 수 있다.

1904년 4월 마카로프 제독의 전사와 8월 뤼순 전쟁의 패배에 격노한 러시아 황제 니콜라이 2세는 유럽에 있는 전 함대를 일본 근해로 출동시켜 일본 함대를 격침시키라는 명령을 군사령부에 시달했다. 이에 따라 발트함대가 정비를 마치고 블라디보스토크를 향하여 출항한 것은 1904년 10월 15일이었다.

로제스트벤스키 제독을 사령관으로 한 원정함대는 다음 해인 1905년 5월 동지나해로 진입했다. 그러나 기항지 없이 1만 8천 마일이나 되는 먼 거리를 반년 이상에 걸쳐 원정한다는 것은 결코 쉬운 일이 아니었다. 장기 항해로 식량과 연료 공급량의 감소 등으로 원정함대는 많은 제약을 받았다. 그리고 항해의 어려움으로 승조원들의 불만이 고조되고 사기가 저하되었다. 그러나 로제스트벤스키 제독은 이러한 어려움을 극복하고 대함대를 멀리 극동까지 이끌고 항해했다.

1905년 5월 9일, 베트남 캄란만에서 네브가토프 사령관이 지휘하는 제3태평양함대와 조우한 로제스트벤스키 사령관은 대함대를 이끌고 쓰시마해협을 통과하여 블라디보스토크로 향할 것을 결정한 다음 5월 14일 정오에 출항했다. 5월 26일 새벽 일본 측이 발신한 것으로 예상되는 무선을 수신한 러시아 함대는 어뢰정의 야습이 있을 것을 우려하여 다음날인 27일 정오에 쓰시마해협 중앙을 돌파하기로 결정했다.

그러나 이와 같은 로제스트벤스키 사령관의 판단과 조치들은 작전 측면에서 볼 때 다음과 같은 과실을 범했다. 첫째, 일본 어뢰정부대의 야습을 두려워하여 쓰시마해협을 주간에 통과하기로 함으로써 일본의 강력한 연합함대의 위협을 등한시한 점이다. 둘째, 로제스트벤스키 사령관이 일본 함대에 대해 적극적인 정보활동을 실시하지 않았다는 점이다. 일본 함대가 전투 개시 약 10시간 전에 이미 러시아 함대의 진형 및 침로에 대한 동정을 파악하고 있다는 사실을 전혀 인식하지 못했다. 셋째, 5월 23일 석탄 적재 시 과적시킨 점이다. 이러한 과적이

함의 속력을 감소시켰으며, 화재 위험을 증가시켰다.

5월 27일 정오가 지나서 시작된 쓰시마해전은 28일 저녁을 끝으로 해전사상 전례 없는 러시아군의 일방적인 대패배로 끝났다. 쓰시마해전에 참가한 러시아 함정 총 39척 가운데 목적지인 블라디보스토크에 입항한 것은 순양함 1척과 구축함 2척 그리고 특무함 1척으로 불과 4척에 지나지 않았다.

러일전쟁에 패배한 러시아는 최종적으로 극동에서의 제해권 확보를 단념하지 않을 수 없었다. 일본을 작은 섬나라라고 얕본 제정러시아는 스스로 위신을 실추시키는 결과를 낳았고, 이로써 황실에 대한 국민의 실망은 반체제 혁명운동으로 이어졌다. 결국 이 같은 혁명 위협이 커지자 제정러시아 정부는 더 이상 전쟁을 진행시키기 어렵다고 판단하여 서둘러 일본과 포츠머스조약[11]을 체결하고 전쟁을 종결지었다.

러일전쟁의 결과 러시아는 해군 역사상 가장 심각한 타격을 받았다. 태평양함대와 발트함대는 거의 전멸했고, 내해에 갇혀 전쟁에 아무런 기여도 하지 못하는 흑해함대만 남게 되었다.

쓰시마해전에서의 참패는 러시아 해군 전체의 사기를 저하시켰으며, 이로 인해 승조원들의 불만이 점점 고조되어 1905년 6월 마침내 흑해함대의 전함 포템킨에서 함상 반란이 발생했다. 불만에 찬 포템킨함 승조원들은 해군 내부에 혼란과 마찰을 야기했으며, 민간조선소에서도 잦은 태업을 발생시켜 함정 건조공정에 지장을 초래하는 등 적색혁명의 도화선이 되었다. 이런 가운데서도 니콜라이 2세와 정부

11) 1905년 미국 포츠머스에서 개최되었으며, 러시아는 일정 기간 내 만주로부터의 철병과 랴오둥 조차지의 일본 양도, 장춘 및 뤼순 구간 철도부설권의 일본 이양, 사할린 남부 일본 이양 등에 합의했다.

는 대건함계획을 발표[12]하여 해군의 재건을 추진한다는 정책을 실행했다.

제1차 세계대전 개전 시 러시아 해군은 드레드노트급 전함 4척, 준드레드노트급 전함 2척을 주력으로 하는 소규모 함대만 보유하고 있었다. 이에 따라 제1차 세계대전을 일으킨 강력한 독일 함대는 그 주력을 대영국전에 배치하고 발트해에는 구식 장갑순양함을 주력으로 하는 비교적 약소한 세력을 배치했다.

따라서 소규모 함대라고 할지라도 러시아 주력함대인 발트함대는 비교적 자유롭게 행동할 수 있는 상황이었다. 그러나 해군의 적극적인 행동을 위험시한 황제가 육군의 견제를 받아들여 발트함대의 함정 운용을 제한함으로써 출동 횟수가 매우 적었다. 또한 세계대전에 임해서도 러시아 함대는 육군을 지원하는 부대로 간주되어 활동의 폭이 제한되었다. 이처럼 어려운 조건에서 러시아 발트함대는 순양함, 구축함, 잠수함에 의한 기뢰부설과 통상파괴에 주력했다.

제1차 세계대전 시 발트해에서 러시아 잠수함은 주로 기뢰전을 실시했지만, 1915년 영국의 E급 잠수함 수척이 발트해에서 작전을 펼치게 되자 러시아 잠수함도 이들과 함께 연합작전을 실시하여 몇 척의 독일 수송선과 구축함, 어뢰정 및 상선 등을 격침시켰다. 하지만 1916년 이후에는 러시아혁명의 영향으로 러시아 잠수함은 작전을 전개할 수 없게 되었다.

12) 니콜라이 2세의 대건함계획 발표에 따라 1909년 건함 10개년 계획이 결정되었고, 1912년에는 1913년부터 시작하여 1927년에 완료한다는 건함 15년 계획으로 확대 수정되었다. 이 계획은 2년 단위로 각각 전함 4척 또는 순양전함 4척을 건조하여 완료 시점인 1927년에는 전함 27척, 순양전함 12척, 경순양함 24척, 구축함 108척, 잠수함 36척을 확보한다는 거대한 계획이었다. 그러나 이러한 거대한 건함계획은 제1차 세계대전의 발발로 제1차 연도에 4척의 순양전함을 기공하는 것으로 끝났고, 1917년 발생한 러시아혁명으로 완전히 물거품이 되고 말았다.

전쟁이 중반에 접어들자 기뢰 전문가였던 흑해함대 사령관 콜착 중장은 몇 척의 구축함과 잠수함을 동원하여 기뢰를 부설하는 협동작전을 실시하여 상당한 전과를 올렸는데, 그중 기뢰부설 잠수함 Krab의 활약이 특히 눈부셨다. Krab은 1회 출항으로 60기의 기뢰를 부설했으며, 독일의 U-45를 격침시키는 등 터키 연안의 해상교통로를 마비시키는 데 혁혁한 공을 세웠다. 그러나 흑해에서의 이러한 잠수함의 활약도 1917년 러시아를 휩쓴 강력한 러시아혁명 소요의 영향으로 사라지고 말았다.

4. 20세기 러시아의 해양전략과 해양력

1) 러시아혁명과 스탈린의 소련 해군 재건[13)]

제1차 세계대전에서 러시아 해군이 발트해와 흑해에서 용감하게 싸우는 와중에도 혁명사상은 각 함의 승조원들 사이에 확산되어갔다. 전선에 출동하여 전투 중인 함정에서는 함정 지휘계통이 어느 정도 유지되고 있었으나, 장기 정박 중인 함정에서는 혁명파의 교란으로 지휘계통이 무력화되었다.

1917년 2월 크론슈타트와 헬싱키에 정박 중이던 함정에서 일어난 반란이 바로 혁명의 도화선이 되어 사관을 살해하거나 추방하는 일이 여러 곳에서 발생했으며, 급기야는 최전선에서조차 상급자에게

---

13) 러시아혁명부터 스탈린 시대 해군의 역사를 네 시기로 구분. 러시아혁명과 해군의 몰락(1917~1920), 소련 함대의 복원(1920~1928), 해군력 증강(1929~1942), 해군력 강화와 발전(1945~1951).

불복하는 사태가 연이어 발생했다. 이러한 사태로 결국 1917년 3월 니콜라이 2세가 퇴위하고 케렌스키가 정권을 잡아 9월에 공화국을 선포했다. 그러나 두 달 만인 11월에 레닌이 지휘하는 볼셰비키에 의해 케렌스키 정부는 무너지고 말았다. 볼셰비키는 정권 장악 후 약 1년이 경과된 1918년 11월에 황폐화된 흑해함대의 일부 함정들을 정비했는데, 이것이 최초의 소련 해군이다.

제1차 세계대전과 전 러시아로 확대된 혁명의 영향으로 강대했던 러시아 해군은 조직, 인원, 함정 등이 대부분 황폐화되어 유명무실한 존재로 전락하고 말았다. 볼셰비키혁명 후 러시아는 나라 이름을 소련(소비에트사회주의공화국)으로 변경했다. 제1차 세계대전과 내전은 발트함대와 흑해함대의 활동 영역을 축소시켰고, 남아있는 전력은 몇 척의 수상함과 5척의 잠수함이 전부였다. 그리고 소련의 해안선은 핀란드와 발트해 연안 국가들이 독립을 쟁취함에 따라 핀란드만의 깊숙한 곳까지 줄어들었다. 또한 1921년 크론슈타트에서 발생한 수병들의 반란은 소련 정치지도자들에게 해군에 대한 불신을 증대시켜 소련 해군의 발전에 큰 장애가 되었다.

스탈린 시대 초기 소련 해군은 해양에서의 지상군 작전 지원, 해군기지와 연안지역의 정치 · 경제적 중심지, 해안 등에 대한 지상군과의 합동방위 그리고 적의 해상교통로에 대한 공격 등이 주요 임무였다. 이러한 임무에 부합되게 경수상함정과 수중세력 건조, 연안경비의 강화와 기뢰방어, 그리고 연안에 기지를 둔 해군 항공력의 창설 등에 역점을 두고 건설되었다.

스탈린 집권 기간 중 제3차에 걸쳐 5개년 계획을 수립하고 해군력 증강을 시도했는데, 제1차 5개년 계획(1928~1932) 기간에는 조선소 개량 및 중공업의 기반을 조성하고, 제2차 5개년 계획(1933~1937) 기간에는 전함 및 항공모함을 건조할 조선시설 확충과 대구경포, 포탑, 장갑철판, 사격통제장치 등의 제작 능력을 갖추는 것이었으며, 마지막 제3차 5개년 계획(1938~1942) 기간에는 대형함을 건조하는 것으로 설정했다.[14)]

스탈린은 소련이 세계 강대국의 역할을 수행하자면 국가의 요구를 만족시킬 수 있는 균형 잡힌 해군을 가져야 한다는 결론을 내리고 1938년부터 시작된 제3차 5개년 해군력 증강계획을 '능동적 연안방어 전력 건설'에서 '균형함대의 건설계획'으로 변경하여 추진했다. 스탈린은 해군력 증강계획에 맞추어 함대전력 배비에도 힘을 기울였다. 먼저 1932년 4월 극동에 있던 모든 해상세력을 블라디보스토크에 집결시켜 이를 토대로 1935년 태평양함대를 재창설했다.

2) 제2차 세계대전과 소련 해군

해군력 증강에 관심이 높았던 스탈린은 해군력 증강을 위해 미국, 프랑스 등에 기술제공을 요구했으나 거부당하는 등 전함 건조 노력이 실패로 돌아갈 무렵 히틀러와 체결한 불가침조약을 이용해 독일로부터 건조기술을 도입하여 1939년부터 연간 20만 톤에 이르는 함정 건조계획을 추진했다.

이러한 소련의 해군력 증강 지원요청에 대해 소련을 침공할 속셈을 품고 있던 독일은 기대한 만큼의 기술을 제공하지 않았으며, 스

---

14) 스탈린의 해군력 증강계획은 히틀러가 1918년 계획했던 유명한 독일 해군력 증강계획을 능가했을 뿐만 아니라 루스벨트 대통령이 계획한 1940년의 방대한 조선계획과 비교될 만한 것이다. 내용에는 5만 톤급 전함 10척, 3만 4천 톤급 순양함 6척, 3천 톤급 구축함 12척, 2,200톤급 구축함 96척, 900톤급 초계함 24척, 700톤급 고속소해정 24척, 196척의 잠수함 건조 등이 포함되어 있었다.

탈린도 히틀러의 러시아 침공 위협이 높아지자 다시금 지상군 육성에 중점을 두게 됨으로써 모든 대형 함정의 건조가 중단되었다.

그러나 이러한 전력 건설보다 소련 해군에 중요한 문제점은 독자적인 해군전략의 부재와 지상전 지원 위주의 운용술에 있었다. 결국 소련 해군은 1941년 6월 22일 독일군이 침공하자마자 흑해함대의 주요 기지들을 잃었고, 발트함대마저 봉쇄되어 초기에 제해권을 완전히 상실했으며, 스탈린의 정치적 입장을 고려한 세력 보존전략에 따라 수상함들은 전쟁 종료 시까지 전투에 참가할 수 없었다. 따라서 제2차 세계대전 시 소련 해군은 주로 잠수함전 위주로 해상에서 전쟁을 수행했다.

제2차 세계대전이 시작될 당시 소련 해군은 비록 여러 전역에 분산되어 있었지만, 전반적으로 강력한 해군을 보유하고 있었다.[15] 그러나 소련은 전통적인 지상전 위주의 군사전략에 따라 이러한 해군력을 효과적으로 운용할 수 있는 독자적인 해군전략을 가질 수 없었다. 이는 결국 가장 중요한 임무인 적 해상세력 격멸, 해상교통로 보호 및 차단 등에 해군을 적절히 투입하지 못하고 주로 지상군 지원 같은 부가적인 임무에만 우선적으로 투입하는 결과를 낳았다. 이것은 당시의 소련 지도자들이 독립적인 해군작전 수행보다는 지상군 보완 차원에서 해군을 투입해야 한다고 생각했기 때문이다.

이러한 소련 지도자들의 잘못된 생각을 소련 해군 지휘관들은 따를 수밖에 없었다. 결국 우수한 전력을 가진 소련의 발트함대는 주요

15) 제2차 세계대전이 시작될 당시 소련 해군은 북양함대, 발트함대, 흑해함대 그리고 태평양함대로 구성된 4개 함대와 다뉴브전단, 카스피해전단, 민스크전단, 아무르전단으로 구성된 4개의 독립 전단으로 편성되어 있었다. 이들 함대 세력에는 전함 3척, 경순양함 7척, 기뢰부설함 및 향도함 59척, 호위함 22척, 소해함 80척, 어뢰정 269척, 잠수함 218척, 다양한 항공기 2,581대 그리고 해안포 260문 등이 있었다.

항구에 방어기뢰만 부설 후 독일 함대가 발트해를 따라 리가만과 핀란드만으로 진입하는 것을 바라만 보고 있었다. 당시 독일은 영국을 견제하기 위해 주력함대를 대서양에서 운용하고 발트해에서는 비주력함 위주로 운용했기 때문에 발트함대는 해상에서의 함대 결전 시 충분히 승산이 있었다. 그러나 발트함대는 끝까지 함대 결전을 회피하고 기뢰전에만 의존했다.

한편 1943년 10월 6일 크림반도 해안에 대한 함포사격 중 독일 해군의 기습으로 소련의 현대식 구축함 7척 중 3척이 침몰하자 스탈린은 발트함대를 포함하여 구축함 이상의 모든 대형 함정의 해상전투를 금지시켰다. 그 결과 수상함정들은 더 이상 전쟁의 결과에 결정적인 영향을 끼치지 못하고 종전 시까지 보존되었다.[16)]

스탈린의 견해에 따르면 이러한 대형 함정 보존정책은 종전 후 흑해, 발트해 등의 연안 국가들보다 우세한 함대를 갖기 위해 정치적으로 필요했을 뿐만 아니라 나머지 함정들도 그가 전후에 건설할 새로운 함대를 위한 승조원의 교육용으로 필요하다는 논리였다.

정치적 논리에 의해 결정된 이러한 해군 운용술은 결과적으로 결정적인 승리는 언제나 소련의 지상군에 의해 이루어진 것이라는 주장을 뒷받침하는 계기가 됨으로써 소련 해군의 영향력을 약화시키는 결과를 낳았다.

---

16) 스탈린의 제1, 2차 5개년 개혁의 성공으로 잠수함의 대량 건조에도 불구하고 소련 해군은 이 잠수함들의 작전 운용개념을 정하지 못했다. 그리하여 수적으로만 250여 척의 세계 최대 잠수함부대를 가진 것 외에 기본적으로 잠수함 전략과 전술이 없는 상태에서 제2차 세계대전에 돌입하게 되었다. 하지만 잠수함들은 제해권을 상실한 가운데에서도 수상함과는 다르게 소련 해군 중에서 가장 큰 활약을 했다.

3) 제2차 세계대전 이후 스탈린의 해군력 강화(1945~1953)

제2차 세계대전 이후부터 1950년대 초까지의 기간은 소련 해군력 발전에 매우 획기적인 시기로, 군사력 시스템에서 해군이 차지하는 역할 및 의미를 한 단계 격상시킨 시기였다. 이 시기 소련의 군사정책은 소련 해군이 전쟁에서 중요한 임무를 수행할 수 있는 세력으로 정비되도록 유도했고, 발전 과정에서의 문제들을 해결하는 데 도움을 주었다. 그 결과 개발된 전략핵무기의 함정 탑재는 함대가 중요한 전략적 임무를 수행할 수 있음을 보여주었다.

제2차 세계대전 시까지 러시아는 전통적인 대륙국가로서 지상전략이 우위를 유지하고 있었으며, 해양전략은 연안방어 정도에 그치는 미미한 역할을 수행하도록 함으로써 해군력 건설에 대해서는 부정적인 견해가 지배적이었다. 그러나 대조국전쟁 기간 중 소련 해군은 지상군에 대한 측면지원, 해상교통로 보호 등에서 많은 공헌을 했고, 전쟁 종료 후 군사정치적인 분석에서 국가발전 및 군사강대국으로 성장하기 위해서는 강력한 해군력 건설이 필수 불가결한 요소로 제기되었다. 그리고 제2차 세계대전 후 소련은 군사강국으로 성장했으나 대양으로 나갈 수 있는 모든 출구가 자본주의 국가들에 의해 봉쇄 · 포위되어 있다는 압박감을 떨쳐버릴 수 없었으며, 강력한 해군력의 부재로 육상에서 적의 위협을 직접 방어해야 하는 축소된 방어개념의 전략을 탈피할 수 없었다.

스탈린은 제2차 세계대전 시 독일군의 소련 침략전쟁 수행 기간 중 함대 인민위원회 및 각 함대 사령관에게 제반 문제를 해결함에 있어 많은 자주성을 제공함으로써 해군력 운용이 효율적이었음을 상기하고, 전쟁 종료 무렵 해군 지휘부에 새로운 함정건설 10개년 계획을 수립할 것을 지시했다.

그러나 스탈린의 해군력 증강정책은 전통적인 지상군 우위의 대륙국가 전략에 반함으로써 지상군의 강한 반발을 가져왔는데, 제2차 세계대전이 끝난 후에도 이들은 여전히 소련 해양력의 필요성을 이해하려 들지 않았다.

4) 흐루시초프 시대[17]의 냉전 속 해군력(1953~1964)

소련 해군 발전의 두 번째 시기는 1950년대 중반부터 1960년대 초반으로, 1947년 소련 정부가 공식적으로 원자폭탄 개발계획을 발표하고 1949년 9월 실시한 소련 최초의 원자폭탄 실험이 성공한 후 군사강대국으로의 우위를 차지하기 위해 전략원자력잠수함 개발을 추진한 시기다.

1953년 스탈린의 뒤를 이어 집권한 흐루시초프는 지상군의 대륙간탄도미사일 개발이 군비경쟁에 새로운 해결책을 제시해줄 수 있을 것으로 기대했다. 흐루시초프의 이러한 생각에 대해 주코프 육군 사령관을 중심으로 한 육군지휘부는 대륙간탄도미사일 개발은 한정된 예산 때문에 다른 분야의 군사력에 대한 예산, 즉 해군 예산을 삭감시킴으로써만 달성될 수 있다고 주장했다.

결국 해군에 대해 문외한이던 흐루시초프가 이들의 의견을 받아들임으로써 1954년에는 새로운 함정 건조가 중단되었고, 1956년에는 스탈린이 계획했던 해군력 증강계획 전체가 중단되어 진행 중이던 많은 함정과 잠수함 건조마저 중단되게 되었다. 그리고 이러한 흐루시초

17) 니키타 흐루시초프(집권기: 1953~1964)는 스탈린의 개인숭배사상을 혹독하게 비판하고, 서방세계와 평화공존을 구호로 내세웠다.

프의 해군력 감축에 강력히 반대했던 쿠즈네초프 사령관은 중장으로 강등됨과 아울러 해군 총사령관직도 박탈당하고 말았다.

한편 해임된 쿠즈네초프 사령관 후임으로 해군 총사령관직에 오른 고르시코프는 능력이 절반으로 감축된 해군을 재건해야 했으며, 해양 전력 중 가장 큰 위협으로 등장한 핵폭격기를 탑재한 적 항공모함 세력에 대해 대형 함정을 전혀 갖지 못한 상태에서 본토를 방어해야 하는 어려움에 봉착했다.

소련은 이 문제에 대한 기술적인 해결방안으로 항공모함의 사정거리 밖에서 대함미사일을 발사할 수 있는 함정을 개발하는 것이라고 판단하고, 이런 함정을 조속히 갖추기 위해 절반쯤 완성된 구축함과 잠수함에 지대함미사일을 탑재했다. 대항공모함 계획에 추가하여 고르시코프는 해상에 기지를 둔 장거리 핵무기 미사일 체계를 개발하라는 임무를 부여받았다.

탄도미사일 체계를 개발하기에 앞서 재래식잠수함의 사용을 우선 고려한 다음 장거리 순항미사일을 탑재한 원자력추진잠수함을 개발하려고 했던 미국과 달리 소련은 처음부터 핵탄두미사일을 탑재한 잠수함 개발에 착수했다. 소련의 이러한 계획은 미국보다 훨씬 일찍 시작되었으며, 결국 1955년 초 수중발사탄도미사일이 개발되기 전에 부상한 잠수함으로부터 지상용 탄도미사일을 발사할 수 있게 되었다. 1960년대 이후 소련 해군은 지속적으로 발전했다.

한편, 미국의 해양활동이 러시아 근해에서 활발하게 전개되자 흐루시초프는 지금까지와 달리 해군력 증강 필요성을 느끼게 되었다. 따라서 1966년까지 항모 4척, 순양함 4척, 구축함 208척, 잠수함 1,200척 그리고 호위함, 구잠함, 소해함과 고속정 등을 확보한다는 계획을 세웠다.

흐루시초프 시대 소련의 해양정책은 주로 미국의 해상 및 수중에서의 핵공격 위협에 대비한 전략방어 및 공격능력 배양에 중점을 두고 있었다. 당시 미소 간의 갈등은 쿠바 미사일 위기로 극에 달했다. 미국의 쿠바에 대한 해상봉쇄와 소련의 미사일 기지 철수로 상황은 종료되었지만, 이를 계기로 흐루시초프의 실각과 소련의 해양정책 변화라는 새로운 국면을 맞이하게 된다.[18]

5) 브레즈네프 시대[19]의 긴장완화와 해양전략 환경 변화

흐루시초프를 실각시킨 후 권력을 장악한 브레즈네프는 소련 전략부대 증강과 대양함대 및 재래식 전력강화를 중요시했는데, 그것은 기동함대로서 전 세계 어느 전장에서든지 교전이 가능한 세계적인 군사력을 건설한다는 생각 때문이었다.

브레즈네프는 전쟁의 승패는 핵무기에 의해 결정된다는 흐루시초프의 전략을 배격하고 여러 가지 다양한 잠재적 전쟁에 대비할 수 있는 전력강화를 추진했다. 이는 브레즈네프가 흐루시초프와 달리 재

---

18) 소련의 쿠바 미사일 기지 건설에서 비롯된 미소 간 대결로 1962년 10월 국제적 핵전쟁 위기가 발생했다. 케네디 대통령의 강력한 의지에 밀린 흐루시초프의 쿠바 미사일 기지 철거로 상황은 종료된다. 이 사건을 계기로 미국과 소련은 핵전쟁 회피라는 공통된 과제 아래 1963년 제한적 핵실험 금지조약을 체결하고 미소 간 핫라인을 개설한다. 흐루시초프는 미소 간 핫라인 설치와 더불어 프랑스의 드골과도 관계를 개선하는 등 서방국가들과 원만한 관계를 유지하려고 노력했으나, 공산진영 국가들과의 우호증진에는 등한시함으로써 같은 진영 내에서 오히려 많은 불협화음이 발생했다. 그중 중국과의 분쟁은 심각한 상태로 발전하여 상호 비방하는 단계에까지 이르렀다. 쿠바 위기를 포함한 이와 같은 정책의 실패 등으로 흐루시초프의 입지는 크게 줄어들었고, 1964년 10월 휴가 도중 브레즈네프를 중심으로 한 정적들의 '궁중혁명'으로 결국 실각하게 되었다.

19) 레오니드 브레즈네프(집권기: 1964~1982)는 1970년대 데탕트 설계의 주역으로 동서 긴장완화에 주력하고, 집권 기간 중 미소 군사력의 균형을 가져왔다.

래식 전력이 보유하고 있는 가치를 충분히 인식하고 있었기 때문이다.

브레즈네프는 서방의 군사위협 가능성을 고려하여 핵무기를 적재한 항공기를 탑재하고 해안으로부터 수백 마일 떨어져 있으면서 자국의 해안 목표물을 공격할 수 있는 미국 항공모함에 특별한 관심을 기울였다. 이러한 위협에 대처하기 위해 소련은 수백 대의 중거리 폭격기를 생산했으며, 이를 해군 항공세력에 포함시켰다. 당시 순양함, 구축함, 잠수함, 유도탄정의 건설은 해상으로부터 국가의 영토를 방어하기 위함이었다.

이러한 브레즈네프의 전략 변경은 소련의 정치 · 군사 지도부로 하여금 해군에 새로운 역할을 부여했는데, 이는 쿠바 위기 시 소련의 군사-정치적 목적 달성을 현실화시킬 수 없었던 주요 요인이 미국 해군력에 대항할 수 있는 해군력의 부재에 의한 것으로 평가됨에 따른 것이었다.

해양전략은 여전히 지상군 전략에 종속되었으나 잠수함의 전략탄도미사일 장착은 소련 해군이 급성장하는 계기를 제공함은 물론, 종전의 지상군에 의존한 방어개념으로부터 서서히 탈피하면서 해군력을 통해 해상에서 적을 격퇴하고 공격하는 전략개념으로 변화하는 계기가 되었다. 이로써 연안에 머물던 소련 해군은 대양으로 진출하게 되었고, 유도탄 핵무기로 무장한 대양 핵함대의 발전으로 소련을 해양강대국으로 부상시켰으며, 해군력을 통해 국가이익 보호, 해상으로부터의 공격 격퇴, 그리고 국가방어력을 전진 배치하게 되었다.

1960년대 말 대형 수상함들의 등장은 소련 해군으로 하여금 활발한 군사외교 활동을 가능하게 해주었다. 즉, 1960년대 초반부터 소련은 소말리아에 기지를 두고 아라비아해에 해군력을 현시했으며, 1967년에는 이집트와의 협정체결로 소련 함정과 항공기들이 이집트의 지원시설들을 사용할 수 있게 됨으로써 소련 함정들은 지중해 및 아라비아해에서 미국의 항공모함에 대항할 수 있는 괄목할 만한 능력을 보유하게 되었다.

브레즈네프는 1970년대에 들어와 군사 외교정책의 목표를 소련의 국익보호에 두는 한편, 데탕트(긴장완화) 노선을 추진한다는 기본방향을 설정했다. 이러한 데탕트정책은 1979년 6월에 제2차 전략무기제한협정(START Ⅱ)[20]이 체결됨으로써 절정에 이르렀다.

그러나 집권 기간 브레즈네프는 내적으로 미국과의 군사력 균형에 크게 관심을 두어 상대적으로 미국에 크게 열세였던 대륙간탄도탄(ICBM) 그리고 해군력과 공군력을 대폭 증강시킴으로써 미소 군사력의 균형을 가져왔다.

브레즈네프의 데탕트 시대 군사정책은 그동안 지상군에 계속 밀렸던 해군이 발전할 수 있는 절호의 기회가 되었으며, 이와 때를 같이 하여 뛰어난 전략가인 고르시코프가 해군 총사령관에 임명됨으로써 소련 해군은 비약적으로 발전하게 되었다.

1972년 고르시코프는 「전 · 평시 해군(Navy in war and peace)」이라는 논문에서 소련의 역사에 대해 언급하면서 해군력을 소홀히 했을 때 소련은 항상 시련을 겪어왔다면서 해군력의 중요성을 주장하고 해군력의 증강에 노력했다.

고르시코프는 먼저 데탕트의 분위기를 타고 대두되는 대양에서의 해군 세력 철수, 특히 지중해로부터의 철수를 강력히 반대했으며, 해군

---

20) 1993년 1월 부시 대통령과 러시아의 옐친 대통령이 서명한 전략핵무기감축협약으로, START-Ⅰ은 양측에 의해 전개된 핵탄두의 숫자를 감축함으로써 전략핵무기 통제에서 새로운 장을 여는 귀중한 의미를 갖고 있는 반면, START-Ⅱ는 하나의 핵미사일 탄두가 각기 독립적으로 목표를 공격할 수 있는 다수의 재돌입탄두(MIRV: Multiple Independently Targetable Reentry Vehicle)를 장착한 모든 지상발사용 미사일의 제거를 가져오는 미러 간의 전략무기 통제에서 또 하나의 질적인 변화를 의미한다. Jane Davis 편저, 『냉전 후 세계의 안보문제』, 국방대학원 안보문제연구소, 1997, p. 71.

의 전진 배치로 군사력의 상관관계가 근본적으로 변화되었다고 단언하면서 해군은 일종의 외교사절로서의 활동뿐만 아니라 원해지역에서의 서방측 군사개입을 예방하는 역할도 수행하고 있음을 주장했다.

해군전력 증강 방향에서도 전략원자력잠수함 세력의 안전은 잠수함 단독으로 보장할 수 없으며, 수상함과 항공기가 필요함을 강조했다. 이는 잠수함과 육상기지 항공력에 지나치게 편향되지 않은 더욱 규모가 크고 훌륭한 균형함대를 요구하는 근거가 되었다.

브레즈네프 집권 후기인 1976년은 소련의 새로운 5개년 계획(1976~1981)이 시작되는 해였다. 새로운 5개년 계획은 소련군의 모든 부문에 영향을 미쳤는데, 주안점은 오호츠크해에 대한 방대한 계획이었다. 1976년 3월 당대회에서 극동지역에 대한 정책 변화를 선언한 소련공산당 서기장 브레즈네프는 전략원자력잠수함의 태평양 전개 시 오호츠크해를 사용하기로 결정하고, 1978년부터 쿠릴열도 남방에 있는 4개 도서에 군대를 배치하는 등 지원시설을 갖추기 시작했다.

소련은 이때부터 전략원자력잠수함 기지로 캄차카반도의 페트로파블로프스키를 선정했는데, 이는 항구에서 잠항구역까지 거리가 짧아 위성에 노출될 확률도 적고, 미국 서부지역에 대한 직접적인 전력투사가 가능한 장소로서 가치가 인정되었기 때문이다. 한편, 소련은 북극해에 진입하는 NATO 잠수함 세력을 거부하기 위해 그동안 추진했던 북극해 봉쇄 구상은 실효성이 없다는 결론 하에 이를 포기하고, 이와 관련된 해군계획들도 취소하거나 중단했다.

1976년 소련의 군 수뇌부가 해군의 각종 계획과 기획을 변경했을 때 미국은 해군을 12개의 항모전투단과 약 475척의 함정체제를 유지하는 것으로 결정했다. 미국은 이와 같은 전력 재건 외에도 소련에 전략적 위협을 심각하게 증대시켜줄 새로 개발한 핵 순항미사일을 모든 공격원자력잠수함과 주요 해상전투함에 장착하기 시작했다.

이와 같은 미 해군의 복합적인 상황 변화로 말미암아 1983년 소련은 대형 수상함인 키로프급, 슬라바급, 오스카급 등의 함정 건조를 확대하거나 재개하기로 결정했으며, 쿠릴열도에 대한 위협이 증가함에 따라 이반, 로고프급 상륙함 건조계획도 재개했다. 이러한 해양전략 환경의 변화는 제2차 세계대전이 끝난 후부터 30년 동안 해군의 독자적인 전략 없이 육군 위주의 군사 · 정치적 수뇌부가 지시하는 보잘것없는 임무만 수행해야 했던 소련 해군의 구조와 해상전력의 전개 양상에 지대한 영향을 미쳤다. 이에 따라 1970년대 후반부터 해군사령관 고르시코프를 중심으로 한 해군지도부는 흐루시초프 집권 시기 건설되었던 해군의 전쟁수행 개념에 부적합한 수상함, 항공기 및 전투장비, 무기들을 폐기하기 시작했다. 그리고 당시 미래전쟁에 대한 소련 군사 정치지도자들의 전쟁개념은 전면적인 핵전쟁의 위협을 배제하지 않는 모든 단계에서 적에게 핵무기로 치명타를 가하는 것이었다. 이러한 전쟁개념에 따라 전략미사일을 장착한 잠수함 전력이 전체 전략핵 세력의 가장 중요한 구성요소로 인식되기 시작했다.

1964~1976년은 소련 잠수함 전력 건설에서 가장 획기적인 시기로, 디젤잠수함 건설조차 끝나지 않았던 이 시기에 가장 많은 원자력잠수함이 건조되었다. 대륙간탄도미사일과 대함순항미사일을 장착한 원자력잠수함 건설이 바로 이 시기의 해군력 발전의 주된 방향이 되었고, 이와 같은 방향은 짧은 기간 내에 소련 해군의 공격능력 증대와 대양에서의 활동 영역을 확장시켰으며, 국가의 해양력을 신장시키는 결과를 가져왔다. 또한 소련의 해양정책에 따른 전략목표가 구체화되었다.[21]

---

21) 소련이 추진한 해양정책의 전략목표는 여덟 가지로 요약된다. ① 정치 이데올로기적 영향력 행사, ② 부동항 획득, ③ 민족해방운동과 공산주의혁명 지원, ④ 국력 과시 및 현시력 유

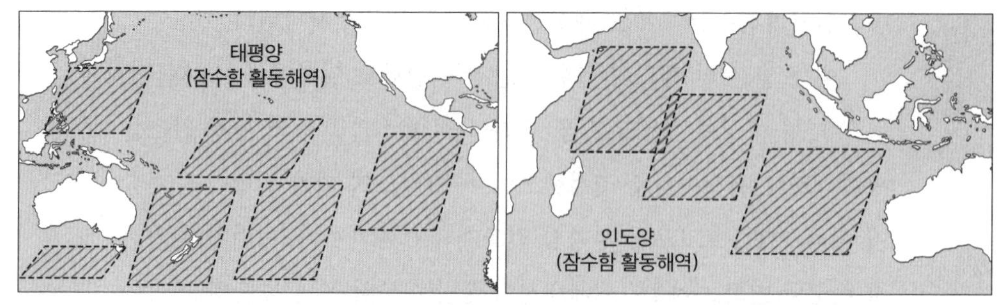

〈그림 4-1〉 냉전 시대 소련 태평양함대 소속 잠수함의 태평양 · 인도양 작전구역[22]

6) 고르바초프 시대[23] 소련의 몰락과 약화된 해군력(1985~1990)

1985년 3월 고르바초프의 집권 이래 소련은 점점 심각해지기 시작한 경제난을 타개하기 위해 각종 군축 제의를 포함한 평화공세를 추진했는데, 이는 동구권 국가들의 민주화와 스탈린에 의해 강제 병합된 발틱 3국 독립운동 등 세계적인 격변의 원인이 되었다.

한편, 군비경쟁이 한창이던 1970년 초 소련이 미국과 군사적 균형을 달성하게 됨에 따라 서방의 군사과학기술 전문가들은 약 15년 이후에는 소련의 군사과학기술이 서방세계를 앞지르게 될 것이고 그렇게 되면 소련은 국제무대에서 서방을 압도할 것이라고 경고했으나,

---

지, ⑤ 전략 및 전술적 방어와 공격, ⑥ 해상교통로 확보와 적의 사용 거부, ⑦ 서구와 중국의 측면 포위, ⑧ 원조(군사, 어업, 기술, 경제). 이러한 전략목표를 달성하기 위한 노력으로 소련 해군은 1970년대 말 전 세계 해양에서 소련의 해군력을 현시할 수 있는 '대양함대'로 발전했다.

22) 1970년대 소련의 원자력잠수함은 태평양과 대서양에서의 활동이 활발했으며, 잠수함의 활동무대를 넓혀나갔다. Л. И. Александров, 『Тихоокеанский флот России 1731-2006гг. (К 275-летию)』(Владивосток: Дальнаука, 2006), p. 204.

23) 미하일 고르바초프(집권기: 1985~1991)는 재임 중 소련의 개방정책인 '페레스트로이카'를 추진했고, 이는 소련을 비롯한 중앙유럽 공산주의 국가들의 개혁과 개방 그리고 사상 해방에 큰 영향을 주었다.

해가 거듭될수록 서방과의 과학기술 격차는 오히려 커지게 되었다. 1980년대에 들어와서 레이건 미국 대통령이 전략방위계획(SDI)을 발표하자 소련은 미국과의 군사과학기술의 격차를 통감하게 되었다.[24)]

고르바초프는 이러한 사태가 제2차 세계대전 이후 지속되어온 40여 년간의 냉전에 따른 사회체제의 전반적인 쇠퇴와 군비경쟁으로 인한 경제의 낙후에서 기인된 것으로 판단했다. 이에 따라 소련의 군사비를 축소 또는 제한시키고 소비와 투자를 증대시켜 소련 경제를 활성화한다는 '신사고'에 근거하여 새로운 군사정책을 구사하게 된다.

고르바초프는 2년간의 준비기간을 거쳐 1988년 12월 소련군 50만 명과 동유럽의 바르샤바조약군 약 11만 명을 1991년까지 일방적으로 감축할 것이라고 선언했다. 그리고 1987년 6월의 바르샤바조약기구 성명에서 동서 양측 모두 공세적 작전능력을 포기하자는 제안을 함으로써 소련의 군사교리가 이제 더 이상 전쟁의 본질과 전쟁수행법에 관한 것이 아니라 전쟁회피에 있다는 것을 분명히 했다.

이러한 상황에서 고르바초프는 군사적 대등성을 유지하는 것보다는 경제적 대등성을 유지하는 것이 중요하다는 것을 인식하여 일방적 안보개념에서 탈피한 상호 안보개념 정책을 추구했다. 상호 안보개념은 대량파괴무기를 제고하고 '합리적 충분성' 원칙하에 군사적 능력을 제한하는 것을 전제로 하는 것이었다. 즉 군사적으로 침략을 격퇴하기에는 충분하나, 대규모 공격행위를 하기에는 부족한 병력, 부대구조, 부대배치를 유지하는 것이었다.

이러한 안보정책의 선회로 1986년에 2000년도 소련의 핵무기 감축계획과 동유럽 배치병력 50만 철수선언 등이 구체화되어 발표되었

---

24) 국제문제연구소, 『방위연감 1990~1991년』, 국제문제연구소, 1990, p. 121.

고, 1989년에는 아프가니스탄에 주둔한 소련군을 조건 없이 철수시켰으며, 1990년에는 미국과 유럽에서의 재래식 전략감축협정(CFE: Treaty on Conventional Armed Forces in Europe)을 체결했다. 이로써 상승하기만 하던 소련의 군사력 증강추세는 하향 국면에 들어섰고, 해군력도 1980년대 후반을 기점으로 급속히 약화되어갔다.

7) 옐친 시대의 지속 축소된 해군력(1991~1999)

구소련이 몰락하면서 러시아의 초대 대통령 옐친은 민주주의와 자본주의를 도입하게 된다. 1991년 이후 시작된 경제 및 구소련의 붕괴는 엄청난 사회적 · 정치적 혼란을 가져왔으며, 러시아 해군의 급속한 붕괴를 가져왔다.

각 공화국의 독립과 군사력 감축으로 이미 한 번의 큰 충격을 받았는데, 또다시 흑해 및 발트함대까지 분할되어 해군의 붕괴 강도는 다른 군에 비해 훨씬 컸다.

해군의 감축은 계속적으로 진행되었으나 감축 과정에 대한 분명한 프로그램조차 존재하지 않아 1992년에는 표트르 대제 이후 러시아 역사에서 처음으로 단 한 척의 전투함도 완벽한 상태로 존재하지 못하는 결과를 초래했으며, 해상출항 실적조차 급격히 감소했다. 그리고 예산의 급격한 감축에 따른 수리지원 불가로 많은 함정의 퇴역이 불가피하여 최소 25년의 수명을 가한 민스크의 운명은 키예프, 고르시코프 및 노보르시스크 항공모함에진 러시아 기함 가운데 하나였던 항공모함 민스크조차 15년 만에 퇴역할 수밖에 없는 지경에 이르렀다. 이러도 영향을 미쳐 1993년 10월에는 민스크와 노보르시스크도 퇴역했으며, 고르시코프가 장기 수리에 들어감에 따라 쿠즈네초프 항공모함 1척만 남게 되었다. 또한 잠수함도 상황은 비슷하여 1985~1995년 기간 중 전체 잠수함 수가 50%나 감소했다.

그리고 1990년 초 정치적인 혼란을 계기로 각 공화국이 소련으로부터 독립 시 자국에 배치된 해군전력의 분할 및 소유권을 요구함으로써 흑해함대는 분할되고 발트함대는 축소되었다. 특히, 흑해함대는 군사기지를 상실하게 되는 상황에 이르러 최근 크림반도의 러시아 합병 이전까지 독립된 우크라이나로부터 해군기지를 유상으로 사용했으며, 주력 함정의 대부분이 퇴역 또는 치장상태가 됨으로써 감축 정도가 아닌 해군력의 몰락이라고 할 정도로 막대한 전력손실이 발생했다.

1991년 소연방 해체는 군사력의 약화를 더욱 가중시켰다. 구소련의 후계자로 등장한 러시아의 당면 문제는 독립국가연합(CIS: Commonwealth of Independent States) 통합군이라는 단일 지휘체제하의 군대로 재편성을 시도하는 것이었다.

그러나 우크라이나가 통합군 체제에 반대하면서 독자적인 군을 창설하고 몰도바와 아제르바이잔도 이에 동조하게 되자, 러시아는 CIS 내의 주도권 장악과 소련군의 손실을 방지하기 위한 독자군 창설을 서두르지 않을 수 없게 되어 280만에 달하던 구소련군의 인원과 장비를 신속하게 흡수하여 1992년 5월 독자적인 군대를 창설했다.[25)]

1980년 초에는 태평양함대가 러시아의 최대 함대가 되면서 미국, 일본 등에 대해 중대한 위협을 가할 정도로 성장했다. 그러나 구소련의 붕괴와 경제위기는 러시아 태평양함대의 몰락을 가져와 최고의 전력이

---

25) 1992년 5월 러시아군 재창설 시 해군은 우크라이나와 소유권 분쟁에 휩싸여 있는 흑해함대를 제외한 구소련 해군전력을 거의 모두 승계했으나, 소련의 붕괴에 따른 후유증과 누적된 문제로 급격한 전력감축을 가져와 5개 군종(전략군, 방공군, 지상군, 해군, 공군) 중에서 가장 극심한 타격을 입었다.

던 1985년에 비해 주요 수상함은 118척에서 48척으로, 잠수함은 127척에서 26척으로 크게 감소했고 임무도 변화되었다. 러시아 태평양함대의 임무[26]는 구소련 시대의 임무에 비해 상당히 평화적으로 변했으나, 여전히 해군 본연의 주요 임무는 변함이 없음을 보여주고 있다.

옐친 시대 러시아 해군은 매우 취약했으며, 이는 몇 가지 이유에 기인했다. 첫째는 국방예산의 부족이다. 둘째는 전투준비태세가 극도로 약화되었다는 점이다. 군인들의 기본적인 의식주가 곤란해짐으로써 야기된 사기저하와 군기강 문란은 전비태세를 약화시키는 원인이 되었다. 셋째는 국력의 급격한 쇠퇴와 함정 성능의 저하다. 몇 척의 함정을 조기에 퇴역시킴에 따라 해군전력은 현저하게 감축되었다.

5. 21세기 러시아의 해양전략과 해양력

1) 21세기 러시아 안보위협과 해양안보환경

냉전 시대 미국과 소련의 냉각 구도는 전통적 위협[27]의 일례로서

26) 1988년 해군 총사령관 체르나르빈 원수가 밝힌 러시아 태평양함대의 주요 임무는 ① 전략핵무기제한조약 내에서 핵 억지력 유지, ② 해양으로부터 러시아 영토의 방위, ③ 경제수역 및 생산활동 해역의 보호, ④ 해상교통로 보호, ⑤ 경제적으로 중요한 전 세계 해양에 대한 군사력 현시(방문, 기항, 연합연습, PKO 파병 등)

27) 제4세대 전쟁 이론은 전쟁의 위협을 네 가지로 분류하고 있다. ① 전통적 위협(Tradition Threat)은 통상적인 재래식 무기 및 핵전력을 이용한 정규전에 의한 도전, ② 비전통적 위협(Non Tradition Threat)은 비통상적인 무기를 이용한 기습도발, 테러전, 게릴라전, 반란, 전복전, 사상전, 소요사태 등에 의한 도전, ③ 재앙적 위협(Catastrophic Threat)은 대량살상무기 및 첨단정밀무기를 이용하여 국가의 중추신경을 마비시키고 교란시킬 목적으로 주요 목표를 기습적으로 타격하는 미사일전, 소규모 핵배낭, 자살공격전, 특수지역 점령 등에 의한 도전, ④ 파괴적 위협(Destructive Threat)은 최첨단 센서, 첨단정보기술, 사이버

민주주의와 공산주의 대립, 즉 민주주의를 대표하는 미국 진영과 나토(NATO)의 동진정책에 따른 충돌에 대비한 전략핵무기의 개발경쟁으로 대변할 수 있다. 이러한 전통적 위협은 구소련 붕괴로 이어진 러시아로부터 CIS국가로의 분열, 그리고 국가의 재건(페레스트로이카)[28] 이후 안보협력이 강화되고 있는 지금까지도 지속적으로 상존하고 있다. 다시 말해 국가 간 확정되지 않은 영토 문제, 특히 그 경계가 모호하여 매우 복잡한 역사성으로 인한 특성을 갖고 있는 쿠릴열도의 4개 도서를 둘러싼 러 · 일 간의 영토분쟁[29]은 현재 진행 중인 전통적 안보위협의 예라 할 수 있다.

그러나 이제 전통적 안보위협보다 비전통적 안보위협이 러시아에 위협을 주고 있다. 소말리아 근해에서 발생하는 러시아 무역항로를 방해하는 해적행위는 주마간산(走馬看山)마냥 바라만 보는 것이 아니라 당장 해결해야 하는 비전통적 위협으로 자리 잡았다. 2010년 5월 아덴만 해상에서 러시아 국적 유조선 '우니베르시테트'호가 해적에 의해 피랍되었다가 우리나라 청해부대와 연합 공동작전으로 구조된 사례가 있었으며, 2013년에는 블라디보스토크의 러시아 태평양함대사

기술, 극소형무기, 우주무기, 지향성무기 등을 이용한 첨단기술전 등에 의한 도전. http://www.m. cafe.naver.com/anytimeyouwant/24. 본문에서는 전통적 안보위협과 비전통적 안보위협에 국한해서 러시아의 안보 현실을 분석했다.

28) 페레스트로이카(Перестройка; '다시'와 '건설'의 합성어)는 새로운 소련 건설을 위해 고르바초프 서기장의 개혁 강령이며, 공산주의 국가의 경제개혁에 대한 민주화의 상징어로 대변된다. 이러한 개혁은 전통적 안보위협에서 비전통적 안보위협이 증가하는 시기의 경계선이 되었다. 또한 전통적 위협으로 대변되는 제1 핵시대(전략핵무기)에서 비전통적 위협으로 대변되는 제2 핵시대(전술핵무기를 사용한 테러)로의 전환 시기가 된다.

29) 러시아는 과거 '국경 불변'이라는 하나의 대원칙 아래 쿠릴섬에 해당하는 그 어떠한 도서도 일본에 반환하지 않겠다고 천명했지만, 현재는 쿠릴섬에 대한 분쟁이 존재함을 인정하며, 나아가 분쟁의 해결을 위해 일본과 협력할 수 있음을 밝혔다. 반면 일본은 '북방영토'에 대한 러시아의 점유가 불법이므로 이를 일본에 반환해야 한다고 주장했다. 권석민, 「독도 영유권 분쟁 고찰: 동아시아 영토분쟁을 중심으로」, 『Strategy 21』 28, 2011, p. 239.

령부에서 출발한 소말리아 대해적작전에 참가한 군함이 작전임무 종료 후 귀환 중 부산 작전사령부를 2회나 방문했다.[30] 러시아의 비전통적 안보위협은 자국의 해군전력을 수천 킬로미터 떨어진 소말리아에까지 함정을 보내야 하는 현실이 되었다.

독립국가연합(CIS: Commonwealth of Independent States)의 경제성장을 위한 안보협력은 지속될 것이다. 그러나 그루지야, 우크라이나, 아제르바이잔 등 '민주주의와 경제발전을 위한 구암기구(GUAM Organization

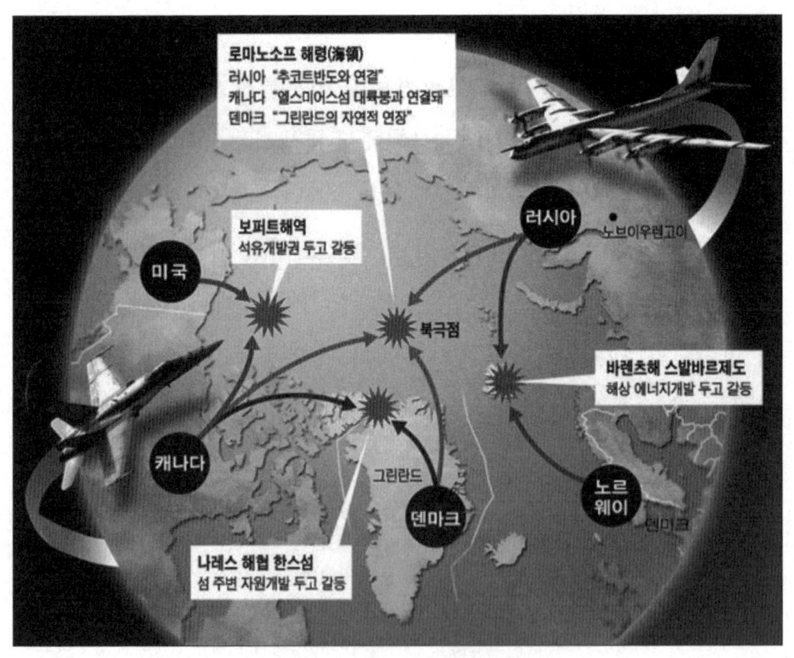

〈그림 4-2〉 북극해의 영토전쟁[31]

30) 러시아해군 호위함 '아드미랄비노그라도프(Admiral Vinogradov)', 구조선 '칼마르(Kalmar)', 군수지원선 '이르쿠트(Irkut)' 3척이 2013년 10월 22일부터 27일까지 6일간 부산 작전기지에 입항하여 한국 해군과 교류행사를 실시했다. 『부산일보』, 2013년 10월 22일자.

31) 『조선일보』, 2010년 12월 10일자.

for Democracy and Economic Development)' 세력들은 러시아를 중심으로 형성하려는 정치 · 군사적 통합에서 벗어나고 있다. 카스피해 유전개발은 카스피해를 둘러싼 주변 국가들의 안보위협을 부추기고 있다. 카스피해의 유전개발은 러시아의 국익에도 큰 영향을 미치고 있어 카스피해 주변국(러시아, 카자흐스탄, 투르크메니스탄, 아제르바이잔, 이란) 간의 충돌로 발생하는 안보위협은 러시아를 중심으로 형성된 집단안보조약기구(CSTO: Collective Security Treaty Organization)에도 큰 타격을 주고 있다.

최근 기후변화와 기술의 발전으로 인해 북극해[32]의 자원과 해상교통로를 포함한 북극해의 전략적 가치에 전 세계의 관심이 집중되고 있다. 미러 양국과 캐나다, 노르웨이, 덴마크 등 북극해 연안 국가들로 구성된 '북극이사회'에 일본, 중국과 더불어 한국을 포함한 6개국이 2013년 5월 19일 옵서버 자격을 승인받아 참가하고 있다. 러시아는 이미 대륙붕 한계획정, 해양도서 경계획정 그리고 자원개발 및 확보경쟁 발생을 예상하고 문제를 인지하여 북극해의 국가 간 경쟁 양상을 전통적 안보위협으로 정해두었다. 지구 온난화 현상과 함께 북극의 얼음층이 얇아지고, 이러한 기후변화로 북극해를 통해 태평양과 대서양을 최단거리로 횡단할 수 있는 새로운 해상교통로가 개척되면서 발생 가능한 해상테러 위협을 비전통적 안보위협으로 인식하여 러시아 해군은 '북극기동전대'를 창설[33]하게 된다. 러시아에 북극해는 이미 전

---

32) 북극해 연안국들은 전투기까지 동원해 영유권 분쟁을 진행 중이라는 내용으로 4,261m 북극 심해에 러시아 잠수정이 국기를 꽂고, 총성 없는 전쟁터를 방불케 하며 북극해 영유권 확보를 위해 전쟁도 불사하겠다고 선언했다. 정병선, "얼음 녹은 북극자원 신대륙을 잡아라", 『조선일보』, 2010년 12월 10일자. http://inside.chosun.com/site/data/html_dir/2010/12/10/2010121000623.html.

33) 러시아 기동전대 창설 배경은 2009년 3월 '2020년까지 북극에서의 러시아 국가정책 개념서'가 공표되면서 2020년까지 북극군을 창설하는 계획과 연방보안국(FSB)이 북극지역에 대한 경계활동을 강화할 것이라는 내용을 포함한 것에 대한 러시아 국방부의 최초 준비단

통적 위협과 비전통적 위협이 상존하는 전략적으로 중요한 지역이 되었다.

전통적이든 비전통적이든 러시아에 국제정세의 변화와 함께 발생하고 있는 모든 위협은 국가안보 차원의 중요한 이슈로 떠오르고 있다. 푸틴 대통령이 내세우고 있는 '강한 러시아'의 부활은 이러한 안보위협의 맥락에서 박차를 가할 수 있으며, 국방예산 증액과 군사력 강화에 대한 러시아 '국가두마' 수락이 어렵지 않게 받아들여질 수 있다.[34)]

러시아의 급진적인 군사력 증강은 국제정세 변화와 맥을 같이한다. 민주주의를 상징하는 미국과 공산주의를 상징하는 소련 간의 전략핵무기 충돌 가능성이 상존했던 제1 핵시대를 거쳐 지역적 전술핵무기의 테러 이용 가능성으로 상징되는 제2 핵시대는 냉전의 종식과 소련 붕괴로 소강상태였던 러시아의 핵전력 증강을 다시 부추기며 러시아 안보를 위협하는 대상으로 급부상하게 되었다.

최근 북한의 핵 및 미사일 개발의 지역적 · 세계적인 위협에 대한 분석은 많았지만, 해양에 대한 영향은 간과되어왔다. 러시아에 아시아 · 태평양은 북한의 핵 및 미사일 개발과 관련하여 중요하게 여겨진다. 북한의 안보위협은 해양 분야에 미치는 영향을 증대시키며, 러시아의 급격한 전략적 변화를 불러일으키고 있다. 또한, 아시아 · 태평양

계로 판단된다. 북극해 해저에는 전 세계 매장량의 약 25%에 해당하는 원유와 천연가스가 존재하는 것으로 알려져 있다.

34) 러시아 국가두마 의원이자 CIS국가안보위원이던 안드레이 코코신은 1998년 국가안보위원회에서 당시 국방위원장으로서 핵전력 유지의 당위성을 강하게 제기했으며, 경제적 위기의 시대를 지나면서도 재래식 무기 개발과 병행하여 핵전력 건설계획을 설계해야 함을 주장했다. 자세한 내용은 니콜라이 에피모프, 정재호 공역, 『러시아 국가안보』, 한국해양전략연구소, 2011, pp. 30-50 참조.

해역은 미중 간 지리전략론적 대결 구도의 중심에 있으며, 아태 지역의 '중견국가' 간 해군협력을 포함하는 양자관계에서 두드러진 특징을 가지고 있다. 역내 협력적 메커니즘은 구조적으로 흐트러지고, 경쟁 구도가 점차 힘을 얻어가고 있다. 북한의 돌발적인 행동은 이러한 안보 상황을 더욱 악화시키고 있다.

2013년 9월 6일 '제11회 국제해양력 심포지엄'에 참가한 러시아 세계경제 및 국제관계연구소(IMEMO) 아태연구센터 선임연구원 예브게니 카나예프(Evgeny Kanaev) 박사는 예상되는 시나리오를 발표했다. 첫째, 해양에서 북한의 위협은 증가할 것이고, 북한과 남한/미국의 군사력이 대치하는 상황도 증가할 것이다. 둘째, 동북아 주요 국가들 간 관계설정이 가속화할 것이다. 중국은 미국과 일본, 미국과 한국 간 해군력 협력을 부정적으로 평가할 것이다. 특히 이지스 체계의 잠재적인 해상 대탄도탄 능력에 대한 중국의 비판은 계속될 것이다. 셋째, '대결의 반향'이 역내 해양 영역에 커다란 영향을 미칠 것이다. 한편에는 중국이, 다른 한편에는 미국과 동북아 동맹국들에 의한 대결 구도가 심화될 것이며, 이는 남중국해 문제를 더욱더 복잡하게 만들 것이다. 이러한 시나리오를 예상해볼 때 북한의 핵 및 미사일 개발 위협이 지속되는 한 역내 해양안보 영역에서의 반향은 심각하다.[35]

시베리아 및 극동지역의 근대화 정책을 추진하는 러시아도 북한을 둘러싸고 벌어지는 동북아 안보 상황에 대해 긴장과 관심을 곤두세우고 있다. 러시아는 아태 해양안보에 영향력을 행사하기 위한 단계적인 노력을 하고 있으며, 특히 군사력 투사를 포함하는 군사력을 증

---

35) 예브게니 카나예프, 「아시아 · 태평양 해양안보와 북한의 핵미사일 개발」, 『제11회 국제해양력 심포지엄: 도전과 기회의 바나! 해양안보 환경변화와 해군의 역할』 발표문(2013. 9. 6) 참조.

강하기 위해 노력하고 있고, 태평양함대는 이러한 시대적 상황과 맥락을 같이하며 증강될 것이다.

2) 변화되는 해양 시대의 러시아 해양전략

에너지 자원 보호를 위한 해양의 중요성이 현재 러시아의 안보를 위협하면서 점차 증대되고 있다. 국가생존을 위한 필요성이 국가 지도자의 의지 저변에 생겨나기 시작했으며, 해양에 대한 체계적이고 전략적인 마인드가 필요하게 되었다. 과거 러시아 해전사에서 알 수 있듯이 과거의 해군전략[36]이 바다로부터의 적의 공격을 연안에서 방어하기 위한 것이었다면 21세기 러시아의 해군전략은 해양의 에너지 자원을 보호하고 해양력의 위치를 자리매김하기 위한 전략으로 변화되었으며, 그 필요성 또한 절감하고 있다.

러시아의 해양전략을 논할 때, 소련 붕괴 이후 경제적 어려움으로 인해 러시아의 해군력이 급속히 쇠퇴했던 시기만을 말하기에는 현재 러시아의 경제력이 너무 크게 성장했다. 1990년대 러시아 해군력은 우크라이나의 크림반도에 위치한 세바스토폴의 해군기지를 임차하여 사용했으나, 우크라이나와의 정치적 충돌로 인해 반환해야 하는 운명에 놓이기도 했다. 그러나 2014년 3월 21일 크림공화국이 러시아의 행정구역으로 편입되면서 세바스토폴은 러시아 흑해함대의 모항

36) 미래 해군의 비극을 예방하고 국가의 방대한 물자와 자원을 절약하기 위해서는 객관성과 과학적 타당성을 입증해야 함과 더불어 과거의 암울했던 역사를 잊지 말아야 한다. 그리고 한 가지 기억해야 할 사실은 러시아 역사상 가장 빛났던 승전은 육지 전구에서였으나, 최악의 공격은 해상으로부터 받았다는 사실이다. Андрей Панов, "Морская сила России 300лет," Москва: Эксмо, 2005. p. 9.

이 되었다.[37] 1990년대 당시 러시아는 발트해와 흑해에 있던 해군기지 및 조선소 시설 등 상당수를 잃고 국방예산 부족으로 무기 획득과 해양방산에 상당한 타격을 입었다. 이 시기 러시아 해군은 전략잠수함을 제외한 전 해군전력이 퇴역하거나, 오랫동안 사용하지 않아 녹슬어 운용에 제한받게 된다. 결국 '현존함대(Fleet-in-being)'[38] 전략을 유지할 수밖에 없었다.

그러나 '강력한 러시아 건설'을 기치로 내건 푸틴 시대를 기회로 급부상한 러시아 경제력을 기반으로 국방력 강화를 위한 노력에 박차를 가하게 된다. 2001년 이후 러시아 국방예산은 매년 20% 이상 증가했고, 그 결과 2009년 러시아 국방비는 450억 달러로 2008년의 390억 달러에 비해 20% 증액되었으며, 이는 2001년 당시 101억 달러와 비교해볼 때 거의 4배 이상 증가한 수치를 기록한다. 러시아는 군사력 강화를 위해 2020년까지 6,400억 달러를 들여 각 군의 무기 현대화 작업을 진행할 예정이었으나, 국방비에서 무기 현대화 작업 비용에 대한 투자 여부는 불투명하다. 그리고 2019년 세계적인 대재앙을 불러일으켰고, 아직도 잔존하고 있는 '코로나 팬데믹'으로 인한 사회 회복 비용

---

37) 2014년 3월 16일 우크라이나 크림자치공화국에서는 러시아로의 병합 여부를 묻는 주민투표가 실시되어 결국 97%의 찬성으로 마무리되었다. 크림자치공화국 주민투표 결과 미국을 비롯한 서방과 러시아의 긴장관계 속에서 2014년 3월 18일 러시아 대통령과 크림공화국 최고회의 의장, 세바스토폴 시장이 러시아-크림공화국 합병조약에 서명한 데 이어 3월 21일에는 러시아 상원에서 크림반도 합병조약 비준과 관련법 개정안이 통과했고, 이어 푸틴 러시아 대통령이 비준안에 최종 서명함으로써 크림공화국이 러시아의 행정구역으로 편입되는 법적인 절차가 마무리되었다.

38) 현존함대란 "상대적으로 열세한 함대가 결전을 회피하고 세력을 보존함으로써 존재가치가 적 함대를 견제하고 행동의 자유를 제한하는 해군력 운용개념(해군 군사용어사전)." 현존함대가 어느 정도 원해 전투능력을 가진 함대이지만 원해에서 대규모 함대와 정면 승부를 할 수 있는 함대가 아님을 감안할 때, 1990년 당시 러시아는 연안방어 수준의 함대를 유지하며 과거 대양해군의 전성기를 회복할 계획이었다.

증대의 영향으로 국방비 투자가 정상적으로 추진되었는지는 의문점이 많이 남는다.

그럼에도 2014년 1월 3일 러시아 해군 고위 당국자의 신년 인터뷰에서 러시아 해군은 보레이(Borei)급 핵잠수함과 키로프급 미사일순양함 등 각급 함정 총 40척을 2014년 새로 도입해 실전 배치한다는 계획이 발표되었다.[39] 국방예산의 증액과 해군력 증강이 보여주듯 점차 현실이 되고 있고, 대규모 전력 증강계획을 통한 군사 활동의 증가는 이제 기정사실이 되고 있다.

해양 에너지안보를 위한 에너지 외교의 중요성이 증대됨에 따라 러시아는 국가이익과 직접적으로 연결되는 에너지를 수호하려는 안보 인식과 함께 지키려는 외교전략을 적절히 활용하고 있다. 특히, 해군력을 이러한 안보위기를 수호할 수 있는 좋은 수단으로 활용하는 해양전략이 추진되고 있다.[40] 이러한 전략의 일환으로 에너지 자원의 지속적인 확보와 개발을 위해 북극해 일대에서의 해군력 건설과 연합훈련을 지속적으로 실시하고 있으며, 카스피해와 흑해에서의 해군력 강화와 해군활동도 확대하고 있다.

2011년 발표된 '북극해에 대한 러시아의 기본정책'은 2008년 국가안보전략서보다 군사적인 면이 더욱 강조되어 있다. 동 정책서는 북극해에서 모든 유형의 활동이 국방과 안보에 초점을 두고 있으며, 해군력의 중요성이 강조되었다. 러시아 해군의 해상배치 전략 핵전력이

---

39) 『연합뉴스』, 2013년 1월 4일자.

40) 국방연구원 책임연구위원 심경욱 박사는 '러시아의 해양전략과 해군력 발전추이'에 대한 연구를 통해 러시아가 에너지 안보외교를 통해 국익을 극대화하고 있으며, 국가전략을 군사안보와 연계시켜 에너지 중심의 해양전략을 추진하고 있다고 주장한다. 자세한 내용은 심경욱, 「러시아의 해양전략과 해군력 발전추이」, 『Strategy 21』 21(봄 · 여름호), 해양전략문제연구소, 2009, pp. 231-232.

러시아와 동맹국들에 대한 억제전력으로 최우선시되었고, 북극해에서 러시아의 국가이익을 위해서는 국경과 북극해의 해양경계가 반드시 보호되어야 함을 강조했다.[41]

러시아 해군은 냉전 말기 이후 언급되지 않았던 북극해에 대한 현시를 확대하고 있으며 2009년 3월 지상군, 해군, 공수부대로 구성된 '2020년 북극군 창설계획'을 발표했다. 특히 2011년 '러시아연방 군사전략 독트린'과 2011년 1월 7일 '러시아연방 해양 독트린'이 발표된 이후 북극해에 더욱 적극적으로 군사력을 현시하고 있다. 국방부 소속 블라디미르 샤마노프 중장이 발표한 러시아 북양함대 잠수함 전력의 작전반경 확대와 러시아 군사전략 측면에서 북극해의 대륙붕을 포함한 북극해에서 자국의 이익에 반하는 위협에 대응할 것이라는 내용은 이러한 실제적 안보위협에 대한 대응방침으로 해석된다.

카스피해의 해양에너지 안보를 위한 러시아의 노력도 간과할 수 없다. 에너지가 중요한 자원으로 자리 잡으면서 CIS국가 중 카스피해 주변 국가와의 관계를 한층 더 강화했다. 에너지 생산지로서 중앙아시아와 러시아를 잇는 생산축(종축)과 세계 에너지 최대 소비시장으로서 서유럽과 아태지역을 잇는 소비축(횡축)을 연결하는 '십자로'를 구축하여 세계 에너지시장에서 막강한 영향력 행사를 추구하고 있다.[42] 에너지 수송로를 둘러싸고 서방과 러시아 간의 대결 구도가 벌어지고 있는데, 러시아는 카스피해를 통해 중앙아시아 지역으로 연결되는 바쿠에서 터키의 세이한 노선인 BTC(Baku-Tbilisi-Ceyhan) 라인[43]을 저지해왔다.

---

41) http://eng.globalaffairs.ru/number/n_11281

42) 이재영, 「러시아 · 중앙아시아 국가들의 자원외교 전략」, 『정세와 정책』 144, 2008.

43) 바쿠-트빌리시-세이한 파이프라인은 카스피해의 아제리-시락-구나슐리 유전에서 지중해까지 1,768km 길이의 원유 파이프라인이다. https://en.wikipedia.org/wiki/Baku-

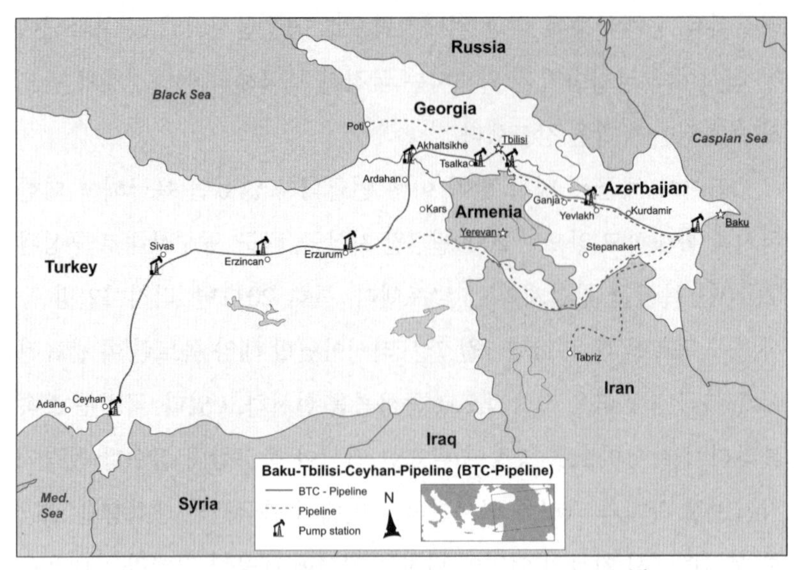

〈그림 4-3〉 바쿠-트빌리시-세이한(BTC) 파이프라인 경로[44]

이러한 상황은 아제르바이잔과 러시아의 협력관계를 멀어지게 했다. 러시아는 2007년 5월 카자흐스탄, 투르크메니스탄과 카스피해에서 러시아를 거쳐 흑해로 연결되는 노선을 새로 건설하기로 합의하는 등 대규모 에너지 프로젝트를 추진했다. 또한 카자흐스탄, 투르크메니스탄, 우즈베키스탄 등과 함께 '유라시아 석유-가스동맹' 창설을 계획하고 있다.[45]

2000년 이후 경제발전으로 국력이 신장됨에 따라 러시아는 해군력을 활용한 대외활동과 군사외교활동도 적극적으로 실시하고 있다. 안정적인 에너지 수송과 확보를 위해 인도양에서 인도와의 해군협력

Tbilisi-Ceyhan_pipeline.

44) https://en.wikipedia.org/wiki/Baku-Tbilisi-Ceyhan_pipeline.

45) Андрей Конопляник · Николай Никитин, "Туркменскийгаз в Европе Нефте?," 『газовая Вертикаль』, No. 18(2010), pp. 66-68.

〈그림 4-4〉 CIS국가-러시아-유럽의 석유가스 수송축[46)]

과 해적 문제를 해결하기 위해 소말리아 근해에서 다국적군과의 해군 협력 관계를 전략적 협력동반자 수준으로 유지하는 동시에 북유럽 가스 파이프라인과 블루스트림 가스 파이프라인을 보호하기 위해서도 해군력을 활용하고 있다. 국제사회에서의 영향력 확대와 위상 제고, 그리고 해군의 작전능력 확대를 위해 해군함정을 세계무대로 넓혀 관심을 확대시키는 해군활동을 전개 중이었다. 특히 러시아 해군은 함대별로 외국 해군과 정기 · 비정기적인 연합훈련을 활발히 진행했다. 2014년 크림반도 합병문제로 잔존하는 훈련은 중단되고 일부 논의만 있었으나, 2022년 우크라이나 사태가 발생한 이후에는 이러한 해상에서의 연합훈련은 완전히 중단되었다. 현재 이루어지고 있는 훈련은 중

46) 러시아 정기간행물 「Газ России (러시아의 가스)」 18, 2010. http://www.konoplyanik.ru/ru/publications/articles/474_Turkmenskij_gaz _v_Evrope.pdf.

국과 인도와의 연합훈련만 남았으나, 인도와의 연합훈련은 향후 러시아의 행보에 따라 실시 여부가 정해질 것으로 예상된다.

〈표 4-1〉 2000년대 러시아 해군 함대별 연합훈련명/참가국/훈련주기[47]

구분	훈련명	참가국	훈련주기
태평양함대	러 · 중 연합 해상훈련	러시아, 중국	매년
	INDRA	러시아, 인도	합의 시
	Pacific Eagle	러시아, 미국	합의 시
북양함대	POMOR	러시아, 노르웨이	매년
	바렌츠 해상 수색구조 훈련	러시아, 노르웨이	매년
	세베르니 오룔	러시아, 노르웨이, 미국	매년
발틱함대	FRUKUS	러시아, 프랑스, 영국, 미국	매년
흑해함대	BLACKSEAFOR	흑해 연안국	매년
	IONIEX	러시아, 이탈리아	매년
카스피해 소함대	러 · 카자흐스탄 연합해군훈련	러시아, 카자흐스탄	합의 시

국제사회에서 러시아의 해양력에 대한 역할 증대를 위한 노력의 일례로 2012년 러시아 태평양함대가 중국과 처음으로 해군연합훈련을 실시했으며, 이를 계기로 매년 실시되고 있다. 그러나 러시아는 여전히 중국이 북극항로 지역으로 활동을 확대하는 데 대해 우려를 나타내고 있다.[48] 2014년 기간 중 러시아 함정의 외국 항구 방문 및 연합 기회 훈련도 활발히 진행했다. 태평양함대 소속 대형 구축함 '마샬 샤포시니코프'함이 4월 1일부터 2일까지 인도네시아가 주관한 연합 구조훈련 'KOMODO-2014'에 참가했고, 4월 19일부터 23일까지 파

47) 러시아 국방부 홈페이지 및 러시아 대중매체 참조. http://mil.ru/

48) 『동북아 전략균형 2012』, 한국전략문제연구소, p. 26.

키스탄의 카라치항을 방문한 후 출항하면서 파키스탄 해군과 연합 해상 대테러훈련을 실시했으며, 6월 20일에는 베트남 캄란항을 친선 방문했다. 한편 7월 14일부터 18일 기간에는 인도 해군함정이 러시아 블라디보스토크를 방문하여 대함 및 대공미사일 발사훈련을 포함한 'INDRA- 2014' 훈련을 진행했다.

해외기지 복원을 위한 활동도 지속하고 있다. 2014년 2월 26일 『리아노보스치』 보도에 따르면 세르게이 쇼이구 러시아 국방장관은 "해외 군사기지를 늘리기 위해 베트남, 쿠바, 베네수엘라, 니카라과, 세이셸, 싱가포르와 회담을 진행하고 있다"고 하면서 "해외기지 건설뿐만 아니라 러시아 함정의 출입항 절차를 간소화하는 문제도 논의 중이다"라고 밝혔다. 현재 러시아의 유일한 해군기지는 시리아의 타르투스항이다. 2014년 7월 28일 인테르팍스 통신은 "러시아가 2015년부터 시리아의 '타르투스' 기지에 대한 대공 및 대침투 방어력 강화 및 시설 현대화 작업을 진행할 것"이며, "작업이 종료되면 1번 부두는 1급함(순양함, 구축함), 2번 부두는 2급함(프리깃함, 대형상륙함)의 계류가 가능할 것"이라고 밝힌 바 있다. 2014년 1월 1일 베트남 관영통신은 러시아로부터 구매키로 한 6척의 킬로급 잠수함의 1번함인 '하노이'를 실은 화물선이 베트남 남부 캄란만에 도착했다고 보도했다.

러시아는 해양을 통한 군사외교 강화에 관심을 가지고 있다. 또한 이러한 정책은 경제안보와 무관하지 않다. 에너지 자원을 보호하기 위한 해양안보는 그 어느 시대보다 중요한 의미를 가지면서 해군 중심의 전략이 아니라 국가안보 중심의 해양전략에 더 힘을 싣고 있다. 러시아는 과거의 소극적이고 방어적인 해양전략에 머물지 않고 이를 벗어나 더욱 적극적이고 공세적인 해양전략을 추구하고 있다.

상기 내용을 종합적으로 분석해보면 21세기 들어 러시아의 해양

전략은 전 해역에서 전반적으로 수세적인 해양정책에서 공세적으로 전환하고 있다. 태평양, 발트해, 북해에서는 서방세력을 견제하기 위한 억지전력을 전개하는 등 구체적인 해양력 투사전략을 추진하고 있고, 카스피해와 북극해에서는 해양에너지 주도권 확보를 위한 해양정책을 강화함과 동시에 주변국 간의 협력 또한 적극 추진하고 있다. 또한 가시화되고 있는 북극해 시대를 맞아 북극해 항로 개발과 극동의 부동항 확보를 추진하고, 신속 대응군을 적극 활용하는 전략을 모색하고 있다. 최근 러시아는 북극해에 표트르 대제 핵추진 순양함 등 10여 척으로 이루어진 해군전력을 상주시킨 바 있다.[49] 2020년까지 시베리아-극동지역 에너지 수송 간선망 확충 등 동북아 지역 석유의 1/3, 천연가스 1/6 공급을 목표로 아태지역의 군사력을 증강하고 러시아 태평양함대사령부의 임무와 역할을 확대함은 물론 시베리아 동부를 관할하는 동부군관구 사령관에 해군 제독을 임명하여 해양의 역할을 증대시킨 바 있다. 이러한 인사정책은 동북아에서 미국을 포함한 중일의 해군력 증강을 견제하고, 쿠릴열도 등 영유권 분쟁과 북극해 항로의 안보와 자원개발 갈등에 대비한 전략적 차원의 결정으로 해석된다.

3) 러시아의 해군력 건설

러시아는 미국의 MD에 대항하기 위해 요격미사일을 배치하려고 한다. 아이러니하게도 양국은 전략핵무기감축 협상 진행에 역행하는 시대적 발상을 하고 있다. 이러한 배치는 양국의 핵무기 비축과 관련하여 존재하는 전략적 균형을 깨뜨리는 것으로 이해된다. 그러나 이

49) "러시아, 10척 군함단 북쪽으로 보낸 까닭은", 『중앙일보』, 2013년 9월 16일자.

러한 의도는 러시아를 자극하여 러시아가 미사일방어 자체를 위협으로 간주하여 미국에 대한 억지 능력을 증강하는 상황을 방치하는 것이다. 미국이 미사일방어체계를 장착한 이지스함을 지중해와 북해 인근에 배치하여 해당 지역에서 표적들을 요격할 수 있다면, 러시아는 S-400 및 S-500 체계를 탑재한 함정을 흑해, 발트해, 바렌츠해 그리고 백해 등에 배치할 것이다.[50)]

푸틴이 총리로 재임하던 2010년 9월 20일 아나톨리 세르듀코프 러시아 국방장관은 "러시아는 10년간 6,984억 달러를 투입하여 군 장비 현대화에 적극 나설 계획이며, 이를 위해서는 미국 등 서방 무기체계와 관련한 기술 도입도 할 수 있다"고 밝혔다. 향후 10년간 기존 국방예산의 46%가 증가한 6,984억 달러(19조 루블) 규모의 '2011~2020 무기 획득 프로그램'을 발표했다. 발표된 내용에는 매년 군사 장비를 11%씩 개선할 것을 요구하고 있다.[51)] ICBM 400기, 전략 핵잠수함 8대, 잠수함 20대, 전투기 600대 이상을 확보하기 위한 대규모 투자에 대한 의지가 반영된 계획이었다.[52)]

러시아 해군은 원거리 전력투사능력을 제고하고, 원양작전 능력을 구비하기 위한 전력 건설을 추진하고 있다. 항모단 및 상륙단의 전력을 보강하고, 전투함은 대잠 · 대공 · 대함작전 능력을 강화하고 있다. 최근 러시아 해군은 전력 개선에 노력하고 있으며, 1990년 이래 구축함급 이상 대형 수상함정과 전략핵잠수함의 건조가 중단되는 듯했

---

50) Dmitri Trenin, 「러시아군의 현대화: 21세기 전략을 찾아서」, 『한반도 군비통제』, 제1회 서울안보대화 특집 논문, 2012, pp. 107-108.

51) 한국국방연구원 연구보고서, 『2010 동북아 군사력과 전략동향』, 한국국방연구원, 2010, p. 68.

52) 한국국방연구원 연구보고서, 『2012 동북아 군사력과 전략동향』, 한국국방연구원, 2012, p. 229.

으나, 2010년 다시 전력 증강을 시작으로 2012년 푸틴 3기 출범 이후 이러한 추세는 더욱 강경해져 2014년 1월 3일 해군 고위 당국자의 해군 핵잠수함과 순양함 40척이 실전배치되었다. 2021년 기준 러시아 해군 병력 수는 4천 명이 감소한 15만 명에 머물러 있다. 이는 미군 해군 병력의 절반 수준이다.[53]

러시아 해군은 5만 8천 톤급 쿠즈네초프급 항모 1척을 운용하고 있으나, 향후 3척을 추가 건조할 계획에 따라 새로운 항공모함 건조에 대규모 투자를 감행할 예정이다. 신형 항공모함은 배수량 6만 톤급 핵추진 항공모함으로 차세대 고정익 및 회전익 항공기를 지원하는 해상 플랫폼이 될 것이며, 특히 현재 운용 중인 Su-33 다목적 전투기를 대체할 5세대 전투기와 무인기를 탑재 운용하게 될 것이다. 이렇게 건조되는 항모는 태평양함대와 북양함대에 배치할 계획이다.[54] 또한, 5천 톤급 구축함과 20척의 신형 유도탄 호위함을 건조할 계획이다.

러시아 해군은 순양함(CGHMN2, CGHM4) 6척, 구축함(DDGHM17, DDGM1) 18척 및 호위함(FFGHM5, FFGM10) 15척을 보유하고 있어 대양작전능력이 가능하다. 러시아 해군전력은 4개의 함대와 1개의 소함대로 분할되어 있고, 2022년 기준 러시아 태평양함대사령부는 전략핵잠수함(SSBN) 4척을 비롯한 21척의 전술잠수함(SSGN8, SSN4, SSK9)과 1척의 순양함, 5척의 구축함이 배치되어 있다.

---

53) https://ru.wikipedia.org/wiki/Военно-морской_флот

54) 러시아 해군은 1985년 건조, 배수량 5만 8천 톤급 항공모함 아드미랄 쿠즈네초프(Admiral Kuznetsov)함 1척만 보유, 50대 이상의 항공기 탑재, 승조원 1,500명. 「РИА Новости」(2009.12.26). http://www. rian.ru.

〈표 4-2〉 태평양함대의 주요 전력 변동 추이(2014~2022)[55]

(단위: 척)

연도	총계	잠수함						전투함			
		계	전략	전술				계	CG	DDG	Corvette
			SSBN	계	SSGN	SSN	SSK				
2014	45	18	3	15	5	4	6	27	1	5	21
2015	45	18	3	15	5	4	6	27	1	5	21
2016	45	18	3	15	5	4	6	27	1	5	21
2017	46	18	3	15	5	4	6	28	1	5	22
2018	47	18	3	15	5	4	6	29	1	5	23
2019	48	19	3	16	5	4	7	29	1	5	23
2020	51	20	3	17	5	4	8	31	1	5	25
2021	54	23	4	19	6	4	9	31	1	5	25
2022	57	25	4	21	8	4	9	32	1	5	26

출처: IISS, The Military Balance, 2005~2013, WIKIPEDIA)[70] 재구성

1만 3천 톤급 3세대 핵잠수함은 수심 1천 m까지 잠항하여 시속 70km로 항해 가능하며, 3천 km 반경 내의 지상표적을 정밀타격할 수 있는 순항미사일 24기를 탑재하고 있다. 보레이급 핵추진잠수함에는 불라바(Bulava) 탄도미사일을 탑재하고 있고, 1만 7천 톤급 핵추진잠수함 2척을 전력화하는 등 12척의 핵추진잠수함에 각각 16~20기의 대륙간탄도탄(SLBM)을 탑재하고 있다. 또한 45척의 전술잠수함(SSGN8, SSN17, SSK20)을 운용 중이다.[56] 지구 온난화로 인한 북극해의 해빙이

55) https://en.wikipedia.org/wiki/Pacific_Fleet_(Russia)

56) 러시아는 현재 원거리 투사전력이 가능한 해군전력을 건설하고 있다. 『국가의 해양력(The Seapower of the State)』에서 대양해군이 러시아 해군의 미래임을 강조했던 구소련 시대의 위대한 해군 제독이며 해양전략가였던 세르게이 고르시코프의 예언이 부활할 것으로 보인다. 현존하는 또 다른 러시아 해양전략가 안드레이 파노프는 『러시아 해양력 300년사』에서 세계는 항공모함의 시대로 부활하고 있음을 언급하고 러시아의 해군력이 가야 할 방향을 제시했다. 구체적인 내용은 Андрей Панов, "Морская сила России 300лет," Москва:

급속도로 빨라짐에 따라 북극해 항로가 열리면서 북극해의 안보를 책임지게 됨에 따라 자유로운 항해와 전략적으로 핵억지력을 유지하기 위한 전략핵잠수함 전력건설에 더욱 매진하고 있다.[57] 이는 전략핵잠수함에 거는 러시아의 기대가 다른 수상함 전력보다 우선시되는 이유이기도 하다.

러시아의 주요 언론보도에 따르면, 러시아는 2030년까지 신형 항공모함(6만 톤급) 2~3척과 SLBM 불라바를 탑재한 보레이급 신형 핵잠수함 약 5척을 보유할 전망이다. 또한 1970~1980년대에 건조한 주력 상륙함(로프차급)의 선령 노후화로 후속함의 건조가 시급해짐에 따라 프랑스에서 현지 건조하여 구매하는 강습상륙함 2척을 태평양함대의 최일선에 배치하고, 나머지 2척은 러시아에서 현지 건조할 예정이었으나, 우크라이나 사태로 인해 미국과 서방의 대러 제재에 동참하는 프랑스 정부는 미스트랄급 상륙함을 러시아에 양도하는 것을 포기했다.

러시아 해군전력 발전계획과 현재 해군력 건설 진행 과정을 볼 때, 주변국 해양전략가들이 예상하는 러시아의 전력 건설 방향에서 벗어나고 있다. 해역함대의 주력 함정들을 현대화하려는 의도에 더하여 기동함대를 구성하여 대양에서 작전하려는 의도가 포함되어 있기 때문이다. 러시아의 항공모함 보유 의도나 수상전투함 신건조사업들을 볼 때 강대국으로서의 위상을 다시 얻으려는 의지와 함께 대양에서 활동하며 자국의 이익을 수호하고, 국제사회에서의 입지를 고수하려는 의도가 보인다. 특히, 최신예 보레이급 SSBN 건조사업은 냉전 시

Эксмо, 2005, pp. 415-430 참조.

57) James R. Lee, "Climate change and armed conflict: hot and cold wars," *Routledge*, 2009.

대 러시아 태평양함대사령부 잠수함 전력이 전 세계를 누비던 시대[58]를 재현하려는 의지의 상징으로 여겨진다.

〈표 4-3〉 2014년 발표된 러시아 해군력 건설 현황[59]

구분	내용
수상함	• 러 해군, 약 40척 함정 인수 – 신형함정: 보레이급 전략핵잠수함 '블라디미르 모노마흐', Project 636.3 디젤 잠수함, 구조함 '이고르 벨로소프' 등 – 성능 개선: 미사일순양함 '아드미랄 나히모프', 핵추진잠수함 3척 등
잠수함	• 러 해군 사령관, 5세대 디젤 잠수함 개발 언급 – "상트페테르부르크에 위치한 '루빈'설계소에서 5세대급 디젤 잠수함 '칼리나'를 개발 중이며, 시제품은 2018년 나올 예정" – "동 잠수함은 AIP 추진, 다목적 공격형 잠수함 기능 수행 및 미래형 로봇화된 운용체계를 탑재할 예정"
항공기	• 러 해군, 2014년 '쿠즈네초프' 항모에 신형 MIG-29K 함재기 배치
	• 러 해군, 2020년까지 총 28대의 개량형 IL-38N 해상초계기 인수, 북양 및 태평양함대에 배치 및 2020년 이후 신기종 개발 예정

2014년 러시아 국방부(해군)에서 발표한 러시아 해군력 건설계획에서 보듯이 수상함, 잠수함, 항공기 전력이 대부분 신형으로 교체되는 것을 볼 수 있다. 2014년 대비 2021년 해군전력을 볼 때 순양함, 구축함, 프리깃 대수는 오히려 감소하는 추세다. 다시 말해, 노후화된 함정을 줄이고 최신예 함정으로 대체 중임을 알 수 있으며, 잠수함은 신형 잠수함 전력을 배치하되, 구형 잠수함을 유지하며 전력 증강을 추

58) 미소 냉전 시대에 러시아 태평양함대사령부 소속의 핵잠수함(SSBN)을 보유한 잠수함부대의 작전활동 영역은 상당히 광범위했다. 블라디보스토크에 위치한 태평양함대사령부의 지휘를 받으며 주요 핵잠수함(SSBN) 전력은 캄차카반도에 위치하여 태평양 전역, 오호츠크해, 베링해는 물론, 인도양, 대서양, 바렌츠해, 북극해에 이르기까지 세계의 대양을 작전활동 영역으로 두고 활동했다. Александров Л. И., 『Тихоокеанский флот России 1731-2006гг(К 275-летию)』(Владивосток: Дальнаука, 2006).

59) 러시아 국방부 사이트. http://mil.ru.

진 중이다.

〈표 4-4〉 2021년 러시아 해군전력 현황[60)]

구분	전력 현황
함정	1,130척 약 202톤
항공모함	1척
순양함	4척
구축함	12척
프리깃	16척
잠수함	69척
해병대	약 3만 5천 명

60) IISS, *Military Balance*, 2021.

3장
미중 패권경쟁 시기 러시아의 해양전략

국제정세를 바라볼 때, 중국의 경제적 부상으로 이어지는 군사력 증강과 미국의 인태전략 구상에 따른 아시아 중시정책으로 야기되는 경쟁적 구도의 딜레마는 미중 간 패권경쟁을 심화시키고 있다. 이데올로기를 중심으로 미소 경쟁이 치열했던 냉전 시대가 끝나고 미국을 중심으로 세계의 중심축을 형성해가는 듯했으나, 지역적 분쟁과 테러의 소용돌이를 거듭해가는 가운데 세계의 양강 구도가 다시 꿈틀거리고 있다. 즉, 2000년대 들어 중국의 국력이 급성장하면서 중국의 부상으로 다시 미국과 중국의 양대 구도를 형성해가고 있다.

21세기의 문이 열리며 경제적 성장을 기반으로 중국의 국력이 급성장하여 이제는 G-2(group of two)라는 말이 더 이상 새롭게 여겨지지 않을 만큼 중국은 강대국으로 성장했다.[61] 중국의 국내 경제의 급성장

61) 미국 카터 행정부에서 국가안보보좌관을 지낸 즈비그뉴 브레진스키(Zbigniew Kazimierz Brzezinski)가 미국과 중국을 G-2로 명명한 2009년 이후 국제사회에서는 미국과 중국을 두 강대국으로 표현할 때 G-2라는 용어를 사용한다. 최초 이 용어가 언급될 때 중국을 미국 수준으로 볼 수 있는지에 대한 찬반 토론이 활발했지만, 10년이 더 지난 지금에는 국제문제 전문가와 일반인 사이에서도 큰 거부감 없이 받아들여지고 있다. "Former Carter's adviser calls for a 'G-2' between U.S. and China," *The New York Times*, January 12, 2009; Niall Ferguson and Moritz Schularick, "'Chimerica' and the Global Asset Market Boom,"

은 해외 국가 간의 경쟁력에서 우위를 차지하고 있고, 경제적 성장에 힘입어 중국으로서는 이에 걸맞은 수준의 해양력을 보유해야 할 필요성을 자각하면서 동아시아 해양에서의 군사력 투사 능력을 강화하고 있다. 이와 같은 중국의 경제적 · 군사적 부상은 미국으로 하여금 아시아에 더 많은 관심을 기울일 것을 요구하기에 이르렀다. 즉, 중국의 부상은 미국이 아시아로 회귀하는 실질적인 이유가 되고 있다.

이러한 미중 패권경쟁 시대에 러시아는 한걸음 물러나 있는 형상이다. 미국을 중심으로 서방의 대러시아 경제제재로 인해 미중 패권경쟁 구도의 틈바구니에 끼어들지 못하는 듯 보이며, 최근 우크라이나와 러시아의 군사적 분쟁과 갈등이 최정점을 찍으면서 국제적 문제 해결에 더 관심이 집중되고 있다. 러시아는 에너지 자원 문제, 영유권 분쟁이 공존하는 북극에서만은 아직 주도권을 확보해나가고 있다. 이 지역 '해양안보의 메카'라 불리는 북양함대를 모기지로 하여 2014년 12월 1일 만들어진 북극합동전략사령부는 북극에서의 작전지휘를 합동군 차원에서 전개할 수 있도록 했다. 이후 북극의 중요성이 증대되면서 2021년 1월 1일부로 러시아의 기존 4개 군관구(서부, 남부, 중부, 동부)와 동일한 지위를 갖춘 북부특별군관구로 승격되며 본격적인 군관구의 지위를 얻게 되었다. 러시아의 넓은 영토를 수호하기 위한 전방위적 해양안보수호를 위해 균형함대 건설을 목표로 해양전략을 세우고, 해양력을 강화한다는 러시아 해군의 기본목표는 변함이 없지만, 최근 북극지역을 중심으로 급변해가는 많은 변화는 결국 러시아의 해양전략이 북극을 중심으로 세워지고 있다.

그러므로 미중 패권경쟁 시대 러시아의 해양전략 중심에 있는 북

International Finance, vol. 10, no. 3, 2007, pp. 215-239.

극을 중심으로 변화되는 러시아 해양전략과 해양력의 이해가 무엇보다 중요해졌다. 이에 러시아군이 실제로 운용하고 있는 북극의 해양전략과 전력 운용 등에 관한 내용을 구체적으로 다룸으로써 러시아가 바라보는 북극 해양안보의 핵심 내용에 대한 이해를 돕기로 한다.

1. 북극의 군사안보 현황

탈냉전 시대에 접어들며 북극은 평화와 협력의 공간으로 인식되는 듯하지만, 군사안보적 측면이 강조되는 새로운 전략환경의 중심지로 전환되는 새로운 국면에 직면해 있다. 특히, 북극의 해양 자원은 국가의 이익을 우선주의로 강조하는 국가 간 쟁탈전의 수단이 되고 있다. 러시아는 특히 2007년부터 북극을 '평화와 협력'의 영역인 동시에 '군사적 안보' 영역임을 천명했다. 북극을 중심으로 신냉전으로 회귀하는 조짐이 보인다는 전문가들의 견해는 이러한 변화에 대한 예측을 강조한다. 냉전 시기에 북극은 미국과 소련 간 군사대결의 최전방에 놓여 있었다. 미소 간 북극해를 횡단하는 구간을 '최단거리 공격루트'로 인식하고 있었기 때문이다. 냉전이 종식된 이후 약 15년간 환경보호 등을 중심으로 협력적 모습을 보이던 북극이 다시 '신냉전'을 예고하며 강대국 간의 새로운 경쟁과 대결의 무대로 빠르게 변모하고 있다.

2001년 9월 11일 발생한 9 · 11테러 이후 20여 년의 세월이 흐르는 동안 미국과 서방국가들이 대테러전쟁에 집중하고 있는 사이 러시아는 북극해의 군사화에 박차를 가하고 있다. 2014년 4월 25일 러시아 국가안보이사회 정기회의에서 푸틴 대통령은 "북극에서 러시아 안보를 강화하는 것이 최우선 국가과제 중 하나"임을 강조하면서 "효율적인 북극정책 구현을 위해 단일화된 조직 창설, 잠수함과 수상함을 동시 지원할 수 있는 통합 해군기지 구축"을 지시했다. 러시아연방 국군통수권자의 명령으로 북극해를 둘러싼 러시아의 군사화 움직임은 단기간에 급속도로 발전과 변화를 맞고 있다. 첫째, 러시아가 통합군 체제로 변화된 후 4개 통합군관구(동부 · 서부 · 중부 · 남부 군관구)가 지상군과 해공군을 포함하여 광활한 러시아 지역을 신속하게 지휘할 수 있도록 지역별로 지휘체계를 일원화시켰다. 이와 함께 무르만스크지역의 세베로모르스크에 위치한 북양함대는 서부군관구에 포함되어 북극해를 관할하는 함대 역할을 해오다가 2014년 12월 1일부[62]로 북극해 지역을 전담하는 특별함대로 지명되면서, 북양함대를 모체로 북극합동전략사령부(Arctic joint Strategic Command)가 창설되어 북극해에서의 해양력을 과시하는 사명이 현실화되었다. 둘째, 북양함대의 전력증강사업이 급속히 진행 중이다. 2014년 7월 27일 러시아 북양함대는 2020년까지 보레이급 핵잠수함을 비롯한 잠수함 8척, 상륙강습함 2척, 소형구축함 5척 등 함정 40척을 2020년까지 도입할 계획임을 밝힌 바 있다. 2020년까지 건조를 계획하고 보레이급 신형 전략핵잠수함 8척 중 4척을 북양함대에 배치할 계획도 가지고 있었다. 현재 이러한 전력증강 동향은 현실화되고 있는 상황이다. 셋째, 이 지역 일대에서 수상함, 잠수함, 해상초계기의 초계활동이 빠르게 증가하고 있다.

62) 2014년 12월 1일 무르만스크 지역에 '북극합동전략사령부(Arctic joint Strategic Command)'가 창설되었다. 북극합동전략사령부[러시아어로 '세베르(Север)']는 러시아어로 방위의 '북쪽'을 의미한다. 사령부 설계 당시 블라디미르 푸틴 러시아 대통령은 북극 지역에서 작전을 전개할 수 있는 2개의 특화된 여단을 계획하고 있다고 밝혔다. 제1공군 및 방공군사령부와 서부 · 중부 · 남부 군관구의 일부 부대를 이양받았다. https://ko.wikipedia.org/wiki/북극합동전략사령부

이는 북극해의 얼음이 녹으면서 해상에서의 활동이 자유로워지고 있음을 보여주고 있다. 넷째, 북극해를 둘러싼 러시아 도서와 영토에 군사 인프라 건설을 적극 추진하면서 냉전 시대 유물이던 핵심 군사기지를 재정비하고 있다.

문제는 북극에서의 군사화 현상을 부추기는 요인이 영유권 분쟁을 촉발할 수 있다는 것이다. 이런 면에서 북극해가 남중국해와 유사한 양상으로 변질되고 있다는 견해가 높다. 이런 측면에서 본다면 러시아의 이러한 군사화 동향은 영유권 분쟁의 도화선을 자극하고 있는 모양새다. 북극에서의 '해빙'은 녹는 추세와 역행하여 '냉전'이 부활하는 '신냉전'의 첨예한 양상이 북극해를 둘러싼 국가 간에 나타나는 아

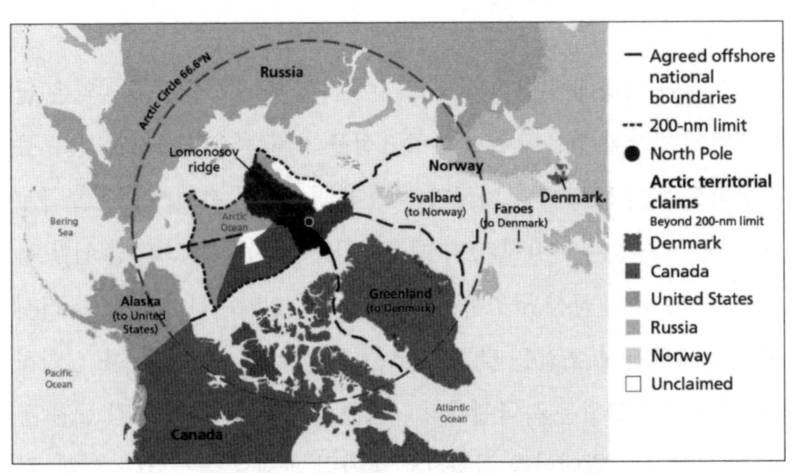

〈그림 4-5〉 북극해 영유권을 둘러싼 주요국 주장[63)]

63) 북극해를 둘러싼 영유권 주장은 국가마다 국제법적 주장을 달리 해석하고 있다. 보는 시각에 따라 다양한 측면에서 자국 이익 위주의 해석을 통해 영유권을 둘러싸고 갈등과 분쟁의 소지를 지속적으로 만들어나가고 있고, 이러한 갈등은 북극의 군사안보적 문제로 점증해나가는 수순을 밟고 있는 것으로 보인다. https://cco.ndu.edu/News/Article/1683880/high-north-and-high-stakes-the-svalbard-archi pelago-could-be-the-epicenter-of-r/

이러니한 현상이 나타나고 있다. 러시아는 2007년 유인 해저탐사선 2대를 동원하여 러시아명으로 로모노소프 해령과 멘델레예프 해령이 러시아의 대륙붕에 연결되어 있다는 점을 강조할 목적으로 4,261m 심해에 높이 1m, 무게 10kg의 티타늄으로 제작된 러시아 국기를 꽂는 퍼포먼스를 벌였다.[64] 이 장면은 푸틴 대통령이 TV 영상으로 지켜보는 가운데 전 세계에 방송되었다. 전문가들은 이 사건을 단순한 심해탐사가 아닌 '영토분쟁의 개시'를 알리는 신호탄으로 평가했다. 북극해 영유권의 선점을 위한 공개적인 '선전포고'로 보고 있다.

2. 북극의 전략적 중요성

러시아 입장에서 북미와 유라시아 사이에 위치한 북극지역은 군사대결이 발생할 경우에 결정적 중요성을 가지는 전략적 요충지다. 유럽방위를 위한 NATO와 미국의 지원에 필수적인 북대서양과 보급로를 통제할 수 있는 위치에 있기 때문이다.[65] 러시아는 2014년 이후 북극에 약 500개의 군사 구조물을 구축한 것으로 알려진다. 나아가 러시아는 북극작전에 초점을 맞춘 새로운 북극합동전략사령부를 신설하고, 수천 회에 달하는 북극에서의 군사연습 실시, 군사력 증강 등을 통해 북극 군사력 현대화를 최우선의 국가적 과제로 설정했다. 또한, 북극은 러시아의 북측 최전선을 형성하며, 북극해는 소련 군사교리로부

---

64) 정병선, "러시아 '북극 위해 전쟁 불사', 캐나다 등 '감시 강화'", 『조선일보』, 2010년 12월 10일자.

65) Ryan Burke, "Great-Power Competition in the "Snow of Far-Off Northern Lands," *Modern War Institute*, West Point, 8 April 2020.

터 전수된 '요새(Bastion)' 방어체계의 제1선을 담당한다.[66] 이런 개념의 기초는 탄도미사일잠수함이 적의 공격에 노출되지 않고 지원시설과 함께 배치될 수 있는 고도로 방호된 해양지역이 존재하기 때문이다. 북극해는 러시아의 세력투사에 핵심적 중요성을 갖는다. 이는 러시아에 대서양으로의 '방해받지 않는 접근'을 보장하는 유일한 통로다.[67] 나아가 러시아의 관점에서 북극은 대서양에 용이하게 접근할 수 있는 유일한 출구이자, NATO의 병참선을 위협할 수 있는 유일한 접근로다.[68] 그러므로 러시아에 북극에서의 효과적인 군사주둔은 적에게 역습의 가능성을 주지 않으면서 연안에서 자국군이 봉쇄당하는 불리점을 회피하는 데 필수다.[69]

냉전 시기 소련이 전략적 자산으로 간주한 북극은 미소 간 최단거리 핵공격 루트를 상징한다. 소련은 북극 해안선 방어를 위해 북극에 공군기지, 레이더기지, 방공포대를 구축함과 동시에 잠수함 활동 및 탐지를 매우 곤란하게 만드는 독특한 결빙조건을 적절히 이용했다. 북극에서 잠수함 활동이 곤란한 몇 가지 이유가 있다. 첫째, 음향 굴절을 초래하는 염분의 차이, 둘째, 북극에서의 다양한 소음(두꺼운 얼음이 깨지거나 이동할 때 나는 소음 때문에 잠수함 탐지가 매우 곤란), 셋째, 얼음 빙하(반잠수함전이 있을 시 잠수함을 보호하는 역할 수행) 등 몇 가지 이유 때문이다. 나아가 소련은 북극을 핵실험장으로 사용했다. 일례로 노바

---

66) Nurlan Aliyev, "Russia's Military Capabilities in the Arctic," International Center for Defence and Security (ICDS), 25 June 2019.

67) Harri Mikkola, The Geostrategic Arctic Hard Security in the High North (Helsinki, Finland: Finnish Institute for International Affairs, 2019), p. 4.

68) Matthew Melino & Heather A. Conley, "The Ice Curtain: Russia's Arctic Military Presence," CSIS, 2020. https://www.csis.org/features/ice-curtain-russias-arctic-military-presence

69) Aliyev, 2019.

야제믈랴제도에 위치한 'Object 700'이라는 명칭의 핵실험장에서는 1955~1999년 사이에 130회의 전구급 핵실험이 있었다. 여기에는 대기권 핵실험 88회, 수중 핵실험 3회, 지하핵실험 39회 등이 포함되어 있다.[70)]

이렇듯 러시아에 북극은 전략적 요충지이자, 러시아의 안방 같은 안보적으로 중요한 입지를 차지하고 있고, 자연적 및 지정학적 환경을 이용한 다양한 군사훈련의 시험장으로 활용하고 있다.

3. 북극의 군사기지화 동향

북극은 이미 강대국들의 자원쟁탈 전장이 되면서 이 지역에 대한 군사기지화가 급격히 진행되고 있다. 미국 · 캐나다 등 북극 연안국과의 북극 쟁탈전에서 유리한 위치를 선점하기 위한 조치들이 경쟁하듯이 보도되고 있다. 북극 전문가들은 현재까지 국제법이 미비한 북극지역의 항로 사용과 자원개발 등을 위한 관련국 간 경쟁이 더욱 치열해질 것으로 전망한다.

러시아의 북극지역은 북극해의 40%가 접해 있어 전통적으로 북극해의 안정을 안보 문제로 간주하고 있다. 다양한 북극전략을 발표하면서 군사기지 확대와 억지력 제고 등 군사안보 강화에 탄력을 받는 실정이다. 소련 시대 군사기지였던 노보시비르스크제도의 재건 등 북극권에 6개의 군사기지 신설, 비행장, 레이더망, 관제소, 병참기지 등 540여 개의 군 인프라가 설치되고, 러시아의 신형무기 S-400, 판

70) Aliyev, 2019.

치르-S 등 대공방어무기가 이 지역에 배치되었다. 이미 북극합동전략사령부는 2014년 12월 1일 창설되어 이 지역 합동작전의 중추적 역할을 수행하고 있고, '젠트르(러시아어 Центр; 영어 Center)-2019' 러시아 합동군사훈련 시 대공방어시스템 등 북극 특화장비들을 선보이고 러시아와의 우호국(중국, CIS국가) 등을 참가시켜 대외역량을 더욱 과시하고 있다. 또한 극지의 특별한 작전전개를 위해 러시아연방 대통령 푸틴은 2021년부터 북양함대(Северный Флот)를 독립군관구로 승격한다고[71] 2020년 6월 러시아 공식문서에 직접 서명했다.[72]

러시아의 북극전략에는 다양한 국가정책 발표에서도 제시된 바와 같이 북극 주변 국가들과의 대외협력 활성화를 통해 북극지역 발전의 의지를 포함하지만, 러시아의 주권을 지키기 위한 군사력 강화를 통해 이 지역의 군사안보를 확고히 하려는 의지가 명확히 현실화되고 있다. 제믈랴프란차이오시파(Franz Josef Land)제도의 알렉산드라(Alexandria)섬에 있는 북극 군사 인프라 시설[73]이 이를 잘 보여준다.

2017년에는 동시베리아해와 랍테프해 사이에 위치한 코텔니섬과 아르한겔스크주의 알렉산드라섬에 군사기지가 설치되었고, 2017년 초에 쇼이구 국방장관이 프란츠요제프제도의 미사일 기지를 시찰

---

71) Павел Львов, "Северный флот станет пятым российским военным округом", РИФ Новости, 6 июня 2020г. https://lenta.ru/news/2020/06/06/sevflot/

72) 러시아 연방 대통령령으로 공표했다. Указ Президента Российской Федерации от 05.06.2020 № 374 "О военно-административном делении Российской Федерации. http://publication.pravo.gov.ru/Document/View/0001202006050025?index=1&rangeSize=1

73) 러시아 북극 인프라 시설은 러시아 삼색기를 건물의 상징으로 표시하여 최대 50명이 1년 6개월 동안 외부의 지원 없이 생활이 가능한 최첨단 시설로 구축되었다. 노보시비르스크제도의 코텔니섬은 북위 75°에 위치하여 '북극 사막의 오아시스'라는 별칭을 가졌다. https:// www.mk.ru/politics/2021/04/27/samyy-severnyy-voennyy-obekt-rossii-iznutri-tayny-ostrova-kotelnyy.html.

2

Ульяновской и Челябинской областей, Ханты-Мансийского автономного округа - Югры, Ямало-Ненецкого автономного округа;

Восточный военный округ - в административных границах Республики Бурятия, Республики Саха (Якутия), Забайкальского, Камчатского, Приморского и Хабаровского краев, Амурской, Магаданской и Сахалинской областей, Еврейской автономной области, Чукотского автономного округа;

Северный флот - в административных границах Республики Коми, Архангельской и Мурманской областей, Ненецкого автономного округа.

2. Правительству Российской Федерации до 1 октября 2020 г.:

а) представить предложения по приведению актов Президента Российской Федерации в соответствие с настоящим Указом;

б) привести свои акты в соответствие с настоящим Указом.

3. Признать утратившими силу с 1 января 2021 г.:

Указ Президента Российской Федерации от 20 сентября 2010 г. № 1144 "О военно-административном делении Российской Федерации" (Собрание законодательства Российской Федерации, 2010, № 39, ст. 4929);

Указ Президента Российской Федерации от 2 апреля 2014 г. № 199 "О внесении изменения в Указ Президента Российской Федерации от 20 сентября 2010 г. № 1144 "О военно-административном делении Российской Федерации" (Собрание законодательства Российской Федерации, 2014, № 14, ст. 1613).

4. Настоящий Указ вступает в силу со дня его подписания.

КАНЦЕЛЯРИЯ

Президент
Российской Федерации В.Путин

Москва, Кремль
5 июня 2020 года
№ 374

〈그림 4-6〉 북양함대의 독립군관구 승격에 관한 러시아연방 대통령령

했다. 또한 그 이듬해에는 알렉산드라섬과 코텔니섬 북극에 적합한 전천후 비행장 건설이 계속되었다.[74] 2019년 4월 26일 쇼이구 국방장관 주관으로 국방부에서 북극의 군사기지 인프라 구축을 위해 '2028년까지 군사기지 현대화'에 관한 회의가 있었다. 이 자리에서 앞으로 몇 개월 내에 북양함대가 368개의 최신무기와 군사장비를 공급받게 될 것이며, 연말까지 러시아 현대무기의 59%가 이곳에 배치될 것이라고 강조했다. 또한 최근 5년 동안 이 지역에 12개의 인공 비행장이 재건설

74) Воробьева О., "Иван Грен пройдет проверку в Арктике," Красная звезда, 29 октября 2018г. http://redstar.ru/ivan-gren-projdyot-proverku-v-arkticheskom-regione/

되었다고 언급했다.[75] 국방부 발표에 따르면 2019년 12월부터 북극합동전략사령부를 군사지구와 동등한 독립군사행정기관으로 지위를 격상시킨다고 발표했다.[76]

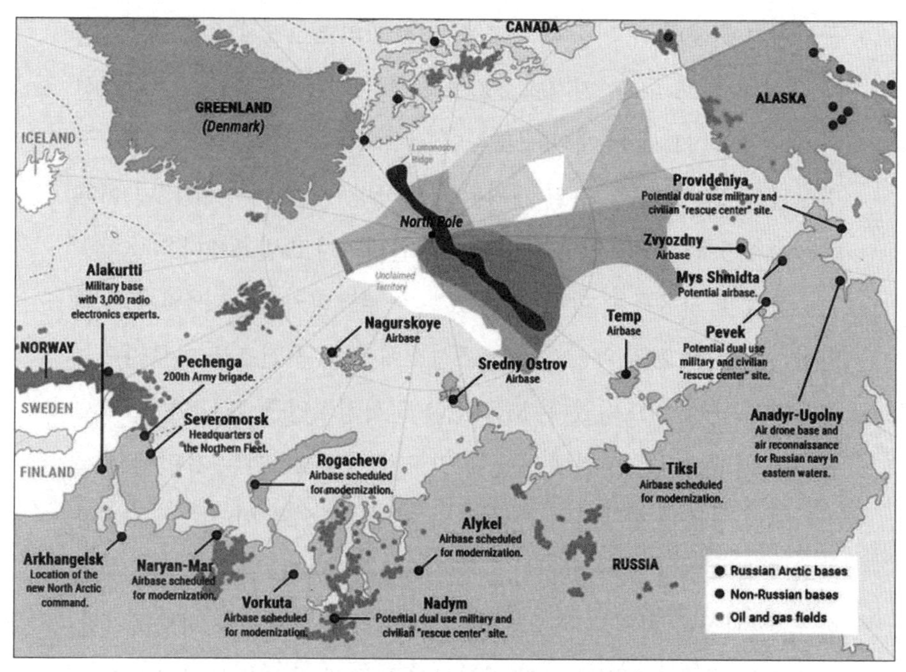

〈그림 4-7〉 북극에서 러시아의 군사화 현황[77]

75) Гаврилов Ю., "Ракеты в снегах. В поселке Тикси равернут дивизию ПВО," российская газета. 26 апреля 2019г. https://rg.ru/2019/04/26/shojgu-na-severnyj-flot-postupit-368-novejshih-obrazcov-vooruzhenlia.html

76) 북극합동전략사령부의 독립군사행정기관으로 격상시키겠다는 국방부의 공식 발표는 이후 2021년 1월 1일부로 러시아의 기존 4개 군관구(서부, 남부, 중부, 동부)와 동일한 지위를 갖춘 북부특별군관구로 승격되며 본격적인 군관구의 지위를 얻었다.

77) https://www.xn----7sbabah8bacofb6a9bkw.xn--p1ai/2020/11/blog-post.html

러시아는 해안 일대와 무르만스크 지역에서 극동까지의 섬에 대규모 시설물을 건설하는 등 북극지역 군사력 강화를 추진해왔다.[78] 2014년 이후 약 71만 m2 면적에 500개 이상의 대규모 시설이 들어섰다. 그중에는 프란츠요제프제도의 알렉산드라섬에 있는 나구르스코 군사기지에 89개의 건물과 구조물, 노보시비르스크제도의 코텔니섬에 위치한 템프(Temp) 기지에 250개가 넘는 건물과 구조물, 브랑겔섬과 케이프슈미트에 85개의 구조물이 건설되었다.[79] 러시아 쇼이구 국방장관은 2019년 3월 11일 개최된 국회국방위원회에서 2012년 이후 북극에 475개의 군사 인프라 시설이 건설되었다고 발표했다.[80]

북극을 자유롭게 항행할 수 있는 아르크티카(Arktika) 원자력 쇄빙선[81]이 10월 21일 무르만스크 조선소에서 최근 건조를 마무리하고 러시아 해군에 인도되었다. MGIMO 군사정치연구센터소장 알렉세이 포드베레즈킨은 이번에 해군에 인도된 아르크티카는 유럽에서 북극의 북동항로를 항행하여 동남아 및 아태지역으로 이어주는 수송통로의 핵심 역할을 수행할 것임을 강조하면서 NATO는 북극안보에 대한 많은 관심을 가지고 북노르웨이해에서의 해상기동을 시도하지만, NATO의 쇄빙선 능력은 아직 러시아의 능력에 미치지 못하고 있다고

78) 북극 일대의 군사기지 동향은 북극의 40% 이상을 연안으로 두고 있는 러시아의 군사기지와 군사력 건설 상황이 가장 두드러진다. 여러 공개자료를 통해 알려진 현황들이 NATO 발표자료와 러시아 국방부 발표 자료 간에 일부 차이는 있지만, 북극의 안보적 상황의 중요성이 부각되는 것만은 사실이다. https://www.xn----7sbabah8bacofb6a9bkw.xn--p1ai/2020/ 11/blog-post.html

79) Александр Тихонов, "Амбициозные задачи нужно ставить перед собой всегда," Красная звезда, 6 ноября 2018г. http://redstar.ru/

80) ИТАР ТАСС, "Минобороны построило в Арктике уже 475 объектво военной инфраструктуры," ТАСС, 11 марта 2019г. https://tass.ru/armiya-i-opk/6204831

81) 아르크티카 원자력 쇄빙선: 전장 173.3m, 전폭 34m, 만재 톤수 2만 3천 톤, 최대 3m 두께의 빙하를 뚫고 선박호송이 가능하다.

평가하며 원자력 쇄빙선의 정치 · 군사안보적 중요성을 강조했다. 이와 더불어 그는 북양함대의 현대화 건설 동향을 방어적으로 보고, 북극에서 러시아연방의 경제적 이익을 보호하고 군사 인프라 시설을 포괄하기 위해서는 새로운 미사일시스템과 광범위한 방공시스템이 필요하다고 주장했다.[82)]

북양함대는 러시아 전략핵 억제력의 중추인 탄도미사일 장착 핵잠수함 중 2/3를 보유하고 있다. 이동식 전력의 대명사인 탄도미사일탑재핵잠수함(SSBN)은 지상배치 대륙간탄도미사일의 한계를 보완하고 있어 전략적 중요성을 가진다.[83)] 러시아의 북극지역 군사화 동향은 다음과 같이 몇 가지로 구분해볼 수 있다.

첫째, 항공우주군[84)] 전력의 증강이다. 러시아는 북극지역 항공우주군 전력을 군사력 투사의 중요 요소로 본다. 2009년 러시아 정부는 Tu-22M, Tu-160, Tu-95MS 등을 대체할 제5세대 스텔스 폭격기 PAK-DA의 개발계획을 승인했다. 이 계획에 따라 PAK-DA는 2020년 시험비행을 거쳐 2025~2030년에 배치될 것으로 예상된다. PAK-DA 개발에 상당한 기간이 소요되기 때문에 Tu-22M의 성능개량도 병행하고, 2020년까지 10대 이상의 Tu-160을 생산하도록 결정했다.[85)] 2020년 4월 러시아군에 2대가 인도되었고, 나머지도 점차 인도

---

82) 북극지역 주변 국가들은 러시아 북극지역에서의 군사기지 건설이 매우 공세적이고 군사적 긴장을 고조시키고 있다고 말하고 있지만, 러시아 내 군사전문가들은 구소련 시대 군사기지의 재건과 방어적 수단의 강화로서 군사기지가 건설되고 있다고 평가하는 차이점을 가진다. https://news.myseldon.com/ru/news/index/231114385

83) Alexandr Golts, "The Arctic: A Clash of Interends or Clash of Ambitions," in Stephen Bland (ed.) Russia in the Arctic (Carlisle: Strategic Studies Institute, 2011), pp. 43-62.

84) 2015년 8월 공군과 항공우주방어군을 통합하면서 '항공우주군'으로 명명했다. 이전 공군사령관은 정식 명칭으로 항공우주군총사령관으로 변경되어 지휘한다.

85) 김경순, 「러시아의 북극전략: 군사화의 의미와 한계」, 『신안보연구』 187, 2015, pp. 156-

될 것이라고 러시아 국방부는 밝혔다.[86]

러시아군은 2018년 5월부터 북극권에 대한 군사적 영향력 강화를 위해 Tu-160 전략폭격기가 시베리아 동북단에 위치한 추코트카자치구까지 비행할 계획이라고 밝혔다. Tu-160은 핵탄두 순항미사일로 무장한 장거리 전략폭격기로 최대 비행거리가 1만 2천 km를 넘는다. 2017년에는 러시아 공군의 초음속 폭격기 Tu-22M3이 처음으로 북극권에 속한 우랄산맥 일대를 통과했다. 상기 군사력 행보와 관련하여 러시아 항공우주군은 북극이 러시아에 "전략적 중요성"을 가지며, 이 지역에 신규 비행장을 건설하고 해안국경 안보 확보를 위한 다양한 방안을 강구하고 있다고 밝혔다.[87]

둘째, 북양함대를 중심으로 한 해군력 증강이다. 무르만스크 지역의 세베르모르스크에 주둔하고 있는 북양함대는 러시아의 4개 함대 중에서 전략적 중요성이 가장 강조되는 최대 함대로, 러시아에서 유일한 항공모함 '쿠즈네초프'를 보유하고 있다. 아울러 '국가 무기체계 현대화' 추진과 함께 북양함대 전력도 발전하고 있다. 북양함대의 중요성은 역대 러시아 해군사령관이 북양함대사령관을 역임[88]하는 것을 보더라도 알 수 있듯이 북극지역, 즉 북빙양을 둘러싼 작전지휘 경험이 우선시되는 특별한 중요성을 지닌다. 러시아는 2013년부터 북극 군사력의 증강을 가속화하고 있다. 북양함대는 러시아의 가장 중요

157.

86) https://russia.kr/archives/4648

87) 유철종, "러 북극권 군사력 강화… 동북단으로 전략폭격기 파견", 「연합뉴스」, 2018년 5월 18일자.

88) 1991년 소련이 붕괴되고 러시아연방이 형성된 이후 현재까지 총 7명의 해군사령관이 역임하면서 북양함대사령관을 거친 사령관은 총 4명에 이른다. Список главнокомандующих военным флотом России. https://ru.wikipedia.org/wiki

한 해군력으로 핵억제력 유지가 핵심 임무다. 해양 핵억지력 구축은 러시아의 '무기체계 현대화'에서 매우 중요한 요소다. 델타(Delta) Ⅳ급 잠수함은 새로운 수중음파탐지기(Sonar) 체계와 대륙간탄도미사일 시네바(Sineva)를 장착하는 등 성능을 현대화했다. 델타 Ⅳ급에 최소 100기의 시네바 미사일이 장착되어 있다. 시네바 미사일은 빙하 밑에서 발사할 수 있어 발사 마지막 순간까지 적의 위성에서 관찰할 수 없다는 전략적 이점을 가지고 있다. 러시아가 2020년까지 총 8척을 건조할 예정이던 차세대 핵잠수함 '보레이급' 잠수함은 총 10척으로 계획이 변경되었으며, 현재까지 5척이 배치가 완료되고 5척은 건조가 진행 중이다. 최초 보레이급 전략잠수함인 '유리 돌고루키'는 2013년 1월 북양함대에 배치되었다.[89)]

셋째, 북극합동전략사령부(Arctic Joint Strategic Command; 러시아아로 Север)의 창설이다. 통합군 체제를 택하고 있는 러시아는 4개 통합군관구(동부 · 서부 · 중부 · 남부 군관구)를 설치하여 광활한 영토에서의 우발상황 또는 분쟁사태에 신속하게 대응할 수 있도록 지역별로 지휘체계를 일원화시켰다. 북양함대는 서부군관구에 포함되어 북극해를 관할하는 함대 역할을 해오다가 2014년 12월 1일부로 북극합동전략사령부에 통합되었다. 오늘날 러시아 해군은 북양함대, 발틱함대, 흑해함대, 태평양함대 4개와 카스피해 소함대로 구성되어 있다. 그중에서도 북양함대는 핵잠수함의 2/3를 포함해 수상함과 잠수함 전력이 가장 강력하다. 북극합동전략사령부 창설은 2020년 2월의 「2035년까지 북극권 개발 및 국가안보 제공을 위한 전략, 일명 신(新)북극전략」의 기반이 된다. 신북극전략은 "어떤 정치 · 군사적 조건에서도 군사안보를

89) 김경순, 「러시아의 북극전략: 군사화의 의미와 한계」, 『신안보연구』 187, 2015, pp. 157-159.

보장할 특수부대를 창설하여 북극지역에 배치할 것"을 명시했다. 관할지역은 아르한겔스크, 코미공화국, 무르만스크 지역, 네네츠자치구, 그리고 북극해 일대에 산재한 도서지역 등을 포함한다. 2021년 1월 1일부로 '북극합동전략사령부'는 공식적으로 군관구로 승격되었으며, 북부특별군관구로 명칭이 변경되었다.

〈표 4-5〉 보레이급 SSBN 전력 증강 동향[90]

잠수함 클래스	잠수함명	배치함대	비고
Borei Class(1번)	Yuriy Dolgorukiy	북양함대	'12. 12월 취역
Borei Class(2번)	Aleksandr Nevskiy	태평양함대	'13. 12월 취역
Borei Class(3번)	Vladimir Monomakh	태평양함대	'14. 12월 취역
Borei-A Class(4번)	Knyaz Vladimir	북양함대	'20. 6월 취역
Borei-A Class(5번)	Knyaz Oleg	북양함대	'22. 1월 취역
Borei-A Class(6번)	Generalissimus Suvorov	태평양함대	(예정) '23. 7월 취역
Borei-A Class(7번)	Imperator Aleksandr III	태평양함대	(예정) '23.12월 취역
Borei-A Class(8번)	Knyaz Pozarskiy	북양함대	건조 중
Borei-A Class(9번)	Dmitry Donskoi	북양함대	(예정) '26.12월 취역
Borei-A Class(10번)	Knyaz Pozomkin	북양함대	(예정) '27.12월 취역
Borei-A Class(11~14번)	미정	미정	'23~'27년 건조 예정

넷째, A2/AD(Anti-Access/Area Denial: 반접근/지역거부)[91] 전력의 대

90) *Military Balance 2020, Jane's Fighting Ships 2020, ITAR Tass.*

91) 2000년경부터 미국이 중국의 서태평양 영역지배전략을 부르는 명칭. 해양력이 열세한 세력이 강한 세력을 상대로 펼치는 해전을 거부하는 형태. 이를 해상거부 혹은 접근거부 전략이라 한다. 오늘날 A2/AD 전략으로 유명한 국가는 이란, 중국이 대표적이지만, 국력 수준이나 관련 전력의 규모에서 가장 잘 알려진 것은 역시 중국이다. ① 반접근은 원거리로부터 미 해군의 항공모함 전단 등이 동아시아와 서태평양 해역에 '처음부터 들어오지 못하게' 강요하는 것(들어올 꿈도 꾸지 마라!)이며, ② 지역거부는 설령 미군이 들어온다고 해도 근거리에서 집요하고 끈질기게 괴롭히며 '원활한 작전 수행을 방해, 교란'함으로써 미국 스스로 퇴각하도록 유도하는 것으로 구분된다. https://namu.wiki/w/A2%C2%B7AD

대적인 확충이다. 이를 뒷받침하는 러시아의 군사전략은 '2개 북극(Russia's Two Arctics)' 전략으로 불린다. 이에 따라 러시아는 군사력의 전략적 배치를 위해 북극을 2개 지역으로 구분한다. 첫째는 북극의 동부지역이다. 러시아는 주로 레이더기지를 통한 감시, 탐색 및 구조작전에 초점을 맞춘다. 전략적으로 이곳은 러시아의 이익에 상대적 가치가 떨어지지만, 러시아 함정의 안전한 이동 보장을 위해 통제를 유지해야 한다. 반면, 강력한 군사력 배치를 뒷받침할 필요가 없는데, 러시아의 전략핵억제전력이 위치한 곳이기 때문이다. 이곳의 초점은 감시레이더가 있다. 북극의 서부는 공격의 목적뿐만 아니라 방어목적에 사용될 수 있는 공중, 해상 및 육상능력으로 뒷받침되고 있다. 북극지역에 위치한 북양함대는 러시아의 해군력 중 가장 강력한 전력을 유지한다. 둘째는 콜라반도 일대다. 핵전력이 집중된 이곳에서 러시아 군사전략의 또 다른 핵심요소는 '요새(Bastion)'방어 개념이다. 이는 외국선박이나 외국군대의 이익영역 접근을 방지하기 위한 A2/AD 능력이 결합한 형태로 나타난다. 지역통제는 광대한 레이더 감시 및 순찰활동으로 이뤄진다. 러시아의 핵쇄빙선 같은 혁신장비로 보강된 거대한 A2/AD 능력 때문에 이 일대에서 외국군대의 접근 및 전개는 지극히 곤란하다.[92)]

러시아군은 북극 전역에 장거리 및 단거리 반(反)항공/반(反)미사일 방어체계, 지상배치 연안방어 미사일 발사대를 확장하는 중이다. 그러나 북극지역에서의 병력주둔에 소요되는 막대한 비용 및 혹독한

---

92) Heather A. Conley and Matthew Melino, *America's Arctic Moment: Great Power Competition in the Arctic to 2050,* CSIS, March 2020, pp. 2-3. https://csis-website-prod.s3.amazon-aws. com/s3fs-public/publication/Conley_ArcticMoment_layout_WEB%20FINAL.pdf ?EkVudAlPZnRPLwEdAIPO.GlpyEnNzlNx

기후조건으로 인해 러시아는 인력소요의 대폭 절감을 위해 무인체계에 크게 의존한다. 이에 따라 정보 · 감시 · 정찰(ISR)을 위한 무인항공기(UAV) 및 무인항공체계(UAS) 등의 사용이 증가하는 추세다. 러시아는 향후 북극지역 전역에 배치된 방공 및 미사일 전력을 충분히 활용할 수 있게 된다. 2050년에는 사거리가 500~600km에 달하는 러시아의 S-400 및 S-500 지대공미사일체계가 북극지역 군사기지 방어를 위해 배치될 것이다. 2050년 북극에서 러시아 항공우주군 전력의 주력은 주로 북극 일대 최북단 도서지방의 외딴 공군기지에 배치된 UAS가 될 전망이다.[93] 러시아의 유인 항공기들은 대부분 러시아 본토 기지에 배치되며, 러시아의 UAS 의존전략에 따라 격오지에서의 병력배치는 최소화될 것이다. 해양전략의 관점에서 러시아는 스텔스 기능을 갖춘 초음속 순항 · 탄도미사일 배치를 위한 행보를 가속화할 전망이다. 또한 러시아 해군은 그린란드-아이슬란드-영국-노르웨이를 연결하는 소위 'GIUK-N' gap으로 연안활동의 빈도와 강도를 높여갈 것이다. GIUK-N gap은 지브롤터해협, 호르무즈해협, 말라카 등 전략적 수송로상의 전형적인 해상 병목지점(choke point)으로서 지형적 특성을 가진다.[94]

---

93) Atle Staalesen, "Russia Is Winning Support for Its Claims on Arctic Shelf, Says Chief Negotiation," *Barents Observer*, 28 November 2019.

94) Benjamin Rhode, "The GIUK gap's Strategic Significance," *Strategic Comments*, Vol. 25, October 2019.

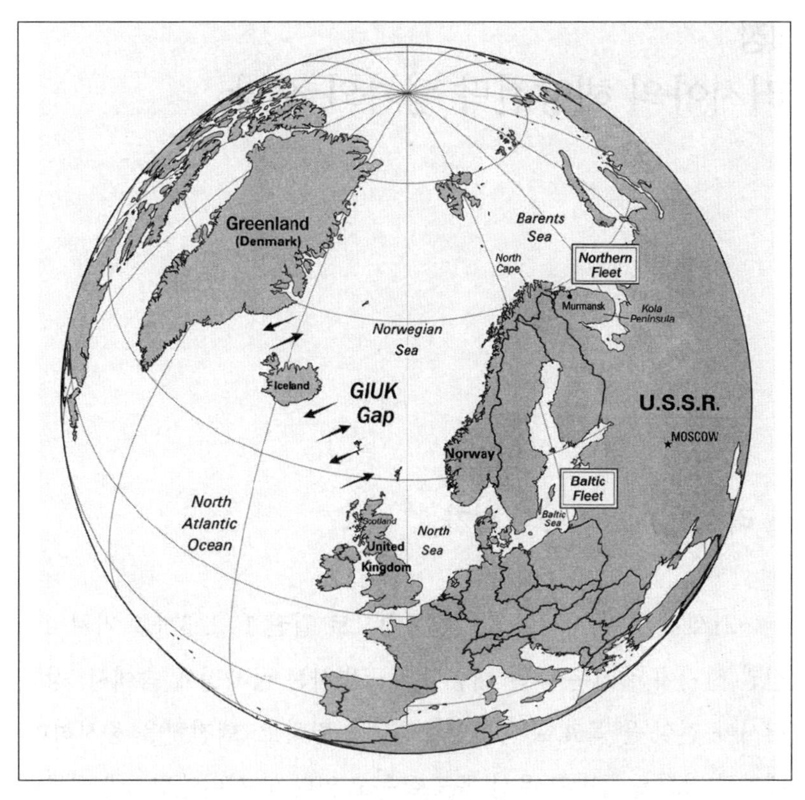

〈그림 4-8〉 그린란드-아이슬란드-영국-노르웨이를 잇는 GIUK-N gap[95]

95) https://en.wikipedia.org/wiki/GIUK_gap

4장
러시아의 해양전략 평가와 전망

1. 러시아 해양전략의 평가

21세기 들어 러시아연방 대통령으로 집권 1, 2, 3기를 거쳐 4기 집권 시기에 접어든 푸틴 대통령은 급변하는 국제정세 속에서 '강한 러시아 건설'을 목표로 국가안보를 재정립하고, 핵전력을 중시하며, 해양력 강화를 국방의 우선 목표로 두고 있다. 러시아연방 3대 대통령이었던 메드베데프 대통령은 2009년 5월 '2000-국가안보개념'을 대체하는 '국가안보전략-2020'을 제정 · 공포하여 국가안보의 중요성을 재정립했으며, 러시아 국가안전을 보장하기 위한 능력은 국가의 경제적인 잠재력에 달려 있다고 강조했다. 이러한 내용에는 해양에너지 자원의 중요성이 내포되었다. 에너지 자원의 보고로 부상하는 북극해와 카스피해의 해양안보수호는 국가안보전략 개념에 준해서 그 중요성이 더욱 부각되었다.

2010년 채택한 신군사 독트린에는 러시아의 안보전략이 더욱 구체화되었는데, 독트린에는 NATO 확장과 테러리즘을 주요 안보위협 요인으로 간주하여 기존의 핵공격뿐만 아니라 국가 존립을 위협하는 재래식 무기 공격 시에도 핵무기 사용권한을 명시하는 등 핵무기의 사용범위를 확대할 것을 명시했다. 러시아는 우크라이나 위기와 시리아 군사개입 등 대외정책 요인을 배경으로 2015년 12월 개정된 '국가안전보장전략'에 따라 대내외 정책 분야의 목표와 전략적 우선 과제를 정하고 있는데, 이 전략서에도 다극화되고 있는 세계에서 러시아의 역할이 점점 증대되고 있다고 파악하고, NATO의 활동과 확대를 국가안전보장에 대한 위협으로 인식하고 있으며, 미국 MD시스템의 유럽 및 아태지역 배치를 글로벌 지역적 안정성을 떨어뜨리는 것이라며 선을 그었다.

'국가안전보장전략' 개념을 군사 분야에서 구체화하는 문서로서 2014년 12월 개정된 '군사 독트린'에서는 러시아의 이익을 위협하는 모든 개연성을 정의하며 경계를 강화하고 있다. 무엇보다 2020년 6월 러시아는 '핵 독트린'에 상당하는 정책문서인 '핵억제 분야에서의 국가 정책 지침'을 처음으로 공표했다. 핵무기 사용 기준은 군사 독트린에 기술된 기준과 동일하지만, 새롭게 러시아가 핵무기를 사용할 수 있는 조건과 핵억제 대상이 되는 군사적 위험 등에 대해 밝히고 있다. 이러한 핵 독트린은 결국 해양 핵전력에 많은 영향력을 행사했고, 러시아는 국제적 지위 확보와 미국과의 핵전력의 균형을 맞춰야 하는 데다 재래식 전력의 열세를 보완하는 차원에서도 핵전력을 중시하며 즉각적인 대응태세를 유지하려 하고 있다. 이런 차원에서 잠수함발사탄도미사일(SLBM: Submaine-Launched Ballistic Missle) 보유는 이를 잘 보여준다.

소말리아에서 러시아 상선에 위협을 가하는 해적행위와 테러행위도 러시아에 심각한 비전통적 위협이 되었으며, 기후변화로 북극해에 해상교통로가 개척되면서 발생 가능한 해상테러 위협은 수천 마일 떨어진 먼 지역이 아니라 러시아 연안 해역에서 발생할 수 있는 새로운 위협으로 떠오르고 있다. 무엇보다 북극해는 러시아에 전통적 위협과 비전통적 위협이 상존하는 전략적으로 중요한 지역이 되었다. 북극은 최근의 지구 온난화에 의한 해빙 융해에 수반해 매장자원 채굴 가능성의 증대, 항로로서의 유용성의 향상으로 러시아를 포함한 각국의 이목이 증대되고 있고, 이로 인해 북극권에서의 국익 옹호체제를 추진하고 있으며, 각종 정책문서에서 북극권에서의 러시아 권익 및 이들의 권익옹호를 위한 러시아군의 역할을 명문화하고 있다. 2020년 10월 개정된 '2035년까지 러시아 북극권의 발전 및 국가안전보장전략'에서는 북극권에서의 군사안전보장을 확보하기 위한 구체적인 과제로서 '북극권에 적합한 운용체제 확보', '북극 환경에 적합한 근대 무기와 군사장비', '거점 인프라 개발' 등이 명시되었다.

경제력을 기반으로 한 강력한 러시아 건설에 중요한 에너지안보와 국제적 위상 고취를 위해 러시아는 전 해역에 걸쳐 수세적인 해양정책에서 공세적인 정책으로 전환하고 있다. 태평양, 발트해, 북해에서는 서방세력을 견제하기 위한 억지전력을 전개하는 등 구체적인 해양력 투사전력을 추진하고, 카스피해와 북극해에서는 해양에너지 주도권 확보를 위한 해양정책을 강화함과 동시에 주변국 간 협력을 적극 추진하고 있다. 또한 가시화되고 있는 북극해 시대를 맞아 북극해 항로를 개발하고, 신속대응군을 적극 활용하는 전략을 모색하고 있다.

러시아 해군은 원거리 전력투사 능력을 제고하고, 원양작전 능력을 구비하기 위한 전력 건설을 추진하고 있는 것으로 평가된다. 항모단 및 상륙단의 전력을 보강하고, 전투함은 대잠 · 대공 · 대함작전 능력을 강화하고 있다. 강대국으로서의 위상을 되찾으려는 의지를 품고 항공모함 보유와 수상전투함 신건조사업을 통해 대양에서의 활동을 장려하며, 자국의 이익을 도모하고 있다. 특히, 최신예 보레이급 SSBN 건조사업이 막바지에 도달하며, 수중전력을 기반으로 '강력한 러시아'의 부활을 한층 더 빨리 실현시킬 것이다.

러시아에 아시아·태평양은 북한의 핵 및 미사일 개발과 관련하여 중요한 이슈가 되었다. 북한 내의 안보위협으로 인한 동북아 안보위협은 해양 분야에 미치는 영향을 증대시키며, 러시아에 급격한 전략적 변화를 불러일으키고 있다. 또한, 아시아·태평양지역은 미중 간 지리전략론적 대결 구도의 중심에 있으며, 아태지역의 '중견국가' 간 해군협력을 포함하는 양자관계에서 두드러진 특징을 가지게 되었다. 냉전 시대 미국과 소련의 냉각 구도에서 러시아를 위협하던 전통적 위협과 더불어 새롭게 등장하는 미중 패권경쟁 시대에 지역적 안보위협이라는 간접적 위협이 러시아를 위협하게 되었다.

최근 러시아의 해양전략은 아시아·태평양 해양지역의 안보위기와 맞물려 전략적 구상을 새롭게 재정립하여 '균형함대'를 위해 급부상하고 있다. 동아시아에서 이슈화되고 있는 중국의 부상과 미중 간 해양패권 쟁탈전, 중일 간 영토분쟁에 따른 긴장 고조로 인해 러시아의 해양력 강화가 한국의 안보에 직접적 위협으로 심각하게 고려되지 않는 것으로 평가되지만, 북한의 우발사태로 인해 한반도 위기 시 러시아의 간섭을 배제할 수 없는 상황을 고려할 때 러시아의 해양전략 변화와 해군력 증강에 대해 끊임없이 관심을 가지고 예의주시해야 할 것이다.

2. 러시아 해양전략의 전망

최근 3년간 러시아의 군사력 동향을 살펴보면, 서방의 대러시아 추가 제재가 가해지는 상황 속에서도 2018년에 이어 2019년 러시아 신년 국정연설에서 푸틴 대통령은 강한 신무기에 대한 소개로 일관했다. 2020년에는 '코로나19' 세계적 팬데믹에도 불구하고 5월 9일 전승기념 군사 퍼레이드를 강행했고, 7월 26일 해군창설기념일을 맞이하여 해군도시 상트페테르부르크에서 대규모 해상 퍼레이드를 실시했다. 군사안보 우선주의를 표방하는 러시아의 행보를 보여주는 대표적인 모습이었다. 2020년부터 시작된 팬데믹 상황에서도 진행되었던 해군력 증강 동향과 해상훈련을 통해 보더라도 몇 가지 이슈를 중심으로 해양력 강화에 노력할 것이라는 사실은 예측 가능하다.

첫째, 수상함과 잠수함 전력에 해양 핵전력 강화를 지속할 것이다.

2019년 8월 2일 미러 간 중거리 핵전력조약(INF) 폐기로 핵안보 전략의 새로운 국면을 예고했다. 앞으로 미국과 러시아 간 여러 핵감축조약 중에서 유일하게 2021년 2월 계약이 종료된 '신전략무기감축협정(New START: Strategic Arms Reduction Treaty)'만 남겨두었지만, 다행히 5년 연장에 합의했다. New START조약이 종료되면 핵 강국 간 통제수단이 사라지는 국제 핵안보환경의 대전환 시대가 도래할 수 있다.

핵조약 폐기 결과로 도래될 수 있는 자유로운 핵전력 증강에 대한 우려의 목소리가 높다. 특히 핵잠수함 전력에 탑재 가능한 핵무기는 이러한 우려에 불씨를 제공할 수 있다. 해양전력의 전략핵무기 발전으로 '보레이급 잠수함'의 전략원잠이 언급되고 있다. '북극전략기지'[96)]

96) 2014년 12월 1일 무르만스크 지역에 '북극합동전략사령부(Север)[Arctic Joint Strategic Command]'가 창설되었다. 북극합동전략사령부 '세베르(Север)'는 러시아어로 방위에서

건설의 필요성이 현실화되고 있고, 러시아 북양함대는 핵억제력을 보장하고 대양에서 국가이익을 수호하기 위한 '자유로운 해양력'을 과시하는 사명을 가지고 북극해 수호를 위한 전력보강에 박차를 가할 것이다.[97] 이러한 맥락에서 보더라도 북양함대를 중심으로 수상함과 잠수함 전력에 핵무장을 탑재하여 해양 핵전력을 강화해나갈 것이다.

둘째, 북양함대를 중심으로 한 북극합동전략사령부의 역할 증대다.

북극에서의 안보 불안은 이 지역에서의 군사훈련을 증대시켰다. 2014년 12월 1일 북극합동전략사령부의 창설에 이어 '젠트르-2019(Center-2019)' 러시아 합동군사훈련 시 대공방어시스템 등 북극 특화 장비들을 선보였다. 또한, 극지의 특별한 작전전개를 위해 북양함대를 모기지로 하는 지역 일대를 2021년 1월 1일 독립군관구로 격상시켰다.[98]

러시아의 북극전략에는 다양한 국가정책 발표에서도 제시된 바와 같이 북극 주변 국가들과의 대외협력 활성화를 통해 북극 지역 발전의 의지를 포함하지만, 군사력 강화를 통해 이 지역의 군사안보를 확고히 하려는 의지가 명확하다. 이미 제믈랴프란차이오시파제도의 알렉산드라섬에 있는 북극 군사 인프라 시설이 이를 잘 보여준다. 북극합동전략사령부는 북극지역 군사안보에 대한 역할을 책임지며, 국

'북쪽'을 의미한다. 사령부 설계 당시 블라디미르 푸틴 러시아 대통령은 북극 지역에서 작전할 수 있는 2개의 특화된 여단을 계획하고 있다고 밝혔다. 제1공군 및 방공군사령부와 서부 · 중부 · 남부 군관구의 일부 부대를 이양받았다. https://ko.wikipedia.org/ wiki/북극합동전략사령부

97) Кокошин А. А., Стратегическое управление (М.: Росспэн, 2003), С. 479.

98) Павел Львов, "Северный флот станет пятым российским военным округом," РИА Новости, 6 июня 2020 г., https://lenta.ru/news/2020/06/06/sevflot/

방부는 북극 안보를 위해 신속한 상황대처능력과 타 군종 및 병종 간 지휘참모훈련을 위한 다양한 합동훈련을 통해 사령부의 역할을 증대시켜나갈 것이다.

셋째, 신무기를 개발하여 해양전력에 이를 배치하고 활용할 것이다.

푸틴 대통령은 2018년에 이어 2019년 그리고 2000년에도 국정연설에서 NATO와 서방의 군사안보적 위협에 대한 대응의 일환으로 사회 일반에 대한 설명에 앞서 군사안보 강화의 대표적인 신무기 개발 이슈를 설명했다. 매년 러시아는 신무기 개발을 통해 강한 러시아를 서방에 과시하려고 할 것이다. 대표적으로 알려진 ICBM 탑재 극초음속 활공 유도탄두 아반가르드(Avangard) 미사일은 2019년 12월 실전배치된 바 있다. 신형 레이저무기 페레스베트(Peresvet)는 방공 및 미사일방어(MD)용으로 이용될 것이다. 그리고 이 무장은 신형함정 탑재용으로도 충분히 가능하다. 또한, 미국의 신속글로벌타격(PGS: Prompt Global Strike)에 대응하기 위해 설계된 사르맛(Sarmat) 신형 5세대 ICBM, 킨잘(Kinzhal) 극초음속 장거리 공대지 공대함 미사일, 포세이돈(Poseidon) 핵탄두 수중무인기 등은 러시아가 강대국의 입지를 더욱 공고히 할 수 있는 수단으로서 전력개발은 물론 실전배치의 수준에 도달할 것으로 전망된다.

넷째, 대외정책 강화 및 외연 확대를 위한 외국 해군기지를 확대할 것이다.

푸틴 대통령의 '동아시아 중시정책'은 아시아 국가와의 외교력 강화에 힘을 실어주었다. 이를 바탕으로 러시아 해군은 소련 시대에 유지했던 군사외교력을 기반으로 하여 해외 해군 군사기지 확대를 통한 외연 확대를 강화해나갈 것이다. 러시아 군함의 중국 해군기지에 대한 자유로운 입항도 러중 관계 강화에 일익을 담당할 수 있다. 또한, 남중국해 길목에 자리 잡은 베트남 캄란만(Cam Ranh Bay) 해군기지가 러시아 태평양함대의 보급기지로 사용하기 위한 복원이 완료되면 러시아 군함 방문이 증대될 것이다. 최근 러시아 군함이 필리핀 마닐라(Manila)항의 자유로운 입항을 허가받아 필리핀 해군 간의 교류협력이 증대되고 있으며, 이러한 양국 해군 간 우호관계 속에서 해양방산협력 증대를 모색해나갈 것이다. 시리아 타르투스(Tartous)항의 '영구 주둔기지' 현대화 진행 과정이 완료되면 러시아 군함의 입항을 통해 해군 간 교류 활성화로 대외정책의 영향력을 증대해나갈 것으로 전망된다.

다섯째, 러시아는 해군력 건설계획 2030을 점차 현실화시킬 것이다.

러시아는 과거 명성을 되찾아 세계 제2위의 해군력을 유지하려는 노력을 지속해나갈 것이다. 이에 2030년까지 균형함대를 완성할 것이라는 목표를 정하고 있으며, 2025년까지는 정밀타격이 가능한 장거리 순항미사일을 러시아 해군의 잠수함 · 수상함 전력과 해안방어 부대의 기본 무장으로 전력화하고, 2025년 이후에는 초음속 유도탄과 자율무인 잠수정 등 다목적 무기체계를 전력화하려는 계획을 세우고 있다. 또한 항모, 차기 수상함, 잠수함, 차세대 심해체계 개발 및 해상용 로봇체계를 대형 함정에 배치하려는 야심찬 목표를 추진 중이다. 향후 10년의 기간을 두고 평가하겠지만, 러시아는 이미 2030년까지 구체적인 러시아 해군의 주력 함정 건설을 위한 함형별 확보계획을 설정해두고서 러시아 함형별 2030 확보계획에서 보듯이 해군력 건설을 위한 노력을 지속해나갈 전망이다.

〈표 4-6〉 러시아 함형별 2030 확보계획[99]

구분	함형	확보계획(척수)
수상함	항공모함(헬기항모 포함)	4
	Gorshkov급(프로젝트 22350) 호위함	20
	Grigorovich급(프로젝트 11356M) 호위함	
	Steregushchy급(프로젝트 20380) 초계함	35
	Gremyashchy급(프로젝트 20385) 초계함	
	Vasily Bykov급(프로젝트 22160) 초계함	
	BuyanM급(프로젝트 21631) 유도탄함	5~10
	Ivan Gren급(프로젝트 11711) 대형상륙함	6
	Alexandrit급(프로젝트 12700) 소해함	7
잠수함	Brei급(프로젝트 955A) SSBN	8
	Yasen급(프로젝트 855A) SSGN	10
	Varshavyanka급(프로젝트 636.3) SSK	6
	Lada급(프로젝트 677) SSK	14

99) https://ru.wikipedia.org/wiki/Военно-морской_флот

〈러시아 주요 해군사(海軍史)〉

연도	사건
2000	「2010년까지의 러시아연방 해군활동 분야 국가기본정책」 발표 러시아 핵추진 순항미사일 잠수함 '쿠르스크' 침몰 사건 발생
2001	러시아 「2020-해양독트린」 채택
2009	러시아 「국가안보전략 2020」 발표
2010	기존 6개 군관구를 4개(서부, 남부, 중부, 동부) 군관구로 개편, 각 군관구에 통합전략사령부 설치
2011	러시아 「2020-해양독트린」 발표 「2013-북극독트린: 2020년까지의 러시아 북극지역 발전 및 국가안보 대비 전략」 승인
2013	러중 해상연합훈련-2013(표트르대제만)
2014	러시아 해군, '종합훈련센터' 창설 '세베르니 오룔(북방의 독수리)' 훈련 흑해 연안국 간 해군 연합훈련(BLACKSEAFOR) 러중 해상연합훈련-2014(센카쿠 인근) RIMPAC 훈련 참가 북양함대에 '북극통합전략사령부' 창설 러시아 「신군사독트린」 발표
2015	러시아 「신해양독트린」 발표 러중 해상연합-2015(표트르대제만)
2016	러중 해상연합-2016(남중국해)
2017	「2030년까지의 러시아연방 해군활동 분야 국가기본정책」 채택 러중 해상연합-2017(표트르대제만 및 오호츠크해)
2019	러중 해상연합-2019(중국 산둥성 칭다오 인근)
2020	'핵 독트린'에 상당하는 정책문서 러시아 「핵억제 분야에서의 국가 정책지침」 공표
2020	러시아 항모 '쿠즈네초프' 수리 후 해군에 2022년 인도 발표 러시아 해군, '치르콘' 극초음속미사일 발사시험 성공 「2035년까지 러시아 북극권의 발전 및 국가안전보장전략」 개정 오호츠크해의 '보레이급 SSBN'에서 '신형 SLBM' 발사 성공 태평양함대의 '칼리브르' 순항미사일 탑재 신형 프리깃 '그레먀시치' 취역
2021	북극합동전략사령부를 기존 4개 군관구(서부, 남부, 중부, 동부)와 동일한 지위를 갖춘 '북부특별군관구'로 승격 러시아 발틱함대 소속 군함 2척, 수단의 포트수단 항구에 입항 마르샬 샤포시니코프 동해에서 칼리브르 순항미사일 실사격 훈련 러-벨라루시, 흑해에서 대규모 연합훈련 실시 러중 해상연합훈련-2021(일본 오스미/쓰가루해협 최초 통과)

연도	사건
2022	북극해 일대 방공기지 대규모 훈련 실시 핵쇄빙선 '아르티카' 첫 시운전 실시 러중 해상연합훈련-2022(아라비아해) 러시아 「신해양독트린」 발표 '보스톡(동방)-2022' 기간 동해에서 러중 연합 '대잠, 대공, 대함 방어훈련' 실시 태평양 해역에서 '러중 수색구조 연합훈련' 실시

V부 군사전략과 전략문화*

* 이 글은 필자의 『합참지』 제87호(2021년 봄), 「지정학, 과학기술, 전략문화의 상호작용으로 본 군사전략 이해」와 제88호(2021년 여름), 「전략문화와 군사전략의 변화에 대한 개념적 고찰」을 재정리한 것이다.

1장
전략의 형성: 지정학, 과학기술, 전략문화의 상호작용

이 책은 미 · 중 · 일 · 러 각국 해양전략의 과거, 현재, 미래를 다루고 있다. '전략'의 본질에 대한 개념적 이해를 돕기 위해 여기서는 "전략의 형성과 변화"라는 주제를 가지고 지정학과 과학기술, 전략문화의 상관관계를 살펴보고자 한다.

우리는 전략(strategy)이라고 하면 '술과 과학(art and science)' 또는 '목표, 방법, 수단(ends, ways, means)'을 떠올린다. 하지만 이러한 전략의 속성들이 군사전략을 만드는 데 어떻게 작용하는지, 또한 시시각각 변화하는 안보환경과 국제정치 현상들이 군사전략 형성에 어떤 영향을 주는지 이해하기는 쉽지 않다.

조금 더 전문적인 수준에서는 '합동전략기획(Joint Strategy Planning)'이라는 큰 틀 안에서 군사전략이 만들어지는 것으로 알고 있다. 군사전략은 『합동군사전략서(JMS)』를 통해 군사력 운용(작전)과 군사력 건설(전력)에 지침을 준다. 작전기획과 전력기획은 그 나름대로 매우 세부적인 절차와 복잡한 업무영역을 가지고 있다.[1)]

---

1) 합동기획(Joint Planning)은 합동전략기획(JSPS), 합동작전기획(JOPES), 합동전투발전(JCDS)으로 구성되어 있다. 합동전략기획체계는 『합동 기준교범 5-0 합동기획』, 합동참

이 글은 군사전략 형성에 가장 큰 영향을 주는 지정학, 과학기술, 전략문화라는 세 가지 핵심 영역을 다루고 있다. 각 영역의 상호작용이 만들어내는 전략기획적 메커니즘을 분석하여 좀 더 포괄적이고 총체적인 관점으로 군사전략을 살펴보고자 한다.

1. 군사전략의 양대 축: 지정학과 과학기술

지난 몇 년간 우리는 코로나19 팬데믹이라는 비전통적 위협이 모든 사회현상과 안보 현안에 영향을 미치는 것을 경험했다.[2] 하지만 전통적 안보 분야에서 21세기를 지배하는 국제정치적 테마는 "미중 패권경쟁 심화로 인한 신냉전의 도래와 4차 산업혁명 과학기술 발전에 따른 신개념 무기체계의 등장"이라 할 수 있다. 미국의 인도 · 태평양 전략과 QUAD, AUKUS, 중국의 일대일로와 중러의 전략적 협력은 모두 지정학적 산물이다. 반면 미국의 3차 상쇄전략, 중국의 강군몽과 중국제조 2025(Made in China 2025), 러시아의 차세대 슈퍼무기 개발 등은 모두 과학기술 발전의 결과물이다. 이처럼 '지정학'과 '과학기술'은 군사전략을 이끌고 발전시키는 양대 동인이자 역학이라 할 것이다.

지정학(geopolitics)은 '민족국가(nation-state)'를 기본단위로 하는 현대 국제관계의 산물이다. 한 국가의 역사적 경험, 주변국 관계 형성, 유 · 무형의 국력을 형성하는 자원 · 문화 등 모든 측면에서 군사전략의 형성과 변화에 영향을 미친다. 지정학이 규정하는 영토 공간의 크

모본부, 2018 참조.

2) 팬데믹 시대 비전통적 위협과 안보 현안에 대해서는 다음을 참조. 오순근, 「팬데믹 시대 국제관계 역학 분석과 전망」, 『해군 미래혁신연구단 이슈브리프』 12, 2020.

기(space), 지리적 위치(location)는 강대국 또는 약소국을 결정하는 핵심 요인이다. 강대국은 지정학적 이점을 바탕으로 주도적인 국가전략을 만들어내고, 약소국은 지정학이 형성하는 안보위협으로부터 국가생존을 걱정한다. 대륙적 지정학은 그 국가를 대륙국가의 전략으로, 해양적 지정학은 그 국가를 해양국가의 전략으로 이끈다. 우리나라 같은 반도국가는 대륙과 해양을 잇는 '교량국가적' 전략을 추구하는 경향이 있다. 한반도의 지정학적 조건은 국가발전과 번영을 위한 다양한 기회를 주기도 하지만, 대륙과 해양 양쪽으로부터 발생하는 주변 강대국의 일상화된 안보위협에 노출되기도 한다.

군사기획(전략, 전력, 전투발전, 작전기획 등)은 근본적으로 위협과 능력의 시공간적 상호작용으로 이해할 수 있으며, 이러한 관점에서 지정학은 군사전략의 '위협(threat)'을 규정한다. 아프리카의 지정학과 동아시아의 지정학은 서로 다른 차원과 수준의 군사적 위협을 조성한다. 대륙국가와 해양국가의 지정학도 마찬가지다. 대한민국과 폴란드, 이스라엘은 지정학적 유사성으로 인해 처해 있는 안보위협의 수준과 형태가 비슷하다. 현재 대한민국의 군사전략 상대인 북한과 주변국은 지리적 · 역사적 측면에서 한반도라는 지정학적 역학의 결과물이라 볼 수 있다.

과학기술(science technology)은 '군사혁신(RMA: Revolution in Military Affairs)' 측면에서 지정학에 필적하는 영역이다. 과학기술이 만들어내는 군사적 능력(capability)은 지정학(지리적 위치나 공간, 크기 등)으로부터 절대적 영향을 받는 '국력'의 제한성을 극복할 수 있는 기회를 제공한다. 역사적으로 특정 과학기술의 획기적 발전은 — 예를 들면 핵무기 또는 최근 주목받고 있는 극초음속 무기체계 같은 — 새로운 국제체제(system)를 창출하거나 촉진시킬 정도로 가히 혁명적이었다. 현재는

'초연결 · 초지능 · 초융합'을 특징으로 하는 네 번째 산업혁명이 진행 중이다. 과학기술 발전은 국가 차원에서는 국가발전과 번영을 가져오는 원동력이 될 수 있고, 군사전략 차원에서는 첨단 군사력 확보를 통해 전쟁의 억제와 승리에 결정적 역할을 할 수 있다.

대개의 경우 한 국가의 과학기술 능력은 그 국가를 구속하는 지정학적 범위를 뛰어넘기 힘들다. 강대국은 그 지리적 · 인구적 · 경제적 조건으로 인해 우수한 과학기술력을 보유하고 발전시킨다. 대개 선진국의 누적된 기술력은 지속적인 발전을 동반하는 반면, 후진국의 빈약한 기술력 기반은 변화의 빠른 속도를 따라가지 못한다. 따라서 약소국은 과학기술 발전의 큰 흐름에서 뒤처지게 마련이고, 결국 과학혁명의 한두 주기가 지나면 그 격차는 극복할 수 없을 만큼 커질 수도 있다(서구 유럽과 아프리카같이). 하지만 지정학이 국가기술력에 절대적 영향을 미치는 것은 아니다. 중동의 이스라엘과 같이, 적대적인 아랍국가들로부터 둘러싸인 불리한 지정학을 극복하기 위해 국가기술력 발전에 사활을 걸기도 한다. 북한의 집요한 핵무기/미사일 개발도 북한 입장에서 보면 특정한 비대칭 무기체계에 대한 집중적인 투자로 6 · 25 전쟁 이후 형성된 한미동맹과 연합방위체제라는 한반도의 불리한 지정학적 제한성을 극복하려는 국가 차원의 전략적 노력이라 할 것이다.

한편 과학기술은 초 · 탈국가적 속성도 지닌다. 기술발전은 근본적으로 확산성(spill-over)이 높고 국가뿐만 아니라 초국가 행위자(민간 영역)도 주도할 수 있는 영역이다. 수십 년 동안 국가가 주도했던 우주산업은 이제 국가만의 독점적 영역이 아니다. 과학기술 발전은 기존 지정학을 와해시키고 한 국가의 지정학적 운명을 바꾸기도 한다. 또한, 새로운 지정학적 영역을 만들어내기도 한다. 4차 산업혁명 시대 우주 공간, 사이버 공간, 인지 공간, 전자기 공간, 심해/지하 공간에서는 기존의 지정학이 주는 지리적 한계가 점차 사라지고 있다.

전략기획에 있어 지정학이 '위협(threat)'을 규정한다면, 과학기술은 '능력(capability)'을 의미한다. 군사전략의 목표, 방법, 수단 중 특히 수단에 영향을 주는 능력(군사력)은 대개 그 국가의 과학기술력에서 비롯되기 때문이다. 현재 우리 군이 보유한 군사력의 강점은 대부분 국가적 차원의 과학기술력 발전에 의존해왔다. 예를 들면 한국군이 보유한 선진 해군력은 세계 최고인 우리 조선산업 기술력의 결과물이다. 한 국가의 과학기술력은 군사능력의 수준을 결정함으로써 전쟁수행 양상에 영향을 줄 수 있다.

〈그림 5-1〉은 지정학과 과학기술이 군사전략에 어떻게 영향을 미치는가를 보여준다. 전략기획 차원에서 본다면 지정학으로 대표되는 '위협'과 과학기술로 대표되는 '능력'은 군사전략을 만들어내는 두 기둥이다. 군사전략은 전투발전과 전력기획을 이끈다.[3] 위협과 능력

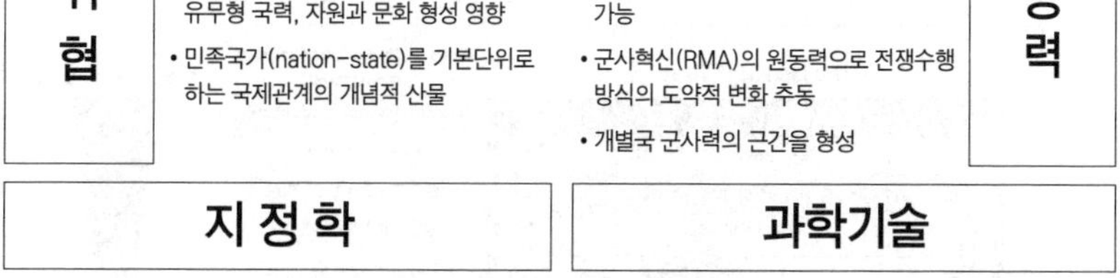

軍事戰略

위협

• 강대국/약소국, 대륙국가/해양국가 결정, 국가/안보/군사적 방향성 영향
• 개별국가의 역사적 경험, 주변국관계, 유무형 국력, 자원과 문화 형성 영향
• 민족국가(nation-state)를 기본단위로 하는 국제관계의 개념적 산물

능력

• 민간주도, 확산성, 초/탈 국가적 속성
• 국력의 한계 또는 지정학적 제한성 극복 가능
• 군사혁신(RMA)의 원동력으로 전쟁수행 방식의 도약적 변화 추동
• 개별국 군사력의 근간을 형성

지 정 학

과학기술

〈그림 5-1〉 군사전략의 형성에 있어 지정학(위협)과 과학기술(능력)의 영향

3) 전투발전(전력기획)은 그 국가가 처한 안보환경과 위협상황 등을 고려하여 보텀업(bo-

은 전략구상에 전략가의 의도(intention)와 가용한 보유수단(capability/capacity)이라는 측면에서 중요한 프레임을 제공한다.

2. 제3의 영역: 전략문화

전략문화(strategic culture)는 군사전략에 영향을 미치는 제3의 영역이다. 전략문화는 '문화'라는 큰 틀 안에서 국가정체성, 정치문화, 국가의 전쟁수행방식, 군 문화 모두를 포함한다고 볼 수 있다.[4] 전략문화 연구의 선구자인 잭 스나이더(Jack Snyder) 교수는 냉전기 소련의 핵전략과 전략문화를 연구하면서 전략문화를 "한 국가의 전략공동체가 갖는 신념과 태도, 반복된 경험을 통해 획득하는 습관적인 행동 패턴의 총합"으로 정의했다. 국방대학교 박창희 교수는 『군사전략론』에서 전략문화를 "전쟁 및 전략에 관한 한 국가 또는 공동체가 갖는, 다른 국

---

ttom-up) 개념인 위협기반(threat-based) 또는 톱다운(top-down) 개념인 능력기반(capability-based)으로 이루어진다.

4) 전략문화의 군사전략에 대한 영향성을 이해하는 데 공군사관학교 김성수 교수의 논문과 대화에서 많은 도움을 받았다. 김성수, 「전략문화와 전략 수행 시의 한계(Strategic culture and its limited application in doing Strategy)」, 『군사과학논집』 68(1), 2017, p. 40.

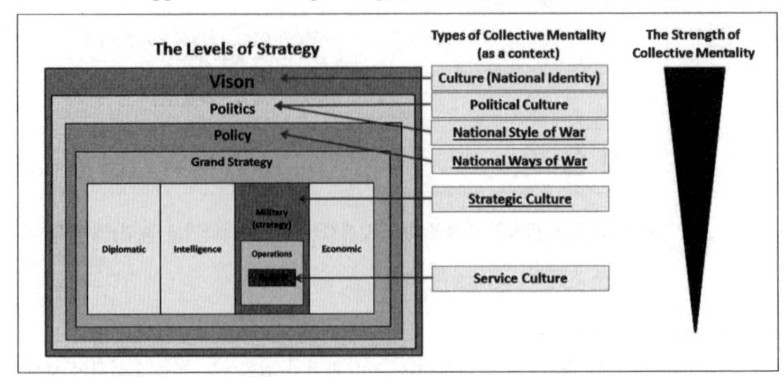

가 또는 공동체와 비교하여 명확히 구별되는 신념, 태도, 행동 패턴"으로 정의했다. 이처럼 전략문화는 '신념, 태도, 행동 패턴' 측면에서 전략구상에 간과할 수 없는 핵심요인이다.[5)]

전략문화 형성에 지정학은 지리적 범위와 정치적 영향력이라는 측면에서 영향을 미친다. 대륙적 지정학은 대륙국가적 기질을, 해양적 지정학은 해양국가적 기질의 전략문화와 그에 따른 전략가를 양성한다. 지정학의 중요한 속성인 국민성과 정치체제도 전략문화 형성에 직접적 영향을 준다. 대륙 성향의 러시아, 독일, 중국의 전략문화와 해양 성향의 미국, 영국, 일본의 전략문화에는 큰 차이점이 있다. 현재 중국은 '일로(一路, 해양 실크로드)'를 강조하고 러시아는 '북극해' 선점을 외치면서 전통적 대륙국가로부터 미래 해양국가로 방향성을 전환하기 위해 노력하고 있다. 하지만 대륙적 지정학 속에서 오랜 역사를 통해 만들어진 지상군 중심 전략문화가 양국에서 쉽게 사라지지는 않을 것이다.

과학기술력은 군사력을 대변한다는 차원에서 전략문화 형성에 영향을 준다. 예를 들면 우수한 군사력을 보유한 국가는 군사력 운용에 있어 자신감을 보유하고 적극성 · 공격성이 높은 전략문화를 만들어내고, 선제적이며 주도적인 전략적 옵션들을 창출할 수 있다. 반대로 군사적 역량이 부족한 국가는 불가피하게 소극적 · 방어적 전략문화를 형성하게 될 것이다.

국제정치 관점에서 볼 때 지정학 · 과학기술은 현실주의(realism)

---

5) Jack Snyder, *The Soviet Strategic Culture: Implications for Limited Nuclear Operations* (RAND Corporation, 1977); 박창희, 『군사전략론: 국가대전략과 작전술의 원천』, 플래닛미디어, 2013, p. 393; 로렌스 손드하우스, 이내주 역, 『전략문화와 세계 각국의 전쟁수행방식』, 화랑대연구소, 2007.

와 자유주의(liberalism) 이론에 기반을 두는 반면, 전략문화는 구성주의(constructivism)와 연계된다. 전략문화 연구는 종종 합리성 · 경험성 · 보편성을 중시하는 현실주의/자유주의 주도 국제정치학 주류로부터 외면당하기도 한다.[6] 우리 국방부/합참에 근무하는 실무자 대부분이 지정학과 과학기술적 요인, 합리성에 기반한 사고체계에 익숙해져 있다는 측면에서 전략문화에 대한 관심을 제고할 필요가 있다. 전략문화는 때때로 상대의 예상치 못한 군사행동의 발현이나 복잡한 전략적 상호작용 결과를 이해하는 매우 유용한 도구(tool)가 되기 때문이다.

전략문화는 군사조직의 형태와 군사교리, 조직문화, 민군관계, 징병(모병)제도와도 연관이 있다. 군사(軍事, military affairs)에 영향을 미치는 모든 인적요인들이 궁극적으로 전략문화에 영향을 주기 때문이다. 일례로 오랫동안 작전계획(작계) 분야에 몸담았던 전문가 그룹은 군사전략을 작성할 때 (작계 수립과 마찬가지로) 세부적이고 구체적인 군사력 운용지침을 요구할 것이다. 반대로 전력기획 분야 전문가들은 소요기획과 전력획득에 방향성을 줄 수 있는 핵심적인 지침들을 군사전략에 담으려고 할 것이다.[7] 전략문화는 군 문화와 유사하며, 리더십과 상황

---

6) 국제정치학의 구성주의 이론과 전략문화 연구 간 연계성은 김성수, 2017, pp. 45-46 참조. "Another important flow of the 1990s in strategic culture study is the rise of influence of constructivism. For constructivists, national identities are socially constructed creature which provides a logical appropriateness for political choice." 박창희(2013), p. 396에 의하면 "구성주의는 일반화/보편성(generalization)과 이론/가설의 경험적 증명을 중시하는 행태주의/사회과학적 경향에 반하는 문화결정론적 결과를 추구… 전략문화를 중시하는 학자들은 기대효용(utility)을 전제로 하는 합리주의적 선택(rational choice)을 거부하는 경향이 있다"고 한다.

7) 군사전략의 서로 다른 네 가지 세계관(모습과 관점)에 대해서는 다음을 참조하라. 오순근, 「우리군 군사전략의 모습과 관점에 대한 고찰」, 『합참지』 79, 2019, pp. 22-30; 오순근 · 공형준, 「한국군 군사전략의 역할과 전략구상에 대한 담론」, 『국방정책연구』 34(4), 2018, pp. 7-31.

에 따라 특정한 분야에 대한 전략적 선호(preference) 또는 전략적 거부감(distaste)을 조장하기도 한다. 이처럼 전략문화는 한 국가(군)의 전략가 또는 전략가 그룹(커뮤니티)의 독특한 행동 · 습관을 반영한다.

〈그림 5-2〉는 앞서 살펴본 지정학과 과학기술, 그리고 전략문화가 만들어내는 군사전략의 개념적 구조를 보여준다. 전략문화는 지정학, 과학기술과 연계하여 실제 전략을 구상하고 기획하는 실제적이고 현재적인 토양(soil)이 된다는 측면에서 매우 중요한 영역이다.

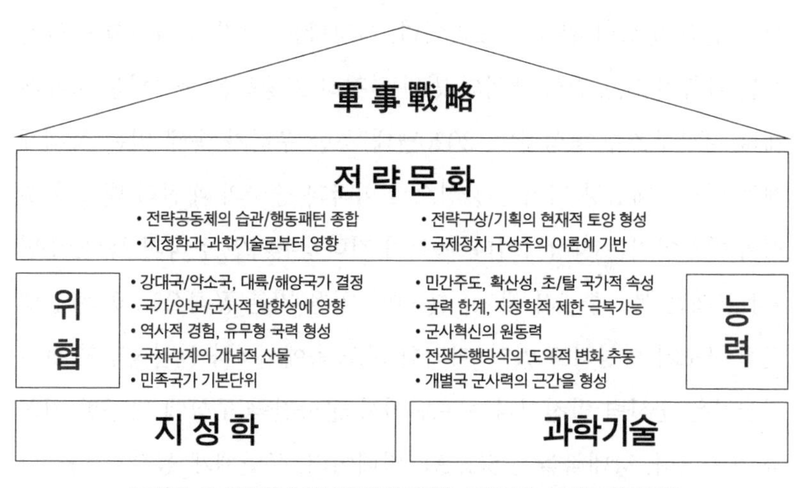

〈그림 5-2〉 군사전략 형성에 있어 지정학, 과학기술, 그리고 전략문화

3. 지정학, 과학기술, 전략문화의 상호작용 이해

지정학과 과학기술, 그리고 전략문화의 상호관계는 거시적 · 포괄적 · 총체적 관점에서 군사전략을 이해할 수 있는 유용한 틀이다. 〈그림 5-3〉은 세 영역의 상호작용을 설명한다. 상호작용 역학의 핵심은 전략 형성에 '인간적인 요인'들과 '환경적인 요인'들이 서로 어떤 영향을 주고받는가에 있다. 전략문화는 문화(culture)의 제반 특성을 고려할 때 인간적 요인(human factor)을 대표한다고 볼 수 있다. 지정학과 과학기술은 주어진 조건과 여건으로부터 영향을 받는다는 차원에서 환경적 요인(environmental factor)을 대표한다. 이처럼 군사전략은 인간(행위자, 의지)을 다루는 전략문화와 환경(구조, 기회)을 조성하는 지정학, 과학기술 간 상호관계 속에서 형성된다.[8)]

지정학과 과학기술은 구조(structure)와 기회(opportunity)라는 측면에서 전략 형성의 환경적 요인이다. 지정학은, 그리고 지정학이 규정하는 과학기술은, 전략 행위의 범위를 정하고 행동을 구속하는 국제체제와 지역구조를 형성한다. 2020년대 초반 우리가 속해 있는 국제체제는 인도 · 태평양 지역을 중심으로 미국과 중국의 패권적 대결과 경쟁이 이루어지는 지정학이다. 동북아 전략행위자인 한국과 북한, 주변 4강 간에는 북 · 중 · 러 대(對) 한 · 미 · 일을 기본 골격으로 하는 신냉전적 구조가 형성되고 있다. 이러한 구조 속에서 4차 산업혁명과 과학기술력은 군사력 발전이라는 측면에서 군사전략 구상에 다양한 기회를 제공한다. 강대국들은 5G, AI, 빅데이터, 무인체계 등으로 나타나는 군사기술 발전의 기회를 놓치지 않기 위해 국가적 노력을 다하고

---

8) 국제정치학자들은 현상을 설명하고 이론화하기 위해 인간과 환경 간 상호관계를 다루는 다양한 개념적 틀(conceptual framework)을 발전시켜왔다. 대표적인 개념이 Sprout and Sprout(1956)의 '인간-환경(Man-Milieu)', Wendt(1987)의 '행위자-구조(Agent-Structure)', Most and Starr(1989)의 '기회-의지(Opportunity-Willingness)' 접근법이다. Harold and Margaret Sprout, *Man-Milieu Relationship Hypotheses in the Context of international Politics* (Princeton: Center of International Studies, 1956); Alexander E. Wendt, "The agent-structure problem in international relations theory," *International Organization,* Vol. 41, Issue 3 (Summer 1987), pp. 335-370; Benjamin A. Most and Harvey Starr, *Inquiry, Logic, and International Politics* (Columbia: University of South Carolina Press, 1989).

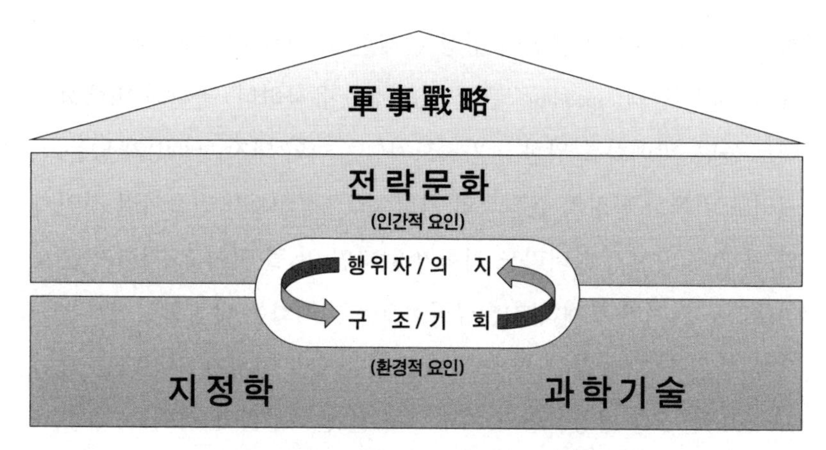

〈그림 5-3〉 지정학, 과학기술과 전략문화 간 상호작용 역학

있으며, 이는 우주, 사이버, 전자기, AI, 인식, 무인 등 새로운 전장영역에 대한 주도권 확보와 기술 패권경쟁으로 나타나고 있다.

지정학, 과학기술이 전략을 만드는 상황과 여건을 조성한다면, 전략문화는 그러한 환경 속에서 움직이는 행위자(agent)와 그 의지(willingness)를 다룬다. 조직의 전략문화는 전략가, 전략기획 그룹의 인간적인 특징을 규정한다. 예를 들면 전략을 기획함에 있어 토의와 의견수렴을 중시하는 수평적 문화와 뛰어난 일부를 중심으로 따라가는 엘리트 문화는 유사한 상황과 환경 속에서도 매우 상이한 전략을 도출할 가능성이 크다. 전략문화는 행위자(agent)가 속해 있는 정치체제와 국내정치 안에서 행위자의 행동에 영향을 준다. 우리나라의 국가지도자는 과거 군부정권의 영향과 민주화 과정, 북한의 존재로 인한 남남갈등, 보수와 진보의 대결적 양상 등이 형성하는 한국만의 특징적인 전략문화로부터 영향을 받는다.

지정학, 과학기술이 기회를 부여한다면 전략문화는 전략가의 의지를 형성한다. 국가 정책결정자의 대외정책 옵션(전략의 선택)에는 기회와 더불어 의지적 측면이 항상 존재한다. 이는 전략구상에서 '의도(intention)', '능력(capability)' 관계와도 매우 유사하다. 북한의 비핵화를 예로 들면, 비핵화를 위한 국가지도자(김정은)의 의지(진정성)가 있는가, 그리고 비핵화 달성의 결정적인 기회(북미 정상회담)가 만들어질 것인가의 관계다. 의지가 있더라도 기회가 없다면 안 될 것이고, 기회가 존재하더라도 의지가 부재하다면 궁극적으로 비핵화는 달성할 수 없다. 중요한 점은 의지가 강할 경우 기회를 만들어낼 여지가 커진다는 점이다. 2018년 2월 평창올림픽 이후 진행된 남북평화와 비핵화 협상 과정이 이를 잘 보여준다.

이처럼 지정학과 과학기술은 환경적(구조/기회) 특성을, 전략문화는 인간적(행위자/의지) 특성을 기반으로 전략기획에 영향을 미친다. 대개 지정학, 과학기술은 외부적으로, 전략문화는 내부적으로 전략의 형성에 영향을 미친다. 지정학, 과학기술적 영향요인이 객관적 · 간접적 · 이상적 조건이라면, 전략문화는 전략 형성의 주관적 · 직접적 · 현실적 조건이다. 지정학, 과학기술이 보편 · 일반적 속성을 갖는다면, 전략문화는 특수 · 개별적인 속성을 갖는다. 결과적으로 전략문화가 지정학, 과학기술보다 더 직접적이고 현재적인 영향을 미친다고 볼 수 있다. 다시 말하면 지정학과 과학기술은 전략문화라는 현재의 그릇을 만드는 재료가 되고 실제 전략은 그 그릇 안에서 빚어진다고 볼 수 있다.

2장
전략의 변화: 전략문화의 관성과 충격

국방정책과 군사전략을 다루는 정책부서(국방부, 합참) 근무는 군 경력의 성장과 발전을 가져오는 기회를 제공한다. 전방의 작전현장 또는 창끝부대에서 단련된 야전의 정신과 기개가 국방과 군의 미래를 바라보는 정책과 전략적 마인드로 가다듬어지는 계기가 된다. 정책부서 근무 중 겪게 되는 어려움 중 하나는 조직의 문화적 특성과 부딪치는 것이다. 특히 새로운 업무를 기획하는 부서 근무는 더욱 그렇다. 조직 내 장기간 형성된 전략문화적 관성(慣性)이 존재하기 때문이다. 합참의 다양한 기능과 역할 중 하나는 전략을 기획하는 업무다.[9] 전략기획(strategic planning) 업무는 미래를 설계한다는 측면에서 합참의 조직문화적 경직성과 충돌하는 경우가 빈번하다.

이 글은 전략기획의 시작점인 군사전략이 만들어지고 변화하는 과정에 대한 개념적 논의다.[10] 군사전략 이해에서 가장 중요한 질문은

---

9) 합참은 전략기획본부, 정보본부, 작전본부, 군사지원본부로 조직되어 있다. 전략기획본부는 전략기획, 전력기획, 전투발전, 시험평가, 전작권 전환 등의 업무영역을 다룬다.

10) 필자는 우리 군과 국방에 개념(concept) 연구가 더욱 활성화되어야 한다고 생각한다. 획일화된 하나의 개념만 추구하는 것이 아닌 다양한 개념이 서로 갈등하고 경쟁하는 가운데 군사(軍事)의 전반적인 발전이 이루어진다고 본다.

"전략은 어떻게 만들어지는가"와 "전략은 어떻게 변화하는가"라고 생각한다. 1장에서는 군사전략(또는 국가전략)은 지정학, 과학기술, 전략문화의 상호작용을 통해 만들어진다고 설명했다. 2장에서는 "전략이 언제, 어떻게 변화하는가"에 대한 생각을 담았으며, 이를 전략문화적 관성을 깨는 과정으로 설명한다.

전략을 만들어내는 과정에서 매번 새로움만을 추구할 수는 없을 것이다. 어떤 상황에서는 새로운 길보다 기존의 방향성을 잘 유지하는 것이 더 좋은 선택이 될 수 있다. 하지만 시대와 환경이 급격하게 바뀌고 있음에도 조직 내 문화적 경직성으로 인해 능동적인 변화를 만들어내지 못한다면, 그 조직은 결국 도태될 것이다. 안보(安保)와 군사(軍事)에서 도태는 삶과 죽음[生存]의 문제다. 격랑(激浪)의 시기에 불확실한 안개의 바다를 항해하기 위해서는 물결과 바람의 변화를 제대로 읽어내야 한다.

1. 전략문화와 군사전략의 변화적 속성

이 글에서는 지정학, 과학기술과 더불어 '전략문화'라는 다소 포괄적인 개념을 거시 담론 수준에서 설명하고 있다.[11] 전략문화는 군사

---

11) 전략문화는 모호하고 포괄적인 개념이다. 전략문화는 의미적으로 국가정체성(national identity), 정치문화(political culture), 전쟁수행 스타일/방법(national style/ways of war), 군 문화(service culture) 등과 연계성이 있다. 이 글에서 전략문화는 국방/군과 관련된 모든 수준에서 다루는 문화적 특성을 아우른다. 그 까닭은 이 글의 목적이 개념의 구분과 경계 획정에 있지 않고 지정학, 과학기술이라는 거시적 개념 간 상호관계 연구에 있기 때문이다. 전략문화와 관련된 세부적인 개념적 분화와 진화는 다음을 참조하라. 김성수, 「전략문화와 전략 수행 시의 한계(Strategic culture and its limited application in doing strategy)」, 『군사과학논집』 68(1), 2017; Colin Gray, *Modern Strategy* (UK: Oxford University Press,

전략 연구에서 매우 유용한 분석의 틀이다. 이를 통해 전략과 관련된 현상과 상호작용에 대한 설명뿐만 아니라 정책의 형성과 미래 전략환경에 대한 예측도 가능하다. 전략문화 연구는 역사학자들에게는 과거의 전략적 상호작용을 설명할 목적으로, 정치학자들에게는 상대의 전략적 행동을 예측하기 위한 목적으로 발전해왔다. 서구 국제정치학계에서는 1970년대부터 전략적 행동과 선택 예측을 위한 이론적 토대로 전략문화 연구가 활발하게 진행되어왔으며, 최근에는 군사문화, 정치군사문화, 조직문화 영역까지 확대되고 있다. 이에 반해 우리 국제정치학계와 군사학 연구 그리고 군사전략 커뮤니티 내에서 전략문화의 중요성에 대한 인식과 연구는 다소 부족하다고 생각한다.[12)]

군사전략을 지정학, 과학기술, 전략문화의 상호작용으로 이해하고 전략이 전략문화의 토양에서 구상 · 적용된다고 할 때, '전략의 변화'는 어떻게 설명할 수 있을까? 앞서 언급한 바와 같이 전략기획은 군사(軍事)에 새로운 방향성을 더하는 업무영역이다. 전략구상과 전력획득, 전투발전 업무를 통해 군의 미래를 기획한다. 다시 말하면 항상 변화를 추구하고 설계하는 과업을 수행한다.

현상(생각 또는 방향성)의 변화는 과거로부터 현재, 현재로부터 미래로 이어지는 시간적 흐름 속에서 이루어진다. 시간적 관점에서 보면

1999).

12) 김성수(2017)에 의하면, 서구의 전략문화 연구는 다음과 같은 세 번의 물결(wave)을 통해 발전해왔다. 1970년대 1세대 논의는 전략문화의 차이가 서로 다른 전략적 행동을 가져올 수 있다고 주장한다. 특히 미국과 소련의 핵전략의 특성과 차이는 각각의 역사와 문화적 경험에서 비롯된다고 강조한다. 첫 번째 물결은 주류학계에서 소외되었던 전략문화 연구에 대한 중요성을 일깨우는 역할을 한다. 1980년대 2세대 논의는 전략문화 형성과 관련하여 엘리트의 역할과 그들의 의사결정 과정에 주목한다. 1990년대 형성된 3세대는 전략적 행동과 의사결정의 예측력(prediction power)과 관련된 이론화 과정에 대한 논의라고 볼 수 있다.

지정학, 전략문화, 과학기술 영역은 서로 다른 특성을 가진다. 각 영역이 과거에서부터 현재와 미래까지 모두 존재하지만, 그 특성상 지정학은 과거에 기반을 두고 있으며 과학기술은 미래를 지향하는 경향을 보인다. 전략문화는 전략을 구상하고 적용하는 전략가의 현재에 영향을 준다. 가변성(변화의 정도)을 놓고 보면, 과거 중심적인 지정학은 변화의 정도가 낮고(또는 느리고), 미래 지향적인 과학기술은 변화의 정도가 높다(또는 빠르다). 전략문화의 가변성은 지정학과 과학기술의 중간 위치에 해당한다고 볼 수 있다.

〈그림 5-4〉는 시간축(X축)과 변화축(Y축)을 기준으로 지정학, 전략문화, 과학기술 영역 간 개념적 관계를 설명한다.

지정학은 '과거'를 기반으로 현재와 미래에 영향을 미친다. 지정학적 현상은 가변성이 높지는 않으나 한번 변화의 물결을 일으키면 그 규모가 크고 물줄기가 세다. 전략문화와 과학기술을 포함한 전략기획의 모든 변수에 전반적인 영향을 미친다. 20세기 전반부를 규정했던 1, 2차 세계대전과 후반부를 규정했던 냉전과 탈냉전이 이러한 지

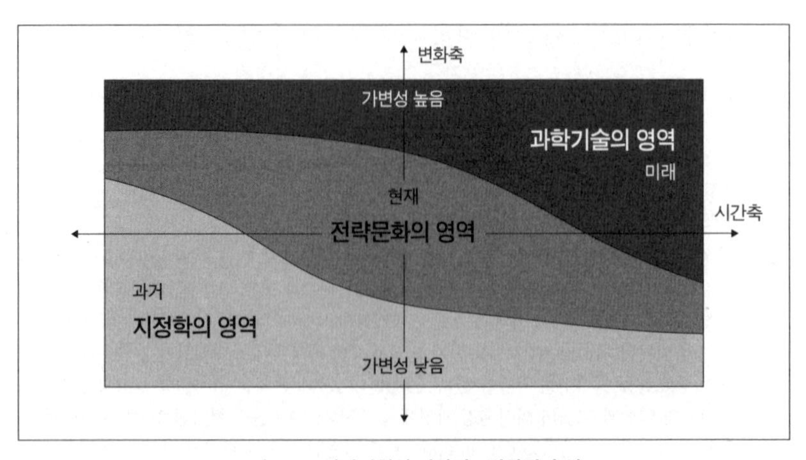

〈그림 5-4〉 전략기획의 시간적 · 변화적 속성

정학적 변화다. 21세기 중국의 부상과 신냉전, 강대국의 전략경쟁 등 일명 '지정학의 귀환(return of geopolitics)'은 지난 세기부터 이어져온 국제체제의 큰 흐름 속에서 봐야 한다. 〈그림 5-4〉의 지정학 영역(왼쪽 하단)은 과거를 기반으로 현재와 미래의 전략문화와 상호작용함으로써 전략의 변화를 수반한다.

(지정학에 비해) 과학기술은 그 특성상 '미래' 지향적이다. 과학기술 발전은 유행에 민감하고 변화의 속도가 빠르며 그 주기도 상대적으로 짧다. 한마디로 지정학과 전략문화 영역에 비해 가변성이 높다. 기술 자체의 속성은 매우 진보적이고 개방적이나, 때때로 보수적인 특성(지정학의 영향)도 가지고 있다. 예를 들면 인터넷과 스마트폰 같은 기술은 확산성이 매우 높지만, 핵무기 같은 치명적 무기체계 기술은 폐쇄성이 높다. 개별국가의 과학기술력 수준에 따라 한번 벌어진 기술 격차는 좀처럼 좁혀지기 어렵다. 과학기술은 국가의 미래 군사력 건설을 주도한다. 〈그림 5-4〉에서 과학기술 영역(오른쪽 상단)은 미래적 관점을 통해 전략문화와 상호작용하며, 도약적 능력 발전으로 전략의 변화를 동반한다.

전략가가 속해 있는 조직의 전략문화는 전략기획의 '현재적' 토양이라 할 것이다. 전략문화는 〈그림 5-4〉와 같이 현재적 관점에서 전략의 형성과 변화, 때로는 전환을 주도한다. 지정학과 과학기술은 각각 과거와 미래 중심적 영역에서 현재의 전략문화와 상호작용함으로써 전략에 영향을 준다. 전략문화는 오랜 시간에 걸쳐 형성되고, 먼 훗날까지 영향을 준다는 측면에서 전략기획의 과거와 미래를 연결하는 역할을 한다. 전략문화는 한 국가 또는 조직이 실천하는 전략적 행동의 근간을 형성한다. 앞서 설명한 바와 같이 전략문화의 핵심은 인적 요인에 있다. 전략문화가 전략의 구상과 실천에 영향을 미치는 대표적 사례는 리더십의 역할에서 찾을 수 있다. 군(軍)의 리더십은 특정한 전략문화를 수반한다. 군의 의사결정과 미래 기획은 리더십과 리더 그룹(엘리트)이 속해 있는 전략문화로부터 영향을 받는다.

결론적으로 전략의 변화을 이해하기 위해서는 총체적 관점에서 전략의 시간 · 변화적 속성과 지정학, 과학기술, 전략문화 영역을 결합하여 볼 수 있어야 한다.

2. 전략은 언제, 어떻게 변화하는가?

전략문화는 '문화'의 특성상 일정한 관성을 지닌다.[13] 문화결정론적 시각에 의하면 한번 형성된 문화는 잘 바뀌지 않고 그 특성을 계속 유지하게 된다. 예를 들면 육 · 해 · 공군은 각각 지상, 해상, 공중이라는 전장으로 인해 독특한 조직문화를 형성한다. 지상군과 해병대의 보병, 포병, 기갑, 해군의 함정, 공군의 조종병과는 서로 구별되는 독자적인 문화를 품고 있으며, 이는 쉽게 바뀌지 않는다. 합참의 전략기획 업무는 합동성을 강조하는 합참 내부 조직문화로부터 영향을 받는다. 하지만 전략문화가 절대적인 것은 아니다. 문화는 하나의 문맥(context)를 형성하는 것이지 강한 인과성(causality)를 갖는 것은 아니기 때문이다.[14] 그렇다면 전략을 만들어내는 현재적 속성인 전략문화는 언제,

---

13) 김성수(2017, p. 40)에 의하면, 전략문화는 문화적 관성(mental inertia)으로 인해 '지속성에 중점을 두며 변화를 억압(suppress)하는 경향'이 있다고 본다. "Studies of strategic culture tend to suppress change in favour of continuity; tensions and uncertainties are overlooked."

14) 김성수(2017, p. 48)에 의하면, 전략문화의 유용성은 인과관계를 통해 전략 행동의 미래를 예측하기보다 과거와 현재의 전략적 선택을 이해하는 맥락(context)을 제공하는 데 있다.

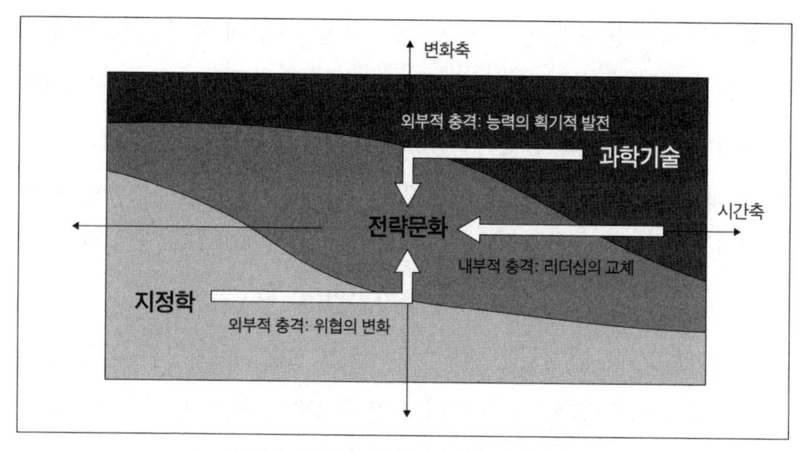

〈그림 5-5〉 전략의 변화를 이끄는 동인(動因)

어떻게 변화하는가?

〈그림 5-5〉는 지정학, 전략문화, 과학기술의 상호작용 속에서 전략이 언제, 어떻게 변화하는가에 대한 개념적 구조를 설명한다. 전략문화의 본질적 속성은 현상 유지이기 때문에 변화를 거부하는 기본속성을 깨기 위해서는 일종의 충격(shock)이 필요하다. 충격은 내부적(인적) 충격과 외부적(환경적) 충격이 있을 수 있다.

먼저 외부적 변화의 동인(충격)은 환경적 요인인 위협(지정학)과 능력(과학기술)이 주는 충격에서 비롯될 수 있다. 2018년 초 평창올림픽 이후 우리 정부의 주도적 노력과 전격적인 북미회담 성사로 인해 남북관계의 급격한 진전과 비핵화 협상이 진행되었다. 이는 위협(지정학)의 급격한 변화라는 측면에서 새로운 전략구상을 동반하는 외부적 충격으로 작용했다. 실제로 당시 국방 관련 연구기관은 위협(지정학)의 변화에 부응하고 이를 주도하기 위해 한반도 평화체제를 전제로 하는 새로

전략문화의 맥락(context)적 관점에 대해서는 다음을 참조하라. 김성수(2017, p. 48), 박창희(2013, p. 399), Colin Gray(1999, p. 130).

운 국방정책과 군사전략(이른바 Plan A, B, C 등) 구상에 고심한 바 있다.

또 다른 외부적 충격은 능력(과학기술) 측면에서 발현될 수 있다. 현재 4차 산업혁명을 통한 비약적인 과학기술 발전은 전략구상과 기획에 새로운 도전과 기회를 주고 있다. 초지능 · 초연결 · 초융합의 미래전장 환경은 단순히 무기체계의 획기적 발전뿐만 아니라 전쟁수행 주체(유인에서 무인, 유 · 무인으로)와 전장공간(육 · 해 · 공에서 사이버, 우주, 전자전, 인식영역까지), 전쟁규범(회색지대, 하이브리드전 등) 등 모든 군사 분야에 변화를 요구하고 있다. 한마디로 전략기획의 목표, 방법, 수단과 관련된 전 영역에 새로운 사고가 필요하다. 현재 우리 군은 다양한 국방혁신 프로그램을 통해 기술력 발전을 전략구상에 능동적으로 접목하기 위해 노력하고 있다.

내부적 변화의 동인은 인적요인인 리더십의 교체에서 비롯될 수 있다. 예를 들면 정책과 전략 제대의 리더십 교체는 지휘관의 군 배경(육 · 해 · 공 · 해병대), 군 경험과 전문성(작전/정책/전력/인사 등), 개인적 성향(개혁적/중도적/보수적 등)에 따라 해당 조직에 새로운 전략문화를 형성하게 된다. 리더십의 교체는 기존과 다른 안보환경을 경험하거나 전문성을 키워온 새로운 세대(리더 그룹)의 등장을 동반할 수 있다. 이처럼 리더십과 리더 그룹의 교체는 전략문화에 내부적 충격을 만들어 새로운 전략을 구상하는 동인이 된다.

3장
결론: 변화의 기로(岐路)에서

전략연구의 선구자 버나드 브로디(Bernard Brodie)는 전략이론은 반드시 '실천적 이론'이어야 함을 강조한 바 있다.[15] 이 글은 전략 형성에 있어 전략문화의 존재와 역할에 주목한다. 지정학과 과학기술적 특성들은 위협과 능력이라는 측면에서 전략의 외부적 조건(구조/환경/기회)을 형성하지만, 결국 변화를 만들어내는 현재적 토양은 전략문화 속에서 이루어지는 내부적 역할(행위자/인간/의지)에 있기 때문이다. 지정학이 아무리 위협적으로 다가와도, 과학기술력 발전을 활용하여 최첨단 무기체계를 확보하더라도 결국 군사전략의 실천과 적용은 '행위자인 인간의 의지'에 달려 있다. 무엇보다 군사전략을 만드는 실제 과정은 전략가가 경험하고 몸담은 조직의 전략문화에서 영향을 받는다.[16]

---

15) 김성수, 2017, p. 49 재인용. Bernard Brodie, *War and Politics* (UK: Cassell & Company Ltd., 1973), p. 452. "As Bernard Broad explicitly noted, "Strategic theory [should be] a theory for action," the ultimate concern of strategists is the utility of particular theory for finding an optimal solution to strategic affairs. At its utility as an analytical tool."

16) 군사전략과 인간의 역할에 대해서는 다음 논문을 참조하라. 김성수, 「군사전략이론의 재고찰: 군사전략학의 관점에서 인간과 통찰력의 역할을 중심으로」, 『한국군사학논집』 73(3), 2017, pp. 153-196.

지정학적 '위협' 형성과 관련된 우리의 전략문화 특성은 다음과 같다. 우리 군은 (특히 합참의 관점에서 보면) 북한의 현존 위협 대비를 위해 한미 연합방위체제의 두 축인 작전계획과 연습을 중시하는 문화를 가지고 있다. 1945년 새로운 국제질서인 냉전의 시작과 남북 분단, 6 · 25전쟁 이후 주한미군 주둔과 연합방위체제 구축은 현재까지 이어져온 우리 군 전략문화의 가장 깊고 굵은 뿌리라고 할 수 있다. 6 · 25전쟁 이후 북한의 군사적 위협은 남북의 경제력 차이가 수십 배에 이르는 현재까지도 변함없이 지속되고 있다. 그동안 한미 연합사령부와 우리 합참을 중심으로 한 연합 작전계획 발전과 이에 따른 연합 · 합동연습 수행은 우리 군의 가장 중요한 전략문화적 프레임이라고 할 수 있다.

또 다른 전략문화 특성은 과학기술 '능력'과 관련된 것이다. 우리 군은 6 · 25전쟁 이후 북한의 재래식 위협에 대응하기 위해 대규모 지상군 병력을 유지하는 한편, 육 · 해 · 공 각 군을 중심으로 최첨단 전력획득에 노력해왔다. 전력증강과 관련하여 그동안 육군은 지상군의 규모와 능력을 유지하기 위해, 해군(해병대) · 공군은 첨단 무기체계 확보를 위해 제한된 국방예산을 놓고 치열하게 경쟁해왔다. 합동성의 관점에서 합참이 주도적으로 최적의 전력소요 창출을 위해 노력하고 있으나, 실제 전력획득의 출발점은 각 군에서 시작될 수밖에 없다. 전력획득을 위한 군종 간 갈등과 경쟁은 우리 군만의 문제는 아니며, 긍정적인 측면도 존재한다. 이처럼 우리나라의 국가 경제와 국방력이 성장하면서 각 군을 중심으로 한 전력증강 노력과 경쟁구조는 우리 군의 또 다른 전략문화를 형성해왔다.

우리 군의 작전계획과 전력 중시 전략문화는 위협에 대응하고 능력을 발전시킨다는 측면에서 매우 체계적이고 건강한 시스템이다. 북한의 군사적 위협을 효과적으로 억제하고 대응하며, 국가경제력과 과학기술 발전을 전력증강으로 연계하는 효율적인 체계다. 하지만 새로운 변화를 수용하거나 개혁과 혁신을 창출하기 어려운 제한점도 있다. 장기간에 걸쳐 확립되고 구체화된 한미동맹의 연합작계 시스템, 그리고 소요기획부터 획득, 사업관리까지 복잡하게 맞물려 돌아가는 전력기획 프로세스는 때때로 군사전략이 주도하는 변화와 혁신에 보수적 입장을 취할 수도 있다. 또한, 작전계획과 전력획득 전문가 위주 조직 내에는 변화에 다소 둔감한 전략문화가 형성될 수도 있다.

군사전략은 평소 군사(軍事) 제 분야에 있어 일관된 방향성을 제시한다. 또한 뜻하지 않은 내 · 외부적 충격으로 국가안보에 변화의 동인이 발생하면, 이에 유연하게 적응하고 선제적으로 조직을 이끌 책임이 있다. 따라서 전략가들은 우리 군 전략문화 특성에 내재된 취약점을 적시하고 필요시 이를 극복해야 한다. 전략가들은 전략기획의 틀 안에서 작전계획과 전력기획 전문가들과 상서 소통하고 공감대를 형성해야 한다. 군의 군사전략서는 상위문서로 미래 군사력 운용과 건설에 지침(top-down)을 줄 뿐만 아니라, 동시에 기존 작전계획과 전력기획의 관점을 전략적 방향성에 편승(bottom-up)시키는 포용성도 발휘해야 한다. 전략의 선도(lead) 역할 못지않게 중요한 임무는 조정(coordinate)과 연결(bridge), 그리고 통합(integrate)이다. 전략의 진정한 역할은 "나를 따르라"는 공허한 외침이 아닌, 시대가 우리에게 요구하는 올바른 전략적 방향성을 제시하고 모두를 전략기획 과정에 통합시키는 리더의 역할이다.

군의 리더십은 전략문화를 만들어내고 또한 전략문화는 새로운 리더십을 양성하는 그릇이 된다. "전략문화는 전략적 행동을 위한 지침을 제공한다. … 모든 군인은 그들의 문화를 품고 전장으로 나아간다."[17] 이처럼 우리도 모르는 사이에 전략문화는 이미 우리 군의 전략지침과 군사행동의 근간으로 작용한다. 군의 전략문화는 국방정책 수립(국방부)부터 전략기획(합참)과 군사작전 수행(각 군과 예하 제대)까지 전 군사(軍事) 영역에 영향을 미친다. 특히 새로운 군사전략의 설계는 전략문화의 변화에서부터 비롯된다고 볼 수 있다.

이 글은 "전략의 형성과 변화"라는 주제를 다루며 특히 '전략문화'의 역할에 주목하고 있다. 지정학과 과학기술의 상관관계 속에서 전략문화에 대한 개념적 고찰을 시도했다. 우리 군 전략문화의 실체를 구체적으로 다루지는 않았지만, 이 글의 화두와 개념적 논의, 분석의 틀이 우리 군과 국방의 전략문화 실체에 접근하는 출발점이 되기 바란다.

지정학적 위협이 변하고 과학기술 능력이 획기적으로 발전하고 있음에도 군사전략이 '주도성'과 '유연성'을 발휘하지 못하는 근본적인 까닭은 전략문화적 관성이 전략기획 영역을 단단히 감싸고 있기 때문이다. 전략문화의 변화는 내·외부적 충격에서 시작될 수 있다. 현시점 역내에서는 미중 간 강대국 전략경쟁의 본격화라는 측면에서 새로운 지정학적 질서가 형성되고 있다. 한편, 과학기술 측면에서 신기술의 개발과 기술 간 상호융합(예를 들면 인공지능과 무인기술의 결합 등)은 군사력 발전의 새로운 지평을 만들어내고 있다.

현재 우리 전략문화의 모습이 "외부적 충격을 변화의 동인으로 인식하고 새로운 방향성을 모색하는 데 얼마나 개방되어 있는가?"에 대해 점검할 필요가 있다. 혹시라도 구태의연하고 관성적인 조직문화에 매몰되어 우리도 모르는 사이에 변화를 거부하고 현실에 안주하고

17) 박창희, 『군사전략론: 국가대전략과 작전술의 원천』, 플래닛미디어, 2013, p. 401.

있는 것은 아닌가. 거센 물결에 이리저리 흔들리는 동력 잃은 배와 같이 방향성과 주도성 없이 표류하고 있는 것은 아닌가. 불안정한 대기와 바람의 세기는 폭풍우를 예고하고 있는데, 우리는 과연 황천(荒川)을 잘 대비하고 있는가. 줄탁동시(啐啄同時)의 노력으로 모두의 지혜를 모아야 할 때다.

참고문헌

I부. 미국의 해양전략

국립외교원. 『미 바이든 행정부의 인도태평양 전략과 신남방정책의 연계협력 추진방향』. 선인, 2021.

김재엽. 「미국의 공해전투(Air-Sea Battle): 주요 내용과 시사점」. 『전략연구』 54, 2012.

김태훈. "국방예산 축소 美, 日과 연안전투함 공동 개발 추진". 「SBS 뉴스」, 2014년 3월 12일.

김현승. 「미 해군 수상함부대 전략 평가 및 한국 해군에게 주는 시사점」. 『Strategy 21』 20(1), 2017.

로버트 J. 아트, 김동신 · 이석중 역. 『미국의 대전략: 외교정책과 군사전략』. 나남출판, 2005.

박영준. 「동아시아 해양안보의 현황과 다자간 해양협력방안」. 『제주평화연구원 정책포럼』, No. 2012-10, 2012.

박윤일 · 정삼만. 「미 · 중 해양패권 경쟁과 '회색지대전략': 중국 해저 무인기지 추진의 파장」. 『Periscope』 142, 2018.

박주현. 「미 해군 355척 계획의 현실과 전망」. 『Periscope』 226, 2021.

박창희. 『군사전략론: 국가대전략과 작전술의 원천』. 플래닛미디어, 2013.

반길주. 「동아시아 공세적 해양주의: 공격적 현실주의 이론과 동북아 4강의 해양전략」. 『전략연구』 27(2), 2020.

송은희. 「인도 · 태평양 시대 '동아시아 지역주의' 가능성과 한계」. 『국가안보전략연구원 INSS 연구보고서』 14, 2018.

신문경. 「1949년 미(美) 제독들의 반란이 한국 해군에게 주는 시사점」. 『Strategy 21』 38, 2015.

신성호 · 임경한. 「미국의 아시아 올인(All-In)」. 『전략연구』 55, 2012.

윤석준. 『해양전략과 국가발전』. 한국해양전략연구소, 2010.

이상엽.「美 인도태평양전략의 국제정치학적 해석」.『Strategy 21』 22(1), 2019.

이춘근.「미국의 해양전략과 동아시아」,『21세기 해양갈등과 한국의 해양전략』. 한국해양전략연구소, 2006.

임경한.「동아시아 해양의 국제정치: 미국의 아시아 중시 전략에 따른 동아시아 해양안보 환경 전망」.『동북아연구』 28(2), 2013.

______.「美 2014년 '4개년 국방검토보고서(QDR)'에 대한 소고」.『해양전략』 162, 2014.

______.「일대일로와 인도 · 태평양 전략에 대한 인도와 호주의 대응」.『동서연구』 30(4), 2018.

______.「중국의 일대일로 전략과 미국의 인도 · 태평양 전략 경쟁 하 주변국의 대응전략」.『국제정치연구』 22(1), 2019.

______.「지정학 관점에서 본 미 · 중 경쟁과 림랜드 아세안의 가치」.『동남아연구』 30(2), 2020.

______.「바이든 행정부의 외교 · 안보 전략과 한국에의 함의: 미국 해양전략과 도전과제를 중심으로」.『국가전략』 27(4), 2021.

정구연.「미중 세력전이와 미국 해양전략의 변화: 회색지대갈등을 중심으로」.『국가전략』 24(3), 2018.

정능 · 정재영.「미국의 새로운 해양전략서 발간과 함의」.『Periscope』 228, 2020.

정호섭.「4차 산업혁명 기술을 지향하는 미 해군의 분산해양작전」.『국방정책연구』 35(2), 2019.

제프리 틸, 최종호 · 임경한 역.『아시아의 해군력 팽창: 군비경쟁의 서막인가?』. 해양전략연구소, 2013.

조지 베어. 김주식 역.『미국 해군 100년사(*One Hundred Years of Sea Power*)』. 한국해양전략연구소, 2009.

차정미.「시진핑 시대 군사혁신 연구: 육군의 군사혁신 전략을 중심으로」.『국제정치논총』 61(1), 2021.

한국군사문제연구원. "「2019년 미국-필리핀 바리카탄 연합훈련」함의".『국방일보』, 2019년 4월 26일자.

한국해양수산개발원.『2012 해운통계요람』. 한국해양수산개발원, 2012.

합동군사대학교 해군대학.『주변국 해양전략』. 합동군사대학교 해군대학, 2013.

헨리 헨드릭스. 조학제 역.『시어도어 루스벨트의 해군외교: 미 해군과 미국 세기의 탄생(Theodore Roosevelt's Naval Diplomacy: The U.S. Navy and the Birth of the American Century)』. 한국해양전략연구소, 2010.

Air-Sea Battle Office. "Air-Sea Battle: Service Collaboration to Address Anti-Access & Area Denial Challenges." 〈http://defense.gov/pubs/ASB-ConceptImple mentation-

Summary-May-2013.pdf〉

Banco, Erin. "Army to Cut Its Forces by 80,000 in 5 Years." *The New York Times*, June 25, 2013.

Beckley, Michael. "The Emerging Military Balance in East Asia: How China's Neighbor Can Check Chinese Naval Expansion." *International Security*, Vol. 42, No. 3 (2007).

Bennett, John. "House approves 2014 defense spending bill." *Military Times*, July 24, 2013.

Bowdish, Randall G. "Global Terrorism, Strategy, and Naval Forces." in Sam J. Tangredi (ed.) *Globalization and Maritime Power*, Washington, D.C.: National Defense University Press, 2002.

Brunnstrom, David. "Obama-era veteran Kurt Campbell to lead Biden's Asia policy." *Reuters*, January 12, 2021.

Bush, Richard. "The Responses of China's Neighbors to the U.S. 'Pivot' to Asia." *The Brookings Institution*, January 31, 2012.

Clark, Vern. "Sea Power 21: Projecting Decisive Joint Capabilities." *Naval Institute Proceedings*, Vol. 128, No. 10 (2002).

Clinton, Hillary. "America's Pacific Century." *Foreign Policy*, October 11, 2011. 〈foreignpolicy.com/2011/10/11/americas-pacific-century/〉

Collins, John M. *Grand Strategy: Principles and Practices*. Maryland: Naval Institute Press, 1973.

Copp, Tara. "Space Force Seeks $831.7M for Unfunded Priorities." *Defense One*, June 4, 2021.

Correll, Diana Stancy. "New MQ-25 warrant officer specialty now open to sailor and civilian applicants." *Navy Times*, June 9, 2021. 〈https://www.navytimes. com/news/your-navy/2021/07/09/new-mq-25-warrant-officer-specialty-now-open-to-sailor-and-civilian-applicants/〉

Cox, Gregory V. *Naval Defense Planning for the 21st Century: Observations from QDR 2001*. Alexandria, VA.: CNA, 2001.

Cronk, Terri Moon. "Space-Based Capabilities Critical to U.S. National Security, DOD Officials Say." *DOD News*, May 24, 2021.

Davidson Philip S. "Statement of Admiral Philip S. Davidson, US Navy Commander, US Indo-Pacific Command, Before the senate armed services committee on US Indo-Pacific Command Posture." March 9, 2021.

Donilon, Tom. "America is Back in the Pacific and will Uphold the Rules." *The Financial Times*, November 27, 2011.

"Former Carter's adviser calls for a 'G-2' between U.S. and China." *The New York Times*, January 12, 2009.

Ferguson, Niall and Moritz Schularick. "'Chimerica' and the Global Asset Market Boom." *International Finance*, Blackwell Publishing, Vol. 10(3) (December 2007).

Flint, Colin. *Introduction to Geopolitics*. New York, NY: Routledge, 2012.

Hattendorf, John B. *U.S. Naval Strategy in the 1990s*. Newport, Rhode Island: Naval War College Press, 2006.

He, Kai. "The hegemon's choice between power and security: explaining U.S. policy toward Asia after the Cold War." *Review of International Studies*, No. 36 (2010).

Irby, Kate. "Military considers cutting 25% of Army personnel, Marines to trim budget for sequester." *McClatchy Washington Bureau*, July 31, 2013.

Juo, Shuxian and Jonathan G. Panter. "China's Maritime Militia and Fishing Fleets: A Primer for Operational Staffs and Tactical Leaders." *Military Review*, 2021.

Kreisher, Otto. "Is the 313 Ship Fleet Realistic?" *U.S. Naval Institute Proceedings* (January 2008). 〈http://www.usni.org/magazines/proceedings/2008-01/313-ship-fleet-realistic〉

Lasater, Martin L. "U.S. Maritime Strategy in the Western Pacific in the Asia Pacific in the 1990s." *Strategic Review*, Vol. 18, No. 3 (Summer, 1990).

Lawrence, Chris. "Pay, benefits, troops reduction 'on the table' as Pentagon wrestles with budget cuts." *CNN*, July 31, 2013.

Le Mière, Christian. "America's Pivot to East Asia: The Naval Dimension." *Survival*, Vol. 54, No. 3 (2012).

Lim, Kyung-Han. "Containing China: Rising China and U.S. Grand Strategy in the East Asian Seas." 『아태연구』 19(1), 2012.

______. "Global Access vs. Access Denial: U.S.-Chinese Naval Security Competition in the East Asian Seas." *The Korean Journal of Security Affairs*, Vol. 17, No. 1 (2012).

______. "U.S.-Chinese Naval Security Competition Over the East Asian Seas Since the End of the Cold War," *Doctoral Dissertation*. Seoul: Seoul National University, 2012.

Lobell, Steven E. "The Grand Strategy of Hegemonic Decline: Dilemmas of Strategy and Finance." *Security Studies*, Vol. 10, No. 1 (2000).

MacDonald, Paul K. and Joseph M. Parent, "Graceful Decline?: The Surprising Success of Great Power Retrenchment." *International Security*, Vol. 35, No. 4 (Spring 2011).

Mahan, Alfred T. *The Influence of Sea Power Upon History, 1660-1783*. New York: Wang Hill, 1890.

Manyin, Mark E. et al. "Pivot to the Pacific? The Obama Administration's 'Rebalancing' Toward Asia." *CRS Report for Congress*, 2012.〈http://fas. org/sgp/crs/natsec/R42448.pdf〉

Miles, Donna, "Strategy Guidance Underscores Asia-Pacific Region." *American Forces Press*

Service, 2012.

Modelski, George and William R. Thompson. *Seapower in Global Politics*, 1494-1993. Hong Kong: The Macmillan Press, 1988.

Norris, Robert S. and Hans M. Kristensen. "Declassified: US nuclear weapons at sea during the Cold War." *Bulletin of the Atomic Scientists*, Vol. 72, No. 1 (2016).

O'Rourke, Ronald. "China Naval Modernization: Implications for U.S. Navy Capabilities – Background and Issues for Congress." *CRS Report for Congress* (April 2008).

______. "Navy Force Structure and Ship building Plans: Background and Issues for Congress." 〈www.fas.org/sgp/crs/weapons/RL32665.pdf〉

______. *Navy Large Ummanned Surface and Undersea Vehicles: Background and Issues for Congress*. Washington, D.C.: Congressional Research Service, 2021.

Owens, William A. *High Seas: The Naval Passage to an Uncharted World. Annapolis*, MD: Naval Institute Press, 1995.

Panetta, Leon E. "Defense Strategic Guidance Briefing from the Pentagon." 〈 http://defense.gov/landing/comment.aspx〉

Panetta. "Remarks by Secretary Panetta at the Shangri-La Security Dialogue in Singapore." 〈https://www.defense.gov/Multimedia/Photos/igphoto/2001172299/〉

Posen, Barry R. and Andrew L. Ross, "Competing Visions for U.S. Grand Strategy." *International Security*, Vol. 21, No. 3 (1996-1997).

Potter, E. B. *The Naval Academy*. New York: Galand Books, 1971.

Rej, Abhijnan. "US Defense Department to Create Big Picture China Task Force." *The Diplomat*, February 13, 2021.

Schwartz, Norton and Jonathan Greener. "Air-sea Battle: Promoting Stability in an Era of Uncertainty," *The American Interest*, February 20, 2012.

Secretary of Defense Directive on China Task Force Recommendations, June 9, 2021. 〈https://www.defense.gov/Newsroom/Releases/Release/Article/ 2651534/secretary-of-defense-directive-on-china-task-force-recommendations/〉

SIPRI (Stockholm International Peace Research Institute). "Trends in World Military Expenditure, 2012."〈http://books.sipri.org/files/FS/SIPRIES1304.pdf〉

Smith, Edward A. "What '… From the Sea' Didn't Say". *Naval War College Review*, Vol. 48, No. 1 (Winter 1995).

Tapper, Jake. "Obama announces 34,000 troops to come home." *CNN International*, February 13, 2013.

The White House. *National Maritime Domain Awareness Plan for The National Strategy for Maritime Security*. Washington, D.C.: The White House, 2013.

______. "National Security Strategy."〈http://whitehouse.gov/sites/default/files/rss_ viewer/

national_security_strategy.pdf〉

______. *Interim National Security Strategic Guidance*. Washington, D.C.: The White House, 2021.

______. *Indo-Pacific Strategy of the United States*. Washington, D.C.: The White House, 2022.

Tritten, Travis. "Philippine government gives OK for U.S. to use old bases." *Stars and Stripes*, June 7, 2012.

U.S. Army Training and Doctrine Command. "Multi-Domain Battle: Evolution of Combined Arms for the 21st Century, 2024-2040." October 2017.

U.S. Commission on National Security/21st Century. *New World Coming: American Security in the 21st Century, Major Themes and Implications, Phase I Report on the Emerging Global Security Environment for the First Quarter of the 21st Century*. Washington, D.C.: Government Printing Office, 1999.

______. *Road Map for National Security: Imperative for Change, Phase III Report on a U.S. National Security Strategy for the 21st Century*. Washington, D.C.: Government Printing Office, 1999.

______. *Seeking a National Strategy: A Concept for Preserving Security and Promoting Freedom, Phase II Report on a U.S. National Security Strategy for the 21st Century*. Washington, D.C.: Government Printing Office, 1999.

U.S. Department of Defense. "Nuclear Weapons Afloat: End of Fiscal Years (1953-1991)".〈https://open.defense.gov/Portals/23/Documents/frddwg/weapons_afloat_unclass.pdf〉

______. "Fiscal Year 2013 Budget Request," 2012, 〈www.dcmo.defense.gov/ publications/documents/FY2013_Budget_Request_Overview_Book.pdf〉

______. "Quadrennial Defense Review Report."〈http://defense.gov/qdr/qdr% 20as%20%20 29jan10%201600.pdf〉

______. "Sustaining U.S. Global Leadership: Priorities for 21st Century Defense." 〈http://defense.gov/news/Defense_Strategic_Gui dance.pdf〉

______. "U.S. National Defense Strategy 2008." June 2008. 〈http://www. defense.gov/news/2008% 20national%20defense%20strategy.pdf〉

______. "United States Department of Defense Fiscal Year 2015 Budget Request Overview."〈www.comptroller.defense.gov/Portals/45/Documents/defbudget/fy2015/fy2015_ Budget_Request_Overview_Book.pdf〉

______. *National Defense Strategy of the United States of America*. Washington, D.C.: DoD, 2018.

______. *Indo-Pacific Strategy Report: Preparedness, Partnerships, and Promoting a Networked Region*. Washington, D.C.: DoD, 2019.

U.S. Department of Navy. ... *From the Sea: Preparing the Naval Service for the 21st Century*. Washington D.C.: Government Printing Office, 1992.

______. *Forward... From the Sea*. Washington D.C.: Government Printing Office, 1994.

______. "Report on the Collision between USS Fitzgerald(DDG62) and Motor Vessel ACX CRYSTAL." October 23, 2017.

U.S. Department of State, *A Free and Open Indo-Pacific: Advancing a Shared Vision*. Washington, D.C.: DoS, 2019.

U.S. Navy, U.S. Marine Corps. U.S. Coast Guard. *A Cooperative Strategy for 21st Century Seapower*. Washington, D.C.: Department of the Navy, 2007.

______. *A Cooperative Strategy for 21st Century Seapower: Forward, Engaged, Ready*. Washington, D.C.: Department of the Navy, 2015.

U.S. Secretary of the Navy. *Advantage at Sea: Prevailing with Integrated All-Domain Naval Power*. Washington, D.C.: Secretary of the Navy, 2020.

Wimmel, Kenneth. *Theodore Roosevelt and the Great White Fleet*. Washington, D.C.: Brassey's, 1998.

World Bank, "Gross Domestic Product 2012." 〈http://databank.worldbank.org/ data/download/GDP.pdf〉

Ⅱ부. 중국의 해양전략

"獨 군함, 19년만에 남중국해 통과하며 中 견제". 『동아일보』, 2021년 12월 17일자.

"러시아 군용기, 독도 영공침범 재구성". 「연합뉴스」, 2019년 7월 24일.

"미 해군 '코로나 항모' 논란 속 경질된 함장에 복귀 불가". 「연합뉴스」, 2020년 6월 20일.

"프랑스의 전략적 자율성과 남중국해 분쟁 개입". 『국방일보』, 2021년 2월 19일자.

김명호. 『중국인 이야기 6권: 함대사령관의 꿈』. 한길사, 2020.

박남태. 「금문도 재탄생」. 『국방저널』, 2018 가을호.

______. 「최근 중국의 군사력 운용 양상 연구: 주변 열세국가를 상대하기 위한 접근」. 『합참』, 2021 여름호.

백영서 · 정상기 엮음. 『내일을 읽는 한 · 중 관계사』, 2019.

서상문. 『중국의 국경전쟁』. 국방부 군사편찬연구소, 2013.

임경한 외. 『21세기 동북아 해양전략』. 북코리아, 2015.

조영남. "최강1 교시: 중국 공산당의 조직과 운영". 2020.

조현규. "민간 가장 '해상 민병'… 비전통적 작전 중요한 역할". 『국방일보』, 2021년 9월 6일자.

______. 『시진핑(習近平) 시대의 중국군 개혁 연구』. 단국대학교 박사학위논문, 2021.

『중국 개황(2020』. 한국 외교부, 2020.

진기원. 「G2 시대의 동아시아 해양질서」. 『이순신연구논총』 16, 2011.

하도형. 「중국 해양전략의 양면성과 공세성: 국가 정책적 추진목표 및 방식과 현황을 중심으로」, 『국제정치논총』 55(4), 2015, pp. 78-79.

______. 「중국 해양전략의 인식적 기반: 해권(海權)과 국가이익을 중심으로」. 『국방연구』 55(3), 2012, pp. 47-71.

황병무. 『전쟁과 평화의 이해』. 도서출판오름, 2001.

______. 『중국안보론』. 국제문제연구소, 2000.

Helena Legarda. China Global Security Tracker NO. 7. JANUARY – JUNE 2020.

Henry Kissinger. *On China*. New York: The Penguin Press. 2011.

Japanese Ministry of Defense. Japan Defense White Paper. 2021.

Melbin Gurtov and Byong Moo Hwang. *China Under Threat: The Politics of Strategy and Diplomacy*. Baltimore and London: Johns Hopkins University Press. 1980.

South China Morning Post. "China Tries to Calm Nationalist Fever as Calls for Invasion of Taiwan Grow." 2021.5.10.

Steven Solomon, *Water the Epic for Wealth, Power and Civilization*, 주경철 · 안민석 역. 『물의 세계사』, 2010.

Toshi Yoshiharma & James R. Holmes. 윤석준 역. 『태평양의 붉은 별』. 한국해양전략연구소, 2012.

U.S. Department of Defense. 2020 Annual Report to Congress: Military and Security Developments.

U.S. White House. Indo-Pacific Strategy of the U.S. 2022. 2.

"习主席新形势下的军事战略思想是什么". 『解放軍保』. 2016. 9. 2.

"我国既是陆地大国, 也是海洋大国, 拥有广泛的海洋战略利益". (중국공산당 신문망)[검색일: 2022. 02. 07)

李斌 · 陈二厚 · 王甘武. "学习贯彻习近平总书记参观『复兴之路』展览讲话述评". 『新华社』. 2012. 12. 06.

习近平. "在庆祝中国共产党成立100周年大会上的讲话". 2021. 7. 1.

朱聽昌 外.『中國周邊安全環境與 安全戰略』. 北京: 時事出版社, 2001.

中国军事科学院.『中国人民解放军军语』. 北京: 军事科学出版社, 1997.

中华人民共和国国务院新闻办公室.『新時代的中國國防』, 2019.

______.『中國武裝力量多樣化運用』, 2013.

______.『中国的国防』, 2004.

______.『中国的国防』, 2006.

______.『中国的国防』, 2008.

______.『中国的国防』, 2010.

______.『中國的軍事戰略』, 2015.

胡波. "2021年的南海形势: 走向"军事化?". 南海战略态势感知计划, 2021.

______.『后马汉时代的中国海权』. 北京: 海洋出版社, 2018.

https://www.mfa.gov.cn/web/wjdt_674879/fyrbt_674889/202109/t20210916_9710990.shtml . (미국과 호주의 원자력 주진 잠수함 관련 협조에 대한 중국 외교부 공식논평; 중국 외교부 홈페이지)[접속일: 2022. 02. 15]

III부. 일본의 해양전략

김기주.「한국의 해양전략: 연안해군에서 기동해군으로」.『21세기 동북아 해양전략』. 북코리아, 2015.

김기호.「일본의 해양전략과 해상자위대 증강 동향」.『2020-2021 동아시아 해양안보 정세와 전망』, 한국해양전략연구소 편, 박영사, 2021.

김한권.「중국의 해양전략 I: 해양전략의 제도적 변화과정」.『IFANS 주요국제문제분석』 17-21, 국립외교원, 2017.

박창권.「일본의 해양전략과 독도문제」.『해군』 451, 2015.

박창희.「강대국 및 약소국 해양전략사상과 한국의 해군전략: '제한적 근해우세'」.『국가전략』 18(4), 2012, p. 93.

반길주.『국제 현실정치의 바다전략: 해양전급전략과 균형적 해양투사』. 한국해양전략연구소, 2012.

정안호.「주변국의 해양안보역량 강화에 따른 대비방향」.『한국국가전략』 5(3), 2020.

정호섭.『미중 패권경쟁과 해군력』. 박영사, 2021.

防衛庁. "1986年 防衛白書." 1986年 8月.

______. "1987年 防衛白書," 1987年 9月.

______. "1988年 防衛白書," 1988年 9月.

防衛装備庁. "スタンド・オフ防衛能力の取組." 2020年 3月 31日, www.mod.go. jp/atla soubiseisaku/vision/rd_vision_kaisetsuR0203_05.pdf.

"昭和52年度以降に係る防衛計画の大綱について." 1976年 10月29日 国防会議決定, 同日閣議決定, www.kantei.go.jp/jp/singi/anzenhosyoukaigi/52boueikei kaku_taikou.pdf.

「新日英'同盟'の時代ーグローバルな海洋同盟の構築に向けて(政策提言 No. 14).」平和政策研究所, 2018. pp. 7-11. ippjapan.org/pdf/policy14.pdf.

"我が国周辺におけるロシア軍の動向について(令和 3年 3月)." 防衛省, 2021年 3月, p. 4, www.mod.go.jp/j/approach/surround/pdf/rus_d-act.pdf.

"人口動態統計速報." 厚生労働省, 2021年 2月 22日, www.mhlw.go.jp/toukei/saikin/ hw/ jinkou/ geppo/ s2020/dl/202012.pdf.

"日米首脳共同声明.『新たな時代における日米グローバル・パートナーシップ』. 2021年 4月 16日." 外務省, 2021年 4月 16日, www.mofa.go.jp/mofaj/files/ 100177719.pdf.

"日米安全保障協議委員会「2 + 2」) 共同記者会見." 外務省, 2021年 3月, www.mofa.go.jp/mofaj/ na/st/page3_003036.html.

"自由で開かれた海洋に向けて－海上自衛隊戦略指針." 海上自衛隊, 2020年, www. mod.go.jp/ msdf/about/guideline/.

"将来に予想される社会変化." 内閣官房, 2019年 3月, www.mext.go.jp/content/ 20201223-mxt_ uchukai01-000010519_4.pdf.

"中期防衛力整備計画(平成31年度~平成35年度)について." 平成30年12月18日国家安全保障会議決定, 同日閣議決定.

"平成17年度以降に係る防衛計画の大綱について." 平成16年12月10日安全保障会議決定, 同日閣議決定, 第Ⅳ項 1.

"平成26年度以降に係る防衛計画の大綱について." 平成25年12月10日国家安全保障会議決定, 同日閣議決定, p. 20.

"平成31年度以降に係る防衛計画の大綱について." 2018年 12月18日 国家安全保障会議決定, 同日閣議決定, www.mod.go.jp/j/approach/agenda/guideline/ 2019/ pdf/20181218.pdf.

"平成31年度以降に係る防衛計画の大綱について." 平成30年12月18日国家安全保障会議決定, 同日閣議決定.

"平成8年度以降に係る防衛計画の大綱について." 1995(平成 7)年 11月 28日 安全保障会議決定, 同日閣議決定, www.kantei.go.jp/jp/singi/ampobouei/sankou/ 951128taikou.html.

コリン・グレイ. "戦略の格言ー戦略家のための40の議論." 奥山真司 訳, 芙蓉書房出版,

2009.

高橋秀行.「軍事的意思決定概念の新旧比較分析—米国の『モザイク戦』概念の視点から」.『海幹校戦略研究』10(2), 2020.

廣瀬陽子.『ハイブリッド戦争: ロシアの新しい国家戦略』. 講談社, 2021.

金澤裕之.『幕府海軍の興亡—幕末期における日本の海軍建設』. 慶應義塾大学出版会, 2017.

大嶽秀夫 編.『戦後日本防衛問題資料集 第二巻—講和と再軍備の本格化』. 三一書房, 1992.

大町克士.「巻頭言」.『海幹校戦略研究』特別号, 2020.

______.「新たな時代のシーパワーとしての海上自衛隊」.『海幹校戦略研究』11(1), 2021.

武居智久. "海洋新時代における海上自衛隊."『波濤』199.

飯田将史.「中国: コロナで加速する習近平政権の強硬姿勢」. 防衛研究所編,『東アジア戦略概観 2021』, 2021.

北川敬三.「軍事組織の必要条件—作戦術とドクトリン」.『海幹校戦略研究』10(2), 2020.

______.『軍事組織の知的イノべ_ション—作戦術とドクトリンの創造力』. 勁草書房, 2020.

森本敏・高橋杉雄 編著.『新たなミサイル軍拡競争と日本の防衛』. 並木書房, 2020.

石原敬浩.「戦略的コミュニケ_ションとFDO: 対外コミュニケ_ションにおける整合性と課題」.『海幹校戦略研究』6(1), 2016.

石原雄介・田中亮佑.「大国間競争に直面する世界: コロナ禍の太平洋と欧州を事例に」. 防衛研究所 編.『東アジア戦略概観 2021』, 2021.

阿川尚之.『海の友情—米国海軍と海上自衛隊』. 中央公論新社, 2001.

益田徹也.「電磁波/サイバ_領域おける戦いへ備える」.『波涛』236, 2016.

斎藤聡.「令和における海上自衛隊: その努力の方向性」.『海幹校戦略研究』10(1)[通券第20号], 2020.

______.「新大綱と今後の海上自衛隊について」.『海幹校戦略研究』9(1), 2019.

田所昌幸.『台頭するインド・中国 - 相互作用と戦略的意義』. 千倉書房, 2015.

佐藤善光.「A2/ADに対抗するための米海軍・海兵隊の3つの作戦—DMO, EABO, LOCEの概要(コラム169)」. 海上自衛隊幹部学校, 2020.

佐竹知彦・前田祐司.「日本—新たな防衛計画の大綱」. 防衛研究所 編.『東アジア戦略概観 2019』, 2019.

中山健太朗. "『戦いのスタイル』を確立する—中国の機雷戦 'CMSI Chinese Mine Warfare' からの示唆."『海幹校戦略研究』1(1), 2011.

中矢潤.「領域横断作戦に必要な能力の発揮による海上自衛隊としての多次元統合防衛力の構築について」.『海幹校戦略研究』9(1), 2019.

平山茂敏. "エアシ_・バトル対オフショア・コントロ_ル(コラム 048)." 海上自衛隊幹部学校, 2013年 9月 27日, www.mod.go.jp/msdf/navcol/SSG/topics- column/col 048.

html.

後瀉桂太郎.「海上自衛隊の戦略的方向性とその課題」.『海幹校戦略研究』特別号, 2016.

______.『海洋戦略論(大国は海でどのように戦うのか)』. 東京: 勁草書房, 2019.

"F35B発着艦試験成功, 自衛隊が初の「空母」を持つ理由とは."『読売新聞』, 2021. 11. 18.

"給付費総額は190兆円 40年度推計を初公表."『毎日新聞』, 2018. 5. 21.

"防衛相, 護衛艦いずも F35B発着へ「空母化」改修進める."『NHK』, 2021. 11. 8.

"石垣島にミサイル部隊配備へ…中国に対抗する狙い, 南西諸島は 4 拠点態勢に."『読売新聞』, 2021. 8. 2.

Andrew Erickson, Lyle Goldstein, and Carnes Lord. "When Land Powers Look Seaward." *Proceedings*, vol. 137, no. 4, April 2011.

Bryan Clark, Dan Patt, and Harrison Schramm. "Mosaic Warfare: Exploiting Artificial Intelligence and Autonomous Systems to Implement Decision-Centric Operations." CSBA, Feburuary 2020.

Chief of Naval Operations. "CNO NAVPLAN JANUARY 2021." U.S. Navy, January 11, 2021.

"Chinese economy to overtake US 'by 2028' due to Covid." BBC, 26 December 2020.

Chris Parry. "Super Highway: Sea Power in the 21st Century." Elliot and Thompson, 2014.

Christian Brose. "The Kill Chain: Defending America in the future of High-Tech Warfare." Hachette Books, 2020.

Development. "Concept and Doctrine Centre, Global Strategic Trends: The Future Starts Today (Sixth Edition)." Ministry of Defence (UK), October 2, 2018.

Joint Chiefs of Staff. "Joint Publication 3-13: Information Operations." Department of Defense (USA), November 2014.

______. "Joint Publication 3-09: Joint Fire Support." Department of Defense (USA), April 2019.

Ken Booth, "Navies and Foreign Policy," Routledge, 2014.

National Defense Strategy Commission. "Providing for the Common Defense: The Assessments and Recommendations of the National Defense Strategy Commission." November 13, 2018.

Thomas G. Mahnken, Travis Sharp and Grace B. Kim. "Deterrence by Detection: A Key Role for Unmanned Aircraft Systems in Great Power Competition." CSBA, April 2020.

Toshi Yoshihara. "China as a Composite Land-Sea Power: A Geostrategic Concept

Revisited," Center for International Maritime Security, January 6, 2021.

______. "Dragon Against the Sun: Chinese Views of Japanese Seapower." CSBA, 2020.

T. X. Hammes. "Offshoare Control: A Proposed Strategy for an Unlikely Conflict." Stratergic Forum, SF No. 278, June 2012.

U. S. Department of Defense. "Indo-Pacific Strategy Report: Preparedness, Partnerships, and Promoting a Networked Region." June 1, 2019.

______. "Secretary of Defense Remarks at CSBA on the NDS and Future Defense Modernization Priorities." October 6, 2020.

Wayne P. Hughes Jr. and Robert P. Girrier. "Fleet Tactics and Operations: Third Edition, Naval Institute Press." 2018.

https://www.spf.org/global-data/opri/20200924_MaritimeSecurity_2_Keynote.pdf.

http://www.pcpulab.mydns.jp/main/yusokan.htm.(검색일: 2022.3.17).

Ⅳ부. 러시아의 해양전략

김경순.「러시아의 북극전략: 군사화의 의미와 한계」.『신안보연구』 187, 2015.

니콜라이 에피모프. 정재호 외 역.『러시아 국가안보(Политико-военные Аспекты Национальной Безопасности России)』. 한국해양전략연구소, 2011.

안드레이 파노프. 정재호 · 유영철 역.『러시아 해양력과 해양전략(Морская Сила и Стратегия России)』. KIDA Press, 2016.

유영철.『2019 전반기 러시아 군사안보 동향』. 한국국방연구원, 2019.

유철종. "러 북극권 군사력 강화… 동북단으로 전략폭격기 파견".「연합뉴스」, 2018년 5월 18일.

정병선. "러시아 '북극 위해 전쟁 불사', 캐나다 등 감시 강화".『조선일보』, 2010년 12월 10일자.

정재호. "항해안전 활로를 열다".『국방일보』, 2018년 10월 28일자.

______. "러시아, 급변하는 국제정세 속 강한 통합러시아 향진".『국방일보 무관리포트』, 2020년 4월 13일자.

______. "러시아 핵안보환경의 대전환 시대… 신무기 개발과 해외군사기지 확대 강화".『국방일보 무관리포트』, 2020년 4월 27일자.

______.「역동하는 국제정세 변화와 러시아의 향방」.『KIMS periscope』 203, 2020.

정재호 외.『2020-2021 동아시아 해양안보 정세와 전망』. 박영사, 2021.

______. 『21세기 동북아 해양전략』. 북코리아, 2015.

______. 『러한 국방전문용어사전』. 한국외대 지식출판원, 2016.

______. 『21세기 해양안보와 국제관계』. 북코리아, 2017.

홍규덕 외, 「북극해 일대에서 본격화되기 시작한 강대국 경쟁」. 『해양안보(*Maritime Security*)』 2(1)[통권 2호], 2021.

Aleksander Saveliev, Jaeho Jung. "After the US-Russian New START:What's Next?" *KJSA KNDU*, vol. 16, no. 2, 2011.

Alexandr Golts. "The Arctic: A Clash of Interends or Clash of Ambitions." in Stephen Bland(ed.) *Russia in the Arctic* (Carlisle: Strategic Studies Institute, 2011).

Atle Staalesen. "Russia Is Winning Support for Its Claims on Arctic Shelf, Says Chief Negotiation." *Barents Observer*. 28 November 2019.

Benjamin Rhode. "The GIUK gap's Strategic Significance." *Strategic Comments*. Vol. 25, (October 2019).

Harri Mikkola. *The Geostrategic Arctic Hard Security in the High North* (Helsinki, Finland: Finnish Institute for International Affairs, 2019).

Hull A., Markov D. "A Changing Market in the Arms Bazaar." *Jane's Intelligence Review*, (March 1997).

IISS. "2011-2019년 국방비 지출현황". 『The Miltary Balance』, 2019.

James R. Lee. "Climate change and armed conflict: hot and cold wars". *Routledge*, 2009.

Matthew Melino & Heather A. Conley. "The Ice Curtain: Russia's Arctic Military Presence." CSIS, 2020. https://www.csis.org/features/ice-curtain-russias- arctic-military-presence

Niall Ferguson and Moritz Schularick. "'Chimerica' and the Global Asset Market Boom." *International Finance*, vol. 10, no 3, 2007.

Nurlan Aliyev. "Russia's Military Capabilities in the Arctic." *International Center for Defence and Security*(ICDS), (25 June 2019).

Ryan Burke. "Great-Power Competition in the "Snow of Far-Off Northern Lands." Modern War Institute, West Point, (8 April 2020).

Андрей Панов, Морская сила России 300лет (М.:Эксмо, 2014).

Александр Тихонов. Амбициозные задачи нужно ставить перед собой всегда. Красная звезда, 6 ноября 2018г. / http://redstar.ru/

Александр Степанов. Шесть пусков из глубины, Русское оружие. 9 Ноября 2020г. / https://rg.ru/2020/11/09/podlodku-habarovsk-spustiat-na-vodu- uzhe-v-2021-godu.html.

Алексей Рамм, Алексей Козаченко. Богдан Степовой. Полярное влияние: Северный Флот получит статус военного округа. Известия, 19 апреля 2019г. / https://iz.ru/869512/akeksei-ramm-aleksei-kozachenko-bogdan- stepovoi/poliarnoe-vliianie-severnyi-flot-poluchit-status-voennogo-okruga/

Александр Гальперин. Фрегат Адмирал Касатонов продолжит отложенные из-за шторма испытания. РИА Новости, 11 янв 2020г., / https://ria.ru/20200111/1563284880.html/

Минобороны построило в Арктике уже 475 объектво военной инфраструктуры. ИТАР ТАСС, 11 марта 2019г. / https://tass.ru/armiya-i-opk/6204831/

Кокошин А.А. Стратегическое управление (М.:Росспэн, 2003).

Конышев В.Н. Сергунин А.А. Современная военная стратегия (М.:Аспект Пресс, 2014).

Константин Кокошкин. Расходы на экономику в России впервые за 7 лет превысят траты на оборону. RBC, 19 Сентября 2020г. / https://www.rbc.ru/ economics/19/09/2020/5f65b4db9a79475a9f3cfee1/

Морская доктрина Российской Федерации. Президент Российской Федерации В.Путин, 26 июля2015г. / http://docs.cntd.ru/document/555631869/

Доценко В.Д. Военно-Морская Стратегия России (М .:Эксмо, 2005).

Николай Кучеров. Арктика 2008-2020: итоги 12-летней стратегии развития. Ритм Евразии, 17 января 2020г. / https://www.ritmeurasia.org/news —2020- 01-17 —arktika-2008-2020-itogi-12-letnej-strategii-razvitija-46994/

Воробьева О. ≪Иван Грен≫ пройдёт проверку в Арктике. Красная звезда, 29 октября 2018г. / http://redstar.ru/ivan-gren-projdyot-proverku-v-arkticheskom- regione/

Основные положения военной доктрины Российской Федерации. Извести, 18 ноября 1993г.; Красная звезда, 19 ноября 1993г.

Павел Львов. Северный флот станет пятым российским военным округом. РИА Новости, 6 июня 2020г. / https://lenta.ru/news/2020/06/06/sevflot/

Путин В.В. Послание Президента Федеральному Собранию. Кремлин, 1 марта 2018г. / http://kremlin.ru/events/president/news/56957/

Руслан Мельников. Покойтесь с миром: в США описали действия России против авианосцев. Российская Газета, 19 Января 2020г. / https://rg.ru/2020/ 01/19/pokojtes-s-mirom-v-ssha-opisali-dejstviia-rossii-protiv-avianoscev.html/

Гаврилов Ю. Ракеты в снегах. В поселке Тикси равернут дивизию ПВО. российская газета, 26 апреля 2019г. / https://rg.ru/2019/04/26/shojgu-na-severnyj- flot-postupit-368-novejshih-obrazcov-vooruzhenlia. html/

https://ko.wikipedia.org/wiki/북극합동전략사령부.

https://iz.ru/966176/2020-01-20/korvet-gremiashchii-zavershil-ispytaniia-v-barentcevom-more.

https://russian.rt.com/russia/news/706026-putin-kreiser-ucheniya.

https://ko.wikipedia.org/wiki/%EB%9F%AC%EC%8B%9C%EC%95%84_%ED%95%B4%EA%B5%B0.

https://minfin.gov.ru/ru/perfomance/budget/federal_budget/budgeti/2021.

http://www.navalshow.ru/en/

https://www.tass.ru/armiya-i-opk/4911274.

http://www.fsvts.gov.ru/materialsf/1C815146FD9FD6DDC325789E0036249F.html.

https://www.drive2.ru/c/470536002180481335.

https://cco.ndu.edu/News/Article/1683880/high-north-and-high-stakes-the-svalbard-archi pelago-could-be-the-epicenter-of-r/

V부. 군사전략과 전략문화

김성수. 「군사전략이론의 재고찰: 군사전략학의 관점에서 인간과 통찰력의 역할을 중심으로」. 『한국군사학논집』 73(3), 2017.

______. 「전략문화와 전략 수행 시의 한계(Strategic culture and its limited application in doing Strategy)」. 『군사과학논집』 68(1), 2017.

로렌스 손드하우스. 이내주 역. 『전략문화와 세계 각국의 전쟁수행방식』. 화랑대연구소, 2007.

박창희. 『군사전략론: 국가대전략과 작전술의 원천』. 플래닛미디어, 2013.

오순근. 「우리군 군사전략의 모습과 관점에 대한 고찰」. 『합참지』 79(2019, 봄), pp. 22-30.

______. 「팬데믹 시대 국제관계 역학 분석과 전망」. 『해군 미래혁신연구단 이슈브리프』 12, 2020.

오순근 · 공형준. 「한국군 군사전략의 역할과 전략구상에 대한 담론」. 『국방정책연구』 34(4), 2018, pp. 7-31.

합동참모본부. 『합동교범 5-0 합동기획』, 2018.

Brodie, Bernard. *War and Politics* (UK: Cassell & Company Ltd., 1973).

Gray, Colin. *Modern Strategy* (UK: Oxford University Press, 1999).

Most, Benjamin A. and Harvey Starr, *Inquiry, Logic, and International Politics* (Columbia: University of South Carolina Press, 1989).

Snyder, Jack. *The Soviet Strategic Culture: Implications for Limited Nuclear Operations* (RAND Corporation, 1977).

Sprout, Harold and Margaret. *Man-Milieu Relationship Hypotheses in the Context of international Politics* (Princeton: Center of International Studies, 1956).

Wendt, Alexander E. "The agent-structure problem in international relations theory," *International Organization* Vol. 41, Issue 3 (Summer 1987), pp. 335-370.